高职高专规划教材

建筑工程测量

（第三版）

王云江　主编
敬洪群　赵西安　主审

中国建筑工业出版社

图书在版编目(CIP)数据

建筑工程测量/王云江主编. —3版. —北京：中国建筑工业出版社，2013.4
高职高专规划教材
ISBN 978-7-112-15345-9

Ⅰ.①建… Ⅱ.①王… Ⅲ.①建筑测量 Ⅳ.①TU198

中国版本图书馆CIP数据核字（2013）第076086号

本书是按照建筑施工专业教育标准、培养目标及建筑测量课程的教学大纲编写的一本适合高职高专使用的教材。

本书共分为十五章，内容包括：绪论，水准测量，角度测量，距离测量与直线定向，测量误差的基本知识，全站仪及GPS应用，小地区控制测量，大比例尺地形图与测绘，地形图的应用，施工测量的基本工作，建筑施工控制测量，民用建筑施工测量，工业建筑施工测量，工程变形监测，管道与道路施工测量。

本教材可作为高职高专建筑施工专业教材，也可供土建类工程技术人员参考。

* * *

责任编辑：朱首明 刘平平
责任设计：李志立
责任校对：肖 剑 关 健

高职高专规划教材
建 筑 工 程 测 量
（第三版）
王云江 主编
敬洪群 赵西安 主审
*
中国建筑工业出版社出版、发行（北京西郊百万庄）
各地新华书店、建筑书店经销
北京红光制版公司制版
北京市密东印刷有限公司印刷
*
开本：787×1092毫米 1/16 印张：23¼ 字数：570千字
2013年7月第三版 2018年6月第三十一次印刷
定价：**46.00**元（含习题集）
ISBN 978-7-112-15345-9
（23439）

第三版前言

本书第二版出版发行后沿用至今已四年，为了更好地适应教学需要和丰富教材内涵，有必要对第二版教材进行修改、调整和充实。

第三版教材将原教材中的十三项技能训练和测量综合技能训练删除，为加强对学生测、算、绘等基本技能的训练，另附有配套用书《建筑工程测量实训与习题》。《建筑工程测量实训与习题》一书包括四部分内容：第一部分为建筑工程测量实训须知；第二部分为建筑工程测量课间实训；第三部分为建筑工程测量教学综合实训；第四部分为建筑工程测量习题。第三版教材增加了第七章全站仪导线测量；第十二章复杂建（构）筑物施工测量；第十四章基坑监测等内容。对第二章水准仪检验与校正；第三章角度测量；第七章导线测量的内业工作、高程控制测量；第八章大比例尺地形图与测绘；第九章地形图的应用等内容重新编写。

在编写中，加强了教材内容的针对性、实用性和可操作性，教材和实训与习题在内容上、形式上、使用上更贴近实际。

本书由王云江主编，陈景军、陈达建副主编，敬洪群、赵西安主审。编写者王云江（第一、十一、十二、十三、十四章、建筑工程测量实训与习题）、陈景军（第五、七、十章）、陈达建（第三、六、八章）、敬洪瑾（第二章）、桂智奇（第九章）、伍华星（第四章）、张海东（第十五章）。全书由王云江统稿。

虽经修订，限于编写的水平，书难免有不妥与疏漏之处，敬请读者批评指正。

第二版前言

本书第一版出版发行后沿用至今7年，为进一步丰富教材内涵，现重新编写这本教材的第二版。

本版教材在保留了原教材必需的测绘基础知识和理论的基础上，对第一版进行了修改和调整。摒弃了工程建设中陈旧的测量方法、计算公式的推导，吸纳了先进的测量技术。增加了第二章数字水准仪简介；第五章误差传播定律；第七章数字化测图简介；第十章建筑基线的测设；第十一章建（构）筑物轴线和高程测设案例、高层建筑施工测量内容、复杂建（构）筑物施工测量；第十二章钢结构工程中的施工测量、烟囱施工测量；第十三章建筑物的滑坡观测；第十四章管道与道路施工测量；第十五章GPS简介等。

每章前编写了本章的教学要求和教学提示。

在编写中，加强了教材内容的针对性、实用性和可操作性，教材以在内容上、形式上力求贴近实际。

本书由王云江、许尧芳主编，赵西安主审。编写者苗景荣（第一、二章）、邹勇（第三、九章）、黄国斌（第四章）、李植民（第六章）、许尧芳（第五、七、八）、王云江（第十～十五章、测量综合技能训练）。全书由王云江统稿。虽经修订，限于编者的水平，书难免有不妥与疏漏之处，敬请读者批评指正。

第一版前言

本书是按照高等职业技术院校建筑施工专业教育标准、培养目标及建筑测量课程的教学大纲编写的一本适合高职、高专使用的教材。

本书在编写中根据高等职业技术教学的特点，从培养应用型人才目标出发，在论述基础理论和方法的同时，重视基本技能的训练与实践性教学环节，并力求叙述简明、通俗易懂、注重实用、图文并茂。突出了课程的基础性、实用性、技能性。在保留必需的测绘基础知识和理论的前提下，摒弃陈旧的教学内容，吸纳了先进的测量技术与方法。全书测量计算公式一般不加推导，各项测量观测、记录、计算均有实例和表格。为了便于教学，每章后面附有思考题与习题，以利学生及时复习和巩固已学知识。为加强对学生测、算、绘等基本技能训练，还附有测量基本技能训练和测量综合技能训练。

全书内容包含三个部分，共十四章。第一部分即一～五章，主要介绍测量的基本知识；高程、角度和距离测量的基本原理和方法；测量仪器的构造、使用、检校以及目前建筑施工使用较广泛的新仪器。第二部分为六～八章讲述了控制测量；地形图的测绘及应用。第三部分为九～十四章，介绍了工业与民用建筑的施工测量方法；变形观测；全站仪在测图与放样中的应用。

本书由王云江、赵西安主编，刘希林主审。编写者苗景荣（第一、二章）、邹勇（第三、九章）、黄国斌（第四、十四章）、李植民（第五、六章）、赵西安（第七、八章）、王云江（第十、十一、十二、十三章、测量综合技能训练）。

由于编写水平有限，书中难免存在缺点和错误，恳请读者批评指正。

目　录

第一章　绪　　论

教学要求：通过本章学习，明确建筑工程测量的基本任务与作用，熟悉测量工作中的平面坐标系及高程系，了解地面点位的确定方法及基本测量工作方法，了解测量工作的原则和程序。

教学提示：建筑工程测量的重要任务是测定和测设，测量工作的实质是确定地面点的平面位置 x、y 和高程位置 H，测量高程、水平角和水平距离是测量的三项基本工作，测量工作的基本原则是“先控制后碎部”、“从整体到局部”、“由高级到低级”。

第一节　建筑工程测量的任务与作用

一、建筑工程测量的任务

建筑工程测量属于工程测量学的范畴，是工程测量学在建筑工程建设领域中的具体表现。建筑工程的主要任务包括测定、测设两方面。

1. 测定

测定又称测图，是指使用测量仪器和工具，通过测量和计算，并按照一定的测量程序和方法将地面上局部区域的各种人工固定性物体（地物）和地面的形状、大小、高低起伏（地貌）的位置按一定的比例尺和特定的符号缩绘成地形图，以供工程建设的规划、设计、施工和管理使用。

2. 测设

测设又称放样，是指使用测量仪器和工具，按照设计要求，采用一定的方法将设计图纸上设计好的建筑物、构筑物的位置测设到实地，作为工程施工的依据。

此外，施工中各工程工序的交接和检查、校核、验收工程质量的施工测量，工程竣工后的竣工测量，监视重要建筑物或构筑物在施工、运营阶段的沉降、位移和倾斜所进行的变形观测等，也是工程测量的主要任务。

二、建筑工程测量的作用

建筑工程测量是建筑工程施工中一项非常重要的工作，在建筑工程建设中有着广泛的应用，它服务于建筑工程建设的每一个阶段，贯穿于建筑工程的始终。在工程勘测阶段，测绘地形图为规划设计提供各种比例尺的地形图和测绘资料；在工程设计阶段，应用地形图进行总体规划和设计；在工程施工阶段，要将图纸上设计好的建筑物、构筑物的平面位置和高程按设计要求测设于实地，以此作为施工的依据；在施工过程中进行土方开挖、基础和主体工程的施工测量；在施工中还要经常对施工和安装工作进行检验、校核，以保证所建工程符合设计要求；施工竣工后，还要进行竣工测量，施测竣工图，供日后扩建和维修之用；在工程管理阶段，对建筑和构筑物进行变形观测，以保证工程的安全使用。由此可见，在工程建设的各个阶段都需要进行测量工作，而且测量的精度和速度直接影响到整个工程的质量和进度。因此，工程技术人员必须掌握工程测量的基本理论、基本知识和基本技能，掌握常用的测量仪器和工具的使用方法，初步掌握小地区大比例尺地形图的测绘方法，正确掌握地形图应用的方法，以及具有一般土建工程施工测量的能力。

三、建筑工程测量的现状与发展方向

建筑业位居我国的支柱产业之列，在建筑业的发展过程中，工程测量为其作出了重要的贡献，同时，工程测量的技术水平也得到了很大的提高。目前，除常规测量仪器工具如光学经纬仪、光学水准仪和钢尺等在工程测量中继续使用外，现代化的测量仪器如电子经纬仪、电子水准仪和电子全站仪等也已普及，提高了测量工作的速度、精度、可靠度和自动化程度。一些专用激光测量仪器设备如用于高层建筑竖直投点的激光铅直仪、用于大面积场地精确自动找平的激光扫平仪和用于地下开挖指向的激光经纬仪等的应用，为现代高层建筑和地下建筑的施工提供了更高效、准确的测量技术服务。利用卫星测定地面点坐标的新技术——全球定位系统（GPS），也逐渐被应用于工程测量中，该技术作业时不受气候、地形和通视条件的影响，只需将卫星接收机安置在已知点和待定点上，通过接收不同的卫星信号，就可计算出该点的三维坐标，这与传统测量技术相比是质的飞跃，目前在工程测量中，一般用于大范围和长距离施工场地中的控制性测量工作。计算机技术也正在应用到测量数据处理、地形图机助成图以及测量仪器自动控制等方面，进一步推动建筑工程测量从手工化向电子化、数字化、自动化和智能化方向发展。

第二节　地面点位的确定

测量工作的基本任务（即实质）是确定地面点的位置。地面点的空间位置由点的平面位置 X、Y 和点的高程位置 H 来确定。

一、地面点平面位置的确定

在普通测量工作中，当测量区域较小（一般半径不大于 10km 的面积内），可将这个区域的地球表面当作水平面，用平面直角坐标来确定地面点的平面位置，如图 1-1 所示。

测量平面直角坐标规定纵坐标为 x，向北为正，向南为负；横坐标为 y，向东为正，向西为负；地面上某点 M 的位置可用 x_M 和 y_M 来表示。平面直角坐标系的原点 O 一般选在测区的西南角，使测区内所有点的坐标均为正值。象限以北东开始按顺时针方向依次为

Ⅰ、Ⅱ、Ⅲ、Ⅳ。与数学坐标的区别在于坐标轴互换，象限顺序相反，其目的是便于将数学中的公式直接应用到测量计算中而不需作任何变更。

在大地测量和地图制图中要用到大地坐标。用大地经度 L 和大地纬度 B 表示地面点在旋转椭球面上的位置，称为大地地理坐标，简称大地坐标。如图 1-2 所示，地面上任意点 P 的大地经度 L 是该点的子午面与首子午面所夹的两面角；P 点的大地纬度 B 是过该点的法线（与旋转椭球面垂直的线）与赤道面的夹角。

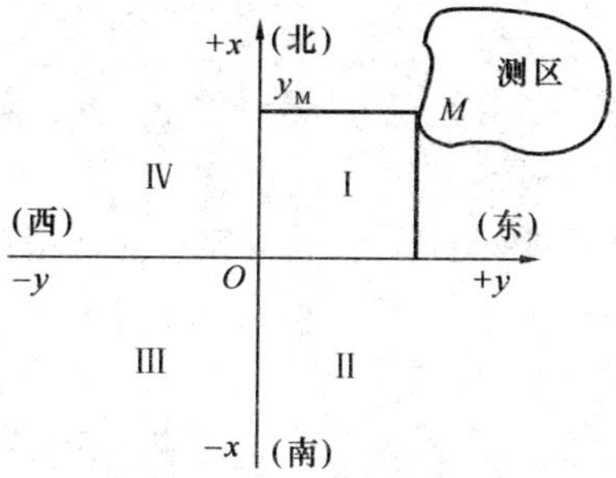

图 1-1　平面直角坐标

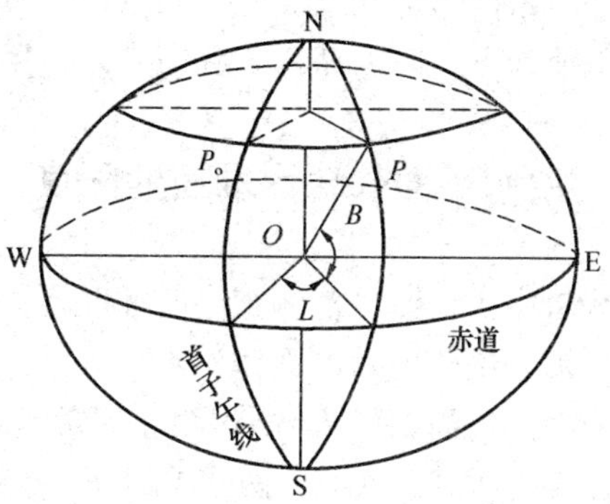

图 1-2　大地坐标

大地经纬度是根据大地测量所得的数据推算而得出的。我国现采用陕西省泾阳县境内的国家大地原点为起算点，由此建立新的统一坐标系，称为“1980 年国家大地坐标系”。

二、地面点高程位置的确定

地球自然表面很不规则，有高山、丘陵、平原和海洋。海洋面积约占地表的 71%，而陆地约占 29%，其中最高的珠穆朗玛峰高出大地水准面 8844.43m，最低的马里亚纳海沟低于大地水准面 11022m。但是，这样的高低起伏，相对于地球半径 6371km 来说还是很小的。

地球上自由静止的海水面称为水准面，它是个处处与重力方向垂直的连续曲面。与水准面相切的平面称为水平面。由于水面高低不一，因此水准面有无限多个，其中与平均海水面相吻合并向大陆、岛屿延伸而形成的闭合曲面，称为大地水准面，如图 1-3 所示。

我国以在青岛观象山验潮站 1952～1979 年验潮资料确定的黄海平均海水面作为起算高程的基准面，称为“1985 国家高程基准”。以该大地水准面为起算面，其高程为零。为了便于观测和使用，在青岛建立了我国的水准原点（国家高程控制网的起算点），其高程为 72.260m，全国各地的高程都以它为基准进行测算。

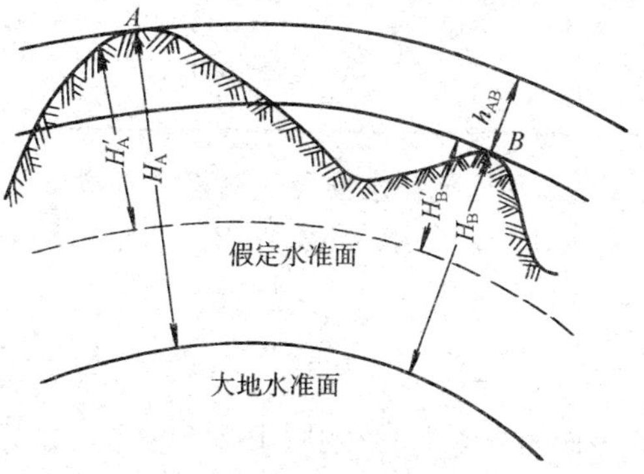

图 1-3　大地水准面

地面点到大地水准面的铅垂距

离，称为该点的绝对高程，亦称海拔或标高。如图 1-3 所示，H_A、H_B 即为地面点 A、B 的绝对高程。

当在局部地区引用绝对高程有困难时，可采用假定高程系统，即假定任意水准面为起算高程的基准面。地面点到假定水准面的铅垂距离，称为相对高程。如图 1-3 所示，H'_A、H'_B 即为地面点 A、B 的相对高程。例如房屋工程中常选定底层室内地坪面为该工程地面点高程起算的基准面，记为（±0.000）。建筑物某部位的标高，是指某部位的相对高程，即某部位距室内地坪（±0.000）的垂直间距。

两个地面点之间的高程差称为高差，用 h 表示。$h_{AB}=H_B-H_A=H'_B-H'_A$。

三、用水平面代替水准面的限度

在测量中，当测区范围很小时才允许以水平面代替水准面。那么，究竟测区范围多大时，可用水平面代替水准面呢?

（一）水平面代替水准面对距离的影响

如图 1-4 所示，A、B 两点在水准面上的距离为 D，在水平面上的距离为 D'，则 $\Delta D(\Delta D=D'-D)$ 是用水平面代替水准面后对距离的影响值。它们与地球半径 R 的关系为：

$$\Delta D=\frac{D^3}{3R^2} \text{ 或 } \frac{\Delta D}{D}=\frac{D^2}{3R^2} \tag{1-1}$$

根据地球半径 R=6371km 及不同的距离 D 值，代入式（1-1），得到表 1-1 所列的结果。

由表 1-1 可见，当 D=10km 时，所产生的相对误差为 1/1250000。目前最精密的距离丈量时的相对误差为 1/1000000。因此，可以得出结论：在半径为 10km 的圆面积内进行距离测量，可以用水平面代替水准面，不考虑地球曲率对距离的影响。

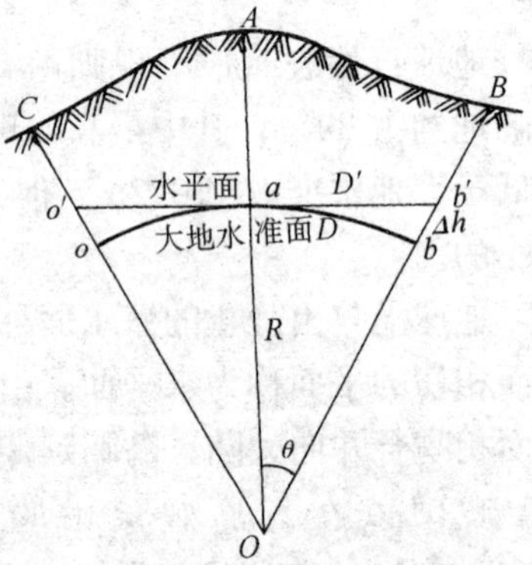

图 1-4　水平面替代水准面对距离和高程的影响

水平面代替水准面后对距离的影响值　　表 1-1

D (km)	ΔD (cm)	$\Delta D/D$
10	0.8	1∶1250000
20	6.6	1∶300000
50	102	1∶49000

（二）水平面代替水准面对高程的影响

如图 1-4 所示，$\Delta h=bB-b'B$，这是用水平面代替水准面后对高程的测量影响值。其值为：

$$\Delta h=\frac{D^2}{2R} \tag{1-2}$$

用不同的距离代入式(1-2)中，得到表 1-2 所列结果。

从表 1-2 可以看出，用水平面代替水准面，在距离 1km 内就有 8cm 的高程误差。由此可见，地球曲率对高程的影响很大。在高程测量中，即使距离很短，也要考虑地球曲率对高程的影响。实际测量中，应该考虑通过加以改正计算或采用正确的观测方法，消除地球曲率对高程测量的影响。

水平面代替水准面对高程的影响值 **表 1-2**

D（km）	0.2	0.5	1	2	3	4	5
Δh（cm）	0.31	2	8	31	71	125	196

四、确定地面点位的三个基本要素

如前所述，地面点的空间位置是以地面点在投影平面上的坐标 x、y 和高程 H 决定的。在实际测量中，x、y 和 H 的值不能直接测定，而是通过测定水平角 β_a、β_b、… 和水平距离 D_1、D_2、…以及各点间的高差，再根据已知点 A 的坐标、高程和 AB 边的方位角计算出 B、C、D、E 各点的坐标和高程，如图 1-5 所示。

由此可见，水平距离、水平角和高程是确定地面点的三个基本要素。水平距离测量、水平角测量和高程测量是测量的三项基本工作。

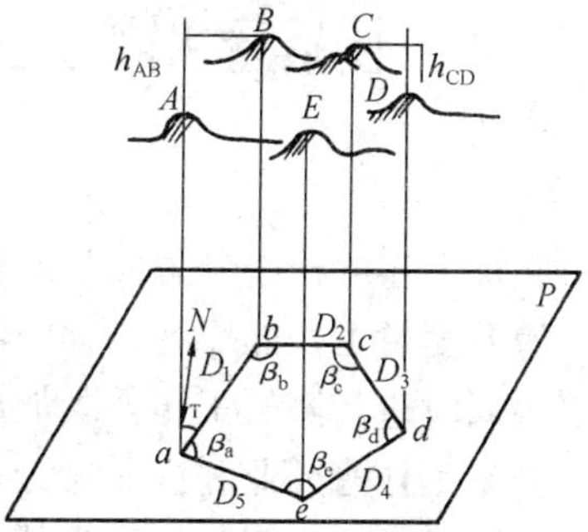

图 1-5 确定地面点位

第三节 测量工作的原则和程序

无论是测绘地形图还是施工放样，都不可避免地会产生误差，甚至还会产生错误，为了限制误差的传递，保证测区内一系列点位之间具有必要的精度，测量工作都必须遵循“从整体到局部、先控制后碎部、由高级到低级”的原则进行。如图 1-6 所示，首先在整个测区内，选择若干个起着整体控制作用的点 1、2、3…作为控制点，用较精密的仪器和方法，精确地测定各控制点的平面位置和高程位置的工作称为控制测量。这些控制点测量精度高，均匀分布在整个测区。因此，控制测量是高精度的测量，也是带全局性的测量。然后以控制点为依据，用低一级精度测定其周围局部范围的地物和地貌特征点，称为碎部测量。例如，图 1-6 中在控制点 1 测定周围碎部点 L、M、N、O、…碎部测量是较控制测量低一级的测量，是局部的测量，碎部测量由于是在控制测量的基础上进行的，因此碎部测量的误差就局限在控制点的周围，从而控制了误差的传播范围和大小，保证了整个测区的测量精度。

建筑施工测量是首先对施工场地布设整体控制网，用较高的精度测设控制网点的位置，然后在控制网的基础上，再进行各局部轴线尺寸和高低的定位测设，其精度较低。例如图 1-6 中利用控制点 1、6 测设拟建的建筑物 R、Q、P。因此，施工测量也遵循“先控制后碎部、从整体到局部、由高级到低级”的施测原则。

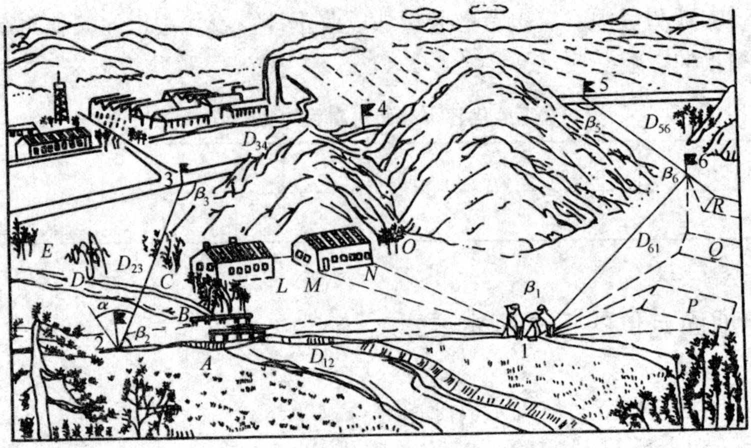

图 1-6　控制测量

测量工作的程序分为控制测量和碎部测量两步。

遵循测量工作的原则和程序，不但可以减少误差的累积和传递，而且还可以在几个控制点上同时进行测量工作，既加快了测量的进度，缩短了工期，又节约了开支。

测量工作有外业和内业之分，上述测定地面点位置的角度测量、水平距离测量、高差测量是测量的基本工作，称为外业。将外业成果进行整理、计算（坐标计算、高程计算）、绘制成图，称为内业。

为了防止出现错误，在外业或内业工作中，还必须遵循另一个基本原则“边工作边校核”，用检核的数据说明测量成果的合格和可靠。测量工作实质是通过实践操作仪器获得观测数据，确定点位关系。因此是实践操作与数据密切相关的一门技术，无论是实践操作有误，还是观测数据有误，或者是计算有误，都体现在点位的确定上产生错误。因而在实践操作与计算中都必须步步有校核，检核已进行的工作有无错误。一旦发现错误或达不到精度要求的成果，必须找出原因或返工重测，以保证各个环节的可靠。

建筑施工测量既应遵循“先外业、后内业”，也应遵循“先内业、后外业”这种双向工作程序。规划设计阶段所采用的地形图，是首先取得实地野外观测资料、数据，然后再进行室内计算、整理、绘制成图，即“先外业、后内业”。测设阶段是按照施工图上所定的数据、资料，首先在室内计算出测设所需要的放样数据，然后再到施工场地按测设数据把具体点位放样到施工作业面上，并做出标记，作为施工的依据，因而是“先内业、后外业”的工作程序。

思考题与习题

1. 建筑工程测量的任务是什么？其内容包括哪些？

2. 测量工作的实质是什么？

3. 何谓大地水准面、1985 年国家高程基准、绝对高程、相对高程和高差？

4. 测量上的平面直角坐标系与数学上的平面直角坐标系有什么区别?

5. 确定地面点位置的三个基本要素是什么？测量的三项基本工作是什么？

6. 测量工作的原则和程序是什么？

7. 已知地面某点相对高程为 21.580m，其对应的假定水准面的绝对高程为 168.880m，则该点的绝对高程为多少？绘出示意图。

第二章 水 准 测 量

教学要求： 通过本章学习，熟悉水准仪的构造及各部件的名称和作用，掌握水准仪的基本操作及水准线路测量的外业、内业工作方法；熟悉水准仪的检验与校正方法。

教学提示： 高程测量是测量的三项基本工作之一。水准测量的基本要求是水准仪必须提供一条水平视线；水准仪的基本操作程序是安置仪器→粗平→对光、瞄准→精平→读数→记录与计算；水准测量要求前、后视距离相等。

高程是确定地面点空间位置的基本要素之一。确定地面点高程的测量工作，称为高程测量。根据所使用的仪器和施测方法的不同，高程测量可分为水准测量、三角高程测量、气压高程测量和 GPS 高程测量等。其中，水准测量是最基本的一种方法，具有操作简便、精度高和成果可靠的特点，被广泛采用到大地测量、普通测量和工程测量中。

第一节 水 准 测 量 原 理

水准测量的原理就是利用水准仪提供的一条水平视线，分别照准竖立在地面上两点的水准尺并读数，直接测量两点间的高差，然后根据已知点的高程和测得的高差，推算出未知点的高程。测定待测点高程的方法有两种：高差法和仪高法。

一、高差法

如图 2-1 所示，若 A 点的高程已知为 H_A，欲测定 B 点的高程 H_B。施测时在 A、B 两点上分别竖立一根水准标尺（简称水准尺），并在 A、B 两点间安置水准仪，照准 A 点标尺，利用水准仪提供的水平视线读出标尺上的读数为 a，再照准 B 点的标尺，用水准仪的水平视线读出读数为 b，则 B 点对于 A 点的高差为：

$$h_{AB}=a-b \tag{2-1}$$

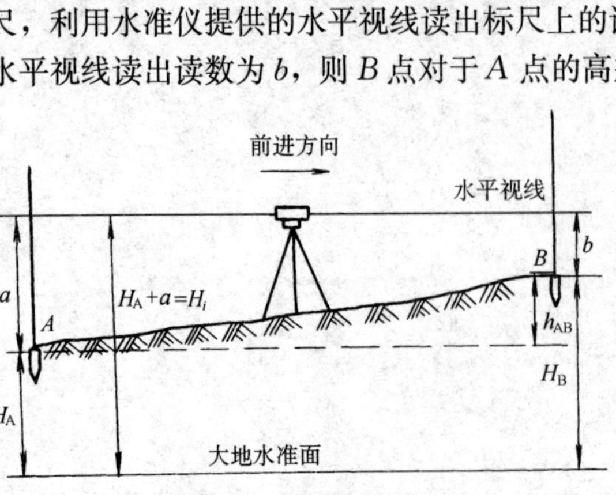

图 2-1 水准测量原理

B 点的高程为：

$$H_B=H_A+h_{AB}=H_A+(a-b) \tag{2-2}$$

在此施测过程中，A 点为已知高程点，B 点为待测高程的点，测量是由 A 点向 B 点为前进方向，故称 A 点为后视点，B 点为前视点；a 为后视读数，b 为前视读数。由上述可知：测定待定点与已知点之间的高差，就可以求算得待定点的高程。

用文字表述式（2-1），则为：两点间高差等于后视读数减去前视读数。

相对来说，读数小表示地面点高，读数大表示地面点低。为此，高差有正、负之分；当 h_{AB} 为正值时，即表示前视点 B 比后视点 A 高；h_{AB} 为负值时，表示 B 点比 A 点低。在计算高程时，高差应连同其符号一并运算。在书写 h_{AB} 时，必须注意 h 的下标，h_{AB} 是表示 B 点相对于 A 点的高差。若高差写作 h_{BA}，则表示 A 点相对于 B 点的高差。h_{AB} 与 h_{BA} 的绝对值是相等的，但符号相反。上述利用高差计算待测点高程的方法，叫高差法。

【例 2-1】 设 A 点的高程为 40.706m，若后视 A 点读数为 1.154m，前视 B 点读数为 1.528m，求 B 点的高程。

【解】 A、B 两点的高差为：

$$h_{AB} = a - b = 1.154 - 1.528 = -0.374\text{m}$$

B 点高程为：

$$H_B = H_A + h_{AB} = 40.706 + (-0.374) = 40.332\text{m}$$

二、仪高法

由图 2-1 可以看出，H_i 是仪器水平视线的高程，通常叫视线高程或仪器高程，简称仪高。前视点高程也可以通过仪高 H_i 求得。

仪高法的观测方法与高差法完全相同。计算时，先算出仪高 H_i。如图 2-2 所示，仪高等于后视点高程加后视读数，即：

$$H_i = H_A + a \qquad (2\text{-}3)$$

则 B 点、M 点、N 点的高程可用下式分别计算：

$$H_B = H_i - b$$
$$H_M = H_i - m$$
$$H_N = H_i - n \qquad (2\text{-}4)$$

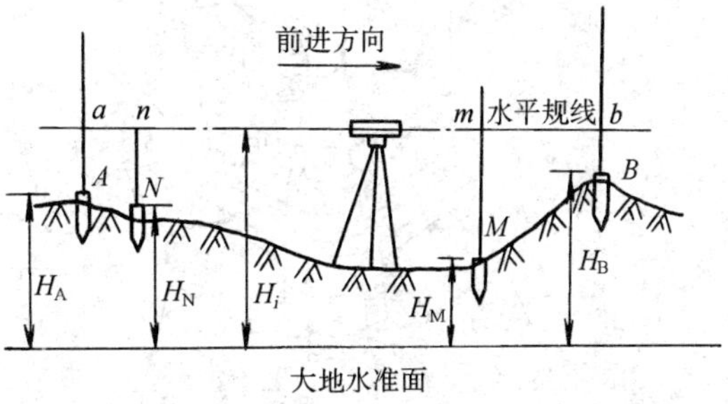

图 2-2 仪高法

用文字表示式（2-4），则为：前视点高程等于仪高减去前视读数。

仪高法是计算一次仪高，就可以简便地测算几个前视点的高程。因此，当安置一次仪器，同时需要测出数个前视点的高程时，使用仪高法是比较方便的。因此，在建筑工程测量中仪高法被广泛地应用。

【例 2-2】 用仪高法求例 2-1B 点的高程

【解】 仪高为 $H_i = H_A + a = 40.706 + 1.154 = 41.86\text{m}$

B 点高程为 $H_B = H_i - b = 41.860 - 1.528 = 40.332\text{m}$

第二节　水准仪及其使用

一、DS_3 型微倾水准仪

为水准测量提供一条水平视线的仪器称为水准仪。工具有水准尺和尺垫。水准仪的种类和型号很多，国产水准仪系列标准有 DS_{05}、DS_1、DS_3、DS_{10} 等型号。建筑测量中应用最广泛的是 DS_3 型微倾式水准仪。“D”和“S”分别为“大地测量”和“水准仪”的汉语拼音的第一个字母，“3”表示为用该类仪器进行水准测量时，每公里往、返测得高差中数的偶然中误差值为±3mm。即“DS”右下角的数字是用来表示各种水准仪精度的；数字越小，精度越高。不同精度的水准测量，应该使用不同精度的水准仪。

“微倾式”是指仪器上设有微倾装置，转动微倾螺旋，可使望远镜连同符合水准管在垂直面内作同步的微小仰俯运动，直至符合水准管气泡精确居中，以达到仪器快速提供水平视线的目的。

图 2-3 为国产的 DS_3 型微倾水准仪的外形，图 2-3(*a*)及图 2-3(*b*)分别表示它的两个侧面。它的构造主要由望远镜、水准器和基座三部分组成。

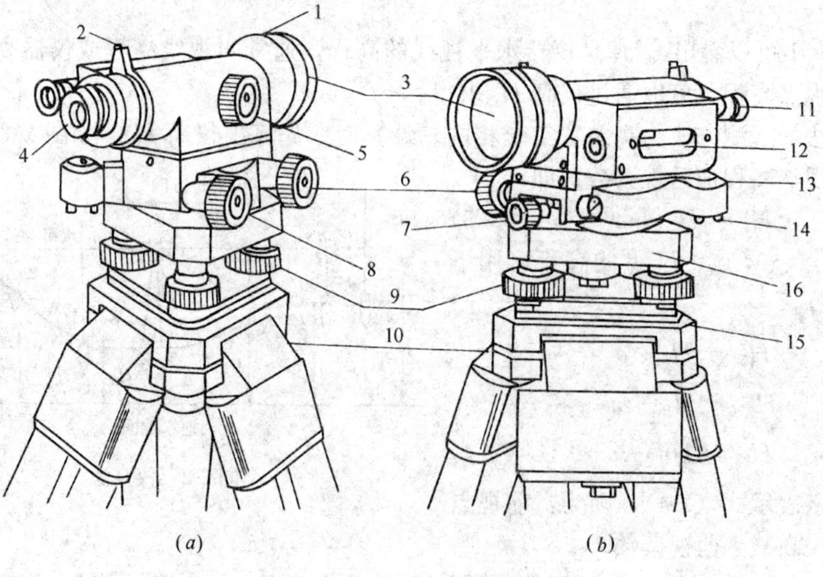

图 2-3　DS_3 型水准仪

1—准星；2—照门；3—物镜；4—目镜；5—物镜对光螺旋；6—微动螺旋；7—制动螺旋；8—微倾螺旋；9—脚螺旋；10—三脚架；11—符合水准器观察镜；12—管水准器；13—圆水准器；14—圆水准器校正螺钉；15—三角形底板；16—轴座

（一）望远镜

望远镜是用来照准目标，提供水平视线并在水准尺上进行读数的装置。主要由物镜、物镜对光螺旋和对光凹透镜、十字丝分划板、目镜和目镜对光螺旋等部件组成。各部件的作用是：

物镜——使瞄准的物体成像。

物镜对光螺旋和对光凹透镜——转动物镜对光螺旋可以使对光凹透镜沿视线方向前、后移动，从而使物像清晰地反映在十字丝分划板平面上。

十字丝分划板——用来准确照准目标。

目镜对光螺旋和目镜——调节目镜对光螺旋可以使十字丝清晰并将成像在十字丝分划板的物像连同十字丝一起放大成虚像。于是观测者在看清十字丝的同时又能清晰地照准目标。

十字丝交点与物镜光心的连线，称为视准轴。视准轴的延长线就是我们通过望远镜瞄准远处目标的视线。因此，当视准轴水平时，通过十字丝交点看出去的视线就是水准测量原理中提到的水平视线。

（二）水准器

水准器是用来标示仪器的竖轴是否铅垂（竖直），视准轴是否水平的装置。水准器分为管水准器和圆水准器两种形式。

1. 管水准器

管水准器又称水准管，它是一个内壁研磨成一定曲率的圆弧面，两端封闭的玻璃管，如图 2-4 所示。

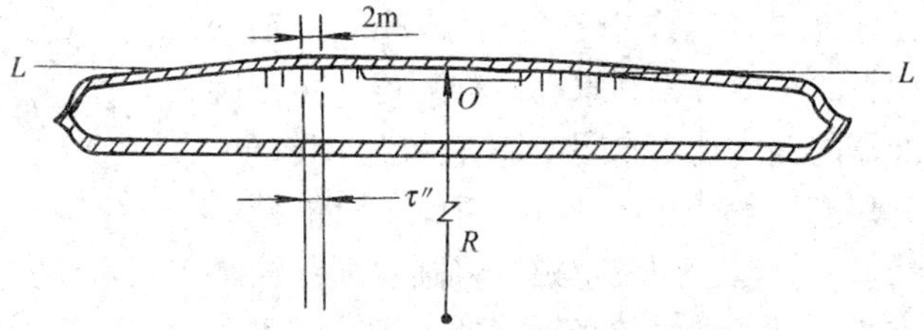

图 2-4 管水准器

圆弧半径 R 一般为 7～20m，玻璃管内装满乙醚和酒精的混合液体，加热融封，冷却后管内形成一个气泡。因气体较液体轻，故气泡恒处于管内的最高点。管壁上刻有间隔为 2mm 的分划线，分划线的对称中点 O 叫水准管零点。过零点与水准管内表面相切的直线叫水准管轴，即图 2-4 中的 L-L。当气泡的中心位于零点时，称为气泡居中。此时，水准管轴就处于水平位置。利用校正螺丝将水准管轴调节到与视准轴相互平行的位置，当水准管气泡居中时，视准轴就达到精确水平。因此，水平视线就是借助水准管气泡居中获得的。

水准管上 2mm 分划线之间的圆弧长所对的圆心角称为水准管分划值。分划值愈小，水准管的灵敏度就愈高，用来整平仪器的精度也就愈高。DS_3 型微倾式水准仪的水准管分划值为 20″/2mm。由于灵敏度高，因而用它来精确整置视准轴水平。

为了提高目估水准管气泡居中的精度和便于观测，目前微倾式水准仪都采用符合水准器。符合水准器是在无分划的水准管上方装有一组棱镜组，借助棱镜的反射作用，把水准管气泡两端各一半的影像传递到望远镜目镜旁的气泡观察窗内。当转动微倾螺旋时，在观察镜内可以看到两个半边气泡的像。如图 2-5（*c*）中两端气泡影像符合一致的情况表示气泡居中，若两端气泡影像错开如图 2-5（*a*）、图 2-5（*b*）的情况，表示气泡不居中。此时，可旋转目镜下方右侧的微倾螺旋，调节气泡两端的像相吻合，达到整平视准轴的目的。

符合水准器不仅便于操作，观察方便，更重要的是它把气泡偏离零点的距离放大一倍

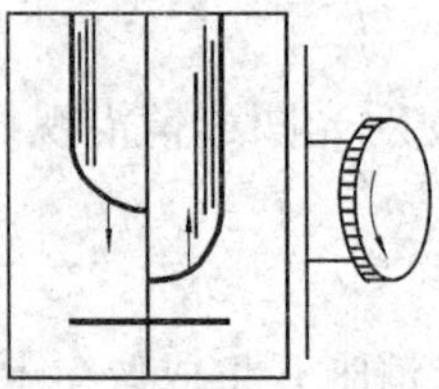

(a)　　(b)　　(c)

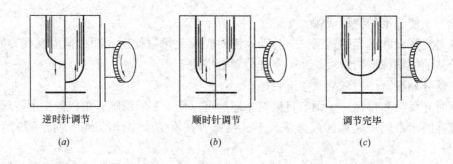

图 2-5　符合水准器

呈现出来，从而提高了观察气泡居中的精度，即提高了置平仪器的精度。

2. 圆水准器

圆水准器又称水准盒，如图 2-6 所示。其顶面内壁磨成球面，中央刻有小圆圈，其圆心为圆水准器零点。过零点的球面法线 *CC* 称为圆水准器轴。当气泡中心与零点重合时，表示气泡居中。此时，圆水准器轴处于铅垂位置。气泡中心每偏离 2mm，轴线所倾斜的角度称为圆水准器分划值。由于圆水准器的曲率半径较小，故其灵敏度较低，其分划值一般为 8′/2mm。因此，只能用于粗略整平仪器。用校正螺钉将圆水准器轴调节成与仪器竖轴相互平行的位置，当圆水准器气泡居中时，仪器的竖轴就处于铅垂位置。因此，可以用圆水准器的气泡居中与否，判定竖轴是否铅直。

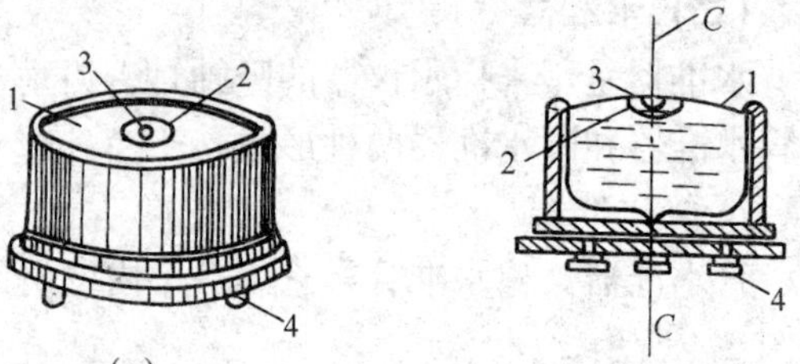

(a)　　(b)

图 2-6　圆水准器

1—球面玻璃盖；2—中心圆圈；3—气泡；4—校正螺钉；*CC*—圆水准器轴

(三) 基座

基座主要由轴座、三个脚螺旋、三角形压板和连接板组成。其作用是支承仪器的上部并与三脚架连接。

水准仪除了上述三个主要部分外，还装有一套制动和微动螺旋，是用来瞄准目标用的。瞄准目标时，只要拧紧制动螺旋，望远镜就不能转动。此时，旋转微动螺旋可使望远镜在水平方向做微小的转动，以利于精确瞄准目标。当松开制动螺旋时，微动螺旋也就失去了微动作用。

二、水准尺和尺垫

(一) 水准尺

配合水准仪进行水准测量的标尺，称为水准尺。常用的有双面水准尺和塔尺两种。

1. 双面水准尺

双面水准尺又称板尺。如图 2-7(*a*)、图 2-7(*b*)所示。尺长为 3m，尺的两面分划格均为 1cm，在每一分米处注有两位数，表示从零点到此刻划线的分米值。一面为黑白格相间的分划，称为黑面尺。黑面尺尺底从零起算，另一面为红白格相间的分划，称为红面尺。红面尺尺底以 4.687m 或 4.787m 起算。也就是说，双面尺的红面与黑面尺底不是从同一数开始，一般相差 4.678m 或 4.787m。通常是这样的两根水准尺组成一对使用。其目的是为了检核水准测量作业时读数的正确性。为了便于扶尺和竖直，在尺的两侧面装有把手和圆水准器。双面水准尺由于直尺整体性好，故多用于三、四等水准测量的施测。

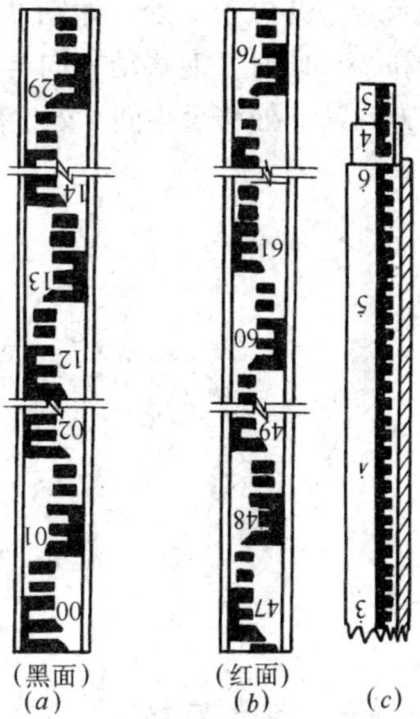

图 2-7　水准尺

2. 塔尺

全长 5m，由三节尺段套接而成，可以伸缩。如图 2-7 中（*c*）所示。尺的底部从零起算，尺面为黑白格相间分划，分划格为 1cm 或 0.5cm；每分米处加一注字，表示从零点到此刻划线的分米值。分米的准确位置有的尺以字顶为准，有的尺以字底为准，使用时要注意认清分米的准确位置。在分米数值上方加的红点数表示米数，如 $\dot{2}$ 表示 1.2m，$\ddot{3}$ 表示 2.3m 等。塔尺拉出使用时，一定要注意接合处的卡簧是否卡紧，数值是否连续。由于尺段接头处易于损坏和常有对接不准的差错，故塔尺多用于等外水准测量。当高差不大时，可只用第一节。由于携带方便，塔尺也多用于建筑测量中。

（二）尺垫

尺垫用生铁铸成，一般为三角形，如图 2-8 所示。在长距离的水准测量时，尺垫用作竖立水准尺和标志转点。尺垫中心部位凸起的圆顶，即为置尺的转点。在土质松软地段进行水准测量时，要将三个尖脚牢固地踩入地下，然后将水准尺立于圆顶上。这样，尺子在此转动方向时，高程不会改变。因此，尺垫仅限于高程传递的转点上使用，以防止观测过程中，尺子位置改变而影响读数。

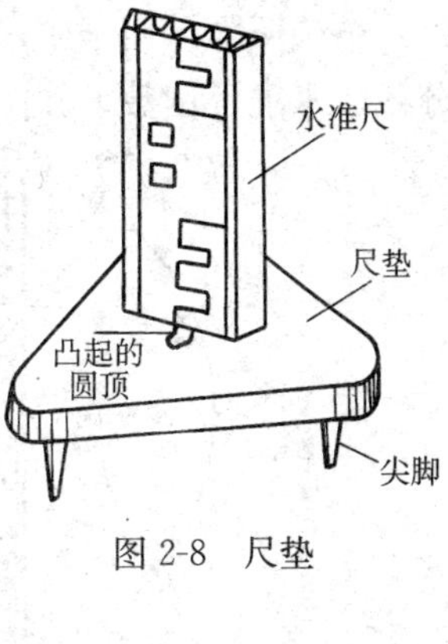

图 2-8　尺垫

三、水准仪的使用

使用水准仪的基本操作程序为：安置仪器、粗略整平、照准与对光、精平与读数等。

（一）安置水准仪

松开三脚架架腿的固定螺旋，伸缩三个架腿长度，使其与观测者高度相适应，用目估法使架头大致水平，并将三脚架腿尖踩入土中或使其与地面稳固接触，然后将水准仪从箱中取出，置放在三脚架头上，一手握住仪器，一手用连接螺旋将仪器固连在三脚架上。

（二）粗略整平（粗平）

松开水平制动螺旋，转动基座脚螺旋，使圆水准器的位置置于两个脚螺旋之间，当气

泡未居中并位于 a 处，如图 2-9（a）所示，用两手同时相对（向内或向外）转动脚螺旋①和②（此时气泡移动方向与左手拇指移动方向一致），使气泡沿①、②两螺旋连线的平行方向从 a 处移至中间 b 处。然后用一只手转动脚螺旋③，如图 2-9（b）所示，使气泡居中。

图 2-9 水准仪粗略整平

（三）照准与对光

（1）目镜对光：用望远镜瞄准目标之前，先调节目镜调焦螺旋，使十字丝成像清晰。

（2）粗略瞄准目标：转动望远镜，利用镜筒上的照门和准星的连线，粗略瞄准水准尺，旋紧水平制动螺旋。

（3）物镜对光：转动物镜调焦螺旋使水准尺在望远镜内成像清晰。

（4）精确照准：用十字丝竖丝照准水准尺边缘或用竖丝平分水准尺，以利于用横丝中央部分截取水准尺读数，如图 2-10 所示。若尺子倾斜，要指挥扶尺者扶直。

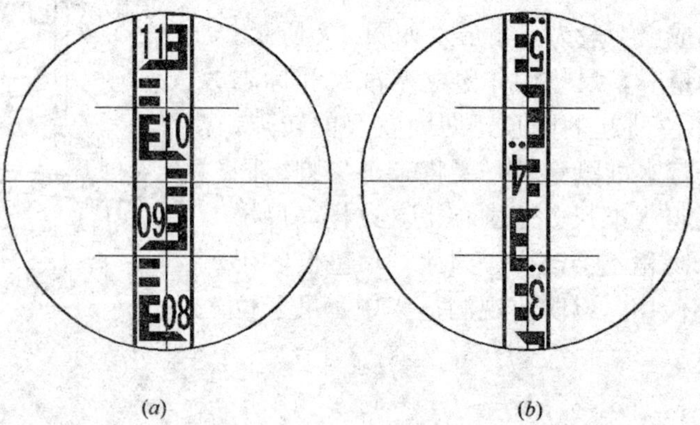

图 2-10 照准水准尺

（5）消除视差：照准目标后，眼睛在目镜端上下作少量移动，若发现十字丝和目标影像有着相对的运动，这种现象称为“视差”。产生视差的原因是目标的影像与十字丝分划板不重合。视差对读数的精度有较大影响，所以观测中必须消除。

消除视差的方法是：反复仔细地调节物镜、目镜调焦螺旋，直至眼睛上下少量移动时读数不变为止。

（四）精确整平（精平）

如图 2-11 所示，缓慢而均匀地转动微倾螺旋，使符合水准器气泡两端影像对齐，成

"U"形，此时，水准管轴水平，从而使得视准轴水平。在精确整平时，转动微倾螺旋的方向与符合水准器气泡左边影像移动的方向一致。

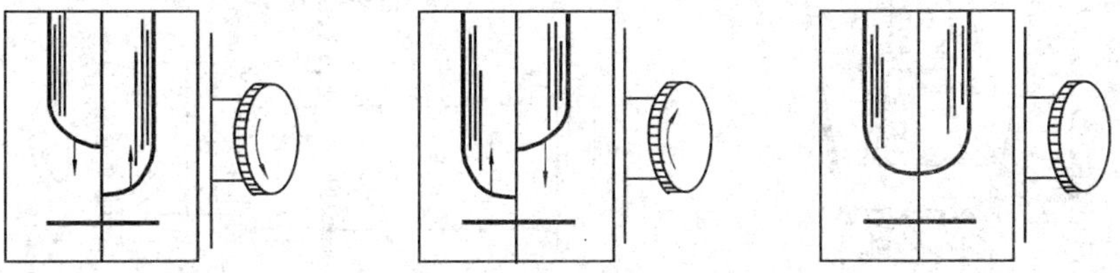

图 2-11　精确整平

（五）读数

当确认水准管气泡居中时，应立即读取中丝在水准尺上的读数，读数时，先默估出毫米数，再依次将米、分米、厘米和毫米四位数全部报出。例如图 2-10（*a*）是 1cm 刻划的直尺，读数为 0.976m；图 2-10（*b*）是 1cm 刻划的塔尺，读数为 2.423m。

读数时，注意从小往大读，若望远镜是正像，即是由下往上读；若望远镜是倒像，则是由上往下读。读完数后，还应检查气泡是否居中，以确信视线水平。若不居中，应进行精确整平后重新读数。

第三节　水 准 测 量 方 法

一、水准点和水准路线

（一）水准点

用水准测量方法测定高程的控制点称为"水准点"，一般用 *BM* 表示。

水准点分为永久性和临时性两种。永久性水准点是国家有关专业测量单位，按一、二、三、四等，四个精度等级分级，在全国各地建立的国家等级水准点，要求埋设永久性标志。永久性水准点多石料、金属或混凝土制成，顶面嵌入不锈钢或不易锈蚀材料制成的半球状标志，标志的顶点代表水准点的点位，顶点高程，即为水准点高程，如图 2-12 所示。在城镇、厂矿区可将水准点埋设于基础稳固的建筑物墙脚适当高度处，称之为墙脚水准点。

实际工作中常在国家等级水准点的基础上进行补充和加密，得到精度低于国家等级要求的水准点，这个测量工作称为等外水准测量或普通水准测量。根据具体情况，普通水准测量可按上述格式埋设永久性水准点，也可埋设临时性水准点。临时水准点可利用地面突出的坚硬稳固的岩石用红漆标记；也可用木桩打入地下，桩顶钉是一半球形铁钉，如图 2-13所示。

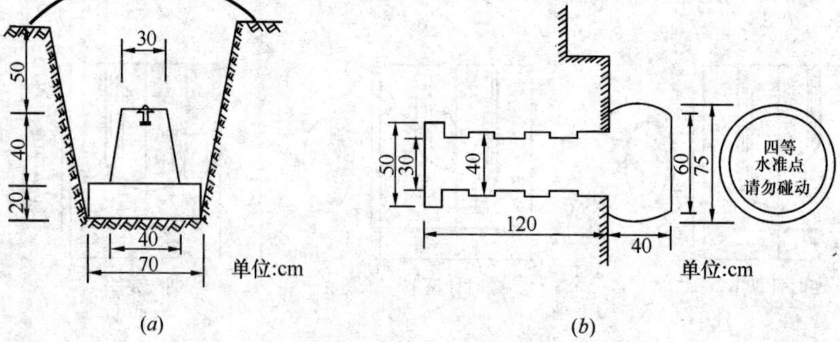

图 2-12 永久性水准点

(a) 埋地水准点；(b) 墙脚水准点

埋设水准点后，应编号并绘制点位地面略图，在图上要注明定位尺寸、水准点编号和高程，称为点之记，必要时设置指示桩，以便保管和使用。

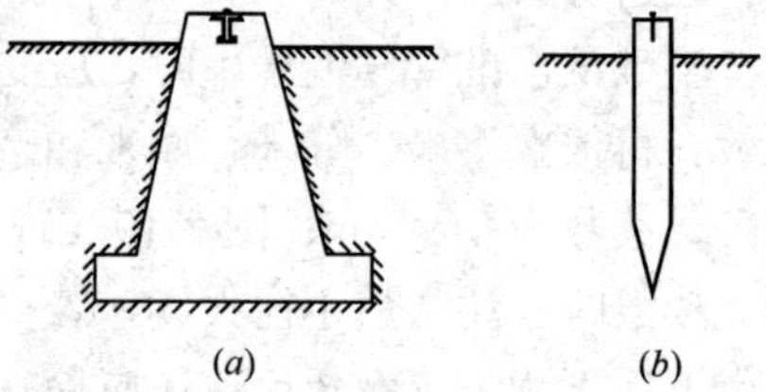

图 2-13 临时性水准点

（二）水准路线

在一系列水准点间进行水准测量所经过的路线，称为水准路线。为避免在测量成果中存在错误，保证测量成果能达到一定的精度要求，水准测量都要根据测区的实际情况和作业要求布设成某种形式的水准路线，并利用一定的条件来检核测量成果的正确性。水准路线的布设形式主要有闭合水准路线、附合水准路线和支线水准路线三种。

1. 闭合水准路线

如图 2-14（a）所示，从水准点 BM_A 出发，沿各待定高程的点 1、2、3、4 进行水准测量，最后又回到原出发的水准点 BM_A，这种形成环形的路线，称为闭合水准路线。

2. 附合水准路线

如图 2-14（b）所示，从水准点 BM_A 出发，沿各待定高程的点 1、2、3 进行水准测量，最后附合到另一个水准点 BM_B。这种在两个已知水准点之间布设的路线，称为附合

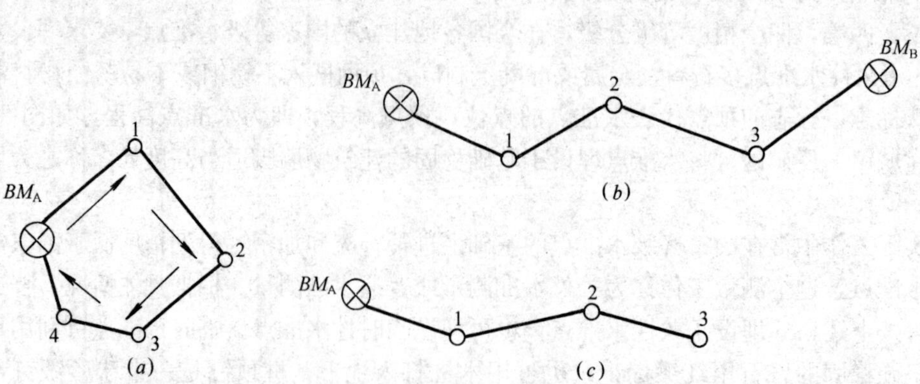

图 2-14 水准路线的三种布设形式

水准路线。

3. 支线水准路线

如图 2-14（c）所示，从水准点 BM_A 出发，沿各待定高程的点 1、2、3 进行水准测量，这种从一个已知水准点出发，而另一端为未知点的路线，该路线即不自行闭合，也不附合到其他水准点上，称为支线水准路线。

二、水准测量方法和记录

水准测量一般都是从已知高程的水准点开始，引测未知点的高程。当欲测高程点距水准点较远或高差较大时，或有障碍物遮挡视线时，在两点间仅安置一次仪器难以测得两点间的高差（安置一次仪器只能测定 100～200m 或高差小于水准尺长度的两点间高差），此时应把两点间距分成若干段，分段连续进行测量。

下面分别以高差法和仪高法，用实例说明普通水准测量的施测和记录、计算方法。

（一）高差法

如图 2-15 所示，已知 A 点高程 $H_A=43.150$m，欲测出 B 点高程 H_B。可先在 AB 之间增设若干个临时立尺点，将 AB 路线分成若干段，然后由 A 点向 B 点逐段连续安置仪器，分段测定高差。具体观测步骤如下：在距 A 约 100～200m 处选定 TP_1 点，分别在 A 和 TP_1 点竖立水准尺，在距 A 点与 TP_1 点大致等距离的Ⅰ处安置水准仪，按规定操作程序，精平后读取 A 点尺上后视读数 $a_1=1.525$m，TP_1 点尺上前视读数 $b_1=0.897$m，则 A 点与 TP_1 点之间高差为：$h_1=a_1-b_1=0.628$m；TP_1 点的高程 $H_{TP1}=H_A+h_1=43.778$m，以上完成第一个测站的观测与计算。然后将水准仪搬至测站Ⅱ处安置，将点 TP_1 上的尺面在原处反转过来，变为测站Ⅱ的后视尺，点 A 上的尺子向前移至 TP_2，按照测站Ⅰ的工作程序进行测站Ⅱ的工作。按上述步骤依次沿水准路线前进方向，连续逐站进行施测，多次重复一个测站的操作程序，直至测定终点 B 的高程为止。观测、记录与计算见表 2-1。

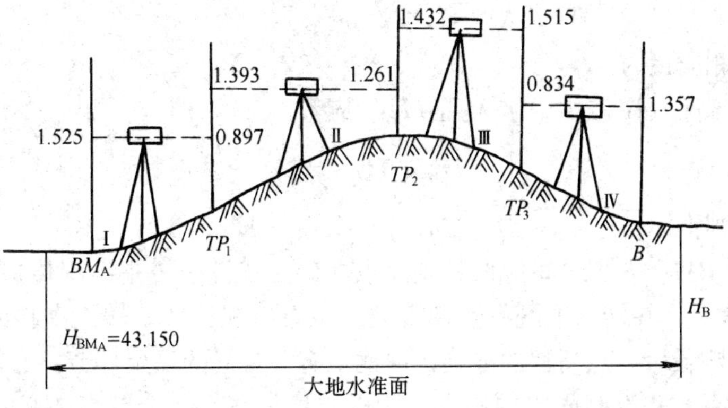

图 2-15　高差法测高程

水准测量记录手簿（高差法） **表 2-1**

测　　点	后视读数（m）	前视读数（m）	高差（m）	高程（m）	备　　注
BM_A	1.525			43.150	已知水准点
TP_1	1.393	0.897	0.628	43.778	
TP_2	1.432	1.261	0.132	43.910	
TP_3	0.834	1.515	−0.083	43.827	
B		1.357	−0.523	43.304	
计算校核	$\Sigma_{后}=5.184$ $\Sigma_{后}-\Sigma_{前}=0.154$	$\Sigma_{前}=5.030$	$\Sigma_h=0.154$	$H_{终}-H_{始}=0.154$	计算无误

由图 2-15 可知，每安置一次仪器，就测得一个高差，即各站高差分别为：

$$h_1=a_1-b_1=1.525-0.897=0.628\text{m}$$

$$h_2=a_2-b_2=1.393-1.261=0.132\text{m}$$

$$h_3=a_3-b_3=1.432-1.515=-0.083\text{m}$$

$$h_4=a_4-b_4=0.834-1.357=-0.523\text{m}$$

将以上各式相加，并用总和符号 Σ 表示，则得 A、B 两点的高差：

$$h_{AB}=h_1+h_2+h_3+h_4=(a_1+a_2+a_3+a_4)-(b_1+b_2+b_3+b_4)$$

$$=\Sigma h=\Sigma a-\Sigma b \tag{2-5}$$

即 A、B 两点高差等于各段高差之代数和，也等于后视读数的总和减去前视读数的总和。

若逐站推算高程，则有下列各式：

$$H_{TP1}=H_A+h_1=43.150+0.628=43.778\text{m}$$

$$H_{TP2}=H_{TP1}+h_2=43.778+0.132=43.910\text{m}$$

$$H_{TP3}=H_{TP2}+h_3=43.910+(-0.083)=43.827\text{m}$$

$$H_{TP4}=H_{TP3}+h_4=43.827+(-0.523)=43.304\text{m}$$

分别填入表 2-1 相应栏内。

最后由 B 点高程 H_B 减去 A 点高程 H_A，应等于 Σh，即

$$H_B-H_A=\Sigma h \tag{2-6}$$

根据式（2-5），则得　$\Sigma h=\Sigma a-\Sigma b=H_{终}-H_{始}$　(2-7)

图 2-15 中，BM_A 与 B 之间的临时立尺点 TP_1、TP_2……是高程传递点，称为转点，通常用“TP”表示。在转点上既有前视读数，也有后视读数。转点高程的施测、计算是否正确，直接影响最后一点高程的准确，因此是有关全局的重要环节。通常这些转点都是临时选定的立尺点，并没有固定的标志，所以立尺员在每一个转点上必须等观测员读完前，后视读数并得到观测员的准许后才能移动（即相邻前、后两测站观测中的转点位置不得变动）。

由上述可知，长距离的水准测量，实际上是水准测量基本操作方法、记录与计算的重复连续性工作，其特点就是工作的连续性。因而应养成操作按程序记录与计算依顺序进行的工作习惯。

（二）仪高法

仪高法测高程的施测步骤与高差法基本相同，如图 2-16 所示。在相邻两测站之间出现了中间点 1、2、3，它是待测的高程点，而不是转点。在测站Ⅰ上，除读出 TP_1 点上的前视读数 1.310m 外，还要读取中间点尺上的读数，如 1 点尺上的读数为 1.585m、2 点尺上的读数为 1.312m、3 点尺上读数 1.405m，以便求出中间点地面高程。中间点尺上的读数称为中间前视。中间点只有前视读数，与 TP_1 使用同一视线高，而无后视读数。记录与计算见表 2-2 相应栏。

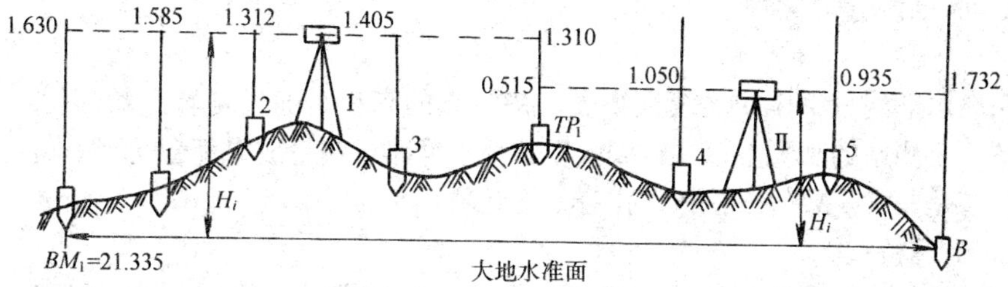

图 2-16　仪高法测高程

仪高法的计算方法与高差法不同，须先计算仪器视线高程 H_i，再推算前视点和中间点高程。为了减少高程传递误差，观测时应先观测转点，后观测中间点。计算过程如下：

水准测量记录手簿（仪高法）　　　　**表 2-2**

测站	测点	后视读数（m）	视线高（m）	前视读数（m）		高程（m）	备注
				转点	中间点		
Ⅰ	BM_1	1.630	22.965			21.335	
	1				1.585	21.380	
	2				1.312	21.653	
	3				1.405	21.560	
Ⅱ	TP_1	0.515	22.170	1.310		21.655	
	4				1.050	21.120	
	5				0.935	21.235	
	B			1.732		20.438	
计算检核	$\Sigma_{后}=2.145$ $\Sigma_{后}-\Sigma_{前}=-0.897$			$\Sigma_{前}=3.042$（不包括中间点） $H_{终}-H_{始}=20.438-21.335$ $=-0.897$（计算无误）			

第Ⅰ测站　　$H_i=21.335+1.630=22.965\text{m}$

$$H_1 = 22.965 - 1.585 = 21.380\text{m}$$
$$H_2 = 22.965 - 1.312 = 21.653\text{m}$$
$$H_3 = 22.965 - 1.405 = 21.560\text{m}$$
$$H_{TP1} = 22.965 - 1.310 = 21.655\text{m}$$

第Ⅱ测站 $H_i = 21.655 + 0.515 = 22.170\text{m}$

$$H_4 = 22.170 - 1.050 = 21.120\text{m}$$
$$H_5 = 22.170 - 0.935 = 21.235\text{m}$$
$$H_B = 22.170 - 1.732 = 20.438\text{m}$$

最后由 B 点高程 H_B 减去 A 点高程 H_A，应等于 $\Sigma a - \Sigma b$。在计算 Σb 时，应剔除中间点读数。

三、水准测量的检核

长距离水准测量工作的连续性很强，待定点的高程是通过各转点的高程传递而获得的。若在一个测站的观测中存在错误，则整个水准路线测量成果都会受到影响，所以水准测量的检核是非常重要的。检核工作有如下几项：

（一）计算检核

计算检核的目的是及时检核记录手簿中的高差和高程计算中是否有错误。式（2-7）为观测记录中的计算检核式，若等式成立时，表示计算正确，否则说明计算有错误。

（二）测站检核

测站检核的目的是及时发现和纠正施测过程中因观测、读数、记录等原因导致的高差错误。为保证每个测站观测高差的正确性，必须进行测站检核。测站检核的方法有双仪器高法和双面尺法两种。

1. 双仪器高法

在同一个测站上用两次不同的仪器高度、分别测定高差，用两次测定的高差值相互比较进行检核。即测得第一次高差后，改变水准仪视线高度大于 10cm 以上重新安置，再测一次高差。两次所测高差之差对于等外水准测量容许值为±6mm。对于四等水准测量容许值为±5mm。超过此限差，必须重测，若不超过限差时，可取其高差的平均值作为该站的观测高差。

2. 双面尺法

在同一个测站上，仪器的高度不变，根据立在前视点和后视点上的双面水准尺，分别用黑面和红面各进行一次高差测量，用两次测定的高差值相互比较进行检核。两次所测高差之差的限差与双仪高法相同。同时每一根尺子红面与黑面读数之差与常数（4.687m 或 4.787m）之差，不超过 3mm（四等水准测量）或 4mm（等外水准测量），可取其高差的平均值作为该站的观测高差，若超过限差，必须重测。

（三）成果检核

测站检核只能检核一个测站上是否存在错误或误差是否超限。仪器误差，估读误差，转点位置变动的错误、外界条件影响等，虽然在一个测站上反映不明显，但随着测站数的增多，就会使误差积累，就有可能使误差超过限差。因此为了正确评定一条水准线路的测量成果精度，应该进行整个水准路线的成果检核。水准测量成果的精度是根据闭合条件来衡量的，即将路线上观测高差的代数和值与路线的理论高差值相比较，用其差值的大小来评定路线成果的精度是否合格。

成果检核的方法，因水准路线布设形式不同而异，主要有以下几种：

1. 闭合水准路线

从理论上讲，闭合水准路线各段高差代数和值应等于零，即 $\Sigma h_{理}=0$。

2. 附合水准路线

从理论上讲，附合水准路线各段实测高差的代数和值应等于两端水准点间的已知高差值，即 $\Sigma h_{理}=H_{终}-H_{始}$。

3. 支线水准路线

支线水准路线本身没有检核条件，通常是用往、返水准测量方法进行路线成果的检核。从理论上讲，往测高差与返测高差，应大小相等，符号相反，即 $|\Sigma h_{往}|=|\Sigma h_{返}|$。

实际上，由于测量值含有不可避免的误差，因此，观测的高差代数和值不能等于高差的理论值，这种不符合的差值称为高差闭合差，用 f_h 表示。高差闭合差的大小是用来确定错误和评定水准测量成果精度的标准。若 f_h 在容许限差之内，表示观测结果精度合格，否则应返工重测。具体计算方法将在下面一节中详述。

四、水准测量的误差和注意事项

水准测量误差的来源主要有仪器本身误差、观测误差和外界条件影响产生的误差三个方面。为了提高水准测量的精度，必须分析和研究产生误差的原因，采取相应措施，尽量消除或减弱其影响。

（一）仪器误差

1. 水准仪的水准管轴不平行于视准轴

水准仪在使用前虽然经过了检验和校正，但仍然存在少量残余误差，使得仪器的水准管轴与视准轴不严格平行，使读数产生误差。这项误差的大小与仪器至水准尺之间的距离成正比增加，因此可以按等距离等影响的原则，采用在观测时使前、后视距离相等的方法，便可消除或减弱此项误差的影响。

2. 十字丝横丝与竖轴不垂直

由于十字丝横丝与竖轴不垂直，横丝的不同位置在水准尺上的读数不同，从而产生误差，观测时应尽量用横丝的中间位置读数。

3. 水准尺误差

由于标尺本身的原因和使用不当所引起的读数误差称为“标尺误差”。水准尺本身的误差包括分划误差、尺身弯曲误差、零点误差等，水准测量前必须对水准尺进行检验，符合要求方可使用。

若水准尺刻划不准确、尺身弯曲，则该尺不能使用；若是尺底零点不准，则应在起点和终点使用同一根水准尺，使其误差在计算中抵消。

（二）观测误差

1. 水准管气泡居中误差

水准测量时，视线水平是根据符合水准器气泡两端的影像完全吻合来实现的。气泡居中与否是用眼睛观察的，由于生理条件的限制，不可能做到严格辨别气泡的居中位置。同时，水准管中的液体与管内壁的曲面有摩擦和黏滞作用。这种误差叫做水准管气泡居中误差，它的大小和水准管内壁曲面的弯曲程度有关，它对读数所引起的误差与视线长度有关，距离越远误差越大。因此，水准测量时，每次读数时要注意使气泡严格居中，而且距离不宜太远。

2. 在水准尺上的估读误差

估读误差产生的原因有两个：一是视差未消除；二是估读毫米数不准确。

在水准尺上估读毫米时，由于人眼分辨力以及望远镜放大倍率是有限的，会使读数产生误差。估读误差与望远镜放大倍率以及视线长度有关。在水准测量时，应遵循不同等级的测量对望远镜放大倍率和最大视线长度的规定，以保证估读精度。普通水准测量使用的 DS_3 型水准仪，望远镜的放大率为 28 倍，视距长度四等，水准测量最好控制在 75～80m，不要超过 100m。同时，有视差存在，对读数影响很大，观测时应仔细进行目镜和物镜的调焦，严格消除视差。

3. 水准尺倾斜误差

水准尺是否竖直，会影响水准测量的读数精度。如果尺子倾斜，则总是使读数增大。倾斜角越大，造成的读数误差就越大。当尺子倾角大约 2°时，尺上读数为 2m，将会造成约 1mm 的读数误差，所以，水准测量工作中，应尽量使水准尺保持在竖直位置。

（三）外界条件的影响

1. 地球曲率和大气折光的影响

由于地面上空气密度不同（上疏下密），因此视线通过不同密度的空气层时，受大气的折射影响，视线并不是水平的，而呈现向下弯曲状，这种影响会在水准尺上产生读数误差，且视线越长误差越大。当前、后视距相等时，地球曲率与大气折光对水准测量的影响将可以得到减弱或消除。

2. 温度和风力的影响

温度变化不仅引起大气折光的变化，当烈日照射水准管时，还使水准管本身和管内液体温度升高，气泡向着温度高的方向移动，影响视线水平。因此，水准测量时，应选择有利观测时间，阳光较强时，应撑伞遮阳。

（四）注意事项

为杜绝测量成果中存在错误，提高观测成果的精度，水准测量还应注意以下事项：

（1）安置仪器要稳、防止下沉，防止碰动，安置仪器时尽量使前、后视距相等。

（2）观测前必须对仪器进行检验与校正。

（3）观测过程中，手不要扶脚架。在土质松软地区作业时，转点处应该使用尺垫。搬站时要保护好尺垫，不得碰动，避免传递高程产生错误。

（4）要确保读数时气泡严格居中，视线水平。

（5）每个测站应记录、计算的内容必须当站完成。测站检核无误后，方可迁站。做到随观测、随记录、随计算、随检核。

第四节　水准测量成果计算

进行水准测量成果计算前，要先检查观测手簿，计算各点间的高差。待计算校核无误后，则根据外业观测高差计算水准路线的高差闭合差，以确定成果的精度。若闭合差在容许的范围内，认为精度合格、成果可用，否则应查找原因予以纠正，必要时应返工重测，直至达到精度为止。在精度合格的情况下，调整闭合差，最后计算各点的高程，以上工作称为水准测量的内业。下面将根据水准路线布设的不同形式，举例说明计算的方法、步骤。

一、水准测量的精度要求

高差闭合差是用来衡量水准测量成果精度的，不同等级的水准测量，对高差闭合差的限差规定也不同，工程测量规范中对限差 $f_{h容}$ 的规定见表 2-3。

当计算出 $f_{h容}$ 以后，即可进行高差闭合差 f_h 与容许高差闭合差 $f_{h容}$ 的比较，若 $|f_h| \leqslant |f_{h容}|$ 时，则精度合格，在精度合格的情况下，可以进行水准路线成果计算。

对限差 $f_{h容}$ 的规定　　**表 2-3**

等级	容许高差闭合差	主要应用范围举例
三等	$f_{h容}=12\sqrt{L}$mm 平地 $f_{h容}=4\sqrt{n}$mm 山地	场区的高程控制网
四等（等外）	$f_{h容}=20\sqrt{L}$mm 平地 $f_{h容}=6\sqrt{n}$mm 山地	普通建筑工程、河道工程、用于立模、填筑放样的高程控制点
图根	$f_{h容}=40\sqrt{L}$mm 平地 $f_{h容}=12\sqrt{n}$mm 山地	小测区地形图测绘的高程控制、山区道路、小型农田水利工程

注：1. 表中图根通常是普通（或等外）水准测量。
2. 表中 L 为路线单程长度，以 km 计；n 为单程测站数。
3. 每公里测站数多于 15 站时，用相应项目后面的公式。

二、闭合水准路线成果计算

如图 2-17 所示，水准点 BM_A 高程为 27.015m，1、2、3、4 点为待定高程点。现用图根水准测量方法进行观测，各段观测数据及起点高程均注于图上，图中箭头表示测量前进方向，现以该闭合水准路线为例将成果计算的方法，步骤介绍如下，并将计算结果列入表 2-4 中。

（一）将观测数据和已知数据填入计算表

按高程推算顺序将各测点、各段距离（或测站数）、实测高差及水准点 A 的已知高程填入表 2-4 相应各栏内。

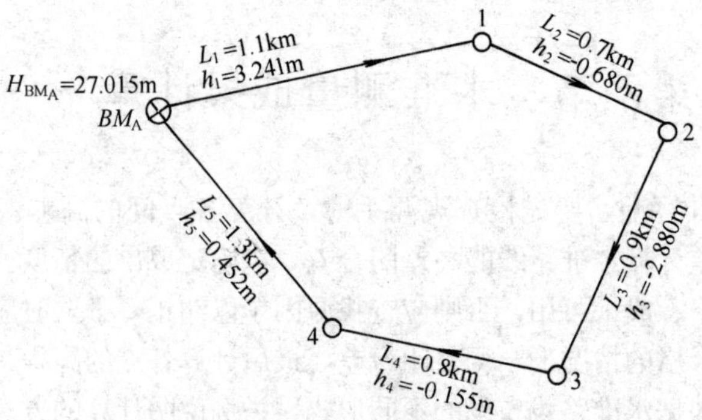

图 2-17 闭合水准路线

水准测量成果计算表 **表 2-4**

测段编号	测点	距离（km）	实测高差（m）	高差改正数（m）	改正后高差（m）	高程（m）	备注
1	BM_A	1.1	+3.241	0.005	+3.246	27.015	已知
2	1	0.7	−0.680	0.003	−0.677	30.261	
3	2	0.9	−2.880	0.004	−2.876	29.584	
4	3	0.8	−0.155	0.004	−0.151	26.708	
5	4	1.3	+0.452	0.006	+0.458	26.557	
	BM_A					27.015	与已知高程相符
Σ		4.8	−0.022	+0.022	0		
辅助计算	$f_h=\Sigma h_{测}=-0.022$m　$f_{h容}=40\sqrt{L}$mm$=40\sqrt{4.8}$mm$=\pm87$mm　$\mid f_h\mid<\mid f_{h容}\mid$ 精度合格						

（二）计算高差闭合差

如前所述，在理论上，闭合水准路线的各段高差代数和值应等于零，即$\Sigma h_{理}=0$，实际上由于各测站的观测高差存在误差，致使观测高差的代数和值不能等于理论值，故存在高差闭合差，即

$$f_h=\Sigma h_{测} \tag{2-8}$$

上例中 $f_h=\Sigma h_{测}=-0.022$m

（三）计算高差闭合差容许值

根据表 2-3，图根水准的容许限差 $f_{h容}=40\sqrt{L}$mm，本例中，路线总长为 4.8km，则 $f_{h容}=40\sqrt{4.8}$mm$\approx\pm87$mm

由于 $\mid f_h\mid<\mid f_{h容}\mid$，则精度合格。在精度合格的情况下，可进行高差闭合差的调整（即允许施加高差改正数）。

（四）调整高差闭合差

根据误差理论，高差闭合差的调整原则是：将闭合差 f_h 以相反的符号，按与测段长度（或测站数）成正比的原则进行分配到各段高差中去。公式表达为：

$$V_i=-f_h/\Sigma L\times L_i \tag{2-9a}$$

或

$$V_i=-f_h/\Sigma n\times N_i \tag{2-9b}$$

式中　V_i——第 i 段的高差改正数；

f_h——高差闭合差；

ΣL——路线总长度；

Σn——路线总测站数；

L_i——第 i 段的长度；

N_i——第 i 段的测站数。

对于图根水准测量计算中取值，精确度为 0.001m。

按上述调整原则，第一段至第五段各段高差改正数分别为：

$$V_1 = (-0.022)/4.8 \times 1.1 = 0.005\text{m}$$

$$V_2 = (-0.022)/4.8 \times 0.7 = 0.003\text{m}$$

$$V_3 = (-0.022)/4.8 \times 0.9 = 0.004\text{m}$$

$$V_4 = (-0.022)/4.8 \times 0.8 = 0.004\text{m}$$

$$V_5 = (-0.022)/4.8 \times 1.3 = 0.006\text{m}$$

将各段改正数记入表 2-4 改正数栏内。计算出各段改正数之后，应进行如下计算检核：改正数的总和应与闭合差绝对值相等，符号相反，即 $\Sigma V = -f_h$。

（五）计算改正后的高差

各段实测高差加上相应的改正数，即得改正后的高差，即

$$h_{i改} = h_{i测} + V_i \tag{2-10}$$

上例中各段改正后高差分别为：

$$h_{1改} = 3.241 + 0.005 = 3.246\text{m}$$

$$h_{2改} = -0.680 + 0.003 = -0.677\text{m}$$

$$h_{3改} = -2.880 + 0.004 = -2.876\text{m}$$

$$h_{4改} = -0.155 + 0.004 = -0.151\text{m}$$

$$h_{5改} = 0.452 + 0.006 = 0.458\text{m}$$

将上述结果分别记入表 2-4 改正后高差栏内。改正后各段高差的代数和值应等于高差的理论值，即 $\Sigma h_{改} = \Sigma h_{理} = 0$，以此作为计算检核。

（六）推算各待定点的高程

根据水准点 BM_A 的高程和各段改正后的高差，按顺序逐点计算各待定点的高程，填入表 2-4 中的高程栏内，上例中各待定点高程分别为：

$$H_1 = 27.015 + 3.246 = 30.261\text{m}$$

$$H_2 = 30.261 + (-0.677) = 29.584\text{m}$$

$$H_3 = 29.584 + (-2.876) = 26.708\text{m}$$

$$H_4 = 26.708 + (-0.151) = 26.557\text{m}$$

$$H_{BM_A} = 26.557 + 0.458 = 27.015\text{m}$$

此时推算出的 H_A 与该点的已知高程相等，则计算无误，以此作为计算检核。

三、附合水准路线成果计算

如图 2-18 所示，拟从水准点 BM_1 开始，经 A、B、C、D 四个待定点后，附合到另一水准点 BM_2 上，现用图根水准测量方法进行观测，各段观测高差、距离及起、终点高程均注于图上，图中箭头表示测量前进方向。现以该附合水准路线为例，介绍成果计算的步骤如下，并将计算结果记入表 2-5 中。

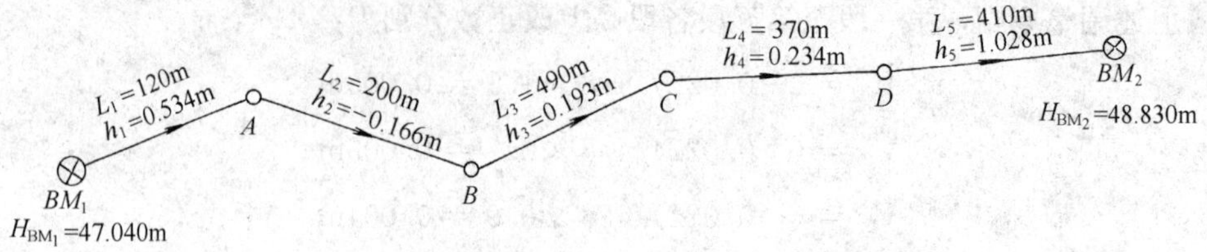

图 2-18　附合水准路线

水准测量成果计算表　　**表 2-5**

测段编号	测点	距离（m）	实测高差（m）	高差改正数（m）	改正后高差（m）	高程（m）	备　注
	BM_1					47.040	已知
1		120	+0.534	−0.002	0.532		
	A					47.572	
2		200	−0.166	−0.004	−0.170		
	B					47.402	
3		490	+0.193	−0.010	+0.183		
	C					47.585	
4		370	+0.234	−0.008	0.226		
	D					47.811	
5		410	+1.028	−0.009	1.019		
	BM_2					48.830	高程相符
Σ		1590	1.823	−0.033	1.790		
辅助计算	$f_h=\Sigma h_测-\Sigma h_理=\Sigma h_测-(H_终-H_始)=1.823-1.790=+0.033\text{m}$ $f_{h容}=40\sqrt{L}\text{mm}=40\sqrt{1.59}\text{mm}=\pm50\text{mm}$ $\lvert f_h\rvert<\lvert f_{h容}\rvert$ 精度合格						

(一) 将观测数据和已知数据填入计算表

将各测点、各段距离、实测高差及水准点 BM_1 和 BM_2 的已知高程填入表 2-5 相应的各栏内。

(二) 计算高差闭合差

如前所述，附合水准路线各测段高差的代数和值应等于两端已知水准点间的高差值。若不等，其差值即为高差闭合差。即

$$f_h=\Sigma h_测-(H_终-H_始) \tag{2-11}$$

上例中：$f_h=1.823-(48.830-47.040)=0.033$（m）

附合水准路线成果计算与高差闭合差计算公式有区别，其他计算方法与步骤基本一样。

(三) 计算高差闭合差容许值

根据表 2-3，图根水准的容许限差 $f_{h容}=40\sqrt{L}\text{mm}$，上例中，路线总长为 1.59km，则 $f_{h容}=40\sqrt{1.59}\text{mm}=50\text{mm}$，由于 $\lvert f_h\rvert<\lvert f_{h容}\rvert$，则精度合格。在精度合格的情况

下，可进行高差闭合差的调整（允许施加高差改正数）。

（四）调整高差闭合差

高差闭合差的调整方法与闭合水准路线相同，各段改正数分别为：

$$V_1 = -0.033/1590 \times 120 = -0.002\text{m}$$

$$V_2 = -0.033/1590 \times 200 = -0.004\text{m}$$

$$V_3 = -0.033/1590 \times 490 = -0.010\text{m}$$

$$V_4 = -0.033/1590 \times 370 = -0.008\text{m}$$

$$V_5 = -0.033/1590 \times 410 = -0.009\text{m}$$

将各段改正数填入表 2-5 中改正数栏内。

检核：$\Sigma V = -0.033\text{m} = -f_h$

（五）计算改正后的高差

改正后高差的计算方法与闭合水准路线相同，上例中各段改正后的高差分别为：

$$h_{1改} = 0.534 + (-0.002) = 0.532\text{m}$$

$$h_{2改} = -0.166 + (-0.004) = -0.170\text{m}$$

$$h_{3改} = 0.193 + (-0.010) = -0.183\text{m}$$

$$h_{4改} = 0.234 + (-0.008) = 0.226\text{m}$$

$$h_{5改} = 1.028 + (-0.009) = 1.019\text{m}$$

分别填入表 2-5 改正后高差栏内。

检核：　　$\Sigma h_{改} = 1.790 = H_{BM_2} - H_{BM_1} = \Sigma h_{理}$

（六）计算待定点高程

根据水准点 BM_1 的已知高程和各段改正后高差按顺序逐点推算各待定点高程，填入表 2-5 高程栏内。上例中推算得各待定点高程分别为：

$$H_A = 47.040 + 0.532 = 47.572\text{m}$$

$$H_B = 47.572 + (-0.170) = 47.402\text{m}$$

$$H_C = 47.402 + 0.183 = 47.585\text{m}$$

$$H_D = 47.585 + 0.226 = 47.811\text{m}$$

$$H_{BM_2} = 47.811 + 1.019 = 48.830\text{m}$$

检核：　　H_{BM_2}（计算）$= 48.830 = H_{BM_2}$（已知）

四、支水准路线成果计算

如图 2-19 所示，为等外支水准路线，已知水准点 A 的高程为 45.396m，往、返测站各为 15 站，其往测高差 $h_{往}=+1.332\text{m}$，返测高差 $h_{返}=-1.350\text{m}$，图中箭头表示水准测量往测方向。成果计算方法如下：

（一）计算高差闭合差

如前所述，从理论上讲，$\Sigma h_{往}$ 与 $\Sigma h_{返}$ 应该绝对值相等，符号相反。即往测高差与返测高差之代数和值应等于零。若不等于零，其值叫高差闭合差。即

$$f_h=h_{往}+h_{返} \tag{2-12}$$

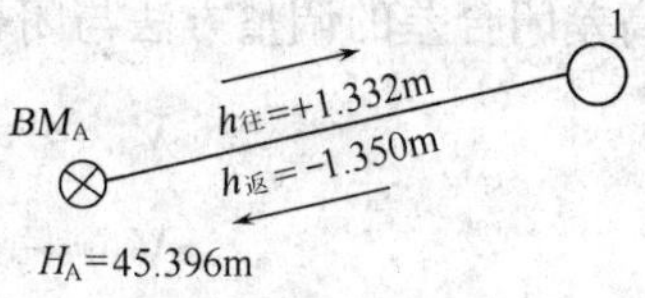

图 2-19　等外支水准路线

上例中：$f_h=h_{往}+h_{返}=1.332+(-1.350)=-0.018\text{m}=-18\text{mm}$

（二）计算高差闭合差容许值

$$f_{h容}=12\sqrt{n}\text{mm}=12\sqrt{15}\text{mm}=\pm 46\text{mm}$$

由于 $|f_h|<|f_{h容}|$，则精度合格。

（三）计算改正后高差

支水准路线，取各测段往测和返测高差绝对值的平均值即为改正后高差，其符号以往测高差符号为准。即：

$$h_{A1(改)}=\frac{|h_{往}|+|h_{返}|}{2}=\frac{1.332+1.350}{2}=1.341\text{m}$$

（四）计算待定点高程

$$H_1=H_A+h_{A1(改)}=45.396+1.341=46.737\text{m}$$

注意：支水准路线在计算闭合差容许值时，路线总长度 L 或测站总数 n 只按单程计算。

第五节　微倾式水准仪的检验与校正

一、水准仪的轴线及其应满足的条件

如图 2-20 所示，微倾式水准仪有四条轴线，即望远镜的视准轴 CC、水准管轴 LL、圆水准器轴 $L'L'$、仪器的竖轴 VV。

根据水准测量原理，水准仪必须准确地提供一条水平视线，才能正确地测定地面两点间的高差。视线是否水平，完全是依据水准管气泡是否居中来判断的。因此，水准仪必须满足视准轴平行于水准管轴（$CC/\!/LL$）这一主要条件。其次为了加快用微倾螺旋精确整平的过程，精平前则要求仪器的竖轴处于竖直位置。竖轴的竖直是借助圆水准器气泡居中，使圆水准器轴竖直来实现的。因此，水准仪还应满足圆水准器轴平行于仪器竖轴（$L'L'/\!/VV$）的条件。当圆水准器气泡居中时，竖轴就竖直。这样，仪器转动至任何方向时，水准管的气泡都不至于偏差太多，调节微倾螺旋就能快速使水准管气泡居中，达到精平的目的。此外，还要求满足十字丝横丝垂直于仪器竖轴的条件。即当仪器整平后，竖轴就竖

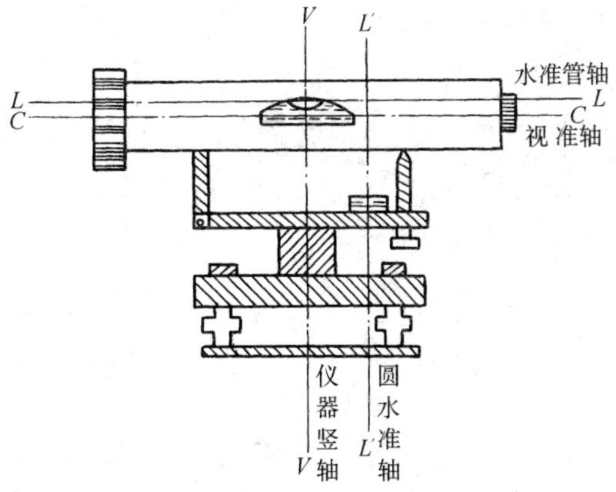

图 2-20　水准仪主要轴线关系

直，若十字丝横丝垂直于竖轴，则横丝就处于水平位置。这样，在水准尺上读数可以不必用十字丝交点，而且横丝的任一部位在水准尺上读数都是正确的，提高读数的精度和速度。

上述几何条件在仪器出厂时经检验都是满足的，但是由于长期的使用或运输过程的振动等客观因素的影响、各部分之间的几何关系会逐渐有所变化，因此，在正式作业之前，必须对仪器进行检核和校正，以便于保证测量成果的精度。

二、检验与校正

上述第二个主要条件，在于装置望远镜的透镜组和十字丝的位置是否正确，其中又以移动调焦透镜的机械结构的质量为主要因素，因此一般应由工厂保证。本节仅介绍第一个主要条件和两个次要条件的检验原理、检验和校正方法。

检验校正的顺序应按下述原则进行，即前面检验的项目不受后续检验项目的影响。

（一）圆水准器轴平行于竖轴的检验与校正

1. 检验

转动基座脚螺旋使圆水准器气泡居中，则圆水准器轴处于铅垂位置。若圆水准器轴不平行于竖轴，如图 2-21（*a*）所示，设两轴的夹角为 α，则竖轴偏离铅垂方向 α。将望远镜绕竖轴旋转 180°后，竖轴位置不变，而圆水准器轴移到图 2-21（*b*）所示位置，此时，圆水准器轴与铅垂线之间的夹角为 2α。圆水准器气泡偏离圆水准器中心位置，气泡偏离的弧长所对的圆心角等于 2α。因此，检验时，先用脚螺旋将圆水准器气泡居中，然后将水准仪旋转 180°，若气泡仍在居中位置，则表明此项条件得到满足；若气泡不居中，说明圆水准器轴与竖轴不平行，需要校正。

2. 校正

用拨针调节圆水准器下面的三个校正螺钉，如图 2-22 所示。先使气泡向零点方向返回一半，如图 2-21（*c*）所示，此时气泡虽不居中，但圆水准器轴已平行于竖轴，再用脚螺旋调气泡居中，则圆水准器轴与竖轴同时处于铅垂位置，如图 2-21（*d*）所示。这时仪器无论转到任何位置，气泡都将居中。校正工作一般需反复多次，直至仪器旋转到任何位置时，圆水准器气泡皆居中为止。最后旋紧固定螺钉。

（二）十字丝横丝垂直于竖轴的检验与校正

1. 检验

安置和整平仪器后，用横丝与竖丝的交点瞄准远处的一个明显点 M，如图 2-23（*a*）所示，拧紧制动螺旋，然后用微动螺旋慢慢地转动望远镜，观察 M 点在视场中的移动轨

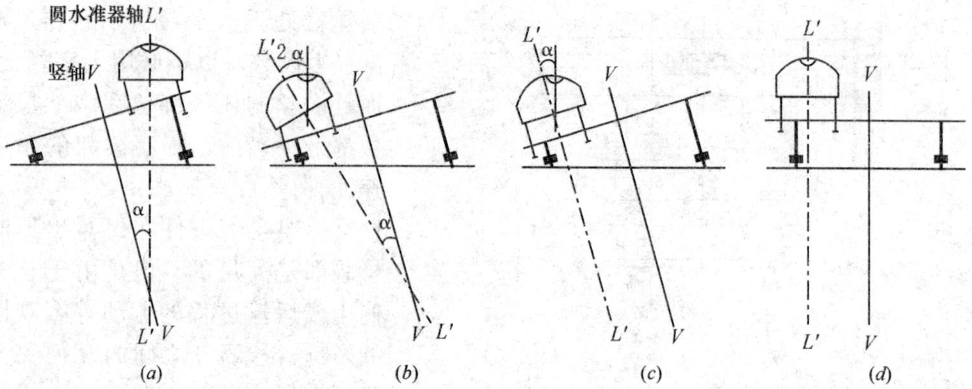

图 2-21 圆水准器轴平行于竖轴的检验与校正

(a) 气泡居中，竖轴不铅直；(b) 旋转 180°；(c) 校正气泡返回一半；(d) 竖轴铅直并平行于水准器轴

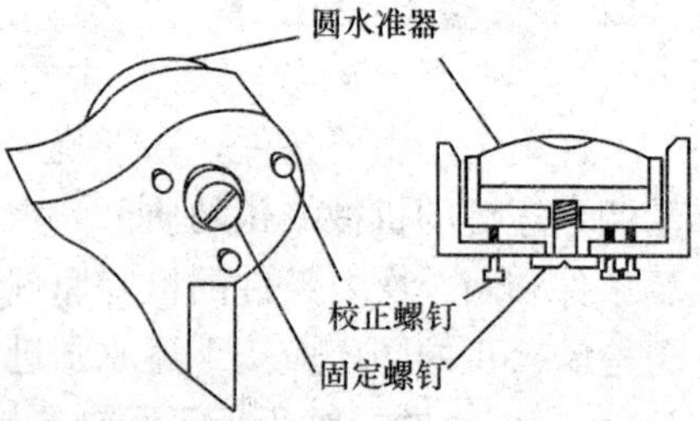

图 2-22 校正圆水准器

迹；若 M 点始终能在横丝上移动，如图 2-23（b）所示，说明十字丝的横丝垂直于仪器竖轴；若 M 点逐渐离开了横丝，在另一端产生一个偏移量，如图 2-23（c）所示，则说明横丝不垂直于竖轴。

2. 校正

如果经过检验，条件不满足，则应进行校正。校正工作用十字丝环的校正螺钉进行。旋下目镜处的护盖，用螺钉旋具松开十字丝分划板座的固定螺钉，如图 2-24 所示，微微旋转十字丝分划板座，使 M 点移动到十字丝横丝，最后拧紧分划板座固定螺钉，上好护盖。此项校正要反复几次，直到满足条件为止。

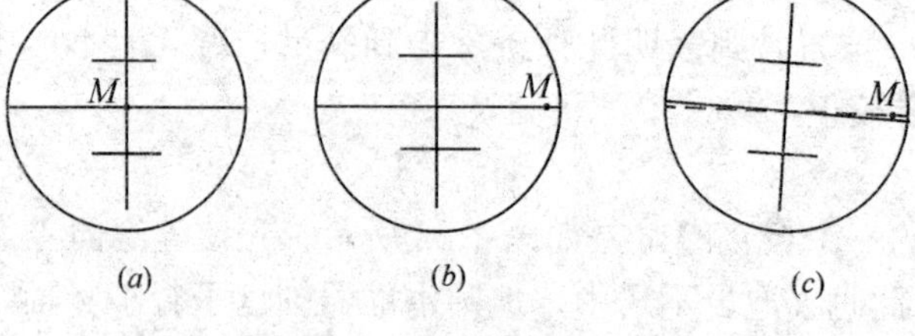

图 2-23 十字丝横丝的检验

(a) 瞄准 M 点；(b) M 点不偏离横丝；(c) M 点偏离横丝

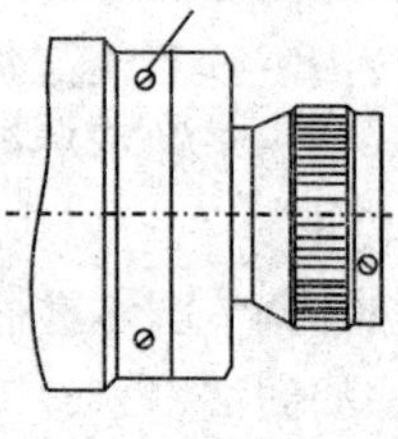

图 2-24 校正

(三) 望远镜的视准轴平行于水准管轴的检验与校正

1. 检验

若水准管轴不平行于视准轴，它们之间会出现一个夹角 i，称为 i 角。由于 i 角影响产生的读数误差称为 i 角误差，因此此项检验也称 i 角检验。在地面上选定两点 A、B，

将仪器安置在两点中间，测出正确高差 h，然后将仪器移至 A 点（或 B 点）附近，再测高差 h'，若 $h=h'$，则水准管轴平行于视准轴，即角为零，若 $h\neq h'$，则两轴不平行。

在一平坦地面上选择相距 80～100m 的两点，分别在 A、B 两点打入木桩或放尺垫后立水准尺，将水准仪安置在 A、B 两点的中间，使前、后视距相等，如图 2-23(a)所示。精确整平仪器后，依次照准 A、B 两点上的水准尺并读数，设读数分别为 a_1 和 b_1，因前后视距相等，所以角对前后视读数的影响是相等的，均为 x，A、B 点之间的高差为：

$$h_1=(a_1-x)-(b_1-x)=a_1-b_1$$

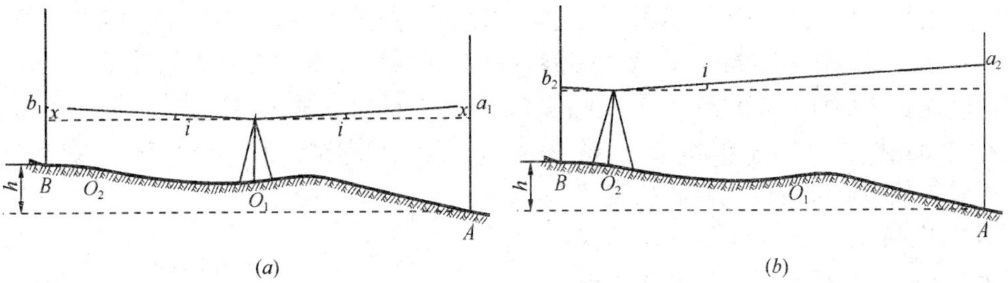

图 2-25　水准管轴平行于视准轴的检验

(a) 水准仪安置在中点；(b) 水准仪安置在一端

由于距离相等，视准轴与水准管轴即使不平行，产生的读数偏差也可以抵消，因此可以认为 h_1 是 A、B 点之间的正确高差。为确保此高差的准确，一般用双面尺法或变动仪器高度法进行两次观测，若两次测得的高差之差不超过 3mm，则取两高差的平均值作为 A、B 两点的高差。

将水准仪安置在距 B 点约 3m 的 O_2 点，如图 2-25（b）所示。读出 B 点尺上的读数 b_2，由于水准仪至 B 点尺很近，i 角对读数 b_2 的影响可近似为零，即认为读数 b_2 正确。根据正确高差 h_1 求出 A 尺的正确读数为 $a'_2=h_1+b_2$；然后，瞄准 A 点水准尺，调水准管气泡居中，读出水准尺上的实际读数 a_2。若 $a_2=a'_2$，说明水准管轴平行于视准轴；若 $a'_2>a_2$，说明视准轴向下倾斜；若 $a'_2<a_2$，说明视准轴向上倾斜。若 $|a'_2-a_2|>\pm 3$mm 时，需要校正。

2. 校正

转动微倾螺旋，使十字丝的横丝对准 A 点水准尺上的正确读数 a'_2 处，此时视准轴水平，但水准管气泡偏离中点。如图 2-26 所示，用校正针先稍松水准管左边或右边的校正螺钉，再按先松后紧原则，分别拨动上下两个校正螺钉，将水准管一端升高或降低，使气泡居中。这时水准管轴与视准轴互相平行，且都处于水平位置。此项校正需反复进行，直到符合要求为止，将校正螺钉旋紧。

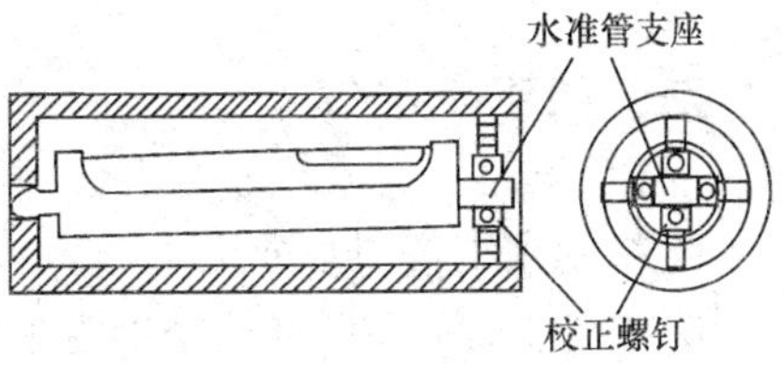

图 2-26　水准管的校正

第六节　自动安平水准仪、精密水准仪与数字水准仪简介

一、自动安平水准仪

自动安平水准仪亦称补偿器水准仪，它的结构特点是没有水准管和微倾螺旋，而是利用自动安平补偿器代替水准管和微倾螺旋，自动获得视线水平时水准尺读数的一种水准仪。使用这种水准仪时，只要使圆水准器气泡居中，即可瞄准水准尺读数。因此，使用这种仪器既简化操作，提高速度，又可避免由于外界温度变化导致水准管与视准轴不平行带来的误差，从而提高观测成果的精度。

图 2-27 所示，是苏州第一光学仪器厂生产的 DSZ2 自动安平水准仪，补偿器工作范围为±14′，自动安平精度不大于±0.3″，自动安平时间小于 2s，精度指标是每 1km 往返测高差中误差±1.5mm。可用于国家三、四等水准测量以及其他场合的水准测量。

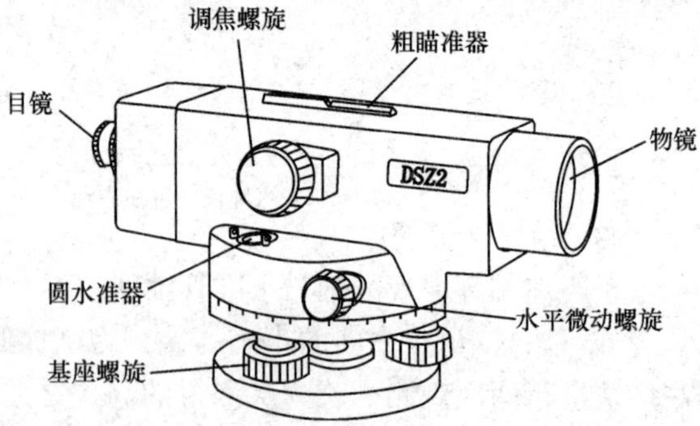

图 2-27　苏州第一光学仪器厂生产的 DSZ2 自动安平水准仪

自动安平水准仪的使用方法与微倾式水准仪大致相同。在观测时，只需用脚螺旋将圆水准器气泡调至居中，照准标尺即可读取读数。通常自动安平水准仪的目镜下方安装有补偿器控制按钮，在读数前先轻轻按一下补偿器按钮，待影像稳定下来时再读数。

自动安平水准仪在使用前也要进行检验及校正，方法与微倾式水准仪的检验与校正相同。同时，还要检验补偿器的性能，其方法是先在水准尺上读数，然后少许转动物镜或目镜下面的一个脚螺旋，人为地使视线倾斜，再次读数，若两次读数相等说明补偿器性能良好，否则需专业人员修理。

二、精密水准仪

1. 精密水准仪与水准尺

精密水准仪是一种能精密确定水平视线，精密照准与读数的水准仪，主要应用于国家一、二等水准测量和高精度工程测量中，如建筑物的变形观测、大型建筑物的施工及大型安装等测量工作。

精密水准仪的构造与普通 DS_3 型水准仪基本相同，也是由望远镜、水准器和基座三个主要部件组成。但精密水准仪的望远镜性能好，放大倍率不低于 40 倍，物镜孔径大于

50mm，为便于准确读数，十字丝横丝的一半为楔形丝；水准管灵敏度很高，分划值一般为6″～10″/2mm；水准管轴与视准轴关系稳定，受温度变化影响小。有的精密水准仪采用高性能的自动安平补偿装置，提高了工作效率。为了提高读数精度，精密水准仪上设有光学测微器。

图2-28所示为国产DS_1级精密水准仪，光学测微器的最小读数为0.05mm，可用于国家一、二等水准测量。图2-29所示是在苏州第一光学仪器厂生产的DSZ2自动安平水准仪基础上，加装FS1平板测微器而成的精密水准仪，光学测微器的最小读数为0.10mm，可用于国家二等水准测量，以及建、构筑物的沉降变形观测。

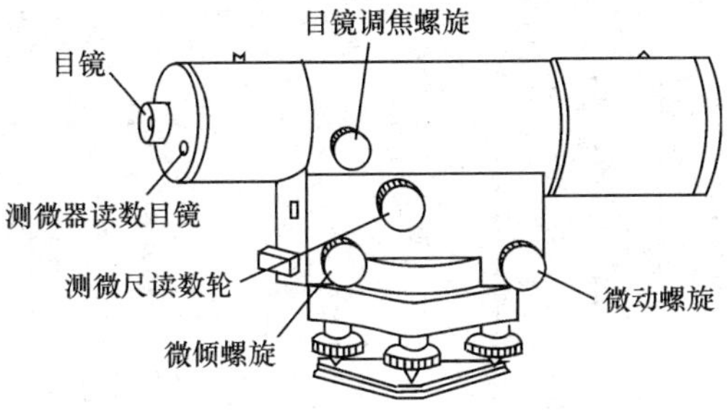

图2-28　国产DS_1精密水准仪

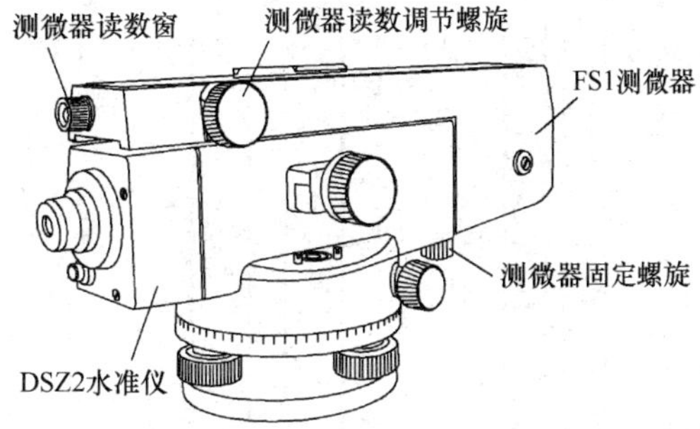

图2-29　苏州第一光学仪器厂生产的DSZ2＋FS1精密水准仪

精密水准尺在木质尺身的槽内张一根因瓦合金带，带上标有刻划，数字注记在木尺上，图2-30（*a*）所示为与国产DS_1级水准仪配套的水准尺，分划值为5mm，该尺只有基本分划，左边一排分划为奇数值，右面一排分划为偶数值。右边的注记为米，左边的注记为分米。小三角形表示半分米处，长三角形表示分米的起始线，厘米分划的实际间隔为5mm，尺面值为实际长度的两倍。所以，用此水准尺进行测量作业时，须将观测高差除以2才是实际高差。

图2-30（*b*）所示为与苏州第一光学仪器厂生产的DSZ2＋FS1水准仪配套的水准尺，分划值为1cm，该尺左侧为基本分划，尺底为0m；右侧为辅助分划，尺底为3.0155m，两侧每隔1cm标注读数。

2. 精密水准仪的使用

精密水准仪的操作程序和使用方法与DS_3型微倾式水准仪基本相同（包括安置仪器、粗平、瞄准和调焦、精平），只是读数方法不同。精密水准仪的读数方法为：在仪器精确整平后，十字丝横丝并不是正好对准水准尺上某一整分划线，此时，转动测微轮，使十字丝的楔形丝正好夹住一条整分划线，读出整分划值和对应的测微尺读数，两者相加即得所求读数。

图2-31（*a*）所示为国产DS_1级水准仪读数，被夹住的分划线读数为2.08m，目镜右下方的测微尺读数为2.3mm，所以水准尺上的全读数为2.0823m。而其实际读数是全读数除以2，即1.0412m。图2-31（*b*）所示为苏州第一光学仪器厂生产的DSZ2＋FS1水准仪读数，被夹住的基本分划线读数为129cm，测微器读数窗中的读数为0.514cm，全读数为129.514cm，舍去最后一位数为129.51cm（1.2951m）。

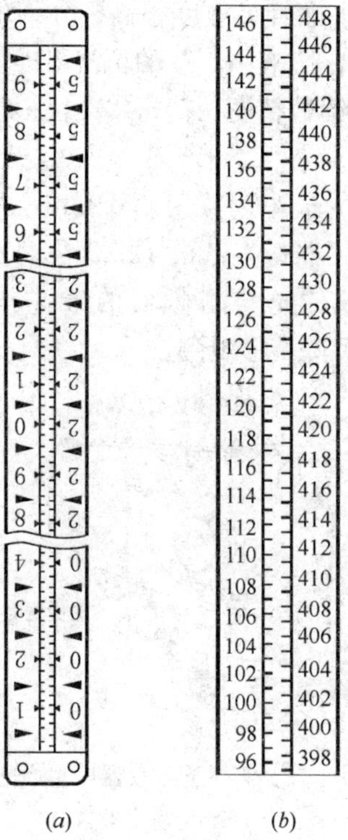

图 2-30　精密水准尺

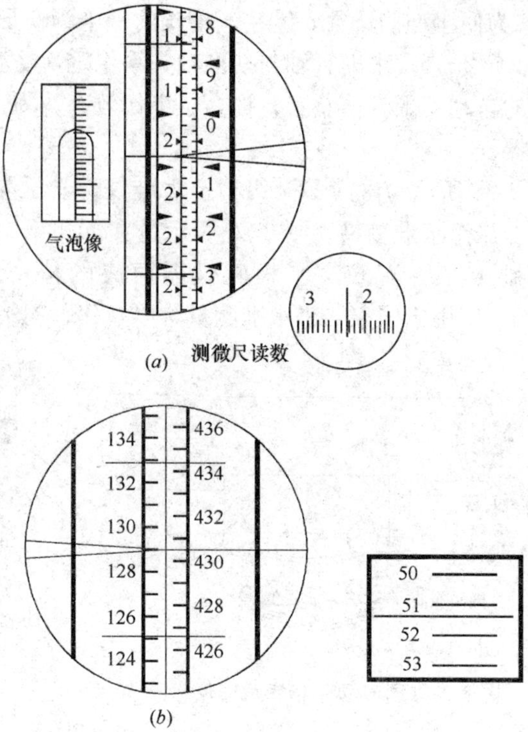

图 2-31　精密水准仪读数

三、数字水准仪

近年来，随着光电技术的发展，出现了数字式水准仪。数字水准仪又称电子水准仪，它是在自动安平水准仪的基础上发展起来的。它采用条码标尺，因各厂家标尺编码的条码图案不相同，不能互换使用。目前照准标尺和调焦仍需人工目视进行。人工完成照准和调焦，标尺条码一方面被成像在望远镜分划板上，供目镜观测；另一方面通过望远镜的分光镜，标尺条码又被成像在光电传感器（又称探测器）上，供电子读数。因此，如果使用传统的标尺，电子水准仪又可以像普通自动安平水准仪一样使用。但这时的测量精度低于电子测量的精度。特别是精密电子水准仪，由于没有光学测微器，当成普通自动安平水准仪使用时，其精度更低。

数字水准仪具有自动安平和自动读数功能，进一步提高了水准测量的工作效率。若与电子手簿连接，还可实现观测和数据记录的自动化。数字水准仪代表了水准测量发展的方向。图 2-32 所示是日本索佳 SDL30M 数字水准仪，图 2-33 是其配套的条形码玻璃钢水准尺。

SDL30M 数字水准仪采用光电感应技术读取水准尺上的条形码，将信号交由微处理器处理和识别，观测值用数字形式在显示屏上显示出来，减少了观测员的判读错误，读数也可同时记录在电子手簿内，内存可建立 20 个工作文件和保存 2000 点的数据。DSL30M 数字水准仪测程为 1.6～100m，使用条形码铟钢水准尺每公里往返测标准差为±0.4mm，使用条形码玻璃钢水准尺每公里往返测标准差为±1.0mm。SDL30M 数字水准仪还具有自动计算功能，可自动计算出高差和高程。

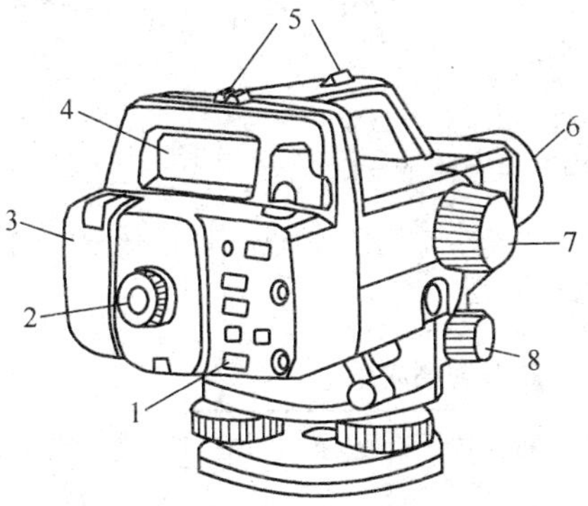

图 2-32　索佳 SDL30M 数字水准仪

1—键盘；2—目镜；3—电池盒；4—显示屏；5—粗瞄准器；6—物镜；7—调焦螺旋；8—微动螺旋

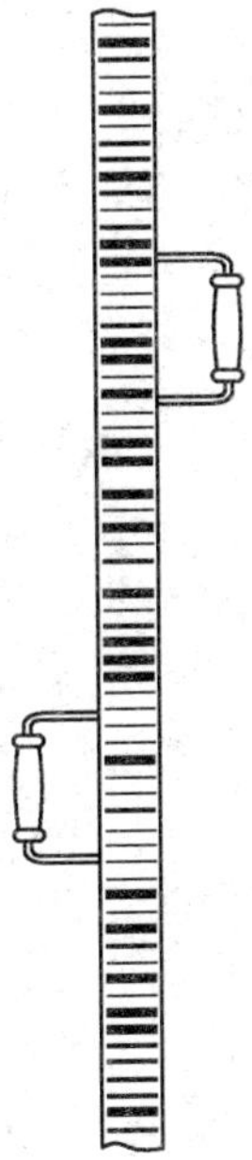

图 2-33　条形码水准尺

使用时，对准条码水准尺调焦，一个简单的单键操作，仪器立刻以数字形式显示精确的读数和距离。条形码玻璃钢水准尺的反面是普通刻划的水准尺，在需要时，SDL30M 数字水准仪也可像普通水准仪一样进行人工读数。

思考题与习题

1. 设 A 为后视点，B 为前视点，A 点的高程为 60.716m，若后视读数为 1.124m，前视读数为 1.428m，问 A、B 两点的高差是多少？B 点比 A 点高还是低？B 点的高程是多少？并绘出示意图。

2. 简述望远镜的主要部件及各部件的作用。

3. 何谓视差？产生视差的原因是什么？怎样消除视差？

4. 水准仪上的圆水准器和管水准器作用有何不同？调节气泡居中时各使用什么螺旋？调节螺旋时有什么规律？

5. 在一个测站的观测过程中，当读完后视读数，继续照准前视点读数时，发现圆水准器的气泡偏离零点，此时能否转动脚螺旋使气泡居中，然后继续观测前视点？为什么？

6. 什么叫水准点？什么叫转点？转点在水准测量中起什么作用？

7. 水准测量时，前后视距相等可消除或减弱哪些误差的影响？

8. 测站检核的目的是什么？有哪些检核方法？

9. 水准测量时，应注意哪些事项？

10. 水准测量的误差来源有哪些？在观测中应如何消除或减弱这些误差的影响？

11. 将图 2-34 中水准测量观测数据按表 2-1 格式填入记录手簿中，计算各测站的高差和 B 点的高程，并进行计算检核。

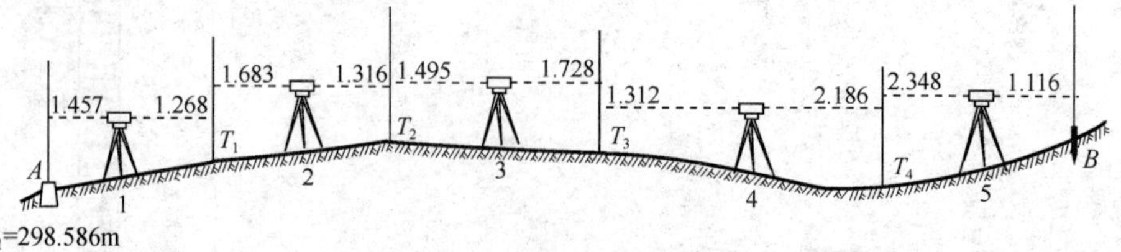

图 2-34　水准测量观测示意图

12. 表 2-5 所示为等外附合水准路线观测成果，请进行闭合差检核和分配后，求出各待定点的高程。

等外附合水准路线观测成果　　　　表 2-6

测段编号	点　名	测　站	实测高差 /m	改正数 /m	改正后高差 /m	高　程 /m	备　　注
	BMA					197.865	已知点
1		10	4.786				
	1						
2		12	2.137				
	2						
3		6	−3.658				
	3						
4		18	10.024				
	BMB					211.198	已知点
Σ							

13. 图 2-35 所示为一条等外水准路线，已知数据及观测数据如图所示，请列表进行成果计算。

14. 图 2-36 所示为一条等外支水准路线，已知数据及观测数据如图所示，往返测路线总长度为 2.6km，试进行闭合差检核并计算 1 点的高程。

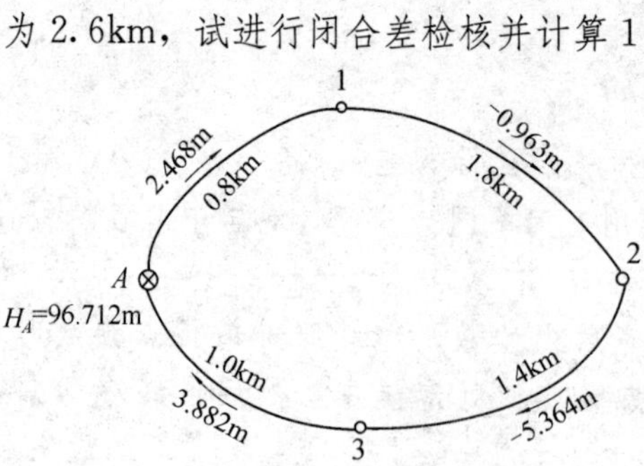

图 2-35　闭合水准路线略图

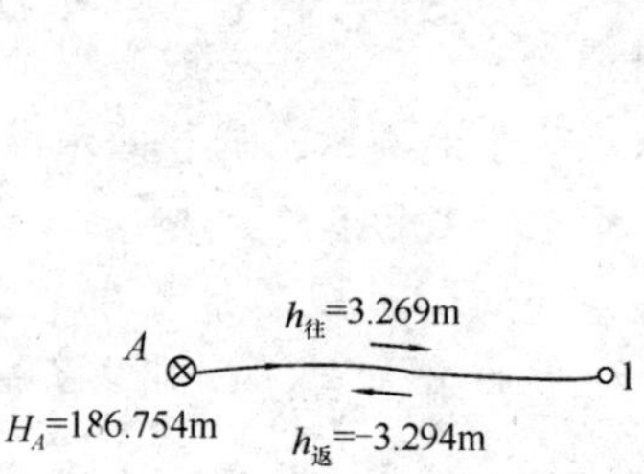

图 2-36　等外支水准路线略图

15. 水准仪有哪些轴线？它们之间应满足哪些条件？其中什么是主要条件？为什么？

16. 安置水准仪在 A、B 两点之间，并使水准仪至 A、B 两点的距离相等，各为 40m，测得 A、B 两点的高差 $h_{AB}=0.224$m，再把仪器搬至 B 点近处，B 尺读数 $b_2=1.446$m，A 尺读数 $a_2=1.695$m，试问水准管轴是否平行于视准轴？如果不平行于视准轴，视线是向上倾斜还是向下倾斜？如何进行校正？

17. 精密水准仪、自动安平水准仪和数字水准仪的主要特点是什么？

第三章 角 度 测 量

教学要求：通过本章学习，熟悉经纬仪的构造及各部件的名称和作用，掌握经纬仪的基本操作和测量水平角的方法。

教学提示：角度测量是测量的三项基本工作之一。经纬仪操作程序是仪器安置→瞄准→读数→记录与计算；角度测量的常用方法是测回法，要求两个半测回角值之差绝对值不得超过40″。

角度测量是测量工作的基本内容之一，其目的是为了确定地面点的位置。它分为水平角测量和竖直角测量。水平角测量是为了确定地面点的平面位置，竖直角测量是用于间接地确定地面点的高程。常用的角度测量仪器是经纬仪，它不但可以测量水平角和竖直角，还可以间接地测量距离和高差，是测量工作中最常用的仪器之一。

第一节 水平角的测量原理

为了测定地面点的平面位置，一般需要观测水平角。所谓水平角，就是空间相交的两条直线在水平面上的投影所构成的夹角，用β表示，其数值为0°～360°。如图3-1所示，A、O、B是地面上高程不同的三点，沿铅垂线方向投影到同一水平面H上，得到a、o、b三点，则水平线ao、bo之间的夹角β，就是地面上OA、OB两方向线构成的水平角。

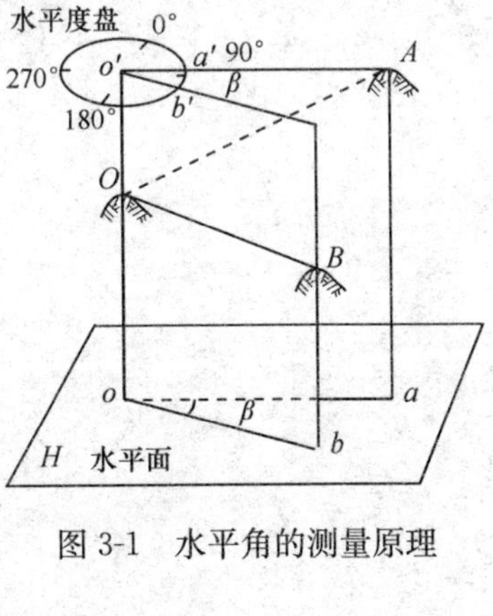

图3-1 水平角的测量原理

由图3-1可以看出，水平角β就是过OA、OB两直线所作竖直面之间的二面角。为了测定水平角的大小，可以设想在两竖直面的交线上任选一点处，水平放置一个按顺时针方向刻划的圆盘（称为水平度盘），使其圆心与o'重合。过OA、OB的竖直面与水平度盘的交线，在度盘上的读数分别为a'、b'，于是地面上OA、OB两方向线之间的水平角β可按下式求得：

$$\beta = \text{右目标读数}\ b' - \text{左目标读数}\ a'$$

这个β就是水平角$\angle aob$的值。

综上所述，用于测量水平角的仪器，必须具备一个能安置成水平的带有刻划的度盘，并且能使度盘中心位于角顶点的铅垂线上。还要有一个能照准不同方向、不同高度目标的望远镜，它不仅能在水平方向旋转，而且能在竖直方向旋转而形成一个竖直面。经纬仪就是根据上述要求设计制造的测角仪器。

第二节　DJ_6（DJ_2）型光学经纬仪

经纬仪的种类很多，如光学经纬仪、电子经纬仪、激光经纬仪、陀螺经纬仪、摄影经纬仪等，但基本结构大致相同。光学经纬仪是测量工作中最普遍采用的测角仪器。目前，国产光学经纬仪按精度不同分为 DJ_{07}、DJ_1、DJ_2、DJ_6 等不同等级。D、J 分别是“大地测量”、“经纬仪”两词汉语拼音的第一个字母；下标 07、1、2、6 等表示该类仪器的精度指标，表示用该等级经纬仪进行水平角观测时，一测回方向值的中误差，以秒为单位，数值越大则精度越低。按度盘的性质划分，有金属度盘经纬仪、光学度盘经纬仪、自动记录的编码度盘经纬仪（电子经纬仪）及测角、测距、记录于一体的仪器（全站仪）等。

在普通测量中，常用的是 DJ_6 型和 DJ_2 型光学经纬仪，其中 DJ_6 型经纬仪属普通经纬仪，DJ_2 型经纬仪属精密经纬仪。本节将以 DJ_6 型经纬仪为主介绍光学经纬仪的构造。

一、光学经纬仪的构造

各种型号的光学经纬仪，由于生产厂家的不同，仪器的部件和结构不尽一样，但是其基本构造大致相同，主要由基座、水平度盘、照准部三大部分组成（图 3-2*a*）。现将各部件名称（图 3-2*b*）和作用分述如下：

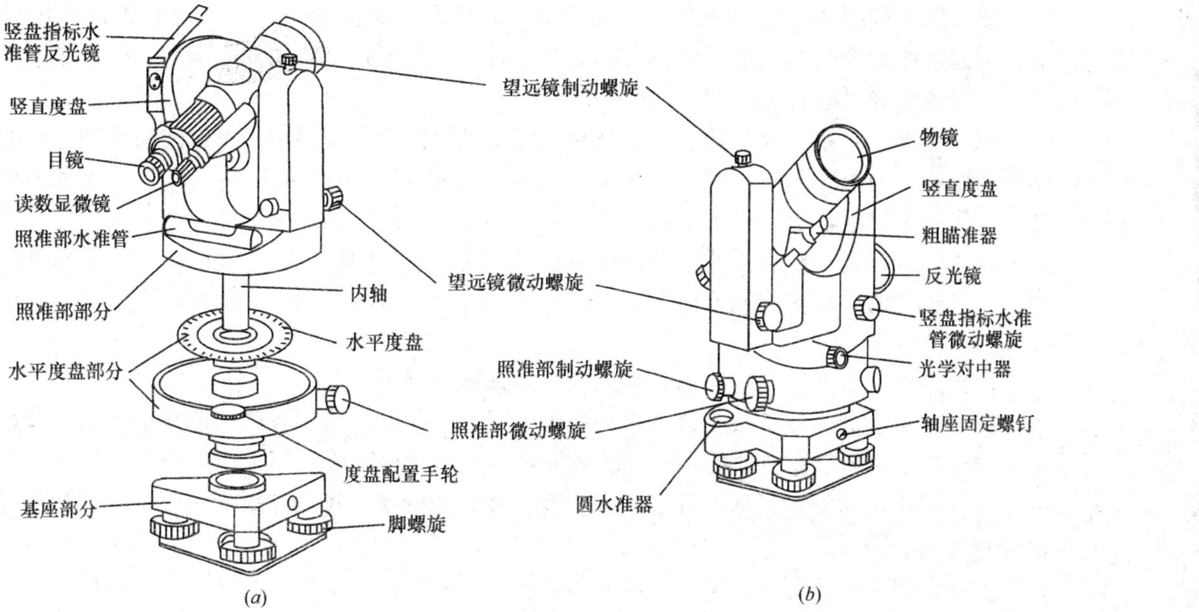

图 3-2　DJ_6 光学经纬仪构造

（一）基座

（1）基座——就是仪器的底座，用来支承仪器。

（2）基座连接螺旋——用来将基座与脚架相连。连接螺旋下方备有挂垂球的挂钩，以便悬挂垂球，利用它使仪器中心与被测角的顶点位于同一铅垂线上，称为垂球对中。现代的经纬仪一般还可利用光学对中器来实现仪器对中，这种经纬仪的连接螺旋的中心是空的，以便仪器上光学对中器的视线能穿过连接螺旋看见地面点标志。

（3）轴座固定螺钉——用来连接基座和照准部。

（4）脚螺旋——用来整平仪器，共三个。

（5）圆水准器——用来粗略整平仪器。

（二）水平度盘

水平度盘是用光学玻璃制成的圆盘，其上刻有 0°～360°顺时针注记的分划线，用来测量水平角。水平度盘固定在空心的外轴上，并套在筒状的轴座外面，绕竖轴旋转。而竖轴则插入基座的轴套内，用轴座固定螺钉与基座连接在一起。

水平角测量过程中，水平度盘与照准部分离，照准部旋转时，水平度盘不动，指标所指读数随照准部的转动而变化，从而根据两个方向的不同读数计算水平角。如需瞄准第一个方向时变换水平度盘读数为某个指定的值（如 0°00′00″），可打开“度盘配置手轮”的护盖或保护扳手，拨动手轮，把度盘读数变换到需要的读数上。

（三）照准部

照准部是光学经纬仪的重要组成部分，主要包括望远镜、照准部水准管、圆水准器、光学光路系统、读数测微器以及用于竖直角观测的竖直度盘和竖盘指标水准管等。照准部可绕竖轴在水平面内转动。

（1）望远镜——望远镜构造与水准仪望远镜相同，它与横轴连在一起，当望远镜绕横轴旋转时，视线可扫出一个竖直面。

（2）望远镜制动、微动螺旋——望远镜制动螺旋用来控制望远镜在竖直方向上的转动，望远镜微动螺旋是当望远镜制动螺旋拧紧后，用此螺旋使望远镜在竖直方向上作微小转动，以便精确对准目标。

（3）照准部制动、微动螺旋——照准部制动螺旋控制照准部在水平方向的转动。照准部微动螺旋：当照准部制动螺旋拧紧后，可利用此螺旋使照准部在水平方向上作微小转动，以便精确对准目标。利用制动与微动螺旋，可以方便准确地瞄准任何方向的目标。

有的 DJ_6 型光学经纬仪的水平制动螺旋与微动螺旋是同轴套在一起的，方便了照准操作，一些较老的经纬仪的制动螺旋采用的是扳手式的，使用时要注意制动的力度，以免损坏。

（4）照准部水准管——亦称管水准器，用来精确整平仪器。

（5）竖直度盘——竖直度盘和水平度盘一样，是光学玻璃制成的带刻划的圆盘，读数为 0°～360°，它固定在横轴的一端，随望远镜一起绕横轴转动，用来测量竖直角。竖盘指标水准管用来正确安置竖盘读数指标的位置。竖直指标水准管微动螺旋用来调节竖盘指标水准管气泡居中。

另外，照准部还有反光镜、内部光路系统和读数显微镜等光学部件，用来精确地读取水平度盘和竖直度盘的读数。有些经纬仪还带有测微轮、换像手轮等部件。

二、光学经纬仪的读数方法

光学经纬仪上的水平度盘和竖直度盘都是用光学玻璃制成的圆盘，整个圆周划分为

360°，每度都有注记。DJ_6 型经纬仪一般每隔 1°或 30′有一分划线，DJ_2 型经纬仪一般每隔 20′有一分划线。度盘分划线通过一系列棱镜和透镜成像于望远镜旁的读数显微镜内，观测者用显微镜读取度盘的读数。各种光学经纬仪因读数设备不同，读数方法也不一样。

（一）分微尺测微器及其读数方法

目前 DJ_6 型光学经纬仪一般采用分微尺测微器读数法，分微尺测微器读数装置结构简单，读数方便、迅速。外部光线经反射镜从进光孔进入经纬仪后，通过仪器的光学系统，将水平度盘和竖直度盘的影像分别成像在读数窗的上半部和下半部，在光路中各安装了一个具有 60 个分格的尺子，其宽度正好与度盘上 1°分划的影像等宽，用来测量度盘上小于 1°的微小角值，该装置称为测微尺。

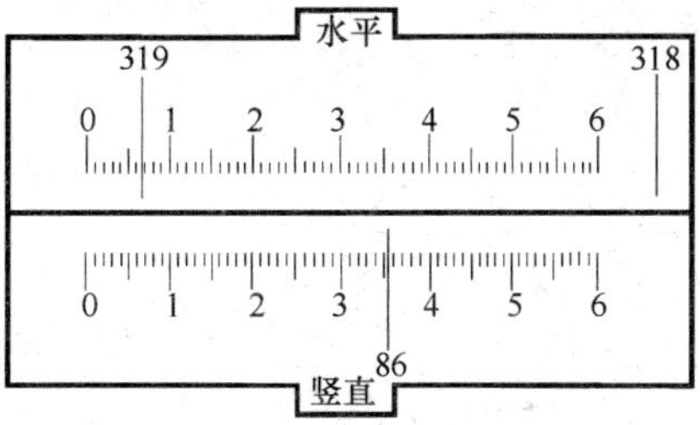

图 3-3　分微尺测微器读数窗

如图 3-3 所示，在读数显微镜中可以看到两个读数窗：注有“水平”（或“H”）的是水平度盘读数窗；注有“竖直”（或“V”）的是竖直度盘读数窗。每个读数窗上刻有分成 60 个小格的分微尺，其长度等于度盘间隔 1°的两分划线之间放大后的影像宽度，因此分微尺上一小格的分划值为 1′，可估读到 0.1′，即最小读数为 6″。

读数时，先调节进光窗反光镜的方向，使读数窗光线充足，再调节读数显微镜的目镜，使读数窗内度盘的影像清晰。然后读出位于分微尺中的度盘分划线的注记度数，再以度盘分划线为指标，在分微尺上读取不足 1°的分数，最后估读秒数，三者相加即得度盘读数。图 3-3 中，水平度盘读数为 319°06′42″，竖直度盘读数为 86°35′24″。

（二）对径分划线测微器及其读数方法

在 DJ_2 型光学经纬仪中，一般都采用对径分划线测微器来读数。DJ_2 型光学经纬仪的精度较高，用于控制测量等精度要求高的测量工作中，图 3-4 所示是苏州第一光学仪器厂生产的 DJ_2 型光学经纬仪的外形图，其各部件的名称如图所注。

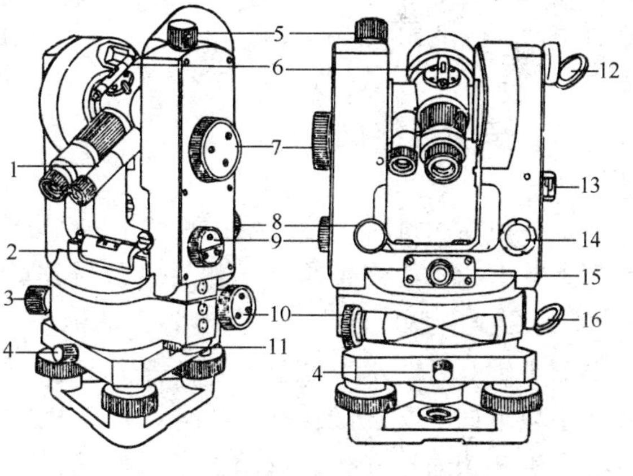

图 3-4　DJ_2 型光学经纬仪构造

1—读数显微镜；2—照准部水准管；3—照准部制动螺旋；4—轴座固定螺旋；5—望远镜制动螺旋；6—光学瞄准器；7—测微手轮；8—望远镜微动手轮；9—度盘变换手轮；10—照准部微动手轮；11—水平度盘变换手轮；12—竖盘照明镜；13—竖盘指标水准管观察镜；14—竖盘指标水准管微动手轮；15—光学对中器；16—水平度盘照明镜

对径分划线测微器是将度盘上相对 180°的两组分划线，经过一系列棱镜的反射与折射，同时反映在读数显微镜中，并分别位于一条横线的上、下方，成为正像和倒像。这种装置利用度盘对径相差 180°的两处位置读数，可消除度盘偏心误差的影响。

这种类型的光学经纬仪，在读数显微镜中，只能看到水平度盘或竖直度盘的一种影像，通过转动换像手轮（图 3-4 之 9），使读数显微镜中出现需要读的度盘的影像。

近年来生产的 DJ_2 型光学经纬仪，一般采用数字化读数装置，使读数方法较为简便。图 3-5 所示为照准目标时，读数显微镜中的影像，上部读数窗中数字为度数，突出小方框中所注数字为整 10′数，左下方为测微尺读数窗，右下方为对径分划线重合窗，此时对径分划不重合，不能读数。

先转动测微轮，使分划线重合窗中的上下分划线重合，如图 3-6 所示，然后在上部读数窗中读出度数“227°”，在小方框中读出整 10′数“50′”，在测微尺读数窗内读出分、秒数“3′14.8″”，三者相加即为度盘读数，即读数为 227°53′14.8″。

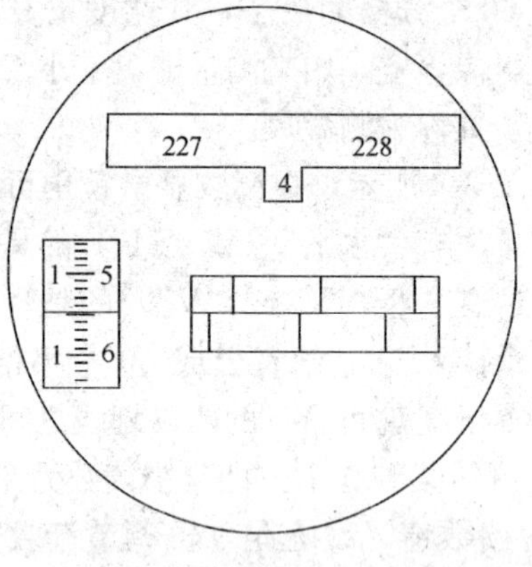

图 3-5 对径分划不重合

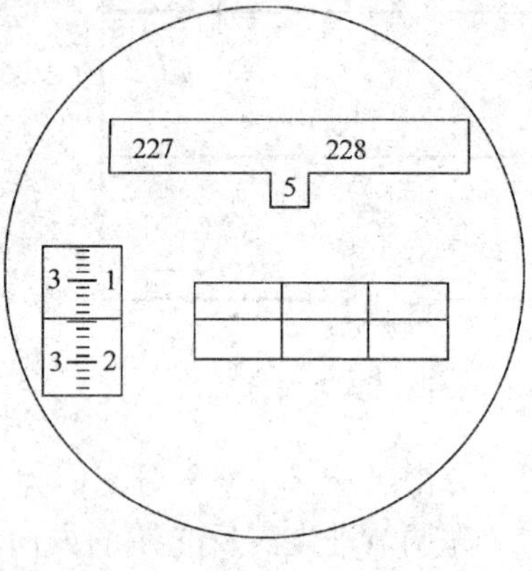

图 3-6 对径分划重合

第三节 经纬仪的使用

经纬仪的使用主要包括对中、整平、瞄准和读数四项基本操作。对中和整平是仪器的安置工作，瞄准和读数是观测工作。

一、安置经纬仪

进行角度测量时，首先要在测站上安置经纬仪。经纬仪的安置是把经纬仪安放在三脚架上并上紧中心连接螺旋，然后进行仪器的对中和整平。对中的目的是使仪器中心（或水平度盘中心）与地面上的测站点的标志中心位于同一铅垂线上；整平的目的是使仪器的竖轴竖直，水平度盘处于水平位置。对中和整平是两项互相影响的工作，尤其在不平坦地面上安置仪器时，影响更大，因此，必须按照一定的步骤与方法进行操作，才能准确、快速地安置好仪器。老式经纬仪一般采用锤球进行对中，现在的经纬仪上都装有光学对中器，由于光学对中不受锤球摆动的影响，对中速度快，精度也高，因此一般采用光学对中器进行对中。由于使用的对中设备不同，对中和整平的方法和步骤也不一样，现分述如下。

（一）用光学对中器对中的安置方法

光学对中器构造如图 3-7 所示。使用光学对中器安置仪器的操作如下：

（1）打开三脚架，使架头大致水平，并使架头中心大致对准测站点标志中心。

(2) 安放经纬仪并拧紧中心螺钉，先将经纬仪的三个角螺旋旋转到大致等高的位置上，再转动光学对中器螺旋使对中器分划清晰，伸缩光学对中器使地面点影像清晰。

(3) 固定三脚架的一条腿于适当位置，两手分别握住另外两个架腿，前后左右移动经纬仪（尽量不要转动），同时观察光学对中器分划中心与地面标志点是否对上，当分划中心与地面标志接近时，慢慢放下脚架，踏稳三个脚架。

(4) 对中：转动基座脚螺旋使对中器分划中心精确对准地面标志中心。

(5) 粗平：通过伸缩三脚架，使圆水准器气泡居中，此时经纬仪粗略水平。注意这步操作中不能使脚架位置移动，因此在伸缩脚架时，最好用脚轻轻踏住脚架。检查地面标志点是否还与对中器分划中心对准，若偏离较大，转动基座脚螺旋使对中器分划中心重新对准地面标志，然后重复第（5）步操作；若偏离不大，进行下一步操作。

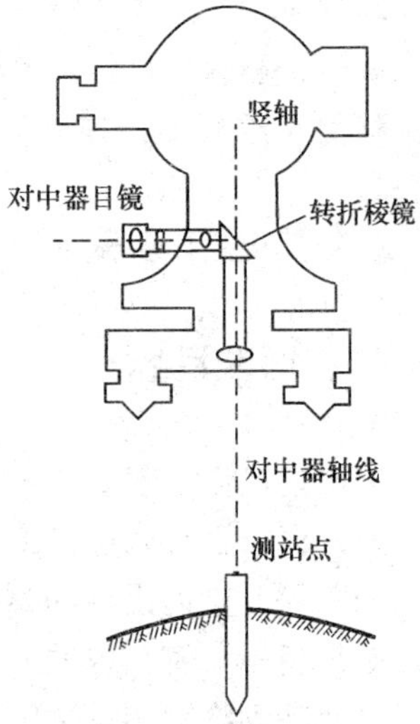

图 3-7 光学对中器

(6) 精平：先转动照准部，使照准部水准管平行于任意两个脚螺旋的连线方向，如图 3-8（*a*）所示，两手同时向内或向外旋转这两个脚螺旋，使气泡居中（气泡移动的方向与转动脚螺旋时左手大拇指运动方向相同）；再将照准部旋转 90°，旋转第三个脚螺旋使气泡居中，如图 3-8（*b*）所示。按这两个步骤反复进行整平，直至水准管在任何方向气泡均居中时为止。

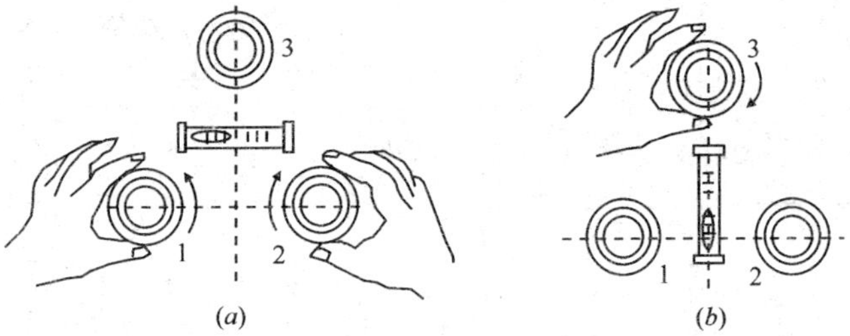

图 3-8 精确整平水准仪

检查对中器分划中心是否偏离地面标志点，若测站点标志中心不在对中器分划中心且偏移量较小，可松开基座与脚架之间的中心螺旋，在脚架头上平移仪器，使光学对中器分划中心精确对准地面标志点，然后旋紧中心螺旋。如偏离量过大，重复（4）、（5）、（6）步操作，直至对中和整平均达到要求为止。

（二）用垂球对中的安置方法

(1) 在测站上打开三脚架，使其高度始终，架头大致水平，并使架头中心大致对准测站点标志中心。

(2) 将仪器放在架头上，并随手拧紧连接仪器和三脚架的中心连接螺旋，挂上垂球，调整坠球线长度。如果垂球尖端与测站点相距较近，可适当放松中心连接螺旋，在架头上移动仪器，使垂球尖端对准测站点标志，再旋紧中心螺旋，使仪器稳固。当垂球尖端离测站点较远时，就需要调整三脚架的脚位。这时要注意先把仪器基座放回到移动范围的中心，旋进中心螺旋，防止摔坏仪器。调整脚位时应注意，当坠球尖与测站点相差不大时，可只移动一条架腿，并同时保持架顶大致水平；如果相差较大，则需移动两条腿进行调整。

（3）其他操作步骤（粗平、精平等）与光学对中器安置方法中的相同。

二、照准目标

照准的操作步骤如下：

（1）调节目镜调焦螺旋，使十字丝清晰。

（2）松开望远镜制动螺旋和照准部制动螺旋，利用望远镜上的照门和准星（或瞄准器）瞄准目标，使在望远镜内能够看到目标物像，然后旋紧上述两个制动螺旋。

（3）转动物镜调焦螺旋，使目标影像清晰，并注意消除视差。

（4）旋转望远镜和照准部微动螺旋，精确地照准目标。

照准时应注意：观测水平角时，照准是指用十字丝的纵丝精确照准目标的中心。当目标成像较小时，为了便于观察和判断，一般用双丝夹住目标，使目标在中间位置。为了避免因目标在地面点上不竖直引起的偏心误差，瞄准时尽量照准目标的底部，如图 3-9（*a*）所示。观测竖直角时，照准是指用十字的横丝精确地切准目标的顶部。为了减小十字丝横丝不水平引起的误差，瞄准时尽量用横丝的中部照准目标，如图 3-9（*b*）所示。

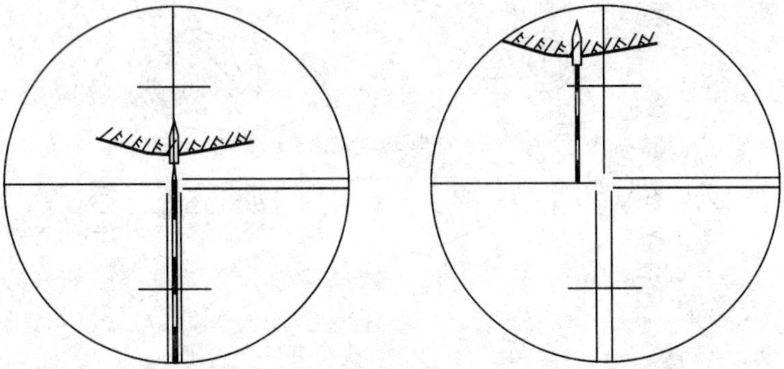

(*a*) (*b*)

图 3-9 照准目标

（*a*）水平角观测用竖丝瞄准；（*b*）竖直角观测用横丝瞄准

三、读数

照准目标后，打开反光镜，并调整其位置，使读数窗内进光明亮均匀；然后进行读数显微镜调焦，使读数窗分划清晰，并消除视差。如是观测水平角，此时即可按上节所述方法进行读数；如是观测竖直角，则要先调竖盘指标水准管气泡居中后再读数。

第四节 水 平 角 测 量

一、水平角的测量方法

水平角的观测方法，一般根据观测目标的多少、测角精度的要求和施测时所用的仪器来确定。常用的观测方法有测回法和方向法两种。测回法适用于观测两个方向之间的单角，方向法适用于观测两个以上的方向。目前在普通工程测量中，主要采用测回法观测。

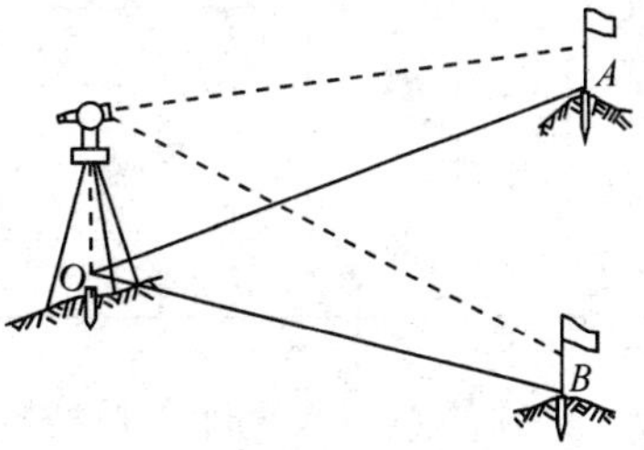

图 3-10 测回观测法

(一) 测回法

如图 3-10 所示，欲测量$\angle AOB$对应的水平角，先在观测点 A、B 上设置观测目标，观测目标视距离的远近，可选择垂直竖立的标杆或测钎，或者悬挂垂球。然后在测站点 O 安置仪器，使仪器对中、整平后，按下述步骤进行观测。

1. 盘左观测

“盘左”指竖盘处于望远镜左侧时的位置，也称正镜，在这种状态下进行观测称为盘左观测，也称上半测回观测，方法如下：

先瞄准左边目标 A，读取水平度盘读数 a_1（例如为 $0°01'30''$），记入观测手簿（表 3-1）中相应的位置。再顺时针旋转照准部，瞄准右边目标 B，读取水平度盘读数 b_1（例如为 $65°08'12''$），记入手簿。然后计算盘左观测的水平角 $\beta_{左}$，得到上半测回角值：

$$\beta_{左}=b_1-a_1= 65°06'42''$$

2. 盘右观测

“盘右”指竖盘处于望远镜右侧时的位置，也称倒镜，在这种状态下进行观测称为盘右观测，也称下半测回观测，其观测顺序与盘左观测相反，方法如下：

先瞄准右边目标 B，读取水平度盘读数 b_2（例如为 $245°08'30''$），记入观测手簿。再逆时针旋转照准部，瞄准左边目标 A，读取水平度盘读数 a_2（例如为 $180°01'42''$），记入手簿。然后计算盘右位置观测的水平角 $\beta_{右}$，得到下半测回角值：

$$\beta_{右}=b_2-a_2=65°06'48''$$

3. 检核与计算

盘左和盘右两个半测回合起来称为一个测回。对于 DJ_6 型经纬仪，两个半测回测得的角值之差 $\Delta\beta$ 的绝对值应不大于 $40''$，否则要重测；若观测成果合格，则取上、下两个半测回角值的平均值，作为一测回的角值 β。即当：

$$|\Delta\beta|=|\beta_{左}-\beta_{右}|\leqslant 40''\text{时}$$

$$\beta=\frac{1}{2}(\beta_{左}+\beta_{右})$$

这里一测回的角值为 $65°06'45$。

测回观测法水平角观测手簿 **表 3-1**

测站	测回	竖盘位置	目标	水平度盘读数	半测回角值	一测回角值	各测回平均角值	备注
				(° ′ ″)	(° ′ ″)	(° ′ ″)	(° ′ ″)	
O	1	盘左	A	0 01 30	65 06 42	65 06 45	65 06 57	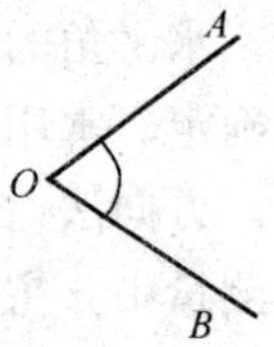
			B	65 08 12				
		盘右	A	180 01 42	65 06 48			
			B	245 08 30				
	2	盘左	A	90 04 24	65 07 24	65 07 09		
			B	155 11 48				
		盘右	A	270 04 12	65 06 54			
			B	335 11 06				

必须注意，水平度盘是按顺时针方向注记的，因此半测回角值必须是右目标读数减左目标读数，当不够减时则将右目标读数加上 360°以后再减。通常瞄准起始方向时，把水平度盘读数配置在稍大于 0°的位置，以便于计算。

当测角精度要求较高时，往往需要观测几个测回，然后取各测回角值的平均值为最后成果。为了减弱度盘分划误差的影响，各测回应改变起始方向读数，递增值为 $180/n$，n 为测回数。例如测回数 $n=2$ 时，各测回起始方向读数应等于或略大于 0°、90°，测回数 $n=3$ 时，各测回起始方向读数应等于或略大于 0°、60°、120°。

图 3-11 方向观测法示意图

测回法通常有两项限差，一是两个半测回的方向值（即角值）之差；二是各测回角值之差，这个差值也称为“测回差”。对于不同精度的仪器，有不同的规定限值。用 DJ_6 型光学经纬仪进行观测时，各测回角值之差的绝对值不得超过 40″，否则需重测。

（二）方向观测法

当一个测站上有三个或三个以上方向，需要观测多个角度时，通常采用方向观测法。方向观测法是以选定的起始方向（又称零方向），依次观测出其余各个方向相对于起始方向的方向值，则任意两个方向的方向值之差即为该两方向线之间的水平角。若方向数超过三个，则须在每个半测回末尾再观测一次零方向（称归零），两次观测零方向的读数应相等或差值不超过规定要求，其差值称“归零差”。由于重新照准零方向时，照准部已旋转了 360°，故此法又称为全圆方向法或全圆测回法。

1. 观测程序

（1）如图 3-11 所示，在测点 O 上安置经纬仪，选一成像清晰、远近适中的目标 A 作为零方向，盘左照准 A 点标志，按置数方法使水平度盘读数略大于零，读数并记入表 3-2 的第 4 栏中。

水平角观测手簿（方向观测法） **表 3-2**

仪器：J_6 99687　　测　站：O　　等级：5″　　日　期：2011 年 10 月 16 日

天气：晴　　观测者：赵　冰 $Y=B$　　开始时间：8 时 23 分

成像：清晰　　记录者：孙　晴　觇标类型：测钎　结束时间：10 时 48 分

测回	测站	目标	水平度盘读数		平均读数 (° ′ ″)	一测回归零方向值 (° ′ ″)	各测回归零方向值 (° ′ ″)	水平角 (° ′ ″)	备注
			盘　左 (° ′ ″)	盘　右 (° ′ ″)					
1	2	3	4	5	6	7	8	9	
1	O	A	0 01 18	180 01 06	(0 01 15) 0 01 12	0 00 00	0 00 00		
		B	39 33 36	219 33 24	39 33 30	39 32 15	39 32 18	39 32 18	
		C	105 45 48	285 45 36	105 45 42	105 44 27	105 44 28	66 12 10	
		D	171 19 30	351 19 24	171 19 27	171 18 12	171 18 06	65 33 38	
		A	0 01 24	180 01 12	0 01 18				
			$\Delta_{左}=+6''$	$\Delta_{右}=+6''$					
2	O	A	90 02 24	270 02 18	(9002 18) 90 02 18	0 00 00			
		B	12934 48	309 34 30	39 34 39	39 32 21			
		C	19546 54	15 46 42	195 46 48	105 44 30			
		D	26120 24	81 20 12	261 20 18	171 18 00			
		A	90 02 18	270 02 18	90 02 18				
			$\Delta_{左}=-6''$	$\Delta_{右}=0''$					

（2）顺时针转动照准部，依次照准 B、C、D 和 A，读取水平度盘读数并记入表 3-2 的第 4 栏（从上往下记）。以上为上半测回。

（3）纵转望远镜，盘右逆时针方向依次照准 A、D、C、B 和 A，读取水平度盘读数并记入表 3-2 的第 5 栏（从下往上记）。称为下半测回。

以上操作过程称为一测回，表 3-2 为全圆方向观测法两个测回的记录计算格式。

2. 外业手簿计算

（1）半测回归零差的计算

每半测回零方向有两个读数，它们的差值称归零差。如表 3-2 中第一测回上下半测回归零差分别为 $\Delta=24''-18''=+06''$；$\Delta=12''-06''=+06''$，对照表 3-3 中限差知不超限。

（2）平均读数的计算

平均读数为盘左读数与盘右读数±180°之和的平均值。表 3-2 第 6 栏中零方向有两个平均值，取这两个平均值的中数记在第 6 栏上方，并加上括号。

（3）归零方向值的计算

表 3-2 第 7 栏中各值的计算，是用第 6 栏中各方向值减去零方向括号内之值。例如：第一测回方法 C 的归零方向值为 $105°45'42''-0°01'15''=105°44'27''$。一测站按规定测回数测完后，应比较同一方向各测回归零后方向值，检查其较差是否超限，如表 3-2 中 D 方向两个测回较差为 12″。如不超限，则取各测回同一方向值的中数记入表 3-2 中第 8 栏。第 8 栏相邻两方向值之差即为该两方向线之间的水平角，记入表 3-2 中第 9 栏。

一测回观测完成后，应及时进行计算，并对照检查各项限差，如有超限，应进行重测。水平角观测各项限差要求见表 3-3。

水平角观测各项限差 **表 3-3**

项　　目	DJ_2 型	DJ_6 型
半测回归零差	12″	24″
同一测回 2C 变动范围	18″	—
各测回同一归零方向值较差	12″	24″

二、水平角测量的误差及注意事项

在水平角观测中有各种各样的误差来源，这些误差来源对水平角的观测精度又有着不同的影响。下面将就水平角观测中的几种主要误差来源分别加以说明：

（一）仪器误差

仪器误差的来源主要有两个方面：一是由于仪器加工装配不完善而引起的误差，如度盘刻划误差、度盘中心和照准部旋转中心不重合而引起的度盘偏心误差等。这些误差不能通过检校来消除或减小，只能用适当的观测方法来予以消除或减弱。如度盘刻划误差，可通过在不同的度盘位置测角来减小它的影响。度盘偏心误差可采用盘左、盘右观测取平均值的方法来减弱。

二是由于仪器检校不完善而引起的误差，它们主要是视准轴误差、横轴误差和竖轴误差。其中，视准轴误差和横轴误差，均可通过盘左、盘右观测取平均值的方法来抵消它们在观测方向上的影响；而竖轴不竖直的误差是不能用正、倒镜观测消除的。因此，在观测前除应认真检验、校正仪器外，还应仔细地进行整平。

（二）观测误差

1. 仪器对中误差

在安置仪器时，由于对中不准确，使仪器中心与测站点不在同一铅垂线上，称为对中误差。仪器中心偏离目标的距离，称为偏心距。对中误差使正确角值与实测角值之间存在误差。测角误差与偏心距成正比，即偏心距愈大，误差愈大；与测站到测点的距离成反比，即距离愈短，误差愈大。因此，在进行水平角观测时，为保证测角精度，仪器对中误差不应超出相应规范的规定，特别是当测站到测点的距离较短时，更要严格对中。尤其是在边长较短或观测角度接近 180°时，应特别注意。

2. 目标偏心误差

水平角观测时，常用测钎、测杆或觇牌等立于目标点上作为观测标志，当观测标志倾斜或没有立在目标点的中心时，将产生目标偏心误差，其对水平角观测的影响与偏心距（实际瞄准目标中心偏离照准点标志中心的距离）成正比，与测站点至照准点的距离成反比。为了减小目标偏心差，瞄准测杆时，测杆应立直，并尽可能瞄准测杆的底部。当目标较近，又不能瞄准目标的底部时，可采用悬吊垂线或选用专用觇牌作为目标。

3. 仪器整平误差

仪器整平误差是指安置仪器时没有将其严格整平，或在观测中照准部水准管气泡中心偏离零点，以致仪器竖轴不竖直，从而引起横轴倾斜的误差。整平误差是不能用观测方法消除其影响的，因此，在观测过程中，若发现水准管气泡偏离零点在一格以上，通常应在下一测回开始之前重新整平仪器。

整平误差与观测目标的竖直角有关，当观测目标的竖直角很小时，整平误差对测角的影响较小，随着竖直角增大，尤其当目标间的高差较大时，其影响亦随之增大。因此，在山区进行水平角测量时，更要注意仪器的整平。

4. 照准误差

照准误差主要与人眼的分辨能力和望远镜的放大倍率有关，人眼分辨两点的最小视角一般为60″。设经纬仪望远镜的放大倍率为V，则用该仪器观测时，其照准误差为：

$$m_V=\pm\frac{60''}{V}$$

一般DJ_6型光学经纬仪望远镜的放大倍率V为25～30倍，因此照准误差m_V一般为2.0″～2.4″。

另外，照准误差与目标的大小、形状、颜色和大气的透明度等也有关。因此，在观测中我们应尽量消除视差，选择适宜的照准标志、有利的气候条件和合适的观测时间，熟练操作仪器，掌握照准方法，并仔细照准以减小误差。

5. 读数误差

读数误差主要取决于仪器的读数设备，同时也与照明情况和观测者的经验有关。DJ_6型光学经纬仪的读数误差，对于读数设备为单平板玻璃测微器的仪器，主要有估读和平分双指标线两项误差；若是分微尺测微器读数设备，则只有估读误差一项。一般认为DJ_6型经纬仪的极限估读误差可以不超过分微尺最小格值的十分之一，即可以不超过6″。如果反光镜进光情况不佳，读数显微镜调焦不恰当以及观测者的技术不熟练，则估读的极限误差会远远超过上述数值。为保证读数的准确，必须仔细调节读数显微镜目镜，使度盘与测微尺分划影像清晰；对小数的估读一定要细心；使用测微轮时，一定要使双指标线夹准度盘分划线。

（三）外界条件的影响

外界条件的影响很多，如大风、松软的土质会影响仪器的稳定；大气透明度会影响照准精度；温度的变化会影响仪器的整平；受地面辐射热的影响，物像会跳动等。在观测中完全避免这些影响是不可能的，只能选择有利的观测时间和条件，尽量避开不利因素，使其对观测的影响降低到最小程度。例如，安置仪器时要踩实三脚架腿；晴天观测时要撑伞，不让阳光直照仪器；观测视线应避免从建筑物旁、冒烟的烟囱上面和靠近水面的空间通过。这些地方都会因局部气温变化而使光线产生不规则的折光，使观测成果受到影响。

第五节　竖 直 角 观 测

一、竖直角测量原理

竖直角是同一竖直面内倾斜视线与水平线之间的夹角，又称高度角或垂直角，角度范围为－90°～＋90°。如图3-12所示，当倾斜视线位于水平线之上时，竖直角为仰角，符号为正；当倾斜视线位于水平线之下时，竖直角为俯角，符号为负。

竖直角与水平角一样，其角值也是度盘上两方向读数之差，所不同的是该度盘是竖直放置的，因此称为竖直度盘。另外，两方向中有一个是水平线方向。为了观测方便，任何类型的经纬仪，当视线水平时，其竖盘读数都是一个常数（一般为90°或270°）。这样，在测量竖直角时，只需用望远镜照准目标点，读取倾斜视线的竖盘读数，即可根据读数与常数的差值计算出竖直角。

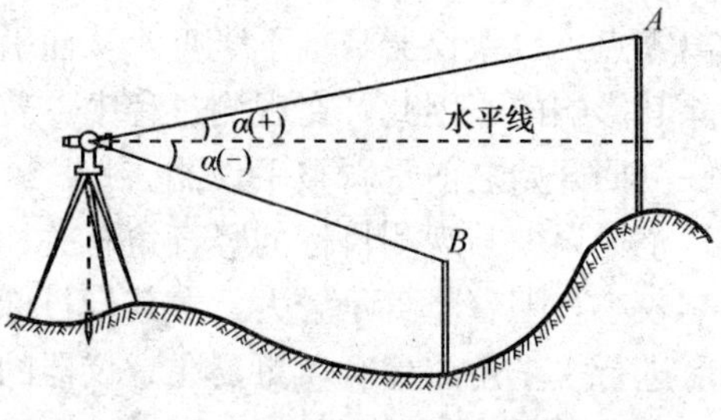

图 3-12　竖直角测量原理

例如，若视线水平时的竖盘读数为 90°，视线上倾时的竖盘读数为 83°45′36″，则竖直角为 90°−83°45′36″= 6°14′24″。

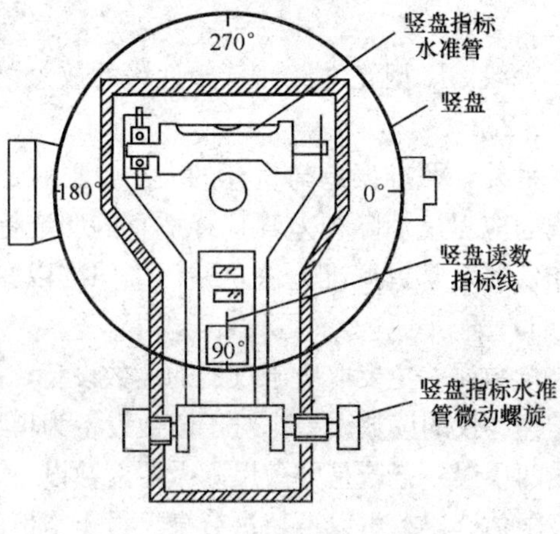

图 3-13　竖直度盘构造

二、竖直度盘的构造

DJ_6 型光学经纬仪的竖直度盘结构如图 3-13 所示，主要部件包括竖直度盘（简称竖盘）、竖盘读数指标线、竖盘指标水准管和竖盘指标水准管微动螺旋。

竖盘固定在望远镜旋转轴的一端，随望远镜在竖直面内转动，而用来读取竖盘读数的指标线，并不随望远镜转动，因此，当望远镜照准不同目标时可读出不同的竖盘读数。竖盘是一个玻璃圆盘，按 0°～360°分划全圆注记，注记方向一般为顺时针，但也有一些为逆时针注记。不论何种注记形式，竖盘装置应满足下述条件：当竖盘指标水准管气泡居中，且望远镜视线水平时，竖盘读数应为某一整度数，如 90°或 270°。

竖盘读数指标线与竖盘指标水准管连接在一个微动架上，转动竖盘指标水准管微动螺旋，可使指标线在竖直面内作微小移动。当竖盘指标水准管气泡居中时，竖盘读数指标线就处于正确位置。

三、竖直角计算公式

由竖直角测量原理可知，竖直角等于视线倾斜时的目标读数与视线水平时的整读数之差。至于在竖直角计算公式中，哪个是减数，哪个是被减数，应根据所用仪器的竖盘注记形式确定。根据竖直角的定义，视线上倾时，其竖直角值为正，由此，先将望远镜大致水平，观察并确定水平整读数是 90°还是或 270°，然后将望远镜上仰，若读数增大，则竖直角等于目标读数减水平整读数；若读数减小，则竖直角等于水平整读数减目标读数。根据这个规律，可以分析出经纬仪的竖直角计算公式。对于图 3-14 所示全圆顺时针注记竖盘，其竖直角计算公式分析如下：

盘左位置：如图 3-14（*a*）所示，水平整读数为 90°，视线上仰时，盘左目标读数 L 小于 90°，即读数减小，则盘左竖直角 α_L 为：

$$\alpha_L = 90° - L \tag{3-1}$$

盘右位置：如图 3-14（*b*）所示，水平整读数为 270°，视线上仰时，盘右目标读数 R 大于 270°，即读数增大，则盘右竖直角 α_R 为：

$$\alpha_R = R - 270° \tag{3-2}$$

盘左、盘右平均竖直角值 α 为：

$$\alpha = \frac{1}{2}(\alpha_L + \alpha_R) \tag{3-3}$$

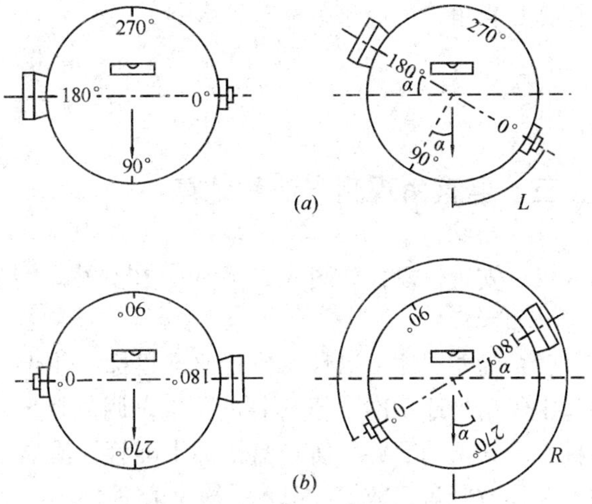

图 3-14 竖直计算公式分析图

（*a*）盘左；（*b*）盘右

对于逆时针注记的竖盘，用类似的方法推得垂直角的计算公式为：

$$\begin{aligned} \alpha_L &= L - 90° \\ \alpha_R &= 270° - R \end{aligned} \tag{3-4}$$

在观测垂直角之前，将望远镜大致放置水平，观察竖盘读数，首先确定视线水平时的读数；然后上仰望远镜，观测竖盘读数是增加还是减少：

若读数增加，则垂直角的计算公式为：

$$\alpha = \text{瞄准目标时竖盘读数} - \text{视线水平时竖盘读数} \tag{3-5}$$

若读数减少，则垂直角的计算公式为：

$$\alpha = \text{视线水平时竖盘读数} - \text{瞄准目标时竖盘读数} \tag{3-6}$$

以上规定，适合任何竖直度盘注记形式和盘左、盘右观测。

四、竖盘指标差

上述竖直角计算公式的推导，是依据竖盘装置应满足的条件，即当竖盘指标水准管气泡居中，且望远镜视线水平时，竖盘读数应为整读数（90°或 270°）。但是，实际上这一条件往往不能完全满足，即当竖盘指标水准管气泡居中，且望远镜视线水平时，竖盘指标不是正好指在整读数上，而是与整读数相差一个小角度 x，该角值称为竖盘指标差，简称指标差。

设指标偏离方向与竖盘注记方向相同时 x 为正，相反时 x 为负。x 的两种形式的计算式如下：

$$x = \frac{1}{2}(L + R - 360°) \tag{3-7}$$

$$x = \frac{1}{2}(\alpha_R - \alpha_L) \tag{3-8}$$

可以证明，盘左、盘右的竖直角取平均，可抵消指标差对竖直角的影响。指标差的互差，能反映观测成果的质量。对于 DJ_6 型经纬仪，规范规定，同一测站上不同目标的指标差相差不应超过 25″。当允许只用半个测回测定竖直角时，可先测定指标差 x，然后用下式计算竖直角，可消除指标差的影响。

$$\alpha=\alpha_L+x$$
$$\alpha=\alpha_R-x \tag{3-9}$$

五、竖直角观测方法和计算

(1) 安置仪器：如图 3-15 所示，在测站点 O 安置好经纬仪，并在目标点 A 竖立观测标志（如标杆）。

(2) 盘左观测：以盘左位置照准目标，使十字丝中丝精确地切准 A 点标杆的顶端，调节竖盘指标水准管微动螺旋，使竖盘指标水准管气泡居中，并读取竖盘读数 L，记入手簿（表 3-4）。

(3) 盘右观测：以盘右位置同上法照准原目标相同部位，调竖盘指标水准管气泡居中，并读取竖盘读数 R，记入表 3-4。

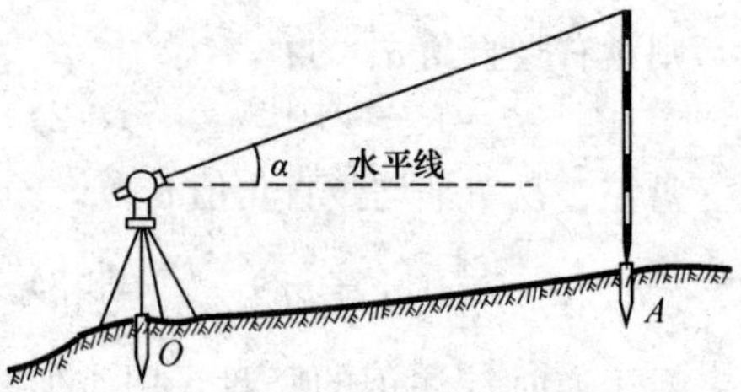

图 3-15　竖直角观测

(4) 计算竖直角：根据式（3-1）～式（3-3）计算 α_L、α_R 及平均值 α（该仪器竖盘为顺时针注记），计算结果填在表 3-4 中。

(5) 指标差计算与检核：按式（3-7）计算指标差，计算结果填在表 3-4 中。

至此，完成了目标 A 一个测回的竖直角观测。目标 B 的观测与目标 A 的观测与计算相同，见表 3-4。A、B 两目标的指标差互差为 9″，小于规范规定的 25″，成果合格。

竖直角观测手簿　　**表 3-4**

测站	目标	竖盘位置	竖盘读数 (° ′ ″)	半测回竖直角 (° ′ ″)	指标差 (″)	一测回竖直角 (° ′ ″)	备　注
O	A	左	81 12 36	8 47 24	−45	8 46 39	
		右	278 45 54	8 45 54			
O	B	左	95 22 00	−5 22 00	−36	−5 22 36	
		右	264 36 48	−5 23 12			

注：盘左望远镜水平时读数为 90°，望远镜抬高时读数减小。

观测竖直角时，只有在竖盘指标水准管气泡居中的条件下，指标才处于正确位置，否则读数就有错误。然而每次读数都必须使竖盘指标水准管气泡居中是很费事的，因此，有些光学经纬仪，采用竖盘指标自动归零装置。当经纬仪整平后，竖盘指标即自动居于正确位置，这样就简化了操作程序，可提高竖直角观测的速度和精度。

第六节　经纬仪的检验与校正

一、经纬仪应满足的几何条件

经纬仪上的几条主要轴线如图 3-16 所示，VV 为仪器旋转轴，亦称竖轴或纵轴；LL 为照准部水准管轴；HH 为望远镜横轴，也叫望远镜旋转轴；CC 为望远镜视准轴。

根据测角原理，为了能精确地测量出水平角，经纬仪应满足的要求是：仪器的水平度盘必须水平，竖轴必须能铅垂地安置在角度的顶点上，望远镜绕横轴旋转时，视准轴能扫出一个竖直面。此外，为了精确地测量竖直角，竖盘指标应处于正确位置。

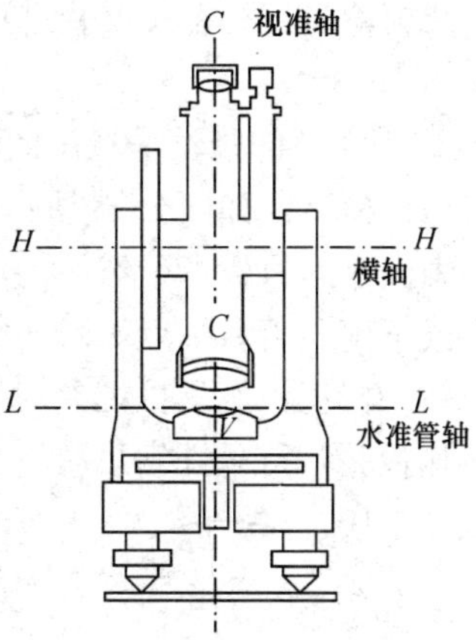

图 3-16　经纬仪的主要轴线

一般情况下，仪器加工、装配时能保证水平度盘垂直于竖轴。因此，只要竖轴垂直，水平度盘也就处于水平位置。竖轴竖直是靠照准部水准管气泡居中来实现的，因此，照准部水准管轴应垂直于竖轴。此外，若视准轴能垂直于横轴，则视准轴绕横轴旋转将扫出一个平面，此时，若竖轴竖直，且横轴垂直于竖轴，则视准轴必定能扫出一个竖直面。另外，为了能在望远镜中检查目标是否竖直和测角时便于照准，还要求十字丝的竖丝应在垂直于横轴的平面内。

综上所述，经纬仪各轴线之间应满足下列几何条件：

（1）照准部水准管轴垂直于仪器竖轴（$LL \perp VV$）；

（2）十字丝的竖丝垂直于横轴；

（3）望远镜视准轴垂直于横轴（$CC \perp HH$）；

（4）横轴垂直于竖轴（$HH \perp VV$）；

（5）竖盘指标应处于正确位置；

（6）光学对中器视准轴平行于竖轴。

二、经纬仪检验与校正

上述这些条件在仪器出厂时一般是能满足精度要求的，但由于长期使用或受碰撞、振动等影响，可能发生变动。因此，要经常对仪器进行检验与校正。

1. 水准管轴垂直于竖轴的检验与校正

（1）检验：将仪器大致整平，转动照准部，使水准管平行于一对脚螺旋的连线，调节脚螺旋使水准管气泡居中，如图 3-17（*a*）所示。然后将照准部旋转 180°，若水准管气泡不居中，如图 3-17（*b*）所示，则说明此条件不满足，应进行校正。

（2）校正：先用校正针拨动水准管校正螺栓，使气泡返回偏离值的一半，如图 3-17（*c*）所示，此时水准管轴与竖轴垂直。再旋转脚螺旋使气泡居中，使竖轴处于竖直位置，如图 3-17（*d*）所示，此时水准管轴水平并垂直于竖轴。

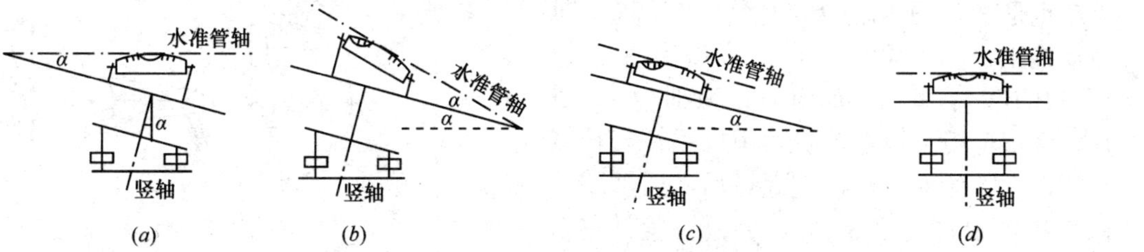

图 3-17　水准管轴垂直于竖轴的检验与校正

此项检验与校正应反复进行，直到照准部转动到任何位置，气泡偏离零点不超过半格为止。

2. 十字丝的竖丝垂直于横轴的检校

(1) 检验：如图 3-18 所示，整平仪器后，用十字丝竖丝的任意一端，精确照准远处一清晰固定的目标点，然后固定照准部和望远镜，再慢慢转动望远镜微动螺旋，使望远镜上仰或下俯，若目标点始终在竖丝上移动，则说明此条件满足。否则，需进行校正。

(2) 校正：旋下目镜分划板护盖，松开四个压环螺钉，慢慢转动十字丝分划板座。然后再作检验，待条件满足后再拧紧压环螺钉，旋上护盖。

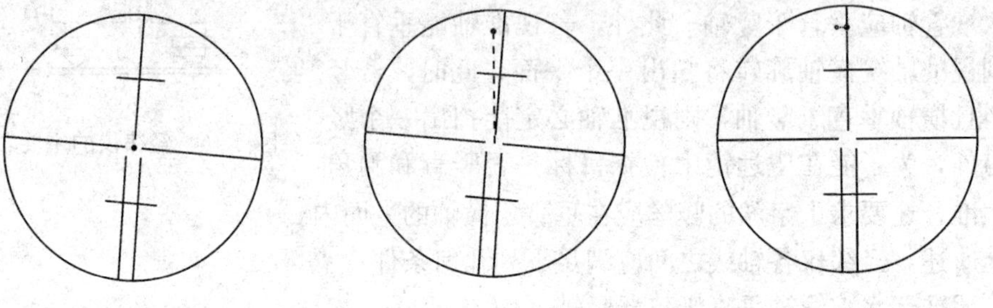

(*a*)　　(*b*)　　(*c*)

图 3-18　十字丝竖丝垂直于横轴的检验与校正

(*a*) 十字丝交点照准一个点；(*b*) 点偏离竖丝，需要校正；(*c*) 校正后

3. 望远镜视准轴垂直于横轴的检校

望远镜视准轴不垂直于横轴所偏离的角度 C 称为视准轴误差。它是由于十字丝分划板平面左右移动，使十字丝交点位置不正确而产生的。有视准轴误差的望远镜绕横轴旋转时，视准轴扫出的面不是一个竖直平面，而是一个圆锥面。因此，当望远镜照准同一竖直面内不同高度的点时，它们的水平度盘读数各不相同，从而产生测量水平角的误差。当目标的竖直角相同时，盘左观测与盘右观测中，此项误差大小相等，符号相反。利用这个规律进行检验与校正。

(1) 检验：如图 3-19 所示，在一平坦场地上，选择相距约 100m 的 A、B 两点，在 AB 的中点 O 安置经纬仪。在 A 点设置一观测目标，在 B 点横放一把有毫米分划的小尺，使其垂直于 OB，且与仪器大致同高。以盘左位置照准 A 点，固定照准部，倒转望远镜，在 B 点尺上读数为 B_1；再以盘右位置瞄准 A 点，倒转望远镜在 B 尺上读数为 B_2。若 B_1、B_2两点重合，则此项条件满足，否则需要校正。

(2) 校正：设视准轴误差为 C，在盘左位置时，视准轴 OA 与其延长线与 OB_1之间的夹角为 $2C$。同理，OA 延长线与 OB_2之间的夹角也是 $2C$，所以 $\angle B_1OB_2 = 4C$。校正时只需校正一个 C 角。在尺上定出 B_3点，使 $B_3 = B_1B_2/4$，此时 OB_3垂直于横轴 OH。然后松开望远镜目镜端护盖，用校正针先稍微拨松上、下的十字丝校正螺钉后，拨动左右两个校正螺钉（图 3-20），一松一紧，左右移动十字丝分划板，使十字丝交点对准

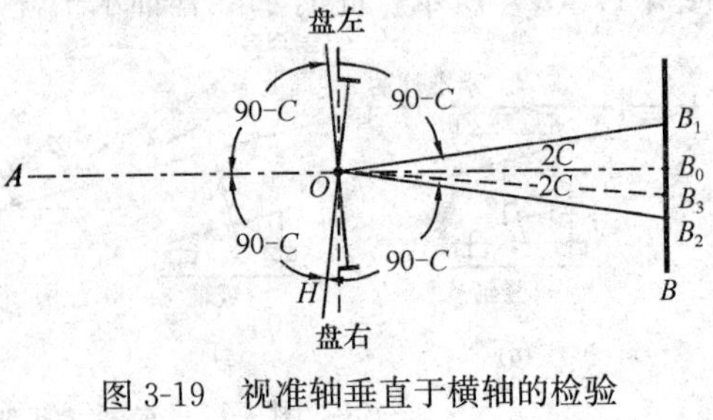

图 3-19　视准轴垂直于横轴的检验

B_3点。

此项检验、校正也要反复进行。

由于盘左、盘右观测时，视准轴误差为大小相等、方向相反，故取盘左和盘右观测值的平均值，可以消除视准轴误差的影响。

两倍照准差 2C 可用来检查测角质量，如果观测中 2C 变动较大，则可能是视准轴在观测过程中发生变化或观测误差太大。为了保证测角精度，2C 的变化值不能超过一定限度，如表 3-2 所示规定，DJ_6型光学经纬仪测量水平角一测回，其 2C 变动范围不能超过 30″。

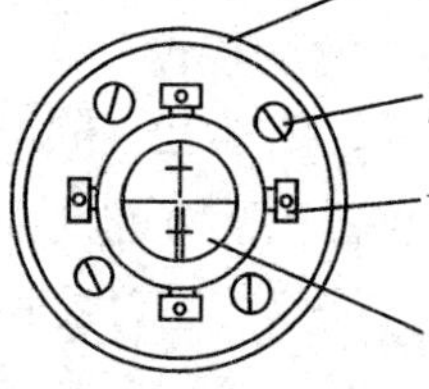

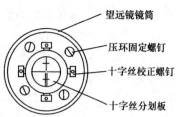

图 3-20　视准轴垂直于横轴的校正

4. 横轴垂直于竖轴的检验与校正

横轴不垂直于竖轴所产生的偏差角值，称为横轴误差。产生横轴误差的原因，是由于横轴两端在支架上不等高。由于有横轴误差，望远镜绕横轴旋转时，视准轴扫出的面将是一倾斜面，而不是竖直面。因此，在瞄准同一竖直面内高度不同的目标时，将会得到不同的水平度盘读数，从而影响测角精度。

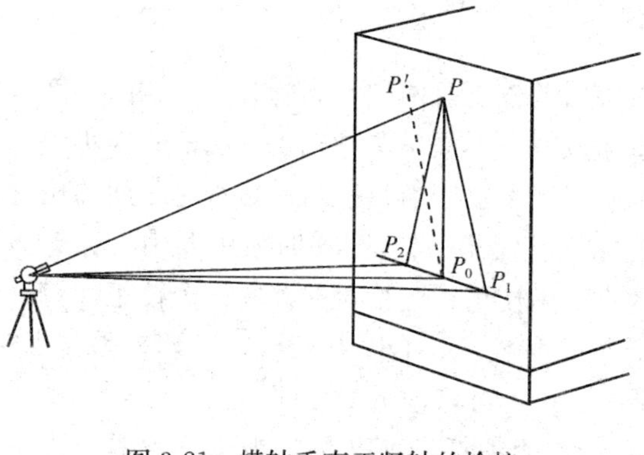

图 3-21　横轴垂直于竖轴的检校

（1）检验：如图 3-21 所示，在距一垂直墙面 20～30m 处，安置好经纬仪。以盘左位置瞄准墙上高处的 P 点（仰角宜大于 30″），固定照准部，然后将望远镜大致放平，根据十字丝交点在墙上定出 P_1点。倒转望远镜成盘右位置，瞄准原目标 P 点后，再将望远镜放平，在 P_1 点同样高度上定出 P_2点。如果 P_1与 P_2 点重合，则仪器满足此几何条件，否则需要核正。

（2）校正：取 P_1、P_2的中点 P_0，将十字丝交点对准 P_0点，固定照准部，然后抬高望远镜至 P 点附近。此时十字丝交点偏离 P 点，而位于 P'处。打开仪器没有竖盘一侧的盖板，拨动横轴一端的偏心轴承，使横轴的一端升高或降低，直至十字丝交点照准 P 点为止。最后把盖板合上。

对于近代质量较好的光学经纬仪，横轴是密封的，此项条件一般能够满足，使用时通常只作检验，若要校正，须由仪器检修人员进行。

由图 3-21 可知，当用盘左和盘右观测一目标时，横轴倾斜误差大小相等，方向相反。因此，同样可以采用盘左和盘右观测取平均值的方法，消除它对观测结果的影响。

5. 竖盘指标差的检校

（1）检验：安置经纬仪，以盘左、盘右位置瞄准同一目标 P，分别调竖盘指标水准管气泡居中后，读取竖盘读数 L 和 R，然后按式（3-7）计算竖盘指标差 x。若 $x>40''$，说明存在指标差；当 $x>60''$时，则应进行校正。

（2）校正：保持望远镜盘右位置瞄准目标 P 不变，计算盘右的正确读数 $R_0=R-x$，转动竖盘指标水准管微动螺旋使竖盘读数为 R_0，此时竖盘指标水准管气泡必定不居中。用校正针拨动竖盘指标水准管一端的校正螺钉，使气泡居中即可。

此项校正需反复进行，直至指标差 x 的绝对值小于 30″为止。

6. 光学对中器的检校

(1) 检验：如图 3-22 (*a*) 所示，将经纬仪安置到三脚架上，在一张白纸上画一个十字交叉并放在仪器正下方的地面上，整平对中。旋转照准部，每转 90°，观察对中点的中心标志与十字交叉点的重合度，如果照准部旋转时，光学对中器的中心标志一直与十字交叉点重合，则不必校正，否则进行校正。

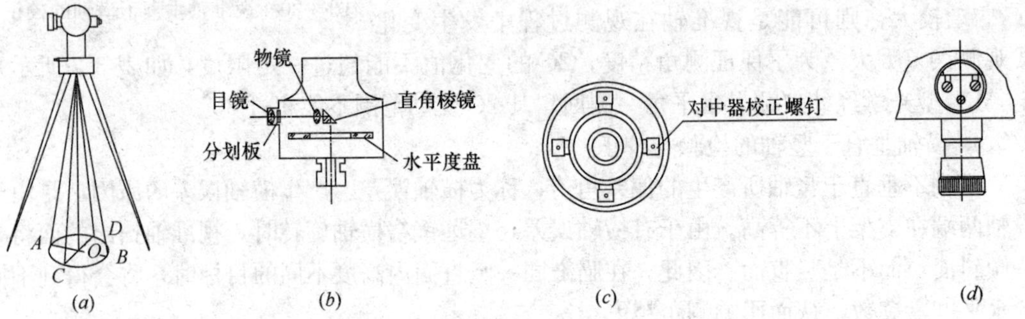

图 3-22 光学对中器的检校

(2) 校正：

根据经纬仪型号和构造的不同，光学对中器的校正有两种不同的方法，如图 3-22 (*b*) 所示，一种是校正分划板，另一种是校正直角棱镜。下面是两种校正方法的具体步骤。

1) 校正分划板法：如图 3-22 (*c*) 所示，将光学对中器目镜与调焦手轮之间的校正螺钉护盖取下，固定好十字交叉白纸并在纸上标记出仪器每旋转 90°时对中器中心标志的四个落点，用直线连接对角点，两直线交点为 O。用校正针调整对中器的四个校正螺钉，使对中器的中心标志与 O 点重合。重复检验、检查和校正，直至符合要求。调整须在 1.5m 和 0.8m 两个目标距离上，同时达到上述要求为止，再将护盖安装回原位。

2) 校正直角棱镜法：如图 3-22 (*d*) 所示，用表扦子松开位于光学对中器上方小圆盖中心的螺钉，取下盖板，可见两个圆柱头螺钉和一个小的平端紧定螺钉。稍为松开两个圆柱头螺钉，用表扦子轻轻敲击，可使位于螺钉下面的棱镜座前后、左右移动，平端紧定螺钉可使棱镜座稍微转动，到转动照准部至任意位置，测站点均位于分划板小圆圈中心为止（允许目标有 0.5mm 的偏离），固定两圆柱头螺钉。调整须在 1.5m 和 0.8m 两个目标距离上，同时达到上述要求为止，再将小圆盖装回原位。

第七节 电子经纬仪简介

电子经纬仪是在光学经纬仪的基础上发展起来的新一代测角仪器，是全站型电子速测仪的过渡产品，其主要特点是：

(1) 采用电子测角系统，能自动显示测量结果，减轻了外业劳动强度，提高了工作效率；

(2) 可与电磁波测距仪组合成全站型电子速测仪，配合适当的接口，可将观测的数据输入计算机，实现数据处理和绘图自动化。

下面以南方测绘仪器公司生产的 ET-02/05 电子经纬仪为例，介绍电子经纬仪的构造与使用方法。

1. ET-02/05 电子经纬仪的构造

如图 3-23 所示，ET-02/05 电子经纬仪采用增量式光栅度盘读数系统，配有自动垂直补偿装置，最小读数为 1″，测角精度为 2″（ET-02 型）和 5″（ET-05 型）。ET-02/05 电子经纬仪上有数据输入和输出接口，可与光电测距仪和电子记录手簿连接。该仪器使用可充镍氢电池，连续工作时间约 10h；望远镜十字丝和显示屏有照明光源，便于在黑暗环境中操作。

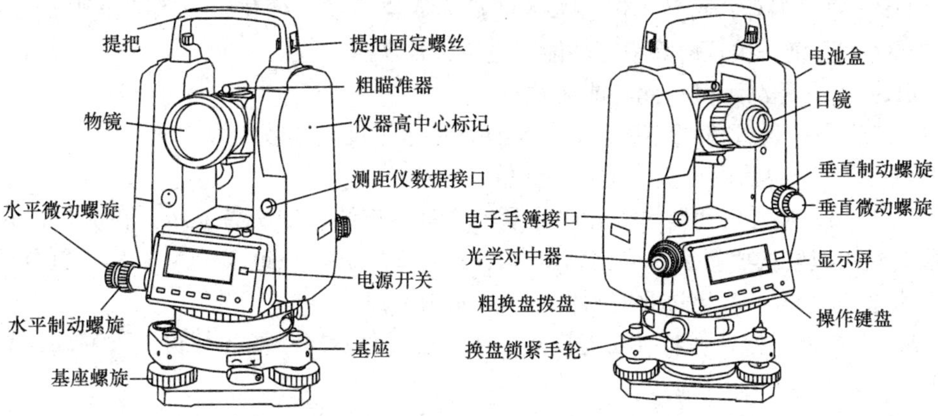

图 3-23　ET-02/05 电子经纬仪的构造

2. ET-02/05 电子经纬仪的使用

ET-02/05 电子经纬仪在使用时，首先要对中整平，其方法与普通光学经纬仪相同，然后按“PWR”键开机，屏幕上即显示出水平度盘读数 *HR*，再上下摇动一下望远镜，屏幕上即显示出竖盘读数 *V*，图 3-24 所示的水平度盘读数为 299°10′48″，竖盘读数为 85°26′41″。角度观测时，只要瞄准好目标，屏幕上便自动显示出相应的角度读数值，瞄准目标的操作方法与普通光学经纬也完全一样。

显示屏右下角的符号“BAT”显示电池消耗信息，“BAT”及“BAT”表示电量充足，可操作使用；“BAT”表示尚有少量电源，应准备随时更换电池或充电后再使用；“BAT”闪烁表示即将没电（大约可持续几分钟），应立即结束操作更换电池并充电。每次取下电池盒时，都必须先关掉仪器电源，否则仪器易损坏。

3. ET-02/05 电子经纬仪按键的功能与使用方法

图 3-24 所示是 ET-02/05 电子经纬仪的操作键盘及显示屏。每个按键具有一键两用的双重功能，按键上方所标示的功能为第一功能，直接按此键时执行第一功能，当按下“MODE”键后再按此键时执行第二功能。下面分别介绍各功能键的作用：

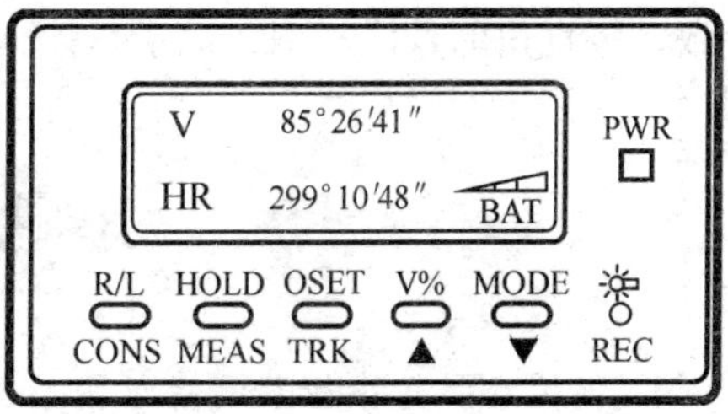

图 3-24　电子经纬仪操作键盘

“PWR”——电源开关键，按键开机；按键大于 2s 则关机。

“R/L”——显示右旋/左旋水平角选择键，

连续按此键两种角值交替显示。所谓右旋是指水平度盘读数按顺时针方向增大，左旋是指水平度盘读数按逆时针方向减小，一般采用右旋状态观测。

“CONS”——专项特种功能模式键，按住此键开机，可进入参数设置状态，对仪器的角度测量单位、最小显示单位、自动关机时间等进行设置，设置完成后按“CONS”键予以确认，仪器返回测量模式。

“HOLD”——水平角锁定键。在观测水平角过程中，若需保持所测（或对某方向需预置）方向水平度盘读数时，按“HOLD”键两次即可。水平度盘读数被锁定后，显示左下角“HR”符号闪烁，再转动仪器水平度盘读数也不发生变化。当照准至所需方向后，再按“HOLD”键一次，解除锁定功能，进行正常观测。

“MEAS”——测距键（此功能无效）。

“OSET”——水平角置零键，按此键两次，水平度盘读数置为 0°00′00″。

“TRK”——跟踪测距键（此功能无效）。

“V%”——竖直角和斜率百分比显示转换键，连续按键交替显示。在测角模式下测量。竖直角可以转换成斜率百分比。斜率百分比值=高差/平距×100%，斜率百分比范围从水平方向至±45°，若超过此值则仪器不显示斜率值。

“▲”——增量键，在特种功能模式中按此键，显示屏中的光标可上下移动或数字向上增加。

“MODE”——测角、测距模式转换键。连续按键，仪器交替进入一种模式，分别执行键上或键下标示的功能。

“REC”——望远镜十字丝和显示屏照明键，按一次开灯照明，再按则关（如不按键，10s 后自动熄灭）。在与电子手簿连接时，此键为记录键。

在角度测量时，根据需要按键，既可方便地读取有关的角度数据，必要时，还可把数据记录在电子手簿中，然后将电子手簿与计算机连接，把数据输入到计算机中进行处理。

4. ET-02/05 电子经纬仪测水平角的方法

将望远镜十字丝中心照准目标 A 后，按“OSET”键两次，使水平角读数为 0°00′00″，即显示目标 A 方向为 HR 0°00′00″；顺时针方向转动照准部，以十字丝中心照准目标 B，此时显示的 HR 值即为盘左观测角。倒转望远镜，依次照准目标 B 和 A，读取并记录所显示的 HR 值，经计算得到盘右观测角，具体计算及成果检核的方法与光学经纬仪水平观测相同。

5. ET-02/05 电子经纬仪测水平角的方法

ET-02/05 电子经纬仪采用了竖盘指标自动补偿归零装置，出厂时设置为望远镜指向天顶的读数为 0°，所以竖直角等于 90°减去瞄准目标时所显示的 V 读数，这与光学经纬仪一致，竖直角的具体观测、记录与计算与光学经纬仪基本相同，在此不再复述。

思考题与习题

1. 何谓水平角？若某测站与两个不同高度的目标点位于同一竖直面内，那么测站与这两个目标构成的水平角是多少？

2. 经纬仪由哪几大部分组成？有哪些制动和微动螺旋？各有何作用？

3. DJ_6型光学经纬仪的分微尺测微器的读数方法和DJ_6型光学经纬仪的对径分划线测微器的读数方法有什么不同？

4. 观测水平角时，对中和整平的目的是什么？简述经纬仪用光学对中器法对中和整平的步骤与方法。

5. 试述测回观测法测角的操作步骤。

6. 观测水平角时，若测两个以上测回，为什么要变动度盘位置？若测四个测回，各测回起始方向读数应是多少？

7. 何谓竖直角？观测水平角和竖直角有哪些相同点和不同点？

8. 观测竖直角时，竖盘指标水准管的气泡为什么一定要居中？

9. 观测水平角时，什么情况下采用测回观测法？什么情况下采用方向观测法？

10. 什么是竖盘指标差？观测竖直角时如何消除竖盘指标差的影响？

11. 整理表 3-5 所示的用测回观测法观测水平角的记录，并在备注栏内绘出测角示意图。

用测回观测法观测水平角的记录表 **表 3-5**

测站	测回	竖盘位置	目标	水平度盘读数 (° ′ ″)	半测回角值 (° ′ ″)	一测回角值 (° ′ ″)	各测回平均角 (° ′ ″)	备 注
A	1	盘左	1	0 12 00				
			2	91 45 30				
		盘右	1	180 11 24				
			2	271 45 12				
	2	盘左	1	90 11 48				
			2	181 44 54				
		盘右	1	270 12 12				
			2	1 45 18				

12. 完成表 3-6 所示的方向观测法观测水平角记录手簿的计算。并在备注栏内绘出测角示意图。

方向观测法观测水平角记录手簿 **表 3-6**

测回	目标	水平度盘读数 盘左 (° ′ ″)	水平度盘读数 盘右 (° ′ ″)	2*C* (″)	平均读数 (° ′ ″)	归零后方向值 (° ′ ″)	各测回归零后方向均值 (° ′ ″)	备注
1	B	0 02 36	180 02 12					
	C	37 44 18	217 44 06					
	D	110 29 06	290 28 54					
2	B	90 03 12	270 03 24					
	C	127 45 36	307 45 24					
	D	200 30 24	20 30 06					

13. 整理表 3-7 所示的竖直角观测记录。

竖直角观测记录 **表 3-7**

测站	目标	竖盘位置	竖盘读数 (° ′ ″)	半测回竖直角 (° ′ ″)	指标差 (° ′ ″)	一测回竖直角 (° ′ ″)	备注
A	1	盘左	84 12 42				
		盘右	275 46 54				
A	1	盘左	115 21 06				
		盘右	244 38 48				

14. 经纬仪上有哪些主要轴线？它们之间应满足什么条件？

15. 观测水平角时，为什么要用盘左、盘右观测？能消除哪些仪器误差？盘左、盘右观测是否能消除因竖轴倾斜引起的水平角测量误差？

16. 水平角测量的误差来源有哪些？在观测中应如何消除或减弱这些误差的影响？

17. 水平角观测时，应注意哪些事项？

18. 电子经纬仪的主要特点是什么？它与光学经纬仪的本质区别是什么？

19. 试述 DJ_2 型光学经纬仪的读数方法。

第四章　距离测量与直线定向

教学要求：通过本章学习，熟悉直线定线的方法；掌握钢尺量距的基本工作方法，会进行作业观测数据的简单处理及精度评定；熟悉直线定向的方法、方位角与象限角的计算。

教学提示：距离测量是测量的三项基本工作之一。量距方法有钢尺一般量距和精密量距；量距应往、返丈量，计得相对误差必须在容许误差范围内；直线定向是确定直线与标准方向之间的水平夹角，建筑测量是采用坐标纵轴作为基本方向。

距离测量是测量的基本工作之一。所谓水平距离是指地面上两点垂直投影到水平面上的直线距离。实际工作中，需要测定距离的两点一般不在同一水平面上，沿地面直接测量所得距离往往是倾斜距离，需将其换算为水平距离，如图 4-1 所示。测定距离的方法有钢尺量距、视距测量、光电测距等。为了确定地面上两点间的相对位置关系，还要测量两点连线的方向。本章主要介绍钢尺量距、视距测量和光电测距的基本方法及直线定向和用罗盘仪测定磁方位角。

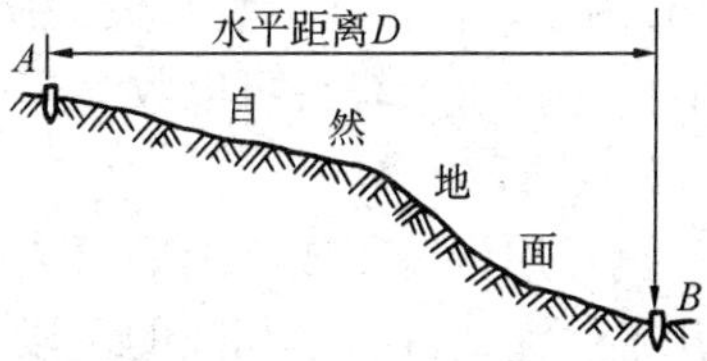

图 4-1　距离测量

第一节　钢　尺　量　距

一、钢尺量距的工具

钢尺量距的工具为钢尺。辅助工具有标杆、测钎、垂球等。

1. 钢尺

钢尺也称钢卷尺，有架装和盒装两种，如图 4-2、图 4-3 所示。尺宽约 1～1.5cm，长度有 20、30m 及 50m 等几种。钢尺的刻划方式有多种，目前使用较多的为全尺刻有毫米分划，在厘米、分米、米处有数字注记。

图 4-2　架装钢尺

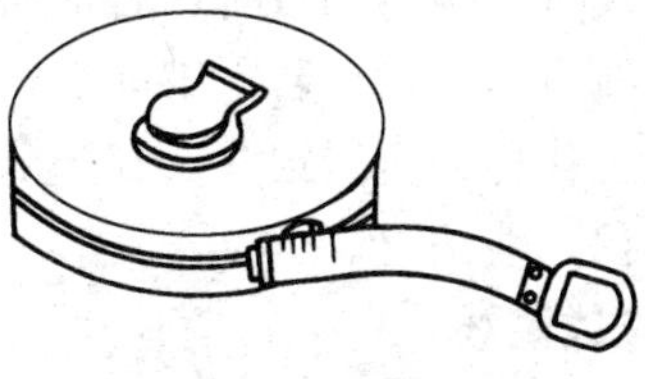
图 4-3　盒装钢尺

钢尺抗拉强度高，不易拉伸，在工程测量中常用钢尺量距。钢尺性脆，容易折断和生锈，使用时要避免扭折、受潮湿和车轧。由于尺的零点位置不同，有端点尺和刻线尺的区别，端点尺以尺的最外端为尺的零点，从建筑物墙边量距比较方便，如图 4-4（*a*）所示；刻线尺以尺前端的第一个刻线为尺的零点，如图 4-4（*b*）所示使用时注意区别。钢尺由于变形小，精度较高，在测量中应用广泛。

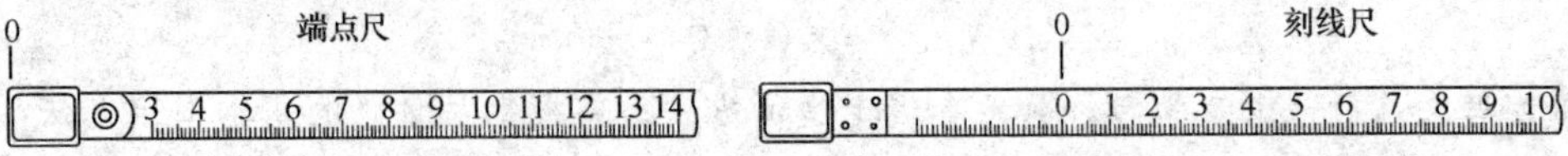

(*a*) (*b*)

图 4-4 钢卷尺的零点

2. 标杆

标杆用木料或合金材料制成，直径约 3cm、长 2～3m，杆上油漆成红、白相间的 20cm 色段，标杆下端装有尖头铁脚（图 4-5），以便插入地面，作为照准标志。合金材料制成的标杆重量轻且可以收缩，携带方便。

3. 测钎

测钎用钢筋制成，上部弯成小圈，下部尖形。直径 3～6mm，长度 30～40cm。钎上可用油漆涂成红、白相间的色段，如图 4-6 所示。量距时，将测钎插入地面，用以标定尺段端点的位置，也可作为照准标志。

4. 垂球

如图 4-7 所示，用于在不平坦的地面直接呈水平距离时，将平拉的钢尺的端点投影到地面上。

图 4-5 标杆

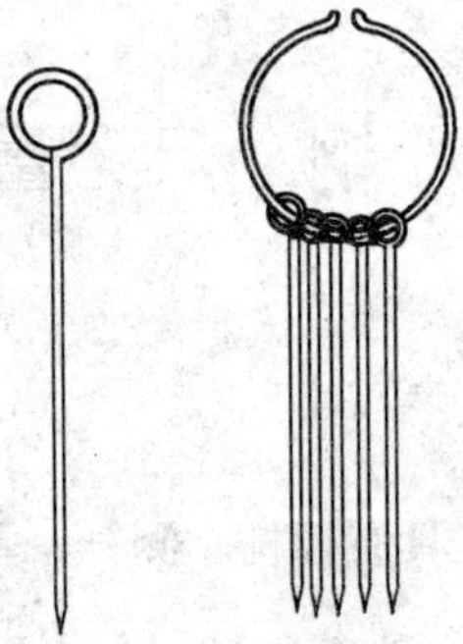

图 4-6 测钎

图 4-7 垂球

二、直线定线

在用钢尺进行距离测量时，若地面上两点间的距离超过一整尺段，或地势起伏较大，此时要在直线方向上设立若干中间点，将全长分成几个等于或小于尺长的分段，以便分段丈量，这项工作称为直线定线。在一般距离测量中常用拉线定线法，而在精密距离测量中则采用经纬仪定线法。

（一）拉线定线

定线时，先在 A、B 两点间拉一细绳，沿着线绳定出各中间点，并作上相应标记，此法应用于均地平整地区。

(二) 经纬仪定线

当量距精度要求较高时，应采用经纬仪定线法。如图 4-8 所示，欲在 A、B 两点间精确定出 1、2……点的位置，可由甲将经纬仪安置于 A 点，用望远镜瞄准 B 点，固定照准部制动螺旋，然后将望远镜向下俯视，用手势指挥乙移动标杆，当标杆与十字丝纵丝重合时，便在标杆的位置打下木桩，再根据十字丝在木桩上钉下铁钉，准确定出 1 点的位置。同法可定出其余各点的位置。

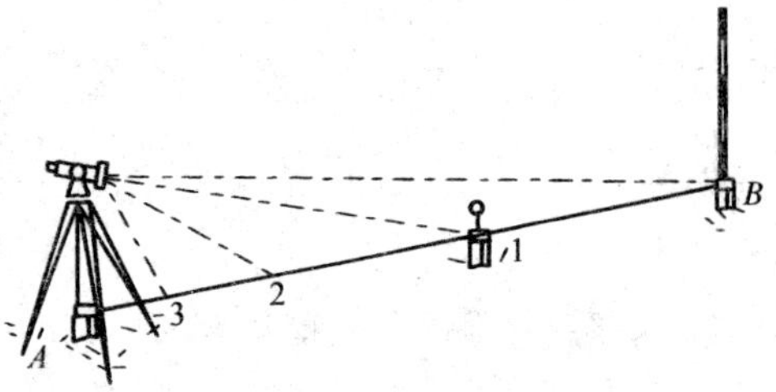

图 4-8　经纬仪定线

三、钢尺量距的一般方法（表 4-1）

1. 平坦地面的距离丈量

在平坦地面上，可直接沿地面丈量水平距离。如图 4-9 所示，欲测 A、B 两点之间的水平距离 D，其丈量工作可由后尺手、前尺手两人进行。后尺手先在直线起点 A 插一测钎，并将钢尺零点一端放在 A 点。前尺手持钢尺末端和一束测钎沿 AB 线行至一尺段距离后停下。后尺手以手势指挥前尺手将钢尺拉在 AB 直线上，待钢尺拉平、拉紧、拉稳后，前尺手喊“预备”，后尺手将钢尺零点对准 A 点后说“好”，前尺手立即将测钎对准钢尺末端分划插入地下，得第一尺段距离。后尺手拔出 A 点测钎，二人持尺前进，待后尺手到达 1 点时，再用同样方法丈量第二段后，后尺手又拔出 1 点测钎同法继续丈量。每量完一段，后尺手增加一根测钎，因此，后尺手手中的测钎数为所量整尺段数。最后不足一整尺段的长度称为余长，用 l' 表示。

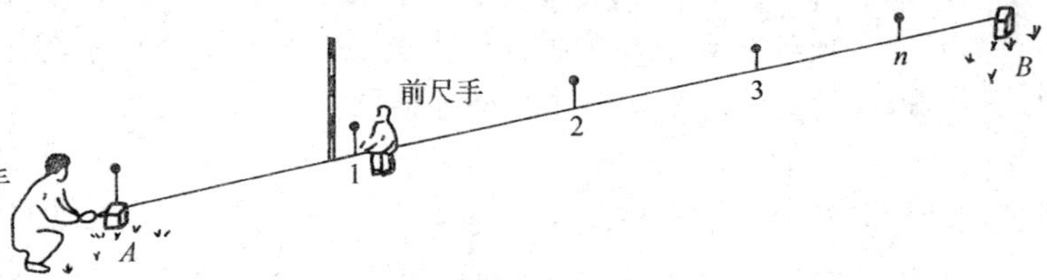

图 4-9　平坦地面的丈量方法

AB 往测水平距离为：

$$D_{往} = nl + l' \tag{4-1}$$

式中　n——整尺段数；

l——钢尺长度；

l'——不足一整尺的余长。

为了检核和提高测量精度，还应由 B 点按同样的方法量至 A 点，称为返测。以往、返丈量距离之差的绝对值 $|\Delta D|$ 与往返测距离平均值 $D_{平均}$ 之比，来衡量测距的精度。通常将该比值化为分子为 1 的分数形式，称为相对误差，用 K 表示。当量距相对误差符合精度要求时，取往、返两次丈量结果平均值作为 AB 的距离，否则，应重测。即：

AB 距离： $$D_{平均}=\frac{D_{往}+D_{返}}{2} \tag{4-2}$$

相对误差： $$K=\frac{|D_{往}-D_{返}|}{D_{平均}}=\frac{|\Delta D|}{D_{平均}}=\frac{1}{\frac{D_{平均}}{\Delta D}} \tag{4-3}$$

【例 4-1】 用钢尺丈量某直线，$D_{往}=248.12m$，$D_{返}=248.18m$，求量距精度。

【解】 $$K=\frac{|248.12-248.18|}{248.15}\approx\frac{1}{4100}$$

相对误差分母愈大，则 K 值愈小，精度愈高；反之，精度愈低。钢尺量距的相对误差一般不应超过 1/3000；在量距较困难的地区，其相对误差也不应超过1/1000。

一般距离测量手簿 **表 4-1**

地点：实验基地　　钢尺编号：216（30m）　　量距者：冯　涛
日期：1999-05-18　　天　　气：阴　　记录者：张伟峰

线段	观测次数	整尺段/m	零尺段/m	总计/m	相对误差	平均值/m
AB	往	4×30	16.76	136.76	1/3400	136.78
	返	4×30	16.80	136.80		

2. 倾斜地面的丈量方法

(1) 平量法

如图 4-10 所示，当地面坡度或高低起伏较大时，可采用平量法丈量距离。丈量时，后尺手将钢尺的零点对准地面点 A，前尺手沿 AB 直线将钢尺前端抬高，必要时尺段中间有一人托尺，目估使尺子水平，在抬高的一端用垂球绳紧靠钢尺上某一刻划，调整前端高低，用当读数最小时尺子水平，垂球尖投影于地面上，再插以测钎，得 1 点。此时垂球线在尺子上指示的读数即为 A-1 两点的水平距离。同法继续丈量其余各尺段。当丈量至 B 点时，应注意垂球尖必须对准 B 点。为了方便丈量工作平量法往返测均应由高向低丈量。精度符合要求后，取往返丈量之平均值作为最后结果。

(2) 斜量法

当倾斜地面的坡度较大且变化较均匀，如图 4-11 所示，可以沿斜坡丈量出 A、B 两点间的斜距 L，测出地面倾斜角 α 或 A、B 两点的高差 h_{AB}，按下式计算 AB 的水平距离：

$$D=L\times\cos\alpha \tag{4-4}$$

或 $$D=\sqrt{L^2-h^2} \tag{4-5}$$

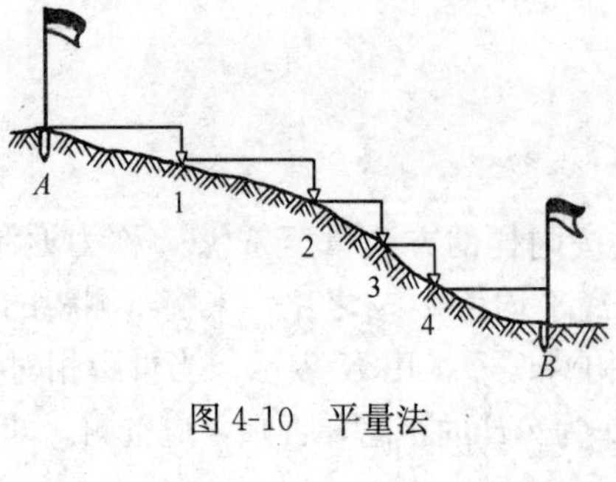

图 4-10　平量法

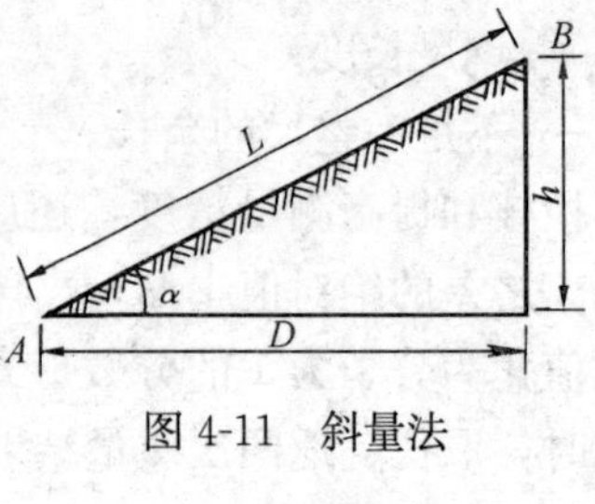

图 4-11　斜量法

四、钢尺量距注意事项

利用钢尺进行直线丈量时，产生误差的可能性很多，主要有：尺长误差、拉力误差、温度变化的误差、尺身不水平的误差、直线定线误差、钢尺垂曲误差、对点误差、读数误差等。因此，在量距时应按规定操作并注意检核。此外，还应注意以下几个事项：

（1）量距时拉钢尺要既平又稳，拉力要符合要求，采用斜拉法时要进行倾斜改正。

（2）注意钢尺零刻划线位置，既是端点尺还是刻线尺，以免量错。

（3）读数应准确，记录要清晰，严禁涂改数据，要防止 6 与 9 误读、10 和 4 误听。

（4）钢尺在路面上丈量时，应防止人踩、车碾。钢尺卷结时不能硬拉，必须解除卷结后再拉，以免钢尺折断。

（5）量距结束后，用软布擦去钢尺上的泥土和水，涂上机油，以防止生锈。

第二节　视　距　测　量

视距测量是用经纬仪、水准仪等测量仪器的望远镜内的视距装置，根据几何光学和三角学原理，同时间接测定两点间水平距离和高差的一种方法。这种方法的精度比直接测量的精度低（视距测量水平距离的相对精度约为 1/300），但操作简便、迅速不受地形限制，可应用于地形图局部测量等精度要求不高的场合。

一、视距测量原理

（一）视线水平时的水平距离与高差公式

1. 水平距离公式

如图 4-12 所示，欲测定 A、B 两点间的水平距离 D 及高差 h，在 A 点安置仪器，B 点竖立视距标尺，望远镜视准轴水平时，照准 B 点视距尺，视线与标尺垂直交于 Q 点。若尺上 M、N 两点成像在十字丝两根视距丝 m、n 处，则标尺上 MN 长度可由上下视距丝读数之差求得。上、下视距丝读数之差称为尺间隔，用 l 表示。

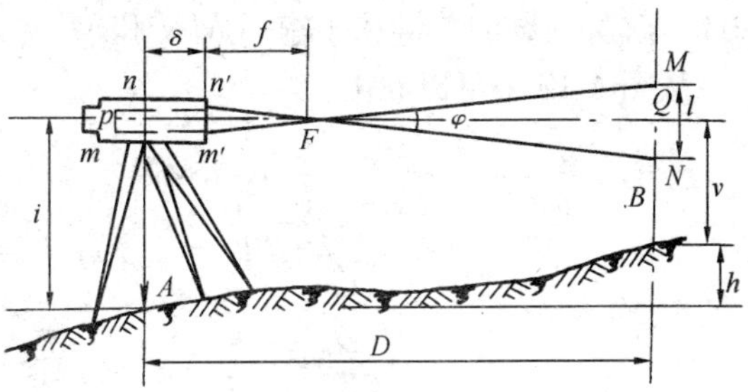

图 4-12　视线水平时的视距测量

由△$m'n'F$ 与△MNF 相似得：

$$\frac{FQ}{l}=\frac{f}{p}\Rightarrow FQ=\frac{f}{p}\cdot l$$

式中　l——尺间隔；

f——物镜焦距；

p——视距丝间隔。

由图中可以看出

$$D = FQ + f + \delta$$

式中　δ——物镜至仪器中心的距离。

令$\dfrac{f}{p}=K$为常数，$f+\delta=C$为加常数，则

$$D = Kl + C \tag{4-6}$$

目前测量常用的内对光望远镜，在设计制造时，已适当选择了组合焦距及其他有关参数，使视距常数$K=100$，C接近于零。因此，式（4-6）可写成

$$D = Kl = 100l \tag{4-7}$$

2. 高差公式

由图 4-11 可得出两点间高差公式

$$h = i - v \tag{4-8}$$

式中　i——仪器高；

　　v——觇标高，即望远镜十字丝中丝在标尺上的读数。

（二）视线倾斜时的水平距离和高差公式

1. 水平距离公式

在地面起伏较大地区进行视距测量，必须使视线倾斜才能在标尺上读数，如图 4-13 所示。这时视线不再垂直于视距尺，就不能直接用式（4-8）计算水平距离。如果将视距间隔 MN 换算为与视线垂直的视距间隔 $M'N'$，就可用式（4-7）计算倾斜距离 D'，再根据 D' 和竖直角 α 算出水平距离 D 及高差 h。

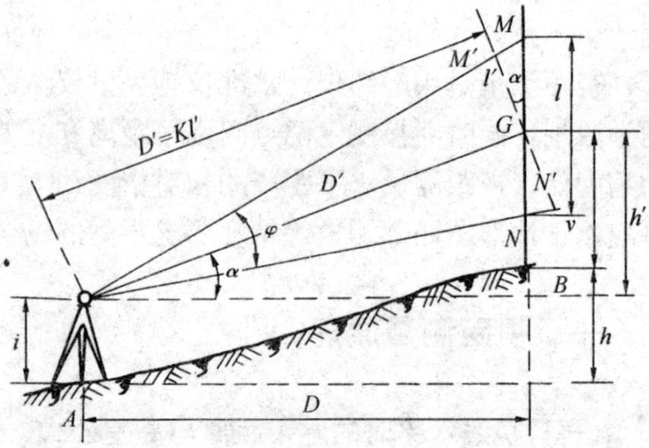

图 4-13　视线倾斜时的视距测量

因此，解决问题的关键在于求出 MN 和 $M'N'$ 之间的关系。

从图 4-12 中可以看出：

$$D' - Kl', MN = l$$

$$\angle MGM' = \angle NGN' = \alpha$$

$$\angle MM'G = 90^\circ + \frac{\varphi}{2}, \angle NN'G = 90^\circ + \frac{\varphi}{2}$$

式中$\dfrac{\varphi}{2}$的角度很小，只有 17′11″，故可近似地认为$\angle MM'G$和$\angle NN'G$是直角。

于是

$$MG' = MG \cdot \cos\alpha \Rightarrow \frac{1}{2}l' = \frac{1}{2}l \cdot \cos\alpha$$

$$NG' = NG \cdot \cos\alpha \Rightarrow \frac{1}{2}l' = \frac{1}{2}l \cdot \cos\alpha$$

故 $$l' = l \cdot \cos\alpha$$

$$D' = Kl \cdot \cos\alpha$$

所以A、B两点间的水平距离为

$$D = D'\cos\alpha = Kl \cdot \cos^2\alpha \tag{4-9}$$

2. 高差公式

由图4-13中还可以看出，A、B两点间的高差为

$$h' = D' \cdot \sin\alpha = Kl \cdot \cos\alpha \cdot \sin\alpha = \frac{1}{2}Kl \cdot \sin2\alpha$$

故 $$h = \frac{1}{2}Kl \cdot \sin2\alpha + i - v \tag{4-10}$$

在实际工作中，一般尽可使觇标高 v 等于仪器高 i，这样可以简化高差 h 的计算。

式（4-9）和式（4-10）为视距测量计算的基本公式，当视线水平，竖直角 $\alpha=0$ 时，即成为式（4-7）和式（4-8）。

二、视距测量与计算

（一）视距测量的观测程序

（1）在测站上安置仪器，量取仪器高并记入手簿。

（2）转动经纬仪，用盘左照准标尺，读取上、下丝标尺读数。

（3）调节竖直度盘指标水准管使气泡居中，读取竖盘读数计算竖直角 α 和中丝读数。

（4）计算水平距离 D 和高差 h。

实际照准读数时，常使中丝瞄准仪器高 i 的数值而读取竖直角 α；使上丝照准标尺整米数，以便直接读取尺间隔 l，这样，可以简化计算。

（二）视距测量的计算

（1）尺间隔　　l=下丝读数－上丝读数

（2）视距　　$Kl=100l$

（3）竖直角　　$\alpha=90°-L$

（4）水平距离　　$D=Kl\cos^2\alpha$

（5）高差　　$h=D\tan\alpha+i-V$

（6）测点高程　　$H_B=H_A+h$

以上各项，可用计算器即可算出两点间的水平距离和高差，亦可根据公式编制计算程序，使用计算机更加简便、快速地计算。

【例4-2】 表4-2中，测站A点的高程为 $H_A=312.673$m，仪器高 $i=1.46$m，1点的上、下丝读数分别为2.317m和2.643m，中丝读数 $\nu=2.480$m，竖盘读数 $L=87°42'$，求1点的水平距离和高程。

【解】 根据上述计算方法，具体计算过程如下：

尺间隔　　$l=2.643-2.317=0.326$m

视距 $Kl=100\times0.326=32.6m$

竖直角 $\alpha=90°-87°42'=2°18'$

水平距离 $D=32.6\times\cos^2 2°18'=32.5m$

高差 $h=32.5\times\tan 2°18'+1.46-2.48=0.28m$

测点高程 $H_1=312.673+0.28=312.953m$

视距测量手簿 **表 4-2**

测站：A 测站高程：312.673m 仪器高：1.46m

点号	视距（Kl）/m	中丝读数/m	竖盘读数	竖直角	水平距离/m	高差/m	高程/m	备注
1	32.6	2.48	87°42′	2°18′	32.5	0.28	312.953	
2	58.7	1.69	96°15′	−6°15′	58.0	−6.58	306.093	
3	89.4	2.17	88°51′	1°09′	89.4	1.08	313.753	

三、视距测量误差及注意事项

(1) 读数误差：由于人眼分辨力和望远镜放大率的限制，再加上视距丝本身具有一定宽度，它将遮盖尺上分划的一部分，因此会有估读误差。它使尺间隔 l 产生误差，该误差与距离远近成正比。由视距公式可知，如果尺间隔有 1mm 误差，将使视距产生 0.1m 误差。因此，有关测量规范对视线长度有限制要求。另外，由上丝对准整分米数，由下丝直接读出视距间隔可减小读数误差。

(2) 视距乘常数 K 的误差：由于温度变化，改变了物镜焦距和视距丝的间隔，因此乘常数 K 不完全等于 100。通过测定求出 K，若 K 值在 100 ± 0.1 时，便可视其为 100。

(3) 视距尺倾斜误差：视距尺倾斜对水平距离的影响较大，当视线倾角大时，影响更大，因此在山区观测时此项误差较严重。为减少此项误差影响，应在尺上安置水准器，严格使尺竖直。

(4) 外界条件影响：主要是垂直折光影响，由于大气密度不均匀，越靠近地面，密度越大。视线越靠近地面，其受到的垂直折光影响越大，且上、下丝受到的影响不同。其次是空气对流使视距尺成像不清晰、稳定。这种影响也是视线接近地面时较为明显，在烈日曝晒下尤为突出。一般要求在烈日下作业时，应使视线高出地面 1m 以上。

第三节 直线定向与罗盘仪的使用

确定地面两点在平面上的相对位置，除了测定两点之间的距离外，还应确定两点所连直线的方向。一条直线的方向，是根据某一标准方向来确定的。确定直线与标准方向之间的关系，称为直线定向。

一、标准方向

1. 真北方向

包含地球北南极的平面与地球表面的交线称为真子午线。过地面点的真子午线切线方向，指向北方的一端，称为该点的真北方向，如图 4-14（*a*）所示。真北方向用天文观测方法或陀螺经纬仪测定。

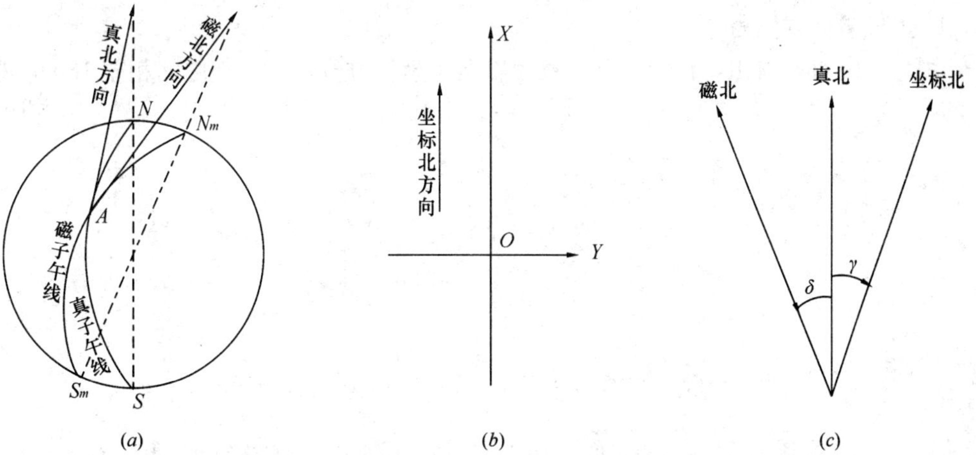

图 4-14　三个北方向及其关系

2. 磁北方向

包含地球磁北南极的平面与地球表面的交线称为磁子午线。过地面点的磁子午线切线方向，指向北方的一端称为该点的磁北方向，如图 4-14（*a*）所示。磁北方向用指南针或罗盘仪测定。

3. 坐标北方向

平面直角坐标系中，通过某点且平行于坐标纵轴（*X* 轴）的方向，指向北方的一端称为坐标北方向，如图 4-14（*b*）所示。高斯平面直角坐标系中的坐标纵轴，是高斯投影带的中央子午线的平行线；独立平面直角坐标系中的坐标纵轴，可以由假定获得。

上述三种北方向的关系如图 4-14（*c*）所示。过一点的磁北方向与真北方向之间的夹角称为磁偏角，用 δ 表示；过一点的坐标北方向与真北方向之间的夹角称为子午线收敛角，用 γ 表示。磁北方向或坐标北方向偏在真北方向东侧时，δ 或 γ 为正；偏在真北方向西侧时，δ 或 γ 为负。

二、方位角

测量工作中，主要用方位角表示直线的方向。由直线一端的标准方向顺时针旋转至该直线的水平夹角，称为该直线的方位角，其取值范围是 0°～360°。我国位于地球的北半球，选用真北、磁北和坐标北方向作为直线的标准方向，其对应的方位角分别被称为真方位角、磁方位角和坐标方位角。

用方位角表示一条直线的方向，因选用的标准方向不同，使得该直线有不同的方位角值。普通测量中最常用的是坐标方位角，用 α_{AB} 表示。直线是有向线段，下标中 A 表示直线的起点，B 表示直线的终点。如图 4-15 所示。例如直线 A 至 B 的方位角为 125°，表示为 $\alpha_{AB}=125°$，A 点至 1 点直线的方位角为 320°38′20″，表示为 $\alpha_{A1}=320°38'20''$。

三、坐标方位角的计算

1. 正反坐标方位角

由图 4-16 可以看出，任意一条直线存在两个坐标方位角，它们之间相差 180°，即

$$\alpha_{21}=\alpha_{12}\pm 180° \tag{4-11}$$

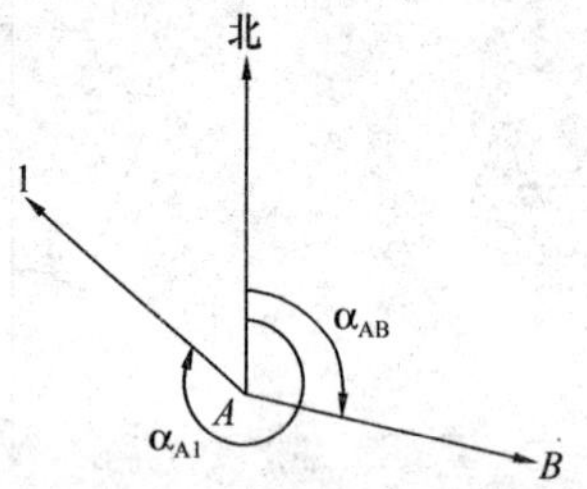

图 4-15　坐标方位角

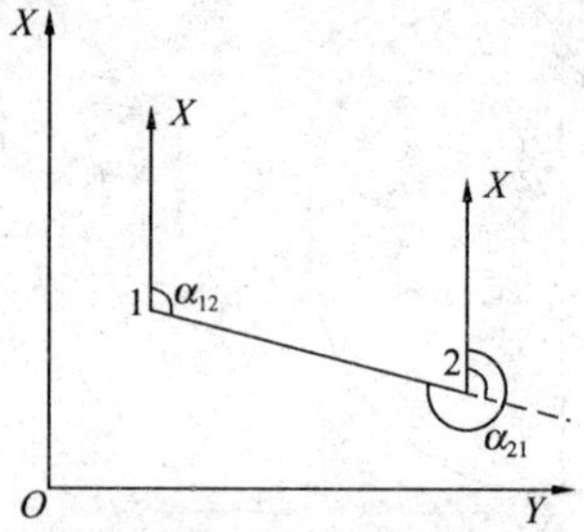

图 4-16　正反坐标方位角

如果把 α_{12} 称为正方位角，则 α_{21} 便称为其反方位角，反之也一样。在测量工作中，经常要计算某方位角的反方位角。例如若 $\alpha_{12}=125°$，则其反方位角为：

$$\alpha_{21}=125°+180°=305°$$

再若 $\alpha_{AB}=320°38'20''$，则其反方位角为：

$$\alpha_{BA}=320°38'20''-180°=140°38'20''$$

有时为了计算方便，可将上式中的“±”号改为只取“+”号，即

$$\alpha_{21}=\alpha_{12}\pm 180° \tag{4-12}$$

若此式计算出的反方位角 α_{21} 大于 360°，则将此值减去 360°作为 α_{21} 的最后结果。

同始点直线坐标方位角的关系

如图 4-17 所示，若已知直线 AB 的坐标方位角，又观测了它与直线 $A1$、$A2$ 所夹的水平角分别为 β_1、β_2，由于方位角是顺时针方向增大，由图可知：

$$\alpha_{A1}=\alpha_{AB}-\beta_1 \tag{4-13}$$

$$\alpha_{A2}=\alpha_{AB}+\beta_2 \tag{4-14}$$

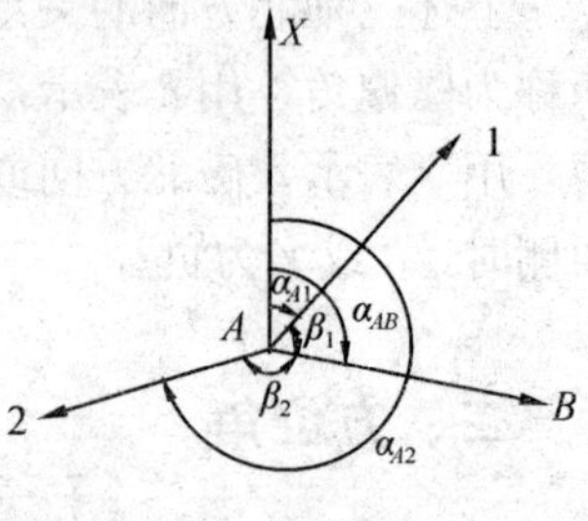

图 4-17　方位角的增减

如图 4-17 所示，若已知直线 AB 的坐标方位角为 $\alpha_{AB}=116°18'42''$，观测水平夹角 $\beta_1=47°06'36''$，$\beta_2=148°23'24''$，求其他各边的坐标方位角。

$$\begin{aligned}\alpha_{A1}&=\alpha_{AB}-\beta_1=116°18'42''-47°06'36''\\&=69°12'06''\end{aligned}$$

$$
\begin{aligned}
\alpha_{A2} &= \alpha_{AB} + \beta_2 \\
&= 116°18'42'' + 148°23'24'' \\
&= 264°42'06''
\end{aligned}
$$

2. 坐标方位角推算

实际工作中，为了得到多条直线的坐标方位角，把这些直线首尾相接，依次观测各接点处两条直线之间的转折角，若已知第一条直线的坐标方位角，便可根据上述两种算法依次推算出其他各条直线的坐标方位角。

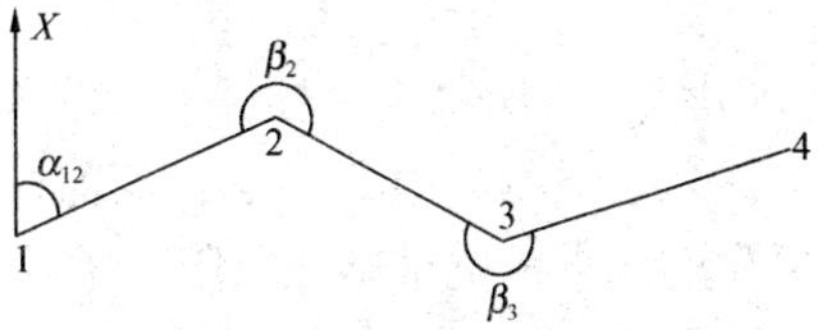

图 4-18　坐标方位角推算

如图 4-18 所示，已知直线 1—2 的坐标方位角为 α_{12}，2、3 点的水平转折角分别为 β_2 和 β_3，其中 β_2 在推算路线前进方向左侧，称为左角；β_3 在推算路线前进方向的右侧，称为右角。欲推算此路线上另两条直线的坐标方位角 α_{23}、α_{34}。

根据反方位角计算公式（4-8）得：

$$\alpha_{21} = \alpha_{12} + 180°$$

再由同始点直线坐标方位角计算公式（4-15）可得：

$$\alpha_{23} = \alpha_{21} + \beta_2 = \alpha_{12} + 180° + \beta_2$$

上式计算结果如大于 360°，则减 360°即可。同理可由 α_{23} 和 β_3 计算直线 3—4 的坐标方位角：

$$\alpha_{34} = \alpha_{23} + 180° + \beta_3$$

上式计算结果如为负值，则加 360°即可。

上述二个等式分别为推算 2—3 和 3—4 各直线边坐标方位角的递推公式。由以上推导过程可以得出坐标方位角推算的规律为：下一条边的坐标方位角等于上一条边坐标方位角加 180°，再加上或减去转折角（转折角为左角时加，转折角为右角时减），即：

$$\alpha_{下} = \alpha_{上} \begin{matrix} -\beta(右) \\ +\beta(左) \end{matrix} + 180° \qquad (4\text{-}15)$$

若结果大于等于 360°，则再减 360°；若结果为负值，则再加 360°。

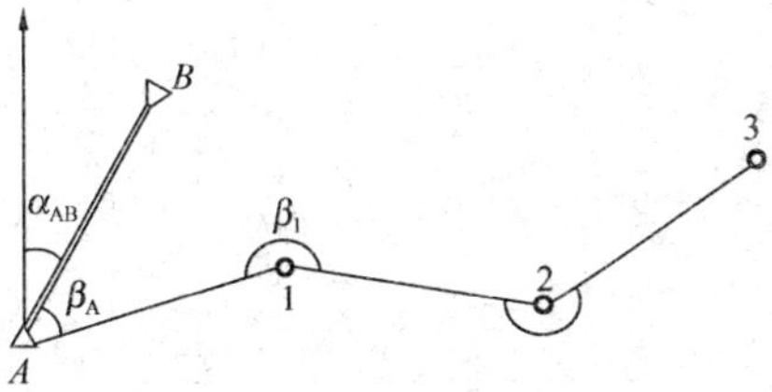

图 4-19　坐标方位角推算略图

【例 4-3】　如图 4-19 所示，直线 AB 的坐标方位角为 $\alpha_{AB}=36°18'42''$，转折角 $\beta_A=47°06'36''$，$\beta_1=228°23'24''$，$\beta_2=217°56'54''$，求其他各边的坐标方位角。

【解】　根据式（4-14）得：

$$
\begin{aligned}
\alpha_{A1} &= \alpha_{AB} + \beta_A \\
&= 36°18'42'' + 47°06'36'' \\
&= 83°25'18''
\end{aligned}
$$

根据式（4-11）得：

$$
\begin{aligned}
\alpha_{12} &= \alpha_{A1} + \beta_1 + 180° \\
&= 83°25'18'' + 228°23'24'' + 180° + (-360°) \\
&= 131°48'42''
\end{aligned}
$$

$$\alpha_{23}=\alpha_{12}-\beta_2+180°$$
$$=131°48'42''-217°56'54''+180°$$
$$=93°51'48''$$

四、象限角

如图 4-20 所示，由标准方向线的北端或南端，顺时针或逆时针量到某直线的水平夹角，称为象限角，用 R 表示，其值在 0°～90°之间。象限角不但要表示角度的大小，而且还要注记该直线位于第几象限。象限角分别用北东、南东、南西和北西表示。

象限角一般只在坐标计算时用，这时所说的象限角是指坐标象限角。

五、坐标方位角和象限角的换算关系

由图 4-21 可以看出坐标方位角与象限角的换算关系，见表 4-3 所示。

坐标象限角与坐标方位角关系表 **表 4-3**

象　限	方　向	坐标方位角推算象限角	象限角推算坐标方位角
第一象限	北东	$R=\alpha$	$\alpha=R$
第二象限	南东	$R=180°-\alpha$	$\alpha=180°-R$
第三象限	南西	$R=\alpha-180°$	$\alpha=180°+R$
第四象限	北西	$R=360°-\alpha$	$\alpha=360°-R$

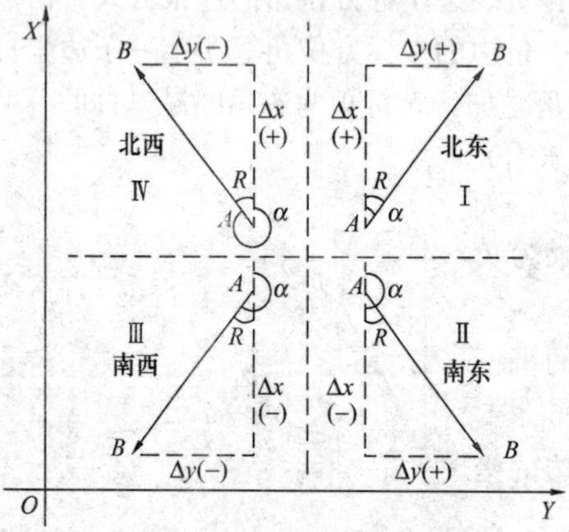

图 4-20　象限角与方位角的关系

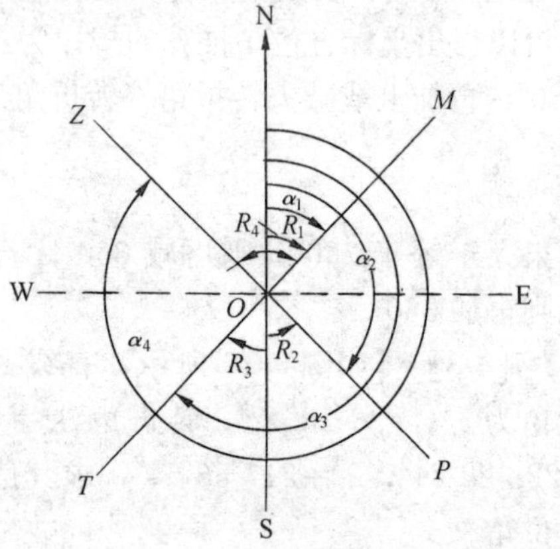

图 4-21　坐标方位与象限角的换算关系

六、罗盘仪及其使用

罗盘仪是一种用来测量直线磁方位角的仪器，结构简单，使用方便，常用在精度要求不高的测量工作中。

（一）罗盘仪的构造

罗盘仪的种类较多，其构造大同小异，主要部件由望远镜、刻度盘和磁针三部分组成，如图 4-22 所示。

（1）望远镜是瞄准目标用的照准设备，采用外对光式。为了测量竖直角，在望远镜一侧还装有一竖直度盘。

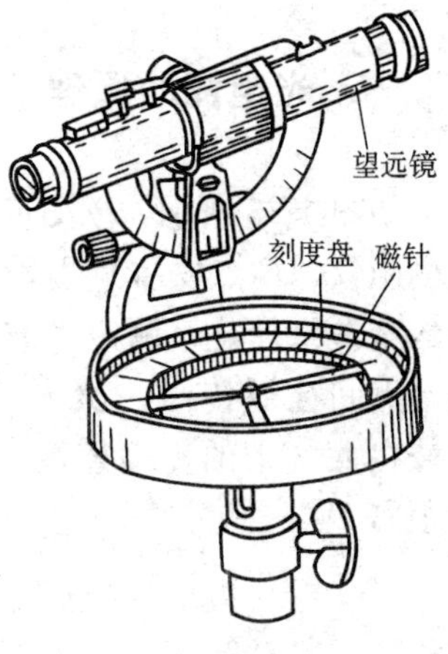

图 4-22　罗盘仪构造

（2）刻度盘

刻度盘最小分划为 1°或 30′，每 10°作一注记。注记形式有两种：一种是按逆时针方向从 0°～360°，称为方位罗盘；一种是南、北两端为 0°，分别向逆时针和顺时针两个方向注记到 90°，并注有北（N）、东（E）、南（S）、西（W）等字样，称为象限罗盘。由于使用罗盘测定直线方向时，刻度盘随着望远镜转动，而磁针始终指向南北两磁极不动，为了在度盘上直接读出象限角，所以东、西注记与实际情况相反。同样，磁方位角是按顺时针从北端起算的，而方位罗盘的注记则是自北端按逆时针方向注记的，从而可直接读出磁方位角。

（3）磁针

磁针是用磁铁制成，其中心装有镶着玛瑙的圆形球窝，在刻度盘的中心装有顶针，磁针球窝支在顶针上，可以自由转动。为了减少顶针的磨损和防止磁针脱落，不用时应用固定螺旋将磁针固定。我国处于北半球，磁针北端因受磁力影响而下倾，故在磁针南端绕有铜丝，使磁针水平，并借以分辨磁针的南北端。

罗盘盒内装有水准器，用来指示罗盘仪的水平。

（二）罗盘仪的使用

用罗盘仪测定直线的磁方位角(或磁象限角)时，先将罗盘仪安置在直线的起点对中、整平。松开磁针固定螺旋放下磁针，再松开水平制动螺旋，转动仪器，用望远镜照准直线的另一端点上所立的标杆，待磁针静止后，如刻度盘的 0°对向目标时，则读出磁针北端所指的度盘读数，即为该直线的磁方位角(或磁象限角)。

罗盘仪使用时，应注意避开磁场的干扰，仪器附近不要有铁器，选择测站点应避开高压线、铁栅栏等，以免产生局部磁场干扰，影响磁针偏转，造成读数的误差。使用完毕后，应立即固定磁针，以防顶针磨损和磁针脱落。

第四节　光电测距仪简介

光电测距仪是以光电波作为载波的精密测距仪器，在其测程范围内，能测量任何可通视两点间的距离，如高山之间、大河两岸。光电测距与传统的钢尺量距相比，具有精度高、速度快、灵活方便、受气候和地形影响小等特点，是目前精密量距的主要方法。

光电测距仪按其测程可分为短程光电测距仪（3km 以内）、中程光电测距仪（3～15km）和远程光电测距仪（大于 15km）；按其采用的光源可分为激光测距仪和红外光测距仪等。本节以普通测量工作中广泛应用的短程红外光电测距仪为例，介绍光电测距仪的工作原理和测距方法。

一、光电测距原理

如图 4-23 所示，欲测定 A、B 两点间的距离 D，在 A 点安置能发射和接收光波的光电测距仪，B 点安置反射棱镜，光电测距的基本原理是：测定光波在待测距离两端点间往返传播一次的时间 t，根据光波在大气中的传播速度 c，按下式计算距离 D：

$$D=\frac{1}{2}ct \tag{4-16}$$

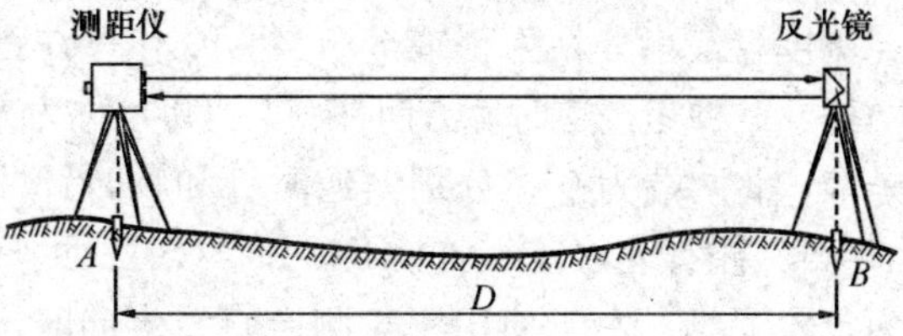

图 4-23　光电测距原理

光电测距仪根据测定时间 t 的方式，分为直接测定时间的脉冲测距法和间接测定时间的相位测距法。高精度的短程测距仪，一般采用相位测距法，即直接测定测距信号的发射波与回波之间的相位差，间接测得传播时间 t，按式（4-16）求出距离 D。

相位测距法的大致工作过程是：给光源（如砷化镓发光二极管）注入频率为 f 的高频交变电流，使光源发出光的光强成为按同样频率变化的调制光，这种光射向测线另一端，经棱镜反射后原路返回，被接收器接收。由相位计将发射信号与接收信号进行相位比较，获得调制光在测线上往返传播引起的相位差 φ，从而求出传播时间 t。为说明方便，将棱镜返回的光波沿测线方向展开，如图 4-24 所示。

由物理学可知，调制光在传播过程中产生的相位差 φ 等于调制光的角频率 ω 乘以传播时间 t，即 $\varphi=\omega\cdot t$，又因 $\omega=2\pi f$ 则传播时间为：

$$t=\frac{\varphi}{\omega}=\frac{\varphi}{2\pi f}$$

由图 4-24 还可看出：

$$\varphi=N\cdot 2\pi+\Delta\varphi=2\pi(N+\Delta N)$$

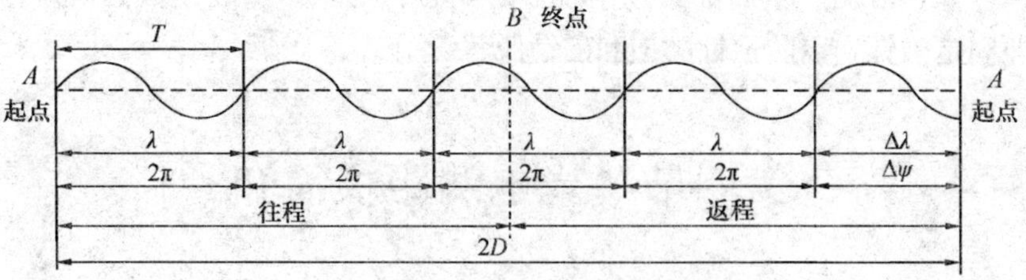

图 4-24　相位测距法原理

式中，N 为零或正整数，表示相位差中的整周期数；$\Delta N=\Delta\varphi/2\pi$ 为不足整周期的相位差尾数。将上列各式整理得：

$$D=u(N+\Delta N) \tag{4-17}$$

式中，$u=c/2f=\lambda/2$，λ 为调制光波长。

式（4-17）为相位法测距基本公式。将此式与钢尺量距公式（4-1）比较，若把 u 当做整尺长，则 N 为整尺数，$u\cdot\Delta N$ 为余长，所以，相位法测距相当于用"光尺"代替钢尺量距，而 u 为光尺长度。

相位式测距仪中，相位计只能测出相位差的尾数 ΔN，测不出整周期数 N，因此对大于光尺的距离无法测定。为了扩大测程，应选择较长光尺。但由于仪器存在测相误差，一般为 1/1000，测相误差带来的测距误差与光尺长度成正比，光尺愈长，测距精度愈低，例如：1000m 的光尺，其测距精度为 1m。为了解决扩大测程与保证精度的矛盾，短程测距仪上一般采用两个调制频率，即两种光尺。例如：$f_1=150\text{kHz}$，$u=1000\text{m}$（称为粗尺），用于扩大测程，测定百米、十米和米；$f_2=15\text{MHz}$，$u=10\text{m}$（称为精尺）用于保证精度，测定米、分米、厘米和毫米。这两种尺联合使用，可以准确到毫米的精度测定 1km 以内的距离。

二、光电测距方法

较早的光电测距仪器一般是将测距主机通过连接器安置在经纬仪上部，现在的测距仪则与电子经纬仪集成在一起，组成能光电测距、电子测角并自动计算、存储坐标和高程的功能强大的电子全站仪，简称全站仪。全站仪的功能与使用方法见本书第六章。

三、测距仪使用注意的事项

（1）红外测距仪 RED2L 是一种精密仪器，在使用时应十分小心，防止大的冲击与振动。

（2）运输时应将主机箱装入防震木箱中，避免摔伤和跌落。从仪器箱中取出主机时要轻拿轻放。

（3）在测量现场移动时，应把 RED2L 从经纬仪上取下后放入箱中再搬运。

（4）同经纬仪一样，测距仪要避免直对太阳，在强阳光下或下雨时应给仪器打伞。

（5）在测距时，应避免在同一条测线上有两个以上反射体及其他明亮物体，以免测错距离。

（6）避免在高压线下作业。

（7）测距应在光强"绿色区"进行，以免降低精度或出错。

（8）不使用仪器时应关闭电源，长期不使用时，应将电池取出。

思考题与习题

1. 什么是直线定线？直线定线有哪几种方法，各在何种情况下应用？

2. 影响钢尺量距精度的因素有哪些？如何提高钢尺量距精度？用钢尺量得 AB、CD 两段距离为：$D_{AB往}=126.885\text{m}$，$D_{AB返}=126.837\text{m}$，$D_{CD往}=204.576\text{m}$，$D_{CD返}=204.624\text{m}$。这两段距离的相对误差各为多少？哪段精度高？

3. 什么是直线定向？直线定向时的标准方向有哪些？怎样确定直线的方向？

4. 什么叫坐标方位角？正反坐标方位角之间有什么关系？

5. 什么叫象限角？象限角与坐标方位角之间如何转换？

6. 设已测得各直线的坐标方位角分别为 $37°25'25''$、$173°37'30''$、$226°18'20''$和 $334°48'55''$，试分别求出它们的象限角和反坐标方位置角。

7. $\alpha_{12}=236°$，五边形各内角分别为 $\beta_1=76°$，$\beta_2=129°$，$\beta_3=80°$，$\beta_4=135°$，$\beta_5=120°$，求其他各边的坐标方位角和象限角。

8. 试述光电测距的基本原理。

第五章　测量误差的基本知识

教学要求：通过本章学习，熟悉测量误差及其来源，测量误差的分类及偶然误差的基本规律，衡量测量成果的中误差、容许误差及相对误差的精度标准。了解算术平均值及其中误差、误差传播定律。

教学提示：为了衡量观测成果的精度，必须建立衡量精度的标准，在测量工作中通常采用中误差、容许误差和相对误差作为衡量精度的标准。

第一节　测量误差概述

在测量工作实践中我们发现，不论测量仪器多么精密，观测者多么仔细认真，当对某一未知量，如一段距离，一个角度或两点间的高差进行多次重复观测时，所测得的各次结果总是存在着差异。这些现象说明观测结果中不可避免地存在着测量误差。

研究测量误差的目的是：分析测量误差产生的原因和性质；掌握误差产生的规律，合理地处理含有误差的测量结果，求出未知量的最可靠值；正确地评定观测值的精度。

需要指出的是，错误（粗差）在观测结果中是不允许存在的。例如：水准测量时，转点上的水准尺发生了移动；测角时测错目标；读数时将 9 误读成 6；记录或计算中产生的差错等。所以，含有错误的观测值应舍去不用。为了杜绝和及时发现错误，测量时必须严格按测量规范去操作，工作中要认真仔细，同时必须对观测结果采取必要的检核措施。

一、测量误差产生的原因

测量误差的来源很多，其产生的原因主要有以下三个方面。

（一）仪器的原因

观测工作中所使用的仪器，由于制造和校正不可能十分完善，受其一定精度的限制，使其观测结果的精确程度也受到一定限制。

（二）人的原因

在观测过程中，由于观测者的感觉器官鉴别能力的限制，如人的眼睛最小辨别的距离为 0.1mm，所以，在仪器的对中、整平、瞄准、读数等工作环节时都会产生一定的误差。

（三）外界条件的原因

观测是在一定的外界自然条件下进行的，如温度、亮度、湿度、风力和大气折光等因素的变化，也会使测量结果产生误差。

观测结果的精度简称为精度，其取决于观测时所处的条件，上述三个方面综合起来就称作观测条件。观测条件相同的各次观测，称为同精度观测；观测条件不同的各次观测，则称为非等精度观测。

二、测量误差的分类

由于测量结果中含有各种误差，除需要分析其产生的原因，采取必要的措施消除或减弱对观测结果的影响之外，还要对误差进行分类。测量误差按照对观测结果影响的性质不同，可分为系统误差和偶然误差两大类。

（一）系统误差

1. 系统误差

在相同的观测条件下，对某量进行一系列的观测，如果误差出现的符号相同，数值大小保持为常数，或按一定的规律变化，这种误差称为系统误差。例如，某钢尺的注记长度为 30m，鉴定后，其实际长度为 30.003m，即每量一整尺段，就会产生 0.003m 的误差，这种误差的数值和符号都是固定的，误差的大小与所量距离成正比。又如，水准仪经检验校正后，水准管轴与视准轴之间仍会存在不平行的残余误差 i 角，使得观测时在水准尺上读数会产生误差，这种误差的大小与水准尺至水准仪的距离成正比，也保持同一符号。这些误差都属于系统误差。

2. 系统误差消除或减弱的方法

系统误差具有积累性，对测量结果的质量影响很大，所以，必须使系统误差从测量结果中消除或减弱到允许范围之内，通常采用以下方法：

（1）用计算的方法加以改正。对某些误差应求出其大小，加入测量结果中，使其得到改正，消除误差影响。例如，用钢尺量距时，可以对观测值加入尺长改正数和温度改正数，来消除尺长误差和温度变化误差对钢尺的影响。

（2）检校仪器。对测量时所使用的仪器进行检验与校正，把误差减小到最小程度。例如，水准仪中水准管轴是否平行于视准轴检校后，i 角不得大于 $20''$。

（3）采用合理的观测方法，可使误差自行消除或减弱。例如，在水准测量中，用前后视距离相等的方法能消除 i 角的影响；在水平角测量中，用盘左、盘右观测值取中数的方法，可以消除视准轴不垂直于横轴和横轴不垂直于竖轴及照准部偏心差等影响。

（二）偶然误差

1. 偶然误差

在相同的观测条件下，对某量进行一系列的观测，如果误差在符号和大小都没有表现出一致的倾向，即每个误差从表面上来看，不论其符号上或数值上都没有任何规律性，这种误差称为偶然误差。例如，测角时照准误差，水准测量在水准尺上的估读误差等。

由于观测结果中系统误差和偶然误差是同时产生的，但系统误差可以用计算改正或适当的观测方法等消除或减弱，所以，本章中讨论的测量误差以偶然误差为主。

2. 偶然误差的特性

偶然误差就其单个而言，看不出有任何规律，但是随着对同一量观测次数的增加，大量的偶然误差就能表现出一种统计规律性，观测次数越多，这种规律性越明显。例如，在相同的观测条件下，观测了某测区内 168 个三角形的全部内角，由于观测值存在着偶然误差，使三角形内角观测值之和 l 不等于真值 180°，其差值 Δ 称为真误差，可由下式计算，

真值用 x 表示。

$$\Delta = l - x \tag{5-1}$$

由上式计算出 168 个真误差，按其绝对值的大小和正负，分区间统计相应真误差的个数，列于表 5-1 中。

误差个数统计表 **表 5-1**

误差区间	正误差个数	负误差个数	总数
0″～0.4″	25	24	49
0.4″～0.8″	21	22	43
0.8″～1.2″	16	15	31
1.2″～1.6″	10	10	20
1.6″～2.0″	6	7	13
2.0″～2.4″	3	3	6
2.4″～2.8″	2	3	5
2.8″～3.2″	0	1	1
3.2″以上	0	0	0
总　　和	83	85	168

从上表中可以看出，绝对值小的误差比绝对值大的误差出现的个数多，例如误差在 0″～0.4″内有 49 个，而 2.8″～3.2″内只有 1 个。绝对值相同的正、负误差个数大致相等，例如上表中正误差为 83 个，负误差为 85 个。本例中最大误差不超过 3.2″。

大量的观测统计资料结果表明，偶然误差具有如下特性：

（1）在一定的观测条件下，偶然误差的绝对值不会超过一定的限值。

（2）绝对值较小的误差比绝对值较大的误差出现的机会多。

（3）绝对值相等的正负误差出现的机会相同。

（4）偶然误差的算术平均值，随着观测次数的无限增加而趋近于零，即

$$\lim_{n \to \infty} \frac{[\Delta]}{n} = 0 \tag{5-2}$$

式中　n——观测次数；

$$[\Delta] = \Delta_1 + \Delta_2 + \cdots + \Delta_n。$$

偶然误差的第四个特性是由第三个特性导出的，说明大量的正负误差有互相抵消的可能，当观测次数无限增加时，偶然误差的算术平均值必然趋近于零。事实上对任何一个未知量不可能进行无限次的观测，因此，偶然误差不能用计算改正或用一定的观测方法简单地加以消除。只能根据偶然误差的特性，合理地处理观测数据，减少偶然误差的影响，求出未知量的最可靠值，并衡量其精度。

第二节　衡量精度的标准

精度，就是观测成果的精确程度。为了衡量观测成果的精度，必须建立衡量的标准，

在测量工作中通常采用中误差、容许误差和相对误差作为衡量精度的标准。

一、中误差

设在相同的观测条件下，对真值为 x 的某量进行了 n 次观测，其观测值为 l_1、l_2、…、l_n，由式（5-1）得出相应的真误差为 Δ_1，Δ_2，…，Δ_n，为了防止正负误差互相抵消的可能和避免明显地反映个别较大误差的影响，取各真误差平方和的平均值平方根，作为该组各观测值的中误差（或称为均方误差），以 m 表示，即

$$m=\pm\sqrt{\frac{[\Delta\Delta]}{n}} \tag{5-3}$$

上式表明，观测值的中误差并不等于它的真误差，只是一组观测值的精度指标，中误差越小，相应的观测成果的精度就越高，反之精度就越低。

【例 5-1】 设有 A、B 两个小组，对一个三角形同精度的进行了十次观测，分别求出其真误差 Δ 为：

A 组 $-6''$、$+5''$、$+2''$、$+4''$、$-2''$、$+8''$、$-8''$、$-7''$、$+9''$、$-4''$

B 组 $-11''$、$+6''$、$+15''$、$+23''$、$-7''$、$-2''$、$+13''$、$-21''$、$0''$、$-18''$

试求 A、B 两组观测值的中误差。

【解】 按式（5-3）

$$m_{\mathrm{A}}=\pm\sqrt{\frac{(-6)^2+(+5)^2+(+2)^2+(+4)^2+(-2)^2+(+8)^2+(-8)^2+(-7)^2+(+9)^2+(-4)^2}{10}}$$

$$=\pm 6.0''$$

$$m_{\mathrm{B}}=\pm\sqrt{\frac{(-11)^2+(+6)^2+(+15)^2+(+23)^2+(-7)^2+(-2)^2+(+13)^2+(-21)^2+0+(-18)^2}{10}}$$

$$=\pm 13.8''$$

比较 m_{A} 和 m_{B} 可知，A 组的观测值的精度高于 B 组。

在观测次数 n 有限的情况下，中误差计算公式首先能直接反映出观测成果中是否存在着大误差，如上面 B 组就受到几个较大误差的影响。中误差越大，误差分布的越离散，说明观测值的精度较低。中误差越小，误差分布的就越密集，说明观测值的精度较高，如上面 A 组误差的分布要比 B 组密集的多。另外，对于某一个量同精度观测值中的每一个观测值，其中误差都是相等的，如上例中，A 组的十个三角形内角和观测值的中误差都是 $\pm6.0''$。

二、容许误差

由偶然误差的第一个特性可知，在一定的观测条件下，偶然误差的绝对值不会超过一定的限值。根据大量的实践和误差理论统计证明，在一系列同精度的观测误差中，偶然误差的绝对值大于中误差的出现个数约占总数的 32%；绝对值大于 2 倍中误差的出现个数约占总数的 4.5%；绝对值大于 3 倍中误差的出现个数约占总数的 0.27%。因此，在测量

工作中，通常取 2～3 倍中误差作为偶然误差的容许值，称为容许误差，即

$$|\Delta_{容}| = 2|m|$$
$$|\Delta_{容}| = 3|m| \tag{5-4}$$

如果观测值的误差超过了 3 倍中误差，可认为该观测结果不可靠，应舍去不用或重测。现行作业规范中，为了严格要求，确保测量成果质量，常以 2 倍中误差作为容许误差。

三、相对误差

在某些情况下，用中误差还不能完全表达出观测值的精度高低。例如丈量了两段距离，第一段为 100m，第二段为 200m，它们的中误差都是±0.01m，显然，后者的精度要高于前者。因此，观测量的精度与观测量本身的大小有关时，还必须引入相对误差的概念。相对误差是中误差的绝对值与相应观测值之比。相对误差是个无名数，测量中常用分子为 1 的分式表示，即

$$K = \frac{|m|}{D} = \frac{1}{\frac{D}{|m|}} \tag{5-5}$$

在上例中

$$K_1 = \frac{|m_1|}{D_1} = \frac{0.01}{100} = \frac{1}{10000}$$
$$K_2 = \frac{|m_2|}{D_2} = \frac{0.01}{200} = \frac{1}{20000}$$

可直观地看出，后者的精度高于前者。

真误差、中误差、容许误差都是带有测量单位的数值，统称为绝对误差，而相对误差是个无名数，分子与分母的长度单位要一致，同时要将分子约化为 1。

第三节　算术平均值及其中误差

一、算术平均值

设在相同精度观测条件下，对某一量进行了 n 次观测，其观测值为 l_1，l_2，…，l_n，算术平均值为 L，未知量的真值为 x，对应观测值的真误差为 Δ_1，Δ_2，…，Δ_n，

显然

$$L = \frac{l_1 + l_2 + \cdots + l_n}{n} = \frac{[l]}{n} \tag{5-6}$$

又

$$\Delta_1 = l_1 - x$$
$$\Delta_2 = l_2 - x$$

$$\cdots\cdots$$

$$\Delta_n = l_n - x$$

将上面式子取和除以 n 得

$$\frac{[\Delta]}{n} = \frac{[l]}{n} - x$$

参见式（5-6），得

$$L = \frac{[\Delta]}{n} + x$$

根据偶然误差的第四个特性，当观测次数无限增加时，其偶然误差的算术平均值趋近于零，即

$$\lim_{n \to \infty} L = x \tag{5-7}$$

由上式可知，当观测次数无限增加时，算术平均值就趋近于未知量的真值。但是在实际测量工作中，观测次数 n 总是有限的，通常取算术平均值作为最后结果，它比所有的观测值都可靠，故把算术平均值称为“最可靠值”或“最或然值”。

未知量的最或然值与观测值之差称为观测值的改正数，以 ν 表示，即

$$\nu_1 = L - l_1$$

$$\nu_2 = L - l_2$$

$$\cdots\cdots$$

$$\nu_n = L - l_n$$

将上面式子两端求和得

$$[\nu] = 0 \tag{5-8}$$

二、用观测值的改正数计算中误差

由前述可知，观测值的精度主要是由中误差来衡量的，用式（5-3）计算观测值的中误差前提条件是要知道观测值的真误差 Δ，但是，在大多数的情况下，未知量的真值 x 是不知道的，因而真误差通常也是不知道的。因此，在测量实际工作中，通常利用观测值的改正数计算中误差。

$$m = \pm\sqrt{\frac{[\nu\nu]}{n-1}} \tag{5-9}$$

是用观测值的改正数计算中误差的公式，称为白塞尔公式。

三、算术平均值的中误差

由式（5-6）算术平均值的计算公式有

$$L = \frac{l_1 + l_2 + \cdots + l_n}{n}$$

$$= \frac{1}{n}l_1 + \frac{1}{n}l_2 + \cdots + \frac{1}{n}l_n$$

上式中$\frac{1}{n}$为常数，而各观测值是同精度的，所以，它们的中误差均为m，根据误差传播定律，可得出算术平均值的中误差

$$\begin{aligned} M^2 &= \frac{1}{n^2}m^2 + \frac{1}{n^2}m^2 + \cdots + \frac{1}{n^2}m^2 \\ &= \frac{1}{n^2}nm^2 \\ &= \frac{m^2}{n} \end{aligned}$$

所以

$$M = \pm \frac{m}{\sqrt{n}} \tag{5-10}$$

从上式可知，算术平均值的中误差M要比观测值的中误差m小$\sqrt{n}$倍，观测次数越多，算术平均值的中误差就越小，精度就越高。适当增加观测次数n，可以提高观测值的精度，当观测次数增加到一定次数后，算术平均值的精度提高就很微小，所以，应该根据需要的精度，适当确定观测的次数。

【例 5-2】 对某一段水平距离同精度丈量了 6 次，其结果列于表 5-2，试求其算术平均值、一次丈量中误差、算术平均值中误差及其相对误差。

同精度观测结果 **表 5-2**

序　号	观测值 l_i（m）	改正数 ν_i（mm）	$\nu\nu$
1	136.658	−3	9
2	136.666	−11	121
3	136.651	+4	16
4	136.662	−7	49
5	136.645	+10	100
6	136.648	+7	49
Σ	819.930	0	344

【解】

$$L = \frac{819.930}{6} = 136.655\text{m}$$

$$m = \pm\sqrt{\frac{344}{6-1}} = \pm 8.3\text{mm}$$

$$M = \frac{\pm 8.3}{\sqrt{6}} = \pm 3.4\text{mm}$$

$$K = \frac{1}{\dfrac{136.655}{3.4 \times 10^{-3}}} \approx \frac{1}{40000}$$

第四节　误差传播定律

在测量工作中，有一些未知量虽不能直接测定，但与观测值有一定的函数关系，可通过间接计算求得。例如：高差 $h=a-b$，是独立观测值后视读数 a 和前视读数 b 的函数。建立独立观测值中误差与观测值函数中误差之间的关系式，测量上称为误差传播定律。

一、线性函数

1. 倍数函数

设函数
$$Z=kx$$

式中，k 为常数；x 为独立观测值；Z 为 x 的函数。当观测值 x 含有真误差 Δx 时，使函数 Z 也将产生相应的真误差 Δz，设 x 值观测了 n 次，则

$$\Delta Z_{n}=k\Delta x_{n}$$

将上式两端平方，求其总和，并除以 n，得：

$$\frac{[\Delta Z\Delta Z]}{n}=k^{2}\frac{[\Delta x\Delta x]}{n}$$

根据中误差的定义，则有

$$m_{z}^{2}=k^{2}m_{x}^{2}$$

或
$$m_{z}=km_{x} \tag{5-11}$$

由此得出结论：倍数函数的中误差，等于倍数与观测值中误差的乘积。

【例 5-3】　在 1∶500 的图上，量得某两点面的距离 $d=51.2\text{mm}$，d 的量测中误差 $m_{d}=\pm0.2\text{mm}$。试求实地两点间的距离 D 及其中误差 m_{D}。

【解】

$$D=500\times51.2\text{mm}=25.6\text{m}$$

$$m_{D}=500\times(\pm0.2\text{mm})=\pm0.1\text{m}$$

所以
$$D=25.6\text{m}\pm0.1\text{m}$$

2. 和差函数

设有函数
$$Z=x\pm y$$

式中 x 和 y 均为独立观测值；Z 是 x 和 y 的函数。当独立观测值 x、y 含有真误差 $\Delta x\Delta y$ 时，函数 Z 也将产生相应的真误差 ΔZ，如果对 x、y 观测了 n 次，则：

$$\Delta Z_{n}=\Delta x_{n}+\Delta y_{n}$$

将上式两端平方，求其总和，并除以 n，得

$$\frac{[\Delta z\Delta z]}{n}=\frac{[\Delta x\Delta x]}{n}+\frac{[\Delta y\Delta y]}{n}+\frac{2[\Delta z\Delta z]}{n}$$

根据偶然误差的抵消性和中误差定义，得

$$m_{Z}^{2}=m_{x}^{2}+m_{y}^{2}$$

或
$$m_{Z}=\pm\sqrt{m_{x}^{2}+m_{y}^{2}} \tag{5-12}$$

由此得出结论：和差函数的中误差，等于各个观测值中误差平方和的平方根。

【例 5-4】 分段丈量一直线上两段距离 AB、BC，丈量结果及其中误差为：$AB = 180.15\text{m} \pm 0.01\text{m}$，$BC = 200.18\text{m} \pm 0.13\text{m}$，试求全长 AC 的中误差。

【解】

$$AC = 180.15 + 200.18 = 380.33\text{m}$$

$$m_{AC} = \pm\sqrt{0.10^2 + 0.13^2} = \pm 0.17(\text{m})$$

若各观测值的中误差相等，即 $m_{x_1} = m_{x_2} = \cdots = m_{x_n} = n$ 时，则有

$$m_z = \pm m\sqrt{n}$$

【例 5-5】 在水准测量中，若水准尺上每次读数的中误差为 $\pm 1.0\text{mm}$，则根据后视读数减前视读数计算所得高差中误差是多少？

【解】 一个测站的高差 $h = a - b$，$m_{读} = \pm 1.0\text{mm}$，

$$m_h = \sqrt{m_{读}^2 + m_{读}^2} = \sqrt{2}m_{读} = \sqrt{2} \times (\pm 1.0) = \pm 0.14(\text{cm})$$

3. 一般线性函数

设有线性函数

$$Z = k_1x_1 + k_2x_2 + \cdots + k_nx_n$$

式中 x_1、x_2、…、x_n 为独立观测值；k_1、k_2、…、k_n 为常数，根据式（5-11）和式（5-12）可得：

$$m_Z^2 = (k_1m_1)^2 + (k_2m_2)^2 + \cdots + (k_nm_n)^2$$

$$m_Z = \sqrt{(k_1m_1)^2 + (k_2m_2)^2 + \cdots + (k_nm_n)^2}$$

其中，m_1、m_2、…、m_n 分别是 x_1、x_2、…、x_n 观测值的中误差。

由此得出结论：线性函数中误差，等于各常数与相应观测值中误差乘积的平方和的平方根。

根据上式可导出等精度观测算术平均值中误差的计算公式：

$$M = \pm \frac{m}{\sqrt{n}} \tag{5-13}$$

【例 5-6】 用测回法观测某一水平角，按等精度观测了 3 个测回，各测回的观测中误差 $m = \pm 8''$，试求 3 个测回的算术平均值的中误差 M。

【解】

$$M = \pm \frac{m}{\sqrt{n}} = \pm \frac{8''}{\sqrt{3}} = \pm 4.6''$$

二、非线性函数

设有函数 $Z = f(x_1, x_2, \cdots, x_n)$

上式中，$x_1, x_2, \cdots, x_n$ 为独立观测值，其中误差为 $m_1, m_2, \cdots, m_n$。当观测值 x_i 含有真误差 Δx_i 时，函数 Z 也必然产生真误差 ΔZ，但这些真误差都是很小值，故对上式全微分，并以真误差代替微分，即：

$$\Delta z = \frac{\partial f}{\partial x_1}\Delta x_1 + \frac{\partial f}{\partial x_2}\Delta x_2 + \cdots + \frac{\partial f}{\partial x_n}\Delta x_n \tag{5-14}$$

式（5-14）中，$\frac{\partial f}{\partial x_1},\frac{\partial f}{\partial x_2},\cdots,\frac{\partial f}{\partial x_n}$ 是函数 Z 对 x_1、$x_2,\cdots,x_n$ 的偏导数，当函数值确定后，则偏导数值恒为常数，故上式可以认为是线性函数，于是有：

$$m_Z=\pm\sqrt{\left(\frac{\partial F}{\partial x_1}\right)m_{x_1}^2+\left(\frac{\partial F}{\partial x_2}\right)m_{x_2}^2+\cdots+\left(\frac{\partial F}{\partial x_n}\right)m_{x_n}^2} \tag{5-15}$$

由此得出结论：非线性函数中误差等于该函数按每个观测值所求得的偏导数与相应观测值中误差乘积之和的平方根。

【例 5-7】 已知矩形的宽 $x=30\text{m}$，其中误差 $m_x=0.010\text{m}$，矩形的长 $y=40\text{m}$，其中误差 $m_y=0.012\text{m}$，计算矩形面积 A 及其中误差 m_A。

【解】

已知计算矩形面积公式

$$A=xy$$

对各观测值取偏导数

$$\frac{\partial f}{\partial y}=x,\ \frac{\partial f}{\partial x}=y$$

根据误差传播定律，得

$$m_A=\pm\sqrt{\left(\frac{\partial f}{\partial y}\right)^2m_y^2+\left(\frac{\partial f}{\partial x}\right)^2m_x^2}=\pm\sqrt{x^2m_y^2+y^2m_x^2}$$

矩形面积 $A=xy=30\times40=1200\text{m}^2$

面积 A 的中误差 $m_A=\pm\sqrt{(40)^2\times(0.010)^2+(30)^2\times(0.012)^2}$

$$=\pm\sqrt{0.2896}\text{m}^2$$

$$m_A=0.54\text{m}^2$$

通常写成 $A=1200\pm0.54\text{m}^2$

【例 5-8】 设沿倾斜面上 A、B 两点间量得距离 $D=32.218\pm0.003\text{m}$，并测得两点之间的高差 $h=2.35\pm0.05\text{m}$。求水平距离 D_0 及其中误差 m_{D_0}。

【解】 $D_0=\sqrt{D^2-h^2}=\sqrt{(32.218)^2-(2.35)^2}=32.132\text{m}$

对 $D_0=\sqrt{D^2-h^2}$ 求全微分，得

$$\mathrm{d}D_0=\frac{\partial f}{\partial D}\mathrm{d}D+\frac{\partial f}{\partial h}\mathrm{d}h=\frac{D}{\sqrt{D^2-h^2}}\mathrm{d}D-\frac{h}{\sqrt{D^2-h^2}}\mathrm{d}h$$

$$=\frac{D}{D_0}\mathrm{d}D-\frac{h}{D_0}\mathrm{d}h$$

$$\frac{D}{D_0}=\frac{32.218}{32.132}=1.0027,\ \frac{h}{D_0}=\frac{2.35}{32.132}=0.0731$$

根据式（5-14）可得

$$m_{D_0}=\pm\sqrt{(1.0020)^2\times(0.003)^2+(-0.0731)^2\times(0.005)^2}$$
$$=\pm0.003\text{m}$$

即 $D_0=32.132\pm0.003\text{m}$

思考题与习题

1. 产生观测误差的原因是哪些?

2. 偶然误差和系统误差有什么区别?偶然误差有哪些特性?

3. 什么叫中误差、容许误差、相对误差?

4. 衡量精度的标准有哪些?在对同一量的一组等精度观测中,中误差与真误差有何区别?

5. 为什么说观测值的算术平均值是最或然值?

6. 设对某直线测量8次,其观测结果为:

258.741、258.752、258.763、258.749、258.775、258.770、258.748、258.766m。

试计算其算术平均值、算术平均值的中误差及相对中误差?

7. 设同精度观测了某水平角6个测回,观测值分别为:56°32′12″、56°32′24″、56°32′06″、56°32′18″、56°32′36″、56°32′18″。试求观测一测回中误差、算术平均值及其中误差?如果要算术平均值中误差小于±2.5″,问共需测多少个测回?

8. 在水准测量中,设每一个测站的观测值中误差为±5mm,若从已知点到待定点一共测10个测站,试求其高差中误差。

9. 有一长方形,测得其边长为15±0.003m和20±0.004m。试求该长方形面积及其中误差?

第六章　全站仪及 GPS 应用

教学要求： 通过本章学习，掌握全站仪的基本操作方法，能正确使用全站仪进行基本测设工作；了解 GPS 的基本工作原理、GPS 测量系统的基本配置、GPS 的施测实施方法。

教学要求： 本章重点是全站仪的操作使用，基本会进行角度测量、距离测量、坐标测量与放样测量等工作。

第一节　全站仪及特点

一、概述

全站仪又称电子速测仪，是一种可以同时进行角度测量和距离测量，由机械、光学、电子元件组合而成的测量仪器。在测站上安置好仪器后，除照准需人工操作外，其余可以自动完成，而且几乎是在同一时间得到平距、高差和点的坐标。全站仪是由电子测距仪、电子经纬仪和电子记录装置三部分组成。从结构上分，全站仪可分为组合式和整体式两种。组合式全站仪是用一些连接器将测距部分、电子经纬仪部分和电子记录装置部分连接成一组合体。它的优点是能通过不同的构件进行灵活多样的组合，当个别构件损坏时，可以用其他的构件代替，具有很强的灵活性。整体式全站仪是在一个仪器内装配测距、测角和电子记录三部分。测距和测角共用一个光学望远镜，方向和距离测量只需一次照准，使用十分方便。

全站仪的电子记录装置是由存储器、微处理器、输入和输出部分组成。由微处理器对获取的斜距、水平角、竖直角、视准轴误差、指标差、棱镜常数、气温、气压等信息进行处理，可以获得各种改正后的数据。在只读存储器中固化了一些常用的测量程序，如坐标测量、导线测量、放样测量、后方交会等，只要进入相应的测量程序模式，输入已知数据，便可依据程序进行测量，获取观测数据，并解算出相应的测量结果。通过输入、输出设备，可以与计算机交互通讯，将测量数据直接传输给计算机，在软件的支持下，进行计算、编辑和绘图。测量作业所需要的已知数据也可以从计算机输入全站仪，可以实现整个测量作业的高度自动化。

全站仪的应用可归纳为四个方面：一是在地形测量中，可将控制测量和碎步测量同时进行；二是可用于施工放样测量，将设计好的管线、道路、工程建设中的建筑物、构筑物等的位置按图纸设计数据测设到地面上；三是可用全站仪进行导线测量、前方交会、后方交会等，不但操作简便且速度快、精度高；四是通过数据输入/输出接口设备，将全站仪与计算机、绘图仪连接在一起，形成一套完整的外业实时测绘系统（电子平板测图系统），从而大大提高测绘工作的质量和效率。

二、全站仪的基本结构介绍

全站仪的种类很多，各种型号仪器的基本结构大致相同。现以南方测绘仪器公司生产的 NTS-350/R 系列全站仪为例进行各种测量方法介绍。NTS-350/R 系列全站仪的外观与普通电子经纬仪相似，是由电子经纬仪和电子测距仪两部分组成。

（一）全站仪的外结构

全站仪的结构及名称如图 6-1。

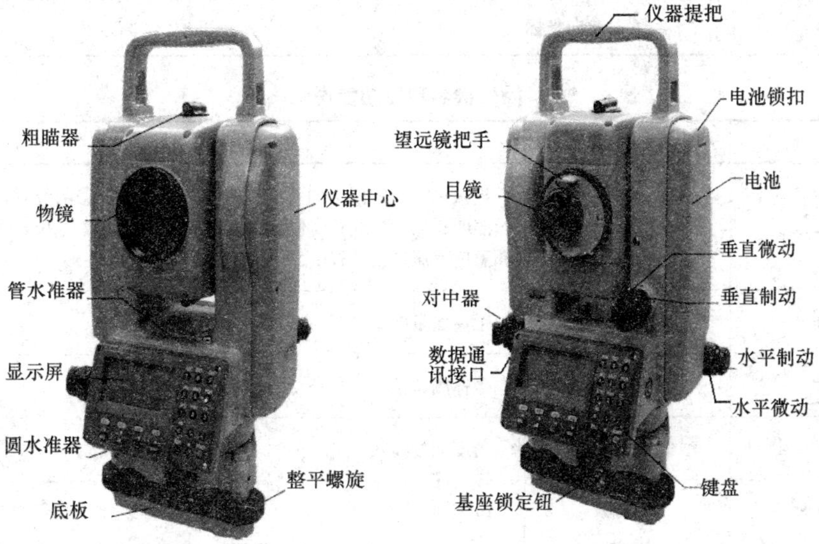

图 6-1　NTS-350/R 全站仪结构

（二）显示与键盘

1. 在全站仪的前后两面，各有一个带键盘和点阵式液晶显示屏的面板，用来显示和操作全站仪。面板结构如图 6-2 所示。

2. 显示符号及键盘符号：

全站仪面板上主要分布了液晶显示器和操作按键：表 6-1、表 6-2 对显示符号及键盘符号的意义做了详细的说明。

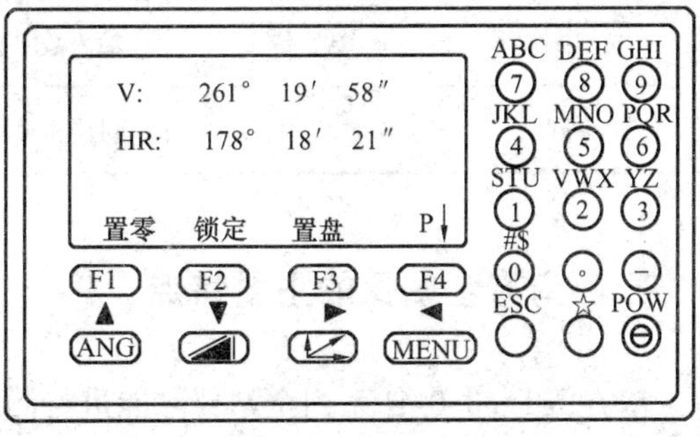

图 6-2　NTS-350/R 的键盘构造

（三）功能键（软键）

软键共有四个，即 F1、F2、F3、F4 键，每个软键盘的功能见相应测量模式的相应显示信息，在各种测量模式下分别有不同的功能。

全站仪标准测量模式有三种，即角度测量模式、距离测量模式和坐标测量模式。各测量模式又有若干页，可以用 F4 进行翻页。

显示符号及其含义　　表 6-1

显示	内容	显示	内容
V%	垂直角（坡度显示）	E	东向坐标
HR	水平角（右角）	Z	高程
HL	水平角（左角）	*	EDM（电子测距）正在进行
HD	水平距离	m	以 m 为单位
VD	高差	ft	以英尺（ft）为单位
SD	倾斜	fi	以英尺与英寸为单位
N	北向坐标		

操作键名称及功能说明　　表 6-2

按键	名称	功能
★	星键	进入星键模式用于如下项目的设置或显示：①调节对比度；②十字丝照明；③背景光；④倾斜改正；⑤S/A。此模式下可以对棱镜常数和温度气压进行设置
	距离测量键	距离测量模式
	坐标测量键	坐标测量模式
ANG	角度测量键	角度测量模式
POWER	电源键	电源开关
MENU	菜单键	在菜单模式和正常模式之间切换，在菜单模式下可设置应用测量与照明调节、仪器系统误差改正
ESC	退出键	·返回测量模式或上一层模式 ·从正常测量模式直接进入数据采集模式或放样模式 ·也可用作为正常测量模式下的记录键
0～9	数字键	输入数字和字母，小数点，负号
F1～F4	软键（功能键）	对应于显示的软键功能信息

三、南方全站仪的主要特点

南方 NTS-350/R 系列全站仪除能进行测量角度和距离外，还能进行高程测量、坐标测量，坐标放样以及对边测量、悬高测量、偏心测量、面积测量等（图 6-3）。测量数据可存储到仪器的内存中，能存储 8000 个点的坐标数据，或者存储 3000 个点的坐标数据和 3000 个点的测量数据（原始数据）。所存数据能进行编辑、查阅和删除等操作，能方便地

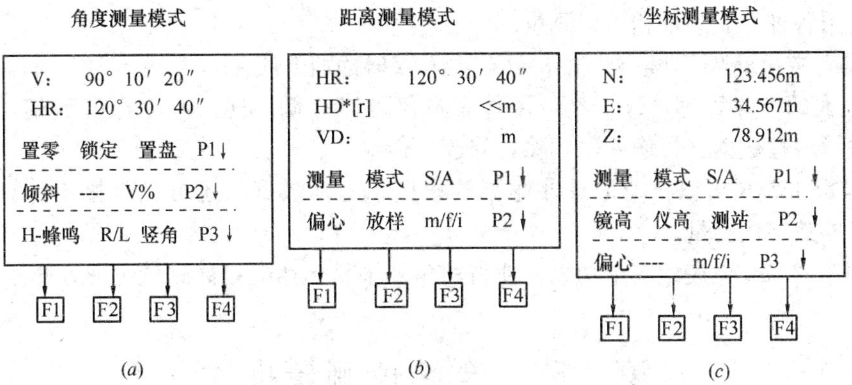

图 6-3 标准测量模式

与计算机相互传输数据。南方 NTS-350/R 系列全站仪的竖直角采用电子自动补偿装置，可自动测量竖直角。

与全站仪配套使用的反光棱镜与觇牌如图 6-4 所示，由于全站仪的望远镜视准轴与测距发射接收光轴是同轴的，故反光棱镜中心与觇牌中心应一致。对中杆棱镜组的对中杆与两条铝脚架一起构成简便的三脚架系统，操作灵活方便，在低等级控制测量和施工放线测量中应用广泛。在精度要求不很高时，还可拆去其两条铝脚架，单独使用一根对中杆，携带和使用更加方便。

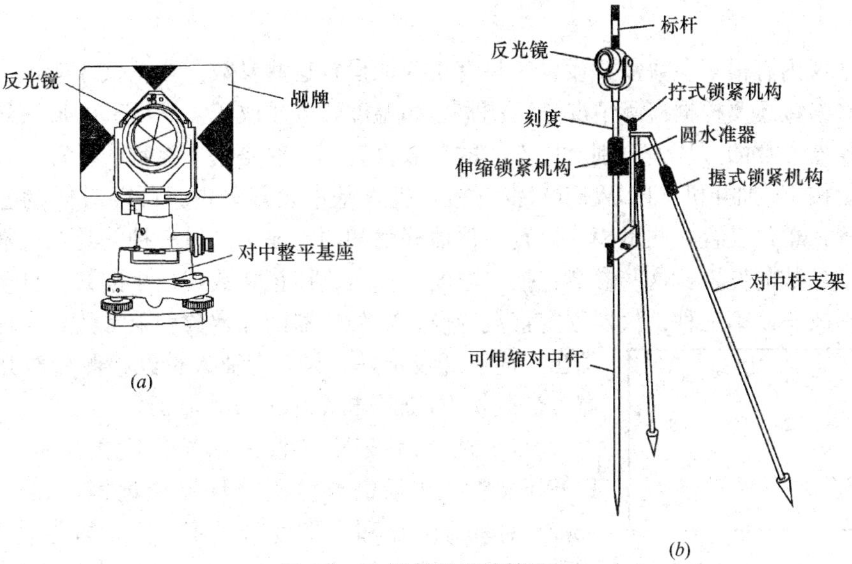

图 6-4 全站仪反光棱镜组

（a）单棱镜组；（b）对中杆棱镜组

使用对中杆棱镜组时，将对中杆的下尖对准地面测量标志，两条架腿张开合适的角度并踏稳，双手分别握紧两条架腿上的握式锁紧装置，伸缩架腿长度，使圆气泡居中，便完成对中整平工作。对中杆的高度是可伸缩的，在接头处有杆高刻划标志，可根据需要调节棱镜的高度。整体来说，南方 NTS-350/R 具有以下的特点：

1. 全中文操作界面，适合中国人的操作习惯。

2. 功能丰富：NTS350/R 全站具有丰富的测量程序，同时具有参数设置和数据存贮功能，适用各种专业测量和工程测量。

3. 具有数字键/字母键盘，使得外业输入数据特别方便。

4. 强大的内存管理，NTS350/R 具有不仅可以存储高达 10000 点的数据，还具有，可以任意对内存数据进行输入，删除，修改，传输。

5. NTS350/R 可以自动记录外业测量数据和坐标数据，还可以直接与计算机连接，实现全野外数字化测量。

6. 具有 200m 免棱镜测量功能，使得房角及不易到达的目标测量更加方便。

第二节　全站仪测量操作

一、测前准备

在使用全站仪进行测量之前，必须做好以下的准备工作：首先检查确认全站仪的各项指标是否正常，再检查电源电量是否充足。然后进行对中，整平；开机后还要检查和设置各项参数；如果使用合作目标测量，还需要在目标处安置棱镜。

二、开机与仪器设置

全站仪内有很多参数需要设置，只有正确地设置这些参数，全站仪才能正常工作。而且，有些参数还要根据实际情况进行调整。如温度，气压改正。NTS350/R 系列全站有三种设置仪器参数的方法，分别对应不同的参数设置：一种是基本参数的设置，其操作时要从关机后按 F4 加开机（POWER）键开机，进入基本设置菜单。可以对仪器进行以下的项目设置：单位设置，测量模式设置，仪器蜂鸣和两差改正。另一种就是在正常测量状态下对测量参数的设置：这些参数包括：温度、气压、棱镜常数，最小读数，自动关机和垂直角倾斜改正。第三种是仪器固定常数的设置：如仪器的加常数和乘常数，这种参数在仪器出厂时已经设定好，只有专业人员经检测后对其更改。设置方法是按 F1 加开机键进入设置界面。

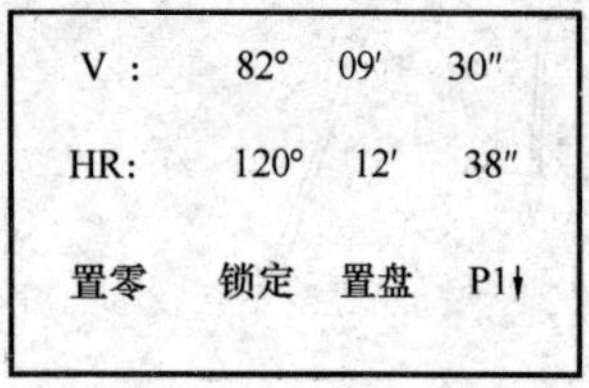

图 6-5　正常工作界面

NTS350/R 系列全站仪采用光栅度盘技术，所以在按 POWER 键开机后需要分别将仪器望远镜，和照准部转动 360°，对垂直度盘和水平度盘置零设置。置零动作完成后，仪器才显示正常工作界面，即测角状态，如图 6-5 所示。

三、角度，距离测量

角度测量和距离测量是全站仪的最基本的测量模式。全站仪最原始的测量数据是 HR（水平角），VR（垂直角），SD（倾斜距离）。通过内部处理程序可以显示和存储各种测量要素如：HD（水平距离），VD（高差），N（北坐标），E（东坐标），Z（高程）等。

（一）水平角和垂直角测量

确认仪器处于角度测量模式。

瞄准目标的方法：

1. 将望远镜对准明亮天空，旋转目镜筒，调焦看清十字丝；

2. 利用瞄准器内的三角形标志的顶尖瞄准目标点，照准时眼睛与瞄准器之间应保持一定的距离；

3. 利用望远镜调焦螺旋使目标点成像清晰。

具体操作步骤如图 6-6 所示。

操作过程	操作	显示
1. 照准第一个目标A	照准 A	V ： 82° 09′ 30″ HR： 120° 12′ 38″ 置零 锁定 置盘 P1↓
2. 设置目标A 的水平角为0° 00′ 00″ 按F1 键置零和F3 是	按 F1 键	水平角度置零 >OK? --- --- [是] [否]
	按 F3 键	V ： 82° 09′ 30″ HR： 0° 00′ 00″ 置零 锁定 置盘 P1↓
3. 瞄准第二个目标B，显示目标B 的 V/H	瞄准目标B	V ： 92° 09′ 30″ HR： 67° 09′ 38″ 置零 锁定 置盘 P1↓

图 6-6 具体操作步骤

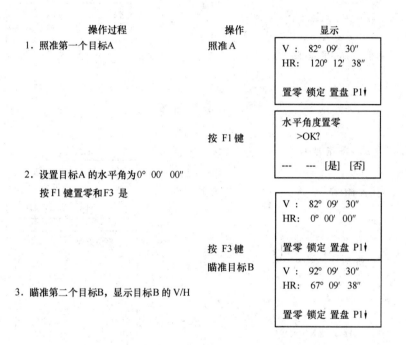

按 F4 键两次转到第 3 页功能，再按 F2 键可以在右角/左角之间相互切换。

（二）水平角设置

在进行角度测量时，通常需要将某一个方向的水平角设置成所希望的角度值。以便确定统一的计算方位。这可以通过水平角设置来完成。

水平角有两种设置方法：锁定角度值和键盘输入。图 6-7 和图 6-8 分别列出这两种方式的步骤。

（三）垂直角与斜率（V%）的转换

将仪器调为角度测量模式，按以下操作进行：

1. 按［F4］（↓）键转到显示屏第 2 页；

2. 按［F3］（V%）键。显示屏即显示 V%，进入垂直角百分度（%）模式。按 F3 键可以在两种模式间交替切换。

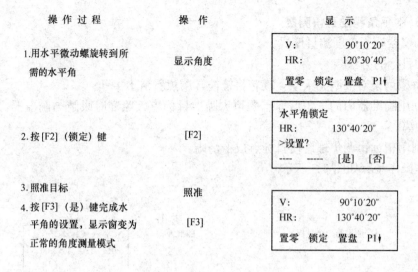

操作过程	操作	显示
1.用水平微动螺旋转到所需的水平角	显示角度	V:　90°10′20″ HR:　120°30′40″ 置零　锁定　置盘　P1↓
2.按[F2]（锁定）键	[F2]	水平角锁定 HR:　130°40′20″ >设置? ----　-----　[是]　[否]
3.照准目标	照准	
4.按[F3]（是）键完成水平角的设置，显示窗变为正常的角度测量模式	[F3]	V:　90°10′20″ HR:　130°40′20″ 置零　锁定　置盘　P1↓

图 6-7　锁定角度值操作步骤

操作过程	操作	显示
1.照准目标	照准	V:　90°10′20″ HR:　170°30′20″ 置零　锁定　置盘　P1↓
2.按[F3]（置盘）键	[F3]	水平角设置 HR: ------------------------ 输入　-----　-----　回车
3.通过键盘输入所要求的水平角。如：70°40′20″	[F1] 70.4020 [F4]	V:　90°10′20″ HR:　70°40′20″ 置零　锁定　置盘　P1↓

图 6-8　键盘输入操作步骤

（四）天顶距与高度角的转换

全站仪显示的垂直角有两种：即以天顶方向为起算 0 点的天顶距和以水平线为起算 0 点的高度角。这两种模式之间的切换按以下方式进行：

1. 按［F4］（↓）键转到显示屏第 3 页；

2. 按［F3］（竖角）键，可以在天顶距和高度角之间交替切换。

（五）距离测量（连续测量）

距离测量也是全站仪的一项最基本的功能，在作距离测量之前通常需要确认大气改正的设置和棱镜常数设置。

在仪器开机时，测量模式可设置为 N 次测量或连续测量模式，两种测量模式可以在测量过程中切换。距离测量步骤如图 6-9 所示。

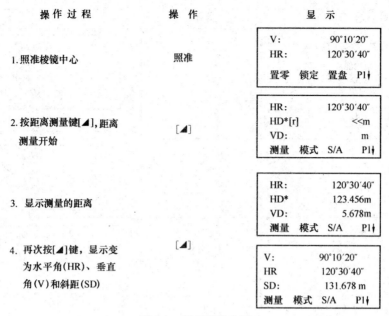

操作过程	操作	显示
1. 照准棱镜中心	照准	V: 90°10′20″ HR: 120°30′40″ 置零 锁定 置盘 P1↓
2. 按距离测量键[◢]，距离测量开始	[◢]	HR: 120°30′40″ HD*[r] <<m VD: m 测量 模式 S/A P1↓
3. 显示测量的距离		HR: 120°30′40″ HD* 123.456m VD: 5.678m 测量 模式 S/A P1↓
4. 再次按[◢]键，显示变为水平角(HR)、垂直角(V)和斜距(SD)	[◢]	V: 90°10′20″ HR 120°30′40″ SD: 131.678 m 测量 模式 S/A P1↓

图 6-9 距离测量步骤

四、坐标测量

坐标测量是角度和距离测量的程序化，通过直接测量出的水平角和斜距，仪器经过程序计算，将结果显示为坐标形式。坐标测量需要经过以下几个步骤：

1. 设置测站点的坐标；
2. 设置仪器高和目标高；
3. 设置后视点，并通过测量来确定后视方位；
4. 坐标测量。

下面分别介绍各个步骤中的操作：

（一）设置测站点坐标

设置仪器（测站点）相对于坐标原点的坐标，仪器可以自动转换和显示未知点（棱镜点）在该坐标系中的坐标。测站点坐标一旦设置，仪器关闭后仍然可以保存。设置步骤如图 6-10。

（二）设置仪器高

仪器高按图 6-11 的步骤设置，一旦设置好关机后仍可保存。

（三）设置棱镜高

棱镜高的设置步骤与仪器高设置基本相同。

（四）实施测量

当设置好测站，仪器高和棱镜高以后，便可以着手进行坐标测量。测量前还要设置后视方位。按图 6-12 的步骤进行。

（五）无合作目标测量

NTS350/R 全站仪具有激光免棱镜测量功能，当我们需要测量那些无法到达或不便安置棱镜的目标，按★ 键进入免棱镜设置模式，启动激光测距。

操作过程	操作	显示
1. 在坐标测量模式下按 F4，进入第 2 页功能	F4	N :　286.245m E :　76.233m Z :　14.556m 测量　模式　S/A　P1↓ 镜高　仪高　测站　P2↓
2. 按 [F3]键	F3	N->:　0.000m E :　0.000m Z :　0.000m 输入　---　---　回车
3. 输入N坐标	F1 输入数据 F4	N :　500.00m E-> :　0.000m Z :　0.000m 输入　---　---　回车
4. 按同样的方法输入E和Z坐标，输入数据后，显示屏返回坐标测量显示	照准 P1 F1	N :　500.000m E :　300.000m Z :　10.00m 测量　模式　S/A　P1↓
输入范围: N，E，Z 介于 −999999.999m 和 999999.999m 之间		

图 6-10　设置测站点步骤

操作过程	操作	显示
1. 在坐标测量模式下按 F4，进入第 2 页功能	F4	N:　286.245m E :　76.233m Z :　14.556m 测量　模式　S/A　P1↓ 镜高　仪高　测站　P2↓
2.按[F2]键	F2	仪器高 输入 仪高　0.000m 输入　---　---　回车
3.输入仪器高	F1 输入数据 F4	N:　500.000m E :　300.000m Z :　10.00m 测量　模式　S/A　P1↓
输入范围: 仪器高介于 −999.999m 和 999.999m 之间		

图 6-11　仪器高设置步骤

操作过程	操作	显示
1. 设置后视（已知)点A的方向角	设置方向角	V : 120°10′46″ HR : 89°00′46″ 置零 锁定 置盘 P1↓
2. 照准目标点B	照准棱镜	N : << m E : m Z : m 测量 模式 S/A P1↓
3. 按F1键,开始测量	F1	N* : 526.778m E : 236.852m Z : 12.337m 测量 模式 S/A P1↓
如果测量前未输入测站坐标,则默认(0,0,0)为测站坐标 若仪器高，棱镜高未输入,均默认为0m		

图 6-12 实施测量步骤

五、放样测量

放样是全站仪的一项最常用的功能，它的目的是将设计的点位落实到地面的具体位置上。全站仪放样有两种方式：极坐标放样和坐标放样。极坐标法是测距测角的逆过程，需要通过其他计算工具计算出待放样点的转角（方位角）和边长。而坐标放样是直接根据设

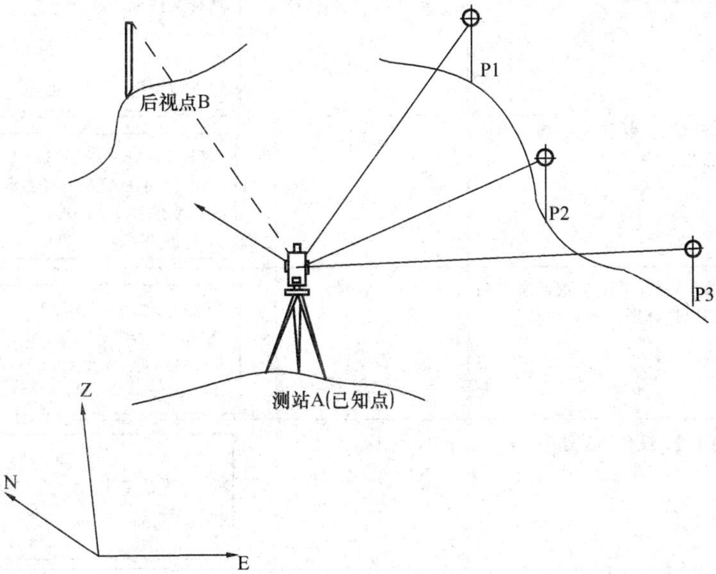

图 6-13 坐标放样图

计的坐标来放样待测点的位置，坐标放样之前同样需要设置测站和定向。其设站的操作步骤和坐标测量相同。

如图 6-13 所示：A 点为已知的测站点，B 点为已知的后视点，P×为待放样的点。（假设 A，B，P×的坐标数据都已经输入或存在仪器内存文件中）其放样步骤如下：

1. 选择数据采集文件，使其所采集的数据存储在该文件中；
2. 选择坐标数据文件，可进行测站坐标数据及后视坐标数据的调用；
3. 设置测站点；
4. 设置后视点，确定定向方位角；
5. 输入或选择待放样的点坐标，开始放样。

（一）选择坐标数据文件

运行放样模式首先要选择一个可供存贮或调用数据的坐标数据文件，我们不仅可以从中调出待放样点的坐标，也可以将新测点存入该文件中供以后放样使用。

当放样模式运行时，选择坐标数据文件操作如图 6-14 所示。

操作过程	操作	显示
1. 在距离测量模式下按 F4，进入第 2 页功能	F4	HR : 120°30′40″ HD : 566.346m VD : 89.678m 测量 模式 S/A P1↓ 偏心 放样 m/f/l P1↓
2. 按[F1]键	F1	放样 F1：选择文件 F2：新点 F3：格网因子 P1↓ 选择文件 FN: ———— 输入 调用 --- 回车
3. 按[F2]（调用）键，显示坐标数据文件	F2	CEEFEDATA /C0233 ->*STATHDATA /C0228 SATADATA /C0080 --- 查找 --- 回车
4. 按[▲]或[▼]键，滚动文件列表以选择所需的文件	[▲]或[▼]	CEEFEDATA /C0233 *SOUTHDATA /C0229 SATADATA /C0080 --- 查找 --- 回车
5. F4 键，文件即被选中	F4	放样 2/2 F1：选择文件 F2：新点 F3：格网因子 P1↓

图 6-14 选择坐标数据文件操作

(二) 设置测站点

设置测站点有两种方法：

1. 利用内存中的数据文件坐标
2. 直接键入坐标数据

下面以调用内存坐标数据放样为例，操作如图 6-15 所示。

操作过程	操作	显示
1. 由放样菜单 1/2 按 F1，即显示原有数据	F1	测站点 点号：———— 输入　调用　坐标　回车
2. 按[F1]键	F1	测站点 点号=PT-01 回退　空格　数字　回车
3. 输入点号，按[F4]键	输入点号 F4	仪高 输入 仪高：　0.000m 输入　---　---　回车
4. 按上面同样的方法输入仪器高，显示屏返回到放样菜单 1/2	F1 输入仪高 F4	放样 F1：输入测站点 F2：输入后视点 F3：输入放样点　P1↓

图 6-15　设置测站点操作步骤

(三) 设置后视点

有三种方法可以设置后视点：

1. 利用内存中的坐标数据文件
2. 直接键入坐标数据
3. 直接键入设置角

其输入方式大概与设置测站点相同。

(四) 实施放样

与设置测站点，后视点一样，需放样的点坐标既可以通过调用内存文件数据，也可以通过键盘直接输入。以调用内存中坐标值为例，其在仪器上的操作步骤如图 6-16 所示。

在极坐标放样中有一种特例如图 6-17 所示：就是在同一条直线上的距离放样。即所有待放样点的角度相同，这在道路中线或建筑红线放样中经常遇到。

这类放样模式中只需要将全站仪方向设置好以后，按距离进行测量就可以了。

(五) 设置新点

南方 NTS350/R 中有一个非常实用的新点测设功能，该功能用于当现有控制点与放样点之间不同时的情况下测设新增转点。

操作过程	操作	显示
1.由放样菜单 1/2 按F3键	F3	放样 1/2 F1：输入测站点 F2：输入后视点 F3：输入放样点 P1↓ 放样 点号：———— 输入 调用 坐标 回车
2.按[F1]键，输入点号，按F4键确认	F1 输入点号 F4	镜高 输入 镜高 0.000m 输入 --- --- 回车
3.按同样的方式输入棱镜高，当放样点设定后，仪器就进行放样元素的计算	F1 输入镜高 F4	计算 HR: 120°10′46″ HD: 245.777m 角度 距离 --- ---
4.照准棱镜，按F1角度键 点号：放样点 HR：实测水平角 dHR对准放样点仪器转动的水平角	照准	点号： LP-101 HR: 20°10′46″ Dhr: 220°18′09″ 距离 --- 坐标 ---
5.按F1键测距 HD：实测水平距离 dHD：与放样点的距离差		HD*[r] <m dDH: m dZ: m 模式 角度 坐标 继续 HD* 245.777m dDH: −3.225m dZ: −0.067m 模式 角度 坐标 继续
6. 按F1键进行精测	F1	HD*[r] <m dDH: m dZ: m 模式 角度 坐标 继续 HD* 245.789m dDH: −3.209m dZ: −0.038m 模式 角度 坐标 继续
7.当显示值dHR、dHD和dZ均为0时，则放样点的测定已经完成		
8.按F3键，显示坐标值	F3	N: 122.332m E: 324.553m Z: 1.76m 模式 角度 --- 继续
9.按F4键，进入下一个目标点的放样	F4	放样 点号：———— 输入 调用 坐标 回车

图 6-16 实施放样操作步骤

在新点测设功能中有两种方法：极坐标法和后方交会法。

六、程序测量

新型全站仪大都自带各种实用的测量程序，不仅能完成常规的角度，距离和坐标放样测量，还能利用自带的测量程序包完成一些比较复杂的特殊测量。下面介绍 NTS350/R 的程序包中特殊模式的测量：悬高测量，对边测量，面积测量，点到直线测量。

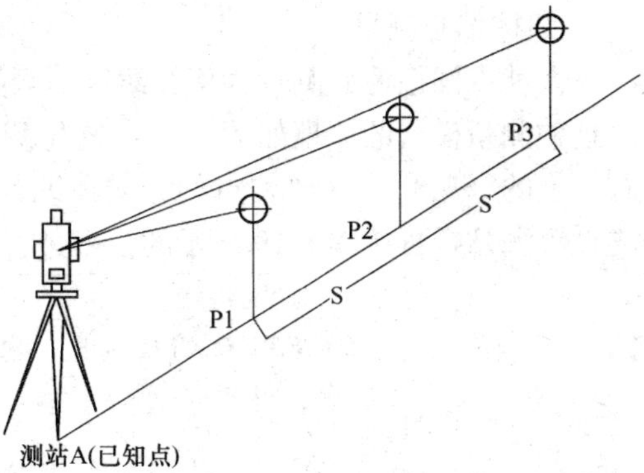

图 6-17　极坐标放样的特例

在任何情况下，按 MENU 键就可以进入到菜单模式，则可以进入菜单项选择程序测量。

（一）悬高测量

悬高测量的目的是通过在悬空的目标点下方安置棱镜，间接测定悬空目标点高度的一种方法。

（二）对边测量

该功能测量两个目标棱镜之间的水平距离（dHD），斜距（dSD），高差（dVD）和水平角（HR）。也可以直接输入坐标值或调用坐标数据文件进行计算。

若 A，B，C，D 为棱镜点。对边测量既可以测出 AB，AC，AD 的距离。也可以测出 AB，BC，CD 的距离。其操作完全一样。

（三）面积计算

利用该模式可以直接计算外业测量的闭合图形的面积，有两种方式：

1. 用坐标数据文件计算

该方法是先进行常规数据采集，然后调用该功能选择数据。属于后处理模式。

2. 用测量数据计算面积

这种方式是现场测量，当测量点数大于 2 时仪器会自动计算出测点所围成的封闭图形面积。注意的是，计算面积的点组成的图形不能交叉。

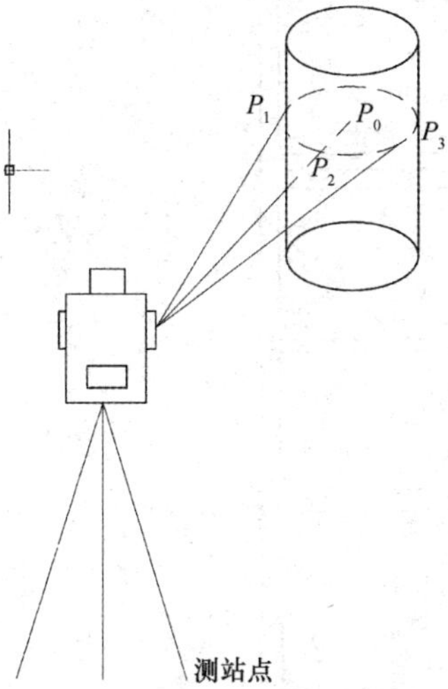

图 6-18　测量原理图

（四）点到直线的测量

点到直线的测量主要用于测量以 A（0，0，0），B 两个假设已知点为 N（北方向）轴的目标点坐标测量，将棱镜分别置于 A、B 两个点上，仪器置于未知点 C 上，只需测定棱镜 A、B 后，仪器的坐标和定向角就被计算，且设置在仪器上，这种方法在小范围自定义坐标系测量中非常方便。

（五）偏心测量

偏心测量是一种间接测量目标的方法，在实际测量中非常适用。NTS350/R 系列全站仪有四种偏心测量模式：

1. 角度偏心测量；
2. 距离偏心测量；
3. 平面偏心测量；

4. 圆柱偏心测量。

下面就以圆柱偏心测量为例介绍这一测量方法。比如测量一个圆形的仓库或烟囱。

这种测量模式的原理如图 6-18：首先测定圆柱面上（P_1）点的距离，然后通过测定圆柱面上的（P_1）和（P_3）点的方向角即可计算出圆柱中心的距离，方向角和坐标。同样先设置测站，再按图 6-19 所示的步骤进行：

操作过程	操作	显示
1. 在距离测量模式下按F4，进入第 2 页功能	F4	HR : 120°30′40″ HD : 566.346m VD : 89.678m 测量 模式 S/A P1↓ 偏心 放样 m/f/l P1↓
2.按[F1]键	F1	偏心测量 F1：角度偏心 F2：距离偏心 F3：平面偏心 P1↓
3.按[F4]（P1↓）键	F4	偏心测量 F1：圆柱偏心 P1↓ 平面偏心 N001# SD[n]*: <<m 测量……
4.按 F1（圆柱偏心）键	F1	圆柱偏心 中心 HD: m 测量
5.照准圆柱面的中心（P1），按 F1 键开始 *N* 次测量，测量结束后，显示屏提示进行左边点(P2)的角度观测	照准 P1 F1	HR: 120°30′40″ HD: 12.328m VD: 1.314m 退出 --- --- ---
6.照准圆柱面左边的（P2）点，按 F4 键，测量结束后，显示屏提示进行右边的（P3)点角度观测	照准 P2 F4	圆柱偏心 右边 HR: 170°30′40″ --- --- --- 设置
7.照准圆柱面右边的（P3）点，按 F4 设置键，测量结束后，仪器和圆柱中心（P0)之间的距离被计算。	照准 P3 F4	圆柱偏心 右边 HR: 230°30′40″ --- --- --- 设置 圆柱偏心 HR: 120°10′46″ HD: 24.245m 下步 --- --- ---
8.每次按 [◢]，则依次显示平距，高差和斜距，按键，则显示 P0 点的坐标测量	[◢]	圆柱偏心 HR: 100°10′46″ VD: 2.255m 下步 --- --- ---

图 6-19 偏心测量操作步骤

第三节　数　据　采　集

现代全站仪最大的特点就是具有大容量的内存，可以将外业测量的数据完整的记录下来，并且可以通过输入编码进行测量点进行标识，通过数据传输接口将内存数据传输到微机进行作图和其他处理。

NTS350/R 系列全站仪的数据采集具体单操作为：

按下［MENU］键，仪器进入主菜单 1/3 模式：按下［F1］（数据采集）键，显示数据采集菜单 1/2，其操作流程见图 6-20：

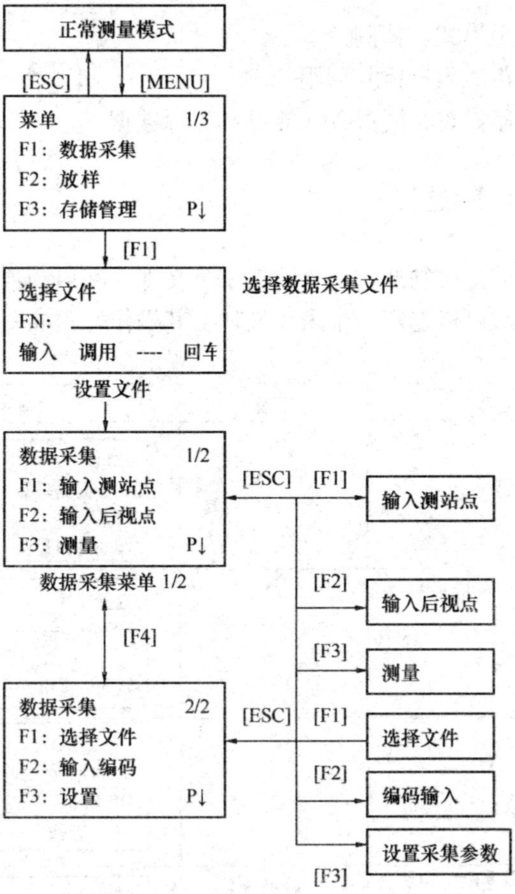

图 6-20　操作流程

一、数据采集的具体步骤

1. 设置采集参数。
2. 选择数据采集文件，使其所采集的数据存贮在该文件中。
3. 选择坐标数据文件，用来调用和设置测站点和后视点。
4. 置测站点。

5. 置后视点。

6. 置待测点的棱镜高，开始采集。

二、设置采集参数

仪器可以进行如表 6-3 的采集参数设置。

设 置 采 集 参 数　　表 6-3

菜单	选择项目	内　容
F1：测距模式	精测/粗测	选择测距模式：精测/跟踪
F2：测距次数	*N* 次/重复	选择测距次数：*N* 次/重复
F3：存储设置	是/否	进行数据测量时，测量数据是否自动计算坐标并存入坐标文件

仪器默认设置：测距模式：精测

测距次数：重复测距

存储设置：同时存入测量和坐标数据

三、数据采集文件的选择

做数据采集测量之前，必须选定一个数据采集文件，在启动数据采集模式之前即可出现文件选择显示屏，由此可以选定一个采集文件。其操作过程如图 6-21 所示。

操作过程	操作	显示
		菜单　1/3 F1：数据采集 F2：放样 F3：存储管理　P1↓
1.由主菜单1/3 按F1键	F1	选择文件 FN: ——— 输入　调用　---　回车
2. 按F2键	F2	SOUDATA　/M0123 ->*SUNDATA　/M0224 DIEDATA　/M0335 ---　查找　---　回车
3. 按[▲]或[▼]键，滚动文件列表以选择所需的文件	[▲]或[▼]	SOUDATA　/M0123 SUNDATA　/M0224 ->DIEDATA　/M0335 ---　查找　---　回车
4. 按F4键，文件即被选择并显示数据采集菜单1/2	F4	数据采集 F1：输入测站点 F2：输入后视点 F3：测量　P1↓

图 6-21　数据采集测量操作步骤

四、坐标文件的选择

如果在数据采集时要调用坐标数据文件的坐标作为测站点或后视点坐标用，则应预先由数据采集菜单 2/2 选择一个坐标文件：

选择坐标操作如图 6-22。

操作过程	操作	显示
1. 由数据采集菜单 2/2 按 F1 键	F1	数据采集　1/3 F1：选择文件 F2：编码输入 F3：设置　P1↓
2. 按 F2 键	F2	选择文件 F1：测量文件 F2：坐标文件
3. 前面数据采集文件的方法选择一个坐标文件		选择文件 FN：———— 输入　调用　---　回车

图 6-22　选择坐标操作

五、设置测站点和后视点

测站点与定向角在数据采集模式和正常坐标测量模式是相互通用的，操作也大概相同，可以在数据采集模式下输入或改变测站点和定向角数值。

测站点坐标可以按以下两种方式设定：

1. 利用内存中的坐标数据来设定；
2. 由键盘直接输入。

后视点定向角有如下三种设置方法：

1. 利用内存中的坐标数据来设定；
2. 直接键入后视点坐标；
3. 直接键入设置的定向角。

六、进行待测点的测量，记录数据

以上步骤完成后，即可进行数据采集工作，操作步骤如图 6-23 所示。

操作过程	操作	显示
1. 由数据采集菜单1/2，按 F3 键，进入待测点测量	F3	数据采集 1/2 F1：测站点输入 F2：输入后视 F3：测量 P1? 点号 -> 编码： 镜高： 0.000m 输入 查找 测量 同前
2. 按 [F1]键，按 F4 键	F1 输入点号 F4	点号 =PT01 编码： 镜高： 0.000m 回退 空格 数字 回车 点号 =PT01 编码 -> 镜高： 0.000m 输入 查找 测量 同前
3.按同样的方法输入编码，棱镜高	F1 输入编码 F4 F1 输入镜高 F4	点号 PT01 编码 -> SOUTH 镜高： 1.236m 输入 查找 测量 同前 角度 *斜距 坐标 偏心
4. 按F3 键	F3	
5. 照准目标点	照准	
6. 按F1-F3 中的一个键，开始测量，数据被存储，显示屏变换到下一个镜点。	F2/F3/F4	V: 90°30′40″ HR: 0°00′00″ SD[n]* <<< m >测量..... <完成>
7.输入下一个镜点数据并照准该点		点号 ->PT02 编码 SOUTH 镜高： 1.236m 输入 查找 测量 同前
8.按F4 键，按照上一个镜点的测量方式进行测量，测量数据被存储	照准 F4	V: 89°30′40″ HR: 106°00′00″ SD[n]* <<< m >测量..... <完成>
9.按同样的方式继续测量，按 ESC 键即可结束数据采集模式	按 ESC	点号 ->PT03 编码 SOUTH 镜高： 1.236m 输入 查找 测量 同前

图 6-23　待测点测量操作步骤

第四节　内存管理与数据通信

NTS350/R 系列全站仪拥有一个高达 2M 存储器，最多能容纳 8000 点的测量数据。所以必须有一个文件管理系统来实施对全站仪的数据文件进行管理。全站仪的内存管理包括以下几个部分：

1. 文件状态查询：检查存储数据的个数和剩余记录空间；
2. 查找：查看记录数据；
3. 文件维护：删除文件/编辑文件名；
4. 输入坐标：将坐标数据输入并存入坐标数据文件；
5. 删除坐标：删除坐标文件中的坐标数据；
6. 输入编码：将编码数据输入并存入编码库文件；
7. 数据传送：与微机进行数据交换；
8. 初始化内存。

文件管理

内存管理主要是对文件的管理，包括更改文件名、查找文件中的数据、删除文件、输入坐标；

NTS350/R 系列全站仪有两种文件类型：测量文件：文件名以 M 字母开头；

坐标文件：文件名以 C 字母开头。

存储管理的菜单操作（图 6-24）：

按 MENU 键，仪器进入菜单 1/3 模式

按 F3 键，显示存储管理菜单的 1/3

数据通信

利用数据通信线可以把全站仪内存中的数据文件传输到微机或其他电脑设备，也可以将其他电脑设备中的数据文件发送到全站仪中供测量或放样调用。

在进行数据传输之前，应确保计算机和全站仪通信电缆正确连接，计算机与全站仪的通信参数正确设置。

通信参数设置

全站仪的通信参数主要包括：波特率，数据位，停止位，校验位，应答方式。

NTS350/R 系列全站仪有三种波特率：1200、2400 和 4800。

数据位是 8 位或 7 位。

停止位是 1 或 2。

校验有：奇、偶和无。

应答方式：单一或双向。

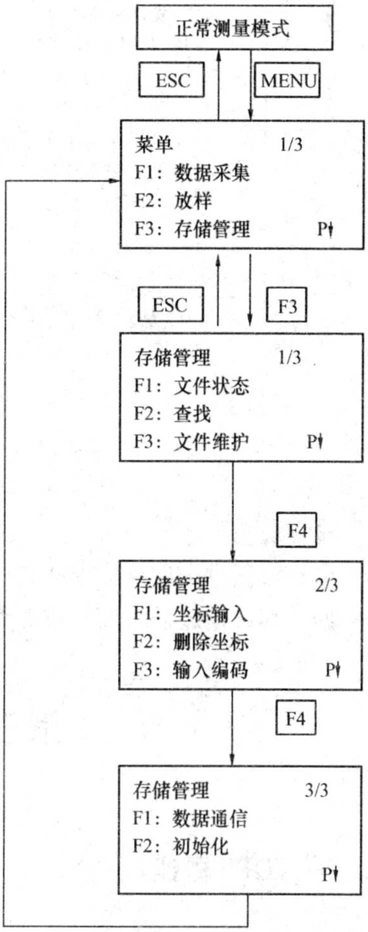

图 6-24　存储管理操作流程图

当所有设置均正确设置后，即可启动数据传输软件或串口通信软件来进行收发数据。

图 6-25 为发送测量数据文件为例演示其操作过程：送数据是将全站仪内存中的数据文件发送到微机，发送数据可以发送测量数据，坐标数据文件或编码数据文件。

操作过程	操作	显示
1. 由主菜单 1/3，按 F3 键，再按 F4 进入存储管理 3/3	F3 F4	存储管理 3/3 F1：数据传输 F2：初始化 P↓
2. 按 [F1]键	F1	输入传输 F1：发送数据 F2：接收数据 F3：通信参数
3. 按 F1 键	F1	发送数据 F1：测量数据 F2：坐标数据 F3：编码数据
4. 选择发送数据类型，可按 F1~F3 中的一个，如F1	F1	选择文件 FN：———— 输入 调用 --- 回车
5. 按F1键，输入待发送的文件名	F1	发送测量数据 › OK? --- --- [是] [否]
6. 按 F3 发送数据	F3	发送测量数据 <发送数据！> 停止

图 6-25 发送测量数据文件操作过程

接收数据

接收数据时全站仪接收从微机发送过来的数据文件，接收数据可以接收坐标数据和编码数据。其操作过程与发送数据大概相同。

第五节 GPS 简 介

一、GPS 概述

GPS 是英文 GLOBAL POSITIONING SYSTEM 的缩写。原名为“导航星”

(NAVSTAR)，是美国国防部于1973年11月授权开始研制的海陆空三军共用的美国第二代卫星导航系统，是美国继阿波罗登月飞船和航天飞机之后第三大航天工程。1994年全面建成，历时20年，耗资300亿美元。

GPS全球定位系统是一个无线电空间定位系统，它利用导航卫星和地面站为全球提供全天候、高精度、连续、实时的三维坐标（纬度，经度，海拔）、三维速度和定位信息，地球表面上任何地点均可以用于定位和导航。由于GPS定位具有精度高、速度快和不受时间限制、不受通视条件限制等特点。尤其是RTK（Real Time Kinematic）实时动态GPS测量技术的出现，使得GPS在测量领域的应用越来越广泛。

二、GPS系统组成

GPS系统包括三大部分：空间部分——GPS卫星星座；地面控制部分——地面监控系统；用户设备部分——GPS信号接收机（图6-26）。

空间部分——GPS卫星星座。GPS空间部分使用24颗高度约2.02万千米的卫星组成卫星星座，其中由21颗工作卫星和3颗在轨备用卫星组成GPS卫星星座，记作(21+3) GPS星座。24颗卫星均匀分布在6个轨道平面内，轨道倾角为55°，各个轨道平面之间相距60°，即轨道的升交点赤经各相差60°。每个轨道平面内各颗卫星之间的升交角距相差90°，一轨道平面上的卫星比西边相邻轨道平面上的相应卫星超前30°。卫星的分布使得在全球的任何地方，任何时间都可观测到四颗以上的卫星，并能保持良好定位解算精度的几何图形（DOP）。这就提供了在时间上连续的全球导航能力。

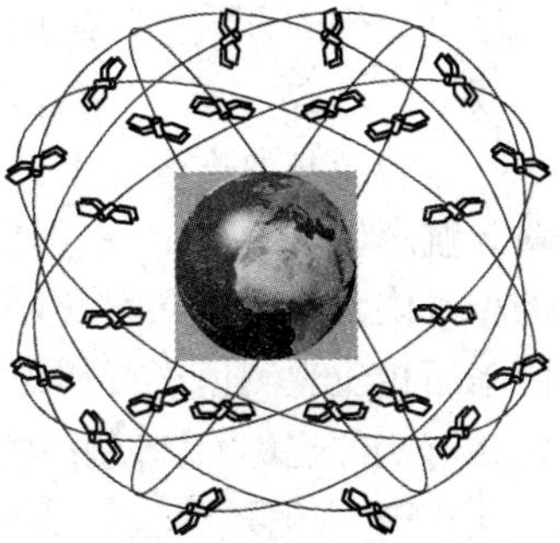

图6-26　GPS卫星分布图

地面控制部分——地面监控系统。地面监控部分包括四个监控间、一个上行注入站和一个主控站。监控站设有GPS用户接收机、原子钟、收集当地气象数据的传感器和进行数据初步处理的计算机。监控站的主要任务是取得卫星观测数据并将这些数据传送至主控站。主控站设在范登堡空军基地。它对地面监控部分实行全面控制。主控站主要任务是收集各监控站对GPS卫星的全部观测数据，利用这些数据计算每颗GPS卫星的轨道和卫星钟改正值。上行注入站也设在范登堡空军基地。它的任务主要是在每颗卫星运行至上空时把这类导航数据及主控站的指令注入卫星。这种注入对每颗GPS卫星每天进行一次，并在卫星离开注入站作用范围之前进行最后的注入。

用户设备部分——GPS信号接收机可接收到可用于授时的准确至纳秒级的时间信息；用于预报未来几个月内卫星所处概略位置的预报星历；用于计算定位时所需卫星坐标的广播星历，精度为几米至几十米（各个卫星不同，随时变化）；以及GPS系统信息，如卫星状况等。

GPS接收机对码的量测就可得到卫星到接收机的距离，由于含有接收机卫星钟的误差及大气传播误差，故称为伪距。对C/A码测得的伪距称为C/A码伪距，精度约为20米左右，对P码测得的伪距称为P码伪距，精度约为2m左右。GPS接收机对收到的卫星信号，进行解码或采用其他技术，将调制在载波上的信息去掉后，就可以恢复载波。严格而言，载波相位应被称为载波拍频相位，它是收到的受多普勒频移影响的卫星信号载波相位与接收机本机振荡产生信号相位之差。一般在接收机钟确定的历元时刻量测，保持对卫星信号的跟踪，就可记录下相位的变化值，但开始观测时的接收机和卫星振荡器的相位初值是不知道的，起始历元的相位整数也是不知道的，即整周模糊度，只能在数据处理中作为参数解算。相位观测值的精度高至毫米，但前提是解出整周模糊度，因此只有在相对定位、并有一段连续观测值时才能使用相位观测值，而要达到优于米级的定位精度也只能采用相位观测值。

三、GPS定位的基本原理

GPS卫星定位，实际上就是将分布在天空的24颗高轨卫星当作已知点，根据GPS系统的组成原理可知，每颗GPS卫星瞬间位置都是可以计算出的，并且通过卫星信号发送到地面GPS接收机上。当地面某个GPS接收机同时接收到4颗以上的卫星信号时，即可以以后方交会的方式推算出地面接收机的空间坐标位置（图6-27）。

按定位方式，GPS定位分为单点定位和相对定位（差分定位）。单点定位就是根据一台接收机的观测数据来确定接收机位置的方式，它只能采用伪距观测量，可用于车船等的概略导航定位。相对定位（差分定位）是根据两台以上接收机的观测数据来确定观测点之间的相对位置的方法，它既可采用伪距观测量也可采用相位观测量，大地测量或工程测量均应采用相位观测值进行相对定位，相对定位测量的是多台GPS接收机之间的基线向量，所以相对定位也称GPS基线测量（图6-28）。

在GPS观测量中包含了卫星和接收机的钟差、大气传播延迟、多路径效应等误差，在定位计算时还要受到卫星广播星历误差的影响，在进行相对定位时大部分公共误差被抵消或削弱，因此定位精度将大大提高，双频接收机可以根据两个频率的观测量抵消大气中电离层误差的主要部分，在精度要求高，接收机间距离较远时（大气有明显差别），应选用双频接收机。

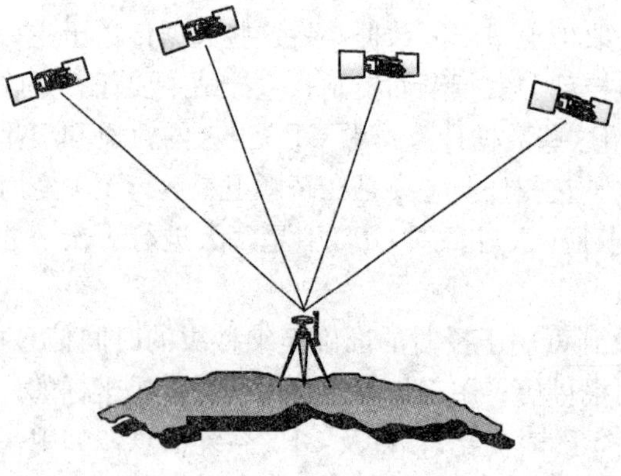

图6-27　GPS定位原理图

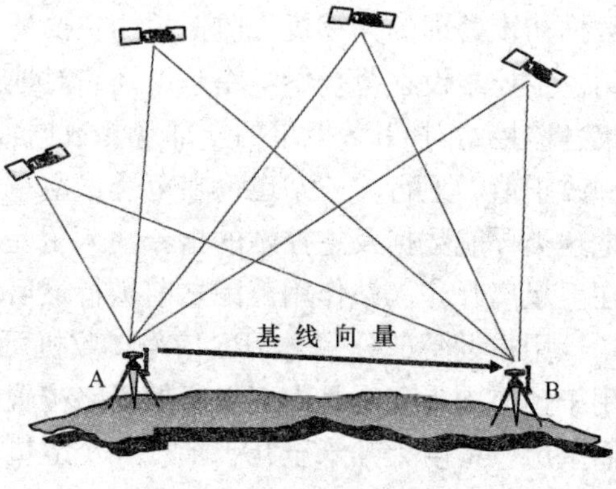

图6-28　差分定位示意图

四、GPS在测量中的应用

GPS应用领域非常广泛，GPS不仅用于导弹、飞船的导航定位，更是广泛用于飞机、汽车、船舶的导航定位，公安、银行、医疗、消防等用它建立监控、报警、救援系统，企业用它建立现代物流管理系统，农业、林业、环保、资源调查、物理勘探、电信等都离不开导航定位，特别是随着卫星导航接收机的集成微型化，出现各种融通信、计算机、GPS于一体的个人信息终端，使卫星导航技术从专业应用走向大众应用，成为继通信、互联网之后的IT第三个新的增长点。以GPS为代表的卫星导航定位应用产业越来越吸引众多人的关注。

在测量领域，GPS主要用于高精度的控制测量：如国家等级控制点和城市控制网以及各种精度的控制点测量。动态DGPS还可以用于精度要求不高（亚米级）的定（勘）界测量和一般GIS前端数据采集。RTK测量用于各种工程放样施工测量和工程设备实时位置控制。也可以用于地形不太复杂的区域的碎部测量。下面以南方公司生产的动态RTKGPS灵锐S86为例简述RTK放样测量的方法。

南方灵锐S86是新一代全集成的一体化RTK接收机，采用目前最先进的GPS主板和数据链技术，提供对自主电台发射和GPRS/CDMA等通信技术的支持。主机与手簿采用无线蓝牙通信（图6-29、图6-30）。

图6-29　南方灵锐S86移动站

图6-30　南方灵锐S86基准站

图6-31　PSION手簿控制器

五、S86 RTK系统的组成

基准站：1. 基准站GPS接收主机（内置GPRS/CDMA模块）
　　　　2. 基准站无线电数据链电台
　　　　3. 电台发射天线
　　　　4. 高容量蓄电池（12V/38AH）
移动站：1. 移动站GPS接收主机（内置GPRS/CDMA模块）
　　　　2. 移动站GPS数据链接收天线
　　　　3. 安装处理软件的PSION控制器
　　　　4. 移动站碳纤对中杆

六、作业准备

检查基准站蓄电池，移动站以及PSION控制器的电池电量是否充足（图6-31），如果使用 GPRS/CDMA 通信方式，要确保手机卡账号有足够的资金。然后将基准站 GPS 天线安置在视野开阔且附近没有电磁干扰的地方，如果基准站是安置在已知点上，还要对 GPS 进行对中整平，并量取 GPS 天线高。如果采用电台通信方式，将天台及电台发射天线连接好并安装在较高的对中杆支架上，确保电台信号的畅通。一切准备就绪后，按开机键先启动基准站，等待基准站初始化后开始发射数据。再打开移动站开始作测量准备。

七、放样测量

南方 RTKGPS 采用工程之星手簿控制软件，工程之星中提供各种放样模式：点放样，线放样，曲线放样在 RTK 放样测量之前，还必须作坐标系转换工作。由于 GPS 测量的原始坐标是基于 WGS-84 坐标系统的。我们需要放样的坐标转换到地方坐标系，工程之星软件提供对各种坐标转换方式。实现任意坐标系作业的转换。

一切准备就绪后，从手簿控制器启动工程之星软件，控制器就会通过蓝牙与移动站连接，如图 6-32 所示。

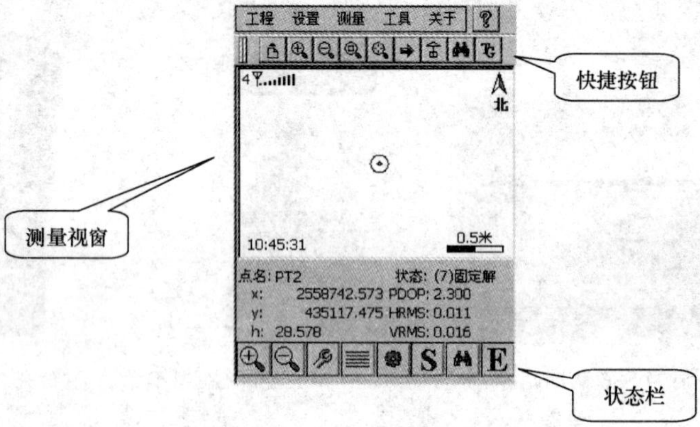

图 6-32　启动工程之星软件

从工程之星的测量进入点放样或其他放样，如图 6-33 所示。

选择点放样后软件提示输入或选择放样点坐标，如图 6-34 所示。选择增加，可以向坐标库中增加放样点，选择打开可以打开一个存储放样点坐标的坐标库文件。打开文件后可以选中坐标点名下的任意一点，单击确定按钮后，软件就进入放样计算过程并显示放样点位差。并指导仪器操作员向待放样点移动，直至到达目标为止。如图 6-35 所示。

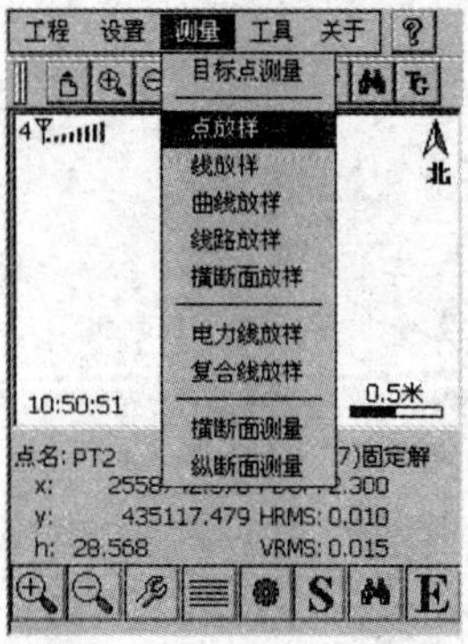

图 6-33　工程之星操作

利用 RTKGPS 实施工程放样，不仅可以节省人手，提高效率。而且还具有速度快，直观性强，无误差积累，可以实现现场计算，现场设计等诸多优势。是工程放样，特别是道路、桥梁施工最有力的工具。

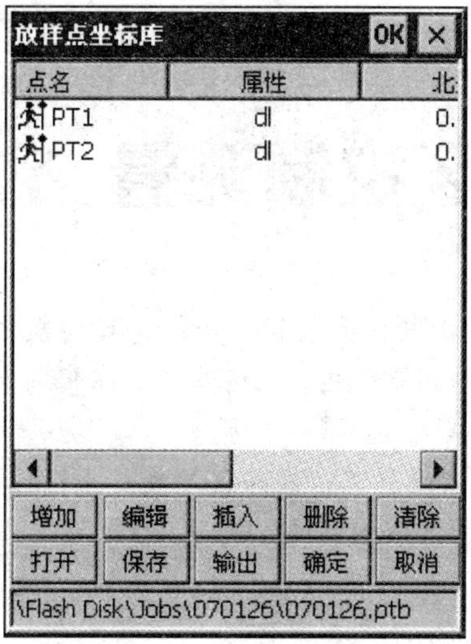

图 6-34　选择放样点坐标

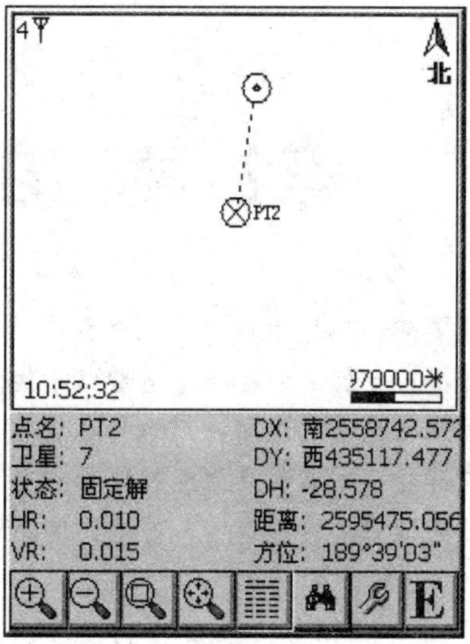

图 6-35　放样计算过程

思考题与习题

1. 全站仪名称的含义是什么？仪器主要由哪些部分组成？

2. 全站仪的主要特点有哪些？

3. 全站仪有哪些用途？其操作方法如何？

4. GPS 系统包括哪些部分？其基本原理是什么？在测量中有哪些应用？

第七章　小地区控制测量

教学要求：通过本章学习，熟悉小地区控制测量（平面控制测量和高程控制测量）的概况，掌握用经纬仪与全站仪导线测量的外业工作及内业计算方法；掌握国家三、四等水准测量的观测、记录和计算。

教学提示：本章重点为经纬仪导线外业观测与内业计算；经纬仪导线是小区域测图或放样最常用的控制网，控制网有平面控制网和高程控制网。

第一节　控制测量概述

测量工作必须遵循“从整体到局部，由高级到低级，先控制后碎部”的原则，即先在全测区范围内，选定若干个具有控制作用的点位，组成一定的几何图形，用合适的测量仪器精确测定各控制点的平面坐标和高程。

测定控制点的工作，称为控制测量。控制测量分为平面控制测量和高程控制测量。平面控制测量是测定控制点的平面位置（x,y），高程控制测量是测定控制点的高程（H）。

一、平面控制测量

而“局部”是指碎部测量，即在完成控制测量的基础上，为测绘地形图而测量大量地物点或地貌点的位置，或为施工放样对大量设计点进行现场标定。

平面控制网是采用逐级控制，分级布设的原则建立起来的。平面控制测量方法主要有：全球定位系统（GPS）、三角测量和导线测量，如图 7-1 所示，将控制点 A、B、C、D、E、F、G、H 组成相互连接的三角形，测量出 1～2 条边作为起算边（或称为基线）的长度，如图中 AB、GH 边，并测量所有三角形的内角，再根据已知边的坐标方位角、已知点的坐标，求出其余各点的坐标。也可以用导线测量方法建立，如图 7-2 所示，将控制点B、1、2、3、4用折线连接起来，测量各边的边长和各转折角，由起算边AB的坐标方位角和B点的坐标，也可算出另外一些转折点的坐标。用三角测量和导线测量的方

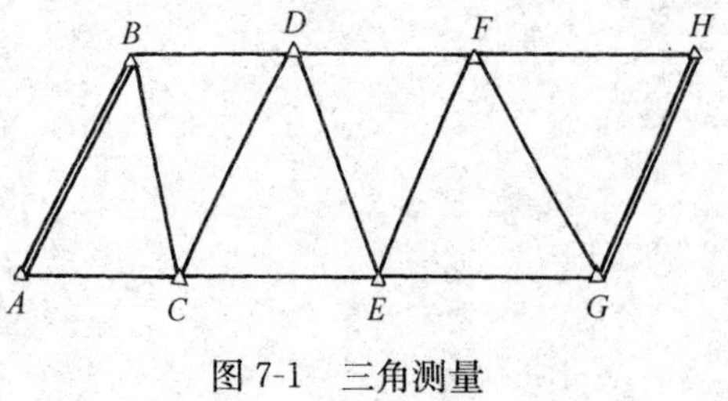

图 7-1　三角测量

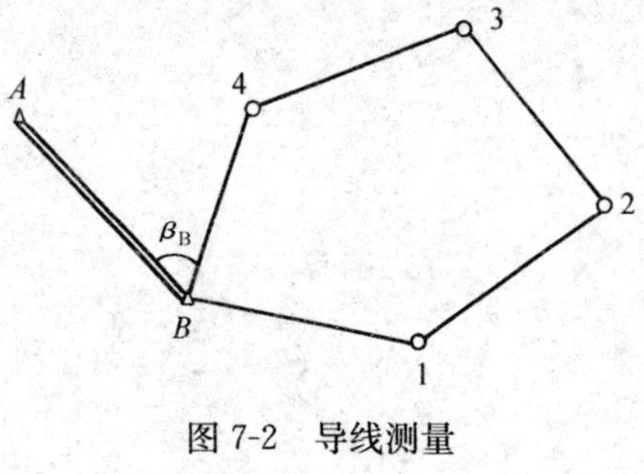

图 7-2　导线测量

法测定的平面控制点分别称为三角点和导线点。

在全国范围内统一建立的控制网，称为国家控制网。国家平面控制网分为一、二、三、四等，主要通过精密三角测量的方法，按着先高级、后低级，逐级加密的原则建立的。它是全国各种比例尺测图的基本控制和各项工程基本建设的依据，并为研究地球的形状和大小、军事科学及地震预报等提供重要的研究资料。

近些年来，随着科学技术的不断发展，GPS 全球定位系统已经得到了广泛的应用，目前，全国 GPS 大地网已经布设完成，这些先进的测量方法精度高、效率高、操作方便，具有很多的优越性，现在，正逐步普及应用于各项工程建设的工程测量工作当中，并获得较好的经济效益。

为城市及各种工程建设需要的平面控制网称为城市平面控制网。城市平面控制网应在国家控制点的基础上，根据测区的大小、城市规划和施工测量的要求，布设成不同的等级，以供测绘大比例尺地形图及施工测量使用。

按国家建设部 1999 年发布的《城市测量规范》，城市平面控制网的主要技术要求见表 7-1 和表 7-2 规定。

光电测距导线的主要技术要求 **表 7-1**

等级	闭合环或附合导线长度/km	平均边长(m)	测距中误差/mm	测角中误差(″)	导线全长相对闭合差
三等	15	3000	≤±18	≤±1.5	≤1/60000
四等	10	1600	≤±18	≤±2.5	≤1/40000
一级	3.6	300	≤±15	≤±5	≤1/14000
二级	2.4	200	≤±15	≤±8	≤1/10000
三级	1.5	120	≤±15	≤±12	≤1/6000

钢尺量距导线的主要技术要求 **表 7-2**

等级	附合导线长度/km	平均边长(m)	往返丈量较差相对误差	测角中误差(″)	导线全长相对闭合差
一级	2.5	250	≤1/20000	≤±5	≤1/10000
二级	1.8	180	≤1/15000	≤±8	≤1/7000
三级	1.2	120	≤1/10000	≤±12	≤1/5000

在已经有基本控制网的地区测绘大比例尺地形图，应该进一步的进行加密，布设图根控制网，以此测定测绘地形图所需直接使用的控制点，称为图根控制点，简称图根点。测定图根点的工作，称为图根控制测量。图根控制测量一般采用图根导线来测定图根点的平面位置，用水准测量或三角高程测量方法测定图根点的高程。

二、高程控制测量

国家高程控制测量主要采用水准测量的方法建立，分为一、二、三、四等四个等级，按着先高级、后低级逐级加密的原则布设。一、二等水准测量是用高精度水准仪和精密水准测量方法施测，其成果作为全国范围内的高程控制。三、四等水准测量常作为小地区建立高程控制网的依据。

城市规划建设及各种工程建设需要建立的高程控制网分为二、三、四等水准测量及图根水准测量。

用水准测量的方法测定控制点的高程，精度较高。但是在山区或丘陵地区，由于地面高差较大，水准测量比较困难，可以采用三角高程测量的方法测定地面点的高程，这种方法可以保证一定的精度，而且工作又较迅速简便。近些年来，由于测距仪和全站仪的广泛应用，使得用三角高程测量方法建立的高程控制网的精度不断提高。

三、小地区控制测量

在小地区（面积在 $10km^2$ 以下）范围内建立的控制网，称为小地区控制网。小地区控制测量应视测区的大小建立“首级控制”和“图根控制”。首级控制是加密图根点的依据。图根点是直接供测图使用的控制点。图根点的密度应根据测图比例尺和地形条件而定，常规成图方法平坦开阔地区图根点的密度见表7-3规定。

地形复杂、隐蔽以及城市建筑区，应以满足测图需要并结合具体情况加大密度。

本章将讨论小地区控制网建立的有关问题，下面分别介绍用导线测量建立小地区平面控制网的方法，用四等、图根水准测量和三角高程测量建立小地区高程控制网的方法。

平坦开阔地区图根点的密度（点/km^2） **表 7-3**

测图比例尺	1∶500	1∶1000	1∶2000
图根点密度	150	50	15

第二节 导线测量的外业工作

将测区内的相邻控制点组成连续的折线或闭合多边形称为导线。导线测量就是依次测定导线边的长度和各转折角，根据起始数据，即可求出各导线点的坐标。

导线测量是建立小地区平面控制网的主要方法，特别适用于地物分布比较复杂的城市建筑区、通视较困难的隐蔽地区、带状地区以及地下工程等控制点的测量。

用经纬仪测定各转折角，用钢尺测定其边长的导线，称为经纬仪导线，用光电测距仪测定边长的导线，则称为光电测距导线。表 7-4、表 7-5 为两种图根导线量距的技术要求。

图根钢尺量距导线测量的技术要求 **表 7-4**

比例尺	附合导线长度/m	平均边长/m	导线相对闭合差	测回数 DJ_6	方位角闭合差
1∶500	500	75	≤1/2000	1	$\leqslant\pm60''\sqrt{n}$
1∶1000	1000	120			
1∶2000	2000	200			

注：n 为测站数。

图根光电测距导线测量的技术要求 **表 7-5**

比例尺	附合导线长度/m	平均边长/m	导线相对闭合差	测回数 DJ_6	方位角闭合差(″)	测距	
						仪器类型	方法与测回数
1∶500	900	80	$\leqslant 1/4000$	1	$\leqslant \pm 40''\sqrt{n}$	Ⅱ级	单程观测 1
1∶1000	1800	150					
1∶2000	3000	250					

注：n 为测站数。

一、导线布设的形式

根据测区的地形及测区内控制点的分布情况，导线布设形式可分为下列三种：

（一）闭合导线

如图 7-3 所示，从已知高级控制点和已知方向出发，经过导线点 1、2、3、4、5 后，回到 1 点，组成一个闭合多边形，称为闭合导线。闭合导线的优点是图形本身有着严密的几何条件，具有检核作用。

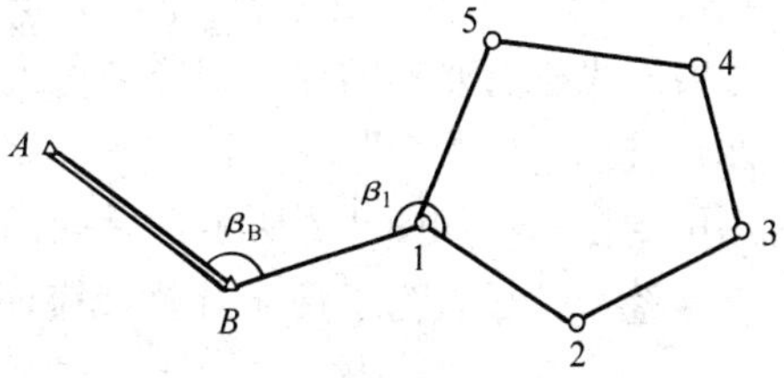

图 7-3　闭合导线

（二）附合导线

如图 7-4 所示，从已知高级控制点 B 和已知方向 AB 出发，经过导线点 1、2、3，最后附合到另一个高级控制点 C 和已知方向 CD 上，构成一折线的导线，称为附合导线。附合导线的优点是具有检核观测成果的作用。

（三）支导线

如图 7-5 所示，从已知高级控制点 B 和已知方向 AB 出发，即不闭合原已知点，也不附合另一已知点的导线，称为支导线。由于支导线没有检核，因此，边数一般不超过 4 条。

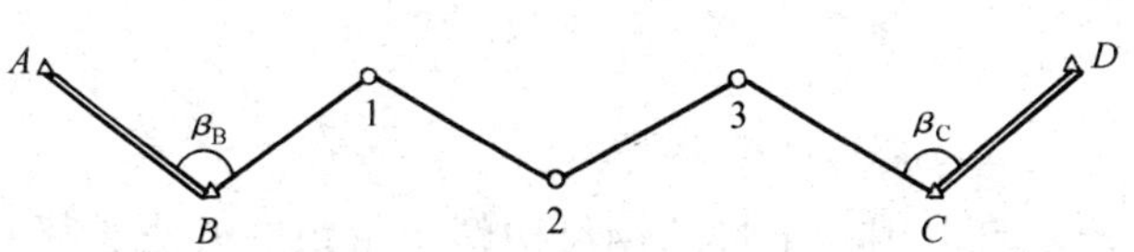

图 7-4　附合导线

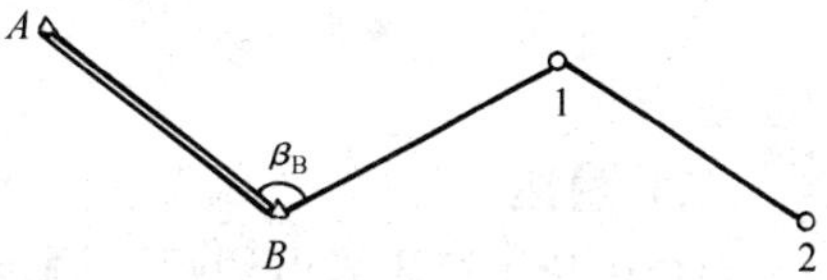

图 7-5　支导线

上面三种导线形式，附合导线较严密，闭合导线次之，支导线只在个别情况下的短距离时使用。

二、导线测量的外业工作

导线测量的外业包括踏勘选点、量边、测角和连测等几项工作。

（一）踏勘选点及建立标志

选点前，应先到有关部门收集资料，并在图上规划导线的布设方案，然后踏勘现场，根据测区的范围、地形条件、已有的控制点和施工要求，合理地选定导线点。选点时，应注意以下事项：

1. 相邻导线点间应通视良好，地面较平坦，便于测角和量距。

2. 导线点应选在土质坚实、便于保存标志和安置仪器的地方。

3. 导线点应选在视野开阔处，以便施测周围地形。

4. 导线各边的长度应尽可能大致相等，其平均边长应符合表7-4、表7-5之规定。

5. 导线点应有足够的密度，分布均匀合理，以便能够控制整个测区。具体要求见表7-3。

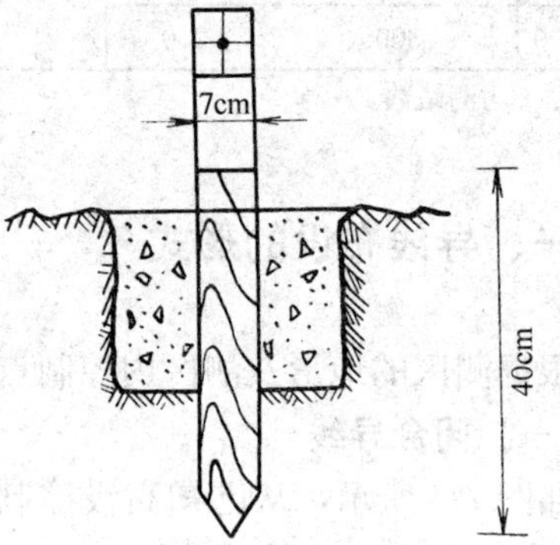

图 7-6　临时导线点

导线点的位置选定后，一般可用临时性标志将点固定，即在每个点位上打下一个大木桩，桩顶钉一小铁钉，周围浇筑混凝土，如图7-6所示。如果导线点需要长期保存，应埋设混凝土桩或石桩，桩顶刻一“十”字，以“十”字的交点作为点位的标志，如图7-7所示。导线点建立完后，应该统一编号。为了便于寻找，应该做点注记，如图7-8所示。

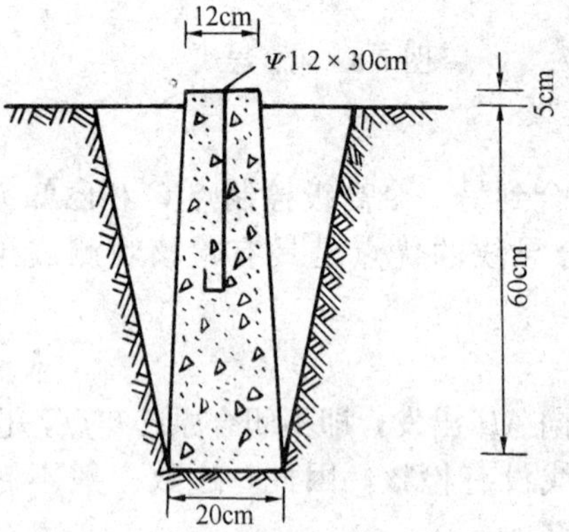

图 7-7　长期保存导线点

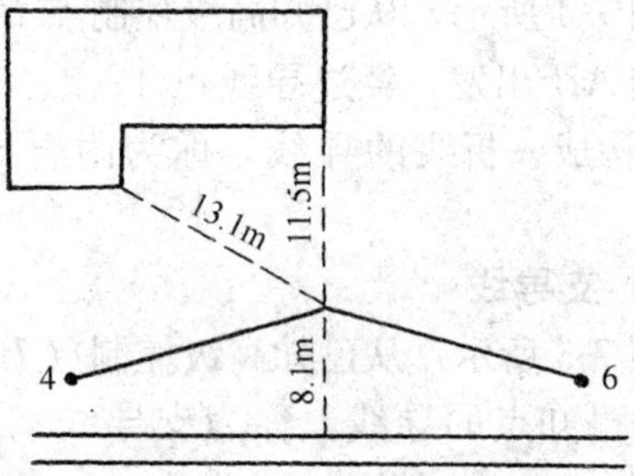

图 7-8　导线点统一编号

（二）量边

导线边长可以用光电测距仪测定，也可以用检定过的钢尺按精密量距的方法进行丈量，有关要求见表7-4、表7-5。对于图根导线应往返丈量一次。当尺长改正数小于尺长的1/10000时，量距时的平均尺温与检定时温度之差小于±10℃、尺面倾斜小于1.5%时，可不进行尺长、温度和倾斜改正。取其往返丈量的平均值作为结果，测量精度不得低于1/3000。

（三）测角

导线的转折角有左角和右角之分，位于前进方向左侧的水平角，称为左角，反之则为右角。对于附合导线，通常观测左角。对于闭合导线，应观测内角。图根导线测量水平角一般用 DJ_6 型光学经纬仪观测一测回，盘左、盘右测得角值互差要小于±40″，取其平均值作为最后结果。

（四）连测

为了使测区的导线点坐标与国家或地区相统一，取得坐标、方位角的起算数据，布设的导线应与高级控制点进行连测。连测方式有直接连接和间接连接两种。图 7-2、图 7-4、图 7-5 为直接连接，只需测量连接角 β。如果导线距离高级控制点较远，可采用间接连接方法，如图 7-3 所示。若连接角 β_B、β_1 和连接边 D_{B1} 的测量出现错误，会使整个导线网的方向旋转和点位的平移，所以，连测时，角度和距离的精度均应比实测导线高一个等级。

第三节　导线测量的内业工作

导线测量的内业工作的目的就是根据已知的起始数据和外业的观测成果计算出导线点的坐标。进行内业工作以前，要仔细检查所有外业成果有无遗漏、记错、算错，成果是否都符合精度要求，保证原始资料的准确性。然后绘制导线略图，在相应位置上注明已知数据及观测数据，以便进行导线的计算。

一、导线坐标计算的概念

（一）坐标正算

由已知点坐标，已知边长和该边坐标方位角求未知点坐标，称为坐标正算。直线两端点的坐标之差，称为坐标增量。如图 7-9 所示，设 A、B 直线两个端点的坐标分别为 x_A、y_A 和 x_B、y_B，则 AB 间的纵、横坐标增量 Δx_{AB}、Δy_{AB}分别为

$$\left.\begin{aligned}\Delta x_{AB} &= x_B - x_A\\ \Delta y_{AB} &= y_B - y_A\end{aligned}\right\} \tag{7-1}$$

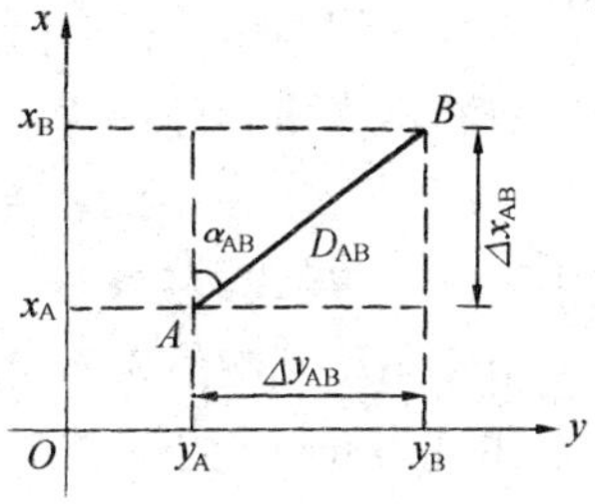

图 7-9　导线坐标

根据图 7-9 的几何关系可写出坐标增量的计算公式

$$\left.\begin{aligned}\Delta x_{AB} &= D_{AB}\cos\alpha_{AB}\\ \Delta y_{AB} &= D_{AB}\sin\alpha_{AB}\end{aligned}\right\} \tag{7-2}$$

坐标增量有方向与正、负之分，其正、负号由 $\sin\alpha$、$\cos\alpha$ 的正负号决定。根据 A 点的坐标及算得的坐标增量，则 B 点的坐标为

$$\left.\begin{aligned}x_B &= x_A + \Delta x_{AB}\\ y_B &= y_A + \Delta y_{AB}\end{aligned}\right\} \tag{7-3}$$

上式中 Δx_{AB}、Δy_{AB}的正、负号由 α 所在的象限（即直线的方向）确定。

（二）坐标反算

由两个已知点坐标，求其坐标方位角和边长，称为坐标反算。导线测量中的已知边的方位角一般是根据坐标反算求得的。另外，在施工前也需要按坐标反算求出放样数据。

由图 7-9 可直接得到下面公式

$$\alpha_{AB} = \mathrm{arctg}\frac{\Delta y_{AB}}{\Delta x_{AB}} \tag{7-4}$$

$$D_{AB} = \sqrt{\Delta x_{AB}^2 + \Delta y_{AB}^2} \tag{7-5}$$

【例 7-1】 已知 A 点的坐标为（586.28，658.63），AB 边的边长为 120.25m，AB 边的坐标方位角 $\alpha_{AB}=50°30'$，试求 B 点坐标。

【解】

$$x_B=586.28+120.25\cos 50°30'=662.77$$

$$y_B=658.63+120.25\sin 50°30'=751.42$$

【例 7-2】 已知 A、B 两点的坐标为 A（400.00，672.43）、B（316.28，750.24），试计算 AB 的边长及 AB 边的坐标方位角。

【解】 $$D_{AB}=\sqrt{(316.28-400.00)^2+(750.24-672.43)^2}=114.30$$

$$\alpha_{AB}=\arctan\frac{750.24-672.43}{316.28-400.00}=-42°54'17''$$

由于 $\Delta x_{AB}<0$，$\Delta y_{AB}>0$，所以 α_{AB} 应为第Ⅱ象限的角，根据坐标方位角的判别方法：

$$\alpha_{AB}=-42°54'17''+180°=137°05'43''$$

二、闭合导线坐标计算

闭合导线坐标的计算步骤如下。

（一）将校核过的已知数据和观测数据填入导线计算表中相应栏内（详见本章后课堂技能训练）。

（二）角度闭合差的计算和调整

闭合导线组成一个闭合多边形并观测了多边形的各个内角，应满足内角和理论值，即

$$\Sigma\beta_{理}=(n-2)\cdot 180° \tag{7-6}$$

式中 n——导线边数。

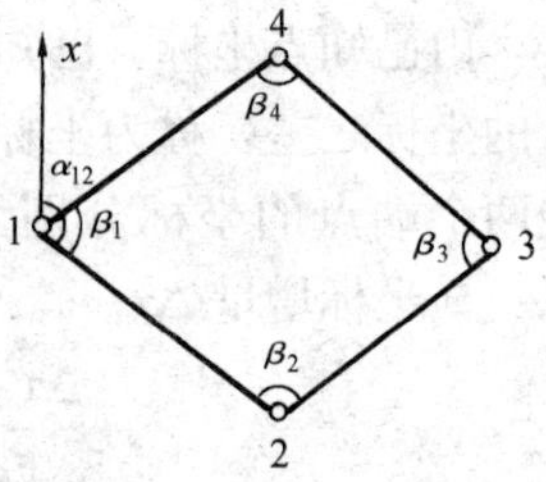

图 7-10 闭合导线坐标

由于角度观测值中不可避免地含有误差，使得实测内角和 $\Sigma\beta_{测}$ 往往与理论数值 $\Sigma\beta_{理}$ 不等，其差值 f_β 称为角度闭合差，即

$$f_\beta=\Sigma\beta_{测}-\Sigma\beta_{理} \tag{7-7}$$

由图 7-10 可知， $\Sigma\beta_{测}=\beta_1+\beta_2+\beta_3+\beta_4$

按表 7-4 中规定，图根导线测量的限差要求为 $f_{\beta容}=\pm 60''\sqrt{n}$，式中 n 为转折角个数。

如果 f_β 不超过 $f_{\beta容}$，将闭合差按相反符号平均分配给各观测角，若有余数时，应遵循短边相邻角多分的原则，然后求出改正后的角值。求出改正角值后，再计算改正角的总和，其值应与理论值相等，作为计算检核。

（三）推算各边坐标方位角

根据起始边的坐标方位角和改正后的内角推算其余各边坐标方位角的公式为

$$\alpha_{前}=\alpha_{后}+180°\pm\beta \tag{7-8}$$

上式中，如果观测的是左角，β 取"+"；若观测的是右角，β 取"－"，计算时，算出的方位角大于 360°，应减去 360°，为负值时，应加 360°。

闭合导线各边的坐标方位角推算完后，最终还要推回起始边上，看其是否与原来的坐标方位角相等，以此作为计算检核。

（四）坐标增量的计算及其闭合差的调整

式（7-3）表明欲求待定点的坐标，必须先求出坐标增量。坐标增量可由式（7-2）计算得到。

对于闭合导线，各边的纵、横坐标增量代数和的理论值应等于零，即

$$\left.\begin{aligned}\Sigma\Delta x_{理}&=0\\\Sigma\Delta y_{理}&=0\end{aligned}\right\}\tag{7-9}$$

但是由于观测值中不可避免地含有误差，使得纵、横坐标代数和不等于零，而产生纵、横坐标增量闭合差 f_x、f_y，即

$$\left.\begin{aligned}f_x&=\Sigma\Delta x_{测}\\f_y&=\Sigma\Delta y_{测}\end{aligned}\right\}\tag{7-10}$$

如图 7-11 所示，由于 f_x、f_y 的存在，使得导线不能闭合，即 1、1′不能重合。其长度 1—1′称为导线全长闭合差 f_D，即

$$f_D=\sqrt{f_x^2+f_y^2}\tag{7-11}$$

f_D 与导线全长的比值，并将分子化为 1 的形式，称为导线全长相对闭合差，用 K 表示，即

$$K=\frac{f_D}{\Sigma D}=\frac{1}{\dfrac{\Sigma D}{f_D}}\tag{7-12}$$

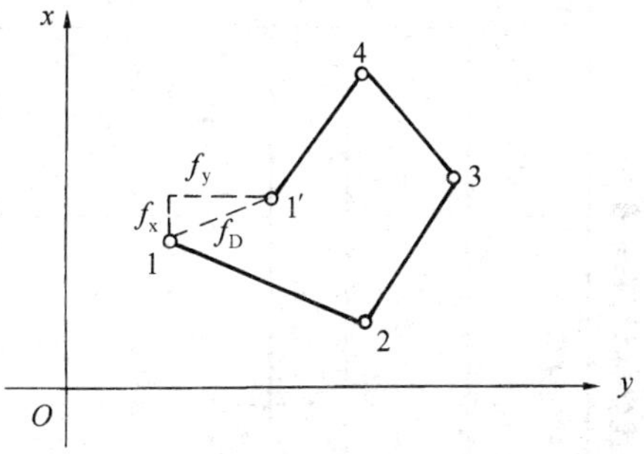

图 7-11　闭合差

上式中，K 值的分母越大，精度就越高。其容许值 $K_{容}$ 应满足表 7-4、表 7-5 的要求。若 $K>K_{容}$，则说明成果的精度不合格，应对内、外业成果进行仔细检查，必要时需重测。如果 $K\leqslant K_{容}$，则说明精度合格，可对 f_x、f_y 进行调整。调整的原则是将其反号按边长成正比例地分配到各边的纵、横坐标增量中。坐标增量改正数用 δ_x、δ_y 表示，第 i 边的改正数为

$$\left.\begin{aligned}\delta_{xi}&=-f_x\frac{D_i}{\Sigma D}\\\delta_{yi}&=-f_y\frac{D_i}{\Sigma D}\end{aligned}\right\}\tag{7-13}$$

坐标增量、改正数取位到 0.01m，改正数之和应等于坐标增量闭合差的反号，即

$$\left.\begin{aligned}\Sigma\delta_{xi}&=-f_x\\\Sigma\delta_{yi}&=-f_y\end{aligned}\right\}\tag{7-14}$$

各边的坐标增量计算值与改正数相加，为改正后坐标增量，对于闭合导线，改正后的纵、横坐标增量代数和应等于零，即

$$\left.\begin{aligned}\Sigma\Delta x_{改}&=0\\\Sigma\Delta y_{改}&=0\end{aligned}\right\}\tag{7-15}$$

表 7-6

闭合导线坐标计算表

点号	转折角（右角）观测值 (° ′ ″)	转折角（右角）改正后值 (° ′ ″)	方位角 (° ′ ″)	边长 (m)	增量计算值 (m) $\Delta x'$	增量计算值 (m) $\Delta y'$	改正后增量 (m) Δx	改正后增量 (m) Δy	坐标 (m) x	坐标 (m) y	点号
1	2	3	4	5	6	7	8	9	10	11	12
1									5608.29	5608.29	1
			65 30 00	178.77	+4 +74.13	+5 +162.67	+74.17	+162.72			
2	+10″ 87 25 24	87 25 34							5682.46	5771.01	2
			158 04 26	136.85	+3 −126.95	+4 +51.10	−126.92	+51.14			
3	+10″ 88 36 12	88 36 22							5555.54	5822.15	3
			249 28 04	162.92	+3 −57.14	+4 −152.57	−57.11	−152.53			
4	+11″ 98 39 36	98 39 47							5498.43	5669.62	4
			330 48 17	125.82	+2 +109.84	+4 −61.37	+109.86	−61.33			
1	+11″ 85 18 06	85 18 17							5608.29	5608.29	1
			65 30 00								
2											
Σ	359 59 18	360 00 00		604.36	$f_x=-0.12$	$f_y=-0.17$	0	0			

辅助计算

$f_\beta=-42''$

$f_{\beta容}=\pm 60''\sqrt{n}=\pm 120''$

$f_x=\Sigma\Delta x'=-0.12$

$f_y=\Sigma\Delta y'=-0.17$

$f_D=\sqrt{f_x^2+f_y^2}=0.21$

$K=\frac{f_D}{\Sigma D}=\frac{0.21}{604.36}\approx\frac{1}{2800}<\frac{1}{2000}$

附合导线坐标计算表 表 7-7

点号	转折角（左角）(° ′ ″) 观测值	转折角（左角）(° ′ ″) 改正后值	方位角 (° ′ ″)	边长 (m)	增量计算值 (m) $\Delta x'$	增量计算值 (m) $\Delta y'$	改正后增量 (m) Δx	改正后增量 (m) Δy	坐标 (m) x	坐标 (m) y	点号
1	2	3	4	5	6	7	8	9	10	11	12
A			93 56 05								A
B	−3″ 186 35 22	186 35 19	100 31 24	86.09	−15.72	−1 +84.64	−15.72	+84.63	267.91	219.27	B
1	−4″ 163 31 14	163 31 10	84 02 34	133.06	+13.81	−1 +132.34	+13.81	+132.33	252.19	303.90	1
2	−3″ 184 39 00	184 38 57	88 41 31	155.64	−1 +3.55	−2 +155.60	+3.54	+155.58	260.00	436.23	2
3	−3″ 194 22 47	194 22 44	103 04 15	155.02	−1 −35.06	−2 +151.00	−35.07	+150.98	269.54	591.81	3
C	−3″ 163 02 30	163 02 27	86 06 42						234.47	742.79	C
D											D
Σ	892 10 53	892 10 37		529.81	−33.42	+523.58	−34.44	+523.52			

辅助计算：

$f_\beta = \alpha'_{CD} - \alpha_{CD} = +16''$

$f_{\beta容} = \pm 60''\sqrt{n} = \pm 60''\sqrt{5} = \pm 2'14''$

$f_x = \Sigma\Delta x' - (x_C - x_B) = +0.02$

$f_y = \Sigma\Delta y' - (y_C - y_B) = +0.06$

$f_D = \sqrt{f_x^2 + f_y^2} = 0.06$

$K = \frac{f_D}{\Sigma D} = \frac{0.06}{529.81} \approx \frac{1}{8800} < \frac{1}{2000}$

(五) 计算各点坐标

由起点的已知坐标及改正后的坐标增量，用下式可依次推算出其余各点坐标。

$$\left.\begin{aligned} x_{前} &= x_{后} + \Delta x_{改} \\ y_{前} &= y_{后} + \Delta y_{改} \end{aligned}\right\} \tag{7-16}$$

【例 7-3】 闭合导线坐标计算

【解】

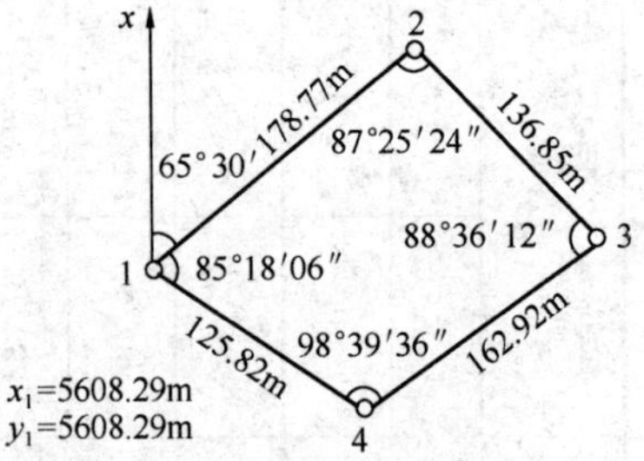

图 7-12 闭合导线坐标数据

(1) 将图 7-12 的已知数据填入表 7-6

(2) 计算 f_β 并对其进行调整

$$f_\beta = \Sigma\beta_{测} - (n-2)\cdot 180° = -42''$$

$$f_{\beta容} = \pm 60''\sqrt{n} = \pm 120''$$

满足限差要求，可以对 f_β 进行调整。1、4 角为 $+11''$,2、3 角为 $+10''$，见表 7-6 的 2 栏。

(3) 由 α_{12} 和改正后的内角推算各边方位角，见表 7-6 的 3 栏

(4) 求 f_x、f_y 并对其调整

$$f_x = \Sigma\Delta x_{测} = -0.12,\ f_y = \Sigma\Delta y_{测} = -0.17$$

$$f_D = \sqrt{f_x^2 + f_y^2} = \sqrt{0.12^2 + 0.17^2} = 0.21$$

$$K = \frac{f_D}{\Sigma D} = \frac{0.21}{604.36} \approx \frac{1}{2800} < \frac{1}{2000}(合格)$$

$$\delta_{x_{12}} = -\frac{-0.12}{604.36} \times 178.77 = +0.04$$

$$\delta_{y_{12}} = -\frac{-0.17}{604.36} \times 178.77 = +0.05$$

$$\Sigma\Delta x_{改} = 0, \Sigma\Delta y_{改} = 0$$

见表 7-6 的辅助计算及 6、7、8、9 栏

(5) 求各点的 x、y

$$x_2 = x_1 + \Delta x_{12} = 5608.29 + 74.17 = 5682.46$$

$$y_2 = y_1 + \Delta y_{12} = 5608.29 + 162.72 = 5771.01$$

见表 7-6 的 10、11 栏

三、附合导线坐标计算

附合导线的坐标计算方法和闭合导线基本相同，但由于二者布设形式不同，使得角度闭合差和坐标增量闭合差的计算稍有不同，下面仅介绍这两项的计算方法。

(一) 角度闭合差的计算

图 7-13 为一附合导线，A、B、C、D 为已知点，1、2、3、4 为布设的导线点，根据起始边 AB 的坐标方位角 α_{AB} 及观测的各转折角 $\beta_{左}$，由式 (7-8) 可计算出终边 CD 的坐标方位角 α'_{CD}。

$$\alpha_{B1} = \alpha_{AB} + 180° + \beta_B$$

$$\alpha_{12} = \alpha_{B1} + 180° + \beta_1$$

$$\alpha_{23} = \alpha_{12} + 180° + \beta_2$$
$$\alpha_{34} = \alpha_{23} + 180° + \beta_3$$
$$\alpha_{4C} = \alpha_{34} + 180° + \beta_4$$
$$\alpha_{CD} = \alpha_{4C} + 180° + \beta_C$$

将以上各式相加，得

$$\alpha'_{CD} = \alpha_{AB} + 6 \times 180° + \Sigma\beta_{左} \tag{7-17}$$

由上面计算过程，可写出一般公式

$$\alpha'_{终} = \alpha_{始} + n \times 180° \pm \Sigma\beta \tag{7-18}$$

式中，n 为转折角个数，转折角为左角时，$\Sigma\beta$ 取正号；转折角为右角时，$\Sigma\beta$ 取负号。

附合导线的角度闭合差 f_β 可用下式计算

$$f_\beta = \alpha'_{终} - \alpha_{终} \tag{7-19}$$

当 f_β 不超限时，如果观测的是左角，则将 f_β 反号平均分配给各观测角；如果观测的是右角，应将 f_β 同号平均分配给各观测角。

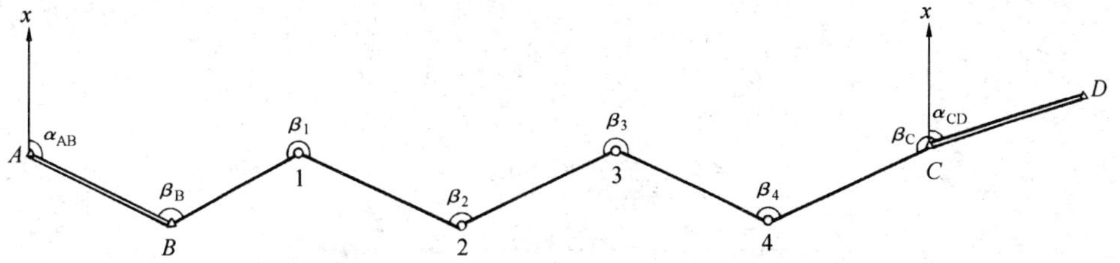

图 7-13　坐标增量闭合差

（二）坐标增量闭合差的计算

附合导线的各边坐标增量代数和的理论值应该等于终点与始点的已知坐标值之差，如图 7-12，有

$$\left.\begin{aligned}\Sigma\Delta x_{理} &= x_C - x_B\\ \Sigma\Delta y_{理} &= y_C - y_B\end{aligned}\right\} \tag{7-20}$$

由式（7-2）可计算 $\Delta x_{测}$、$\Delta y_{测}$，则纵、横坐标增量闭合差 f_x、f_y 为

$$\left.\begin{aligned}f_x &= \Sigma\Delta x_{测} - (x_{终} - x_{始})\\ f_y &= \Sigma\Delta y_{测} - (y_{终} - y_{始})\end{aligned}\right\} \tag{7-21}$$

附合导线的坐标增量闭合差的分配方法与闭合导线相同。

【例 7-4】 附合导线坐标计算

【解】

将图 7-14 的已知数据填入表 7-7，下面仅介绍与闭合导线计算的两点不同之处。

（1）计算 f_β 并对其进行调整

$$f_\beta = \alpha'_{CD} - \alpha_{CD} = +16''$$

$$f_{\beta容} = \pm 60''\sqrt{n} = \pm 60''\sqrt{5} = \pm 2'14''$$

满足限差要求，可以对 f_β 进行调整。因为观测角为左角，所以，f_β 反号平均分配，即 1 角为－4″（短边相邻夹角），其余角为－3″，见表 7-7 中 2 栏。

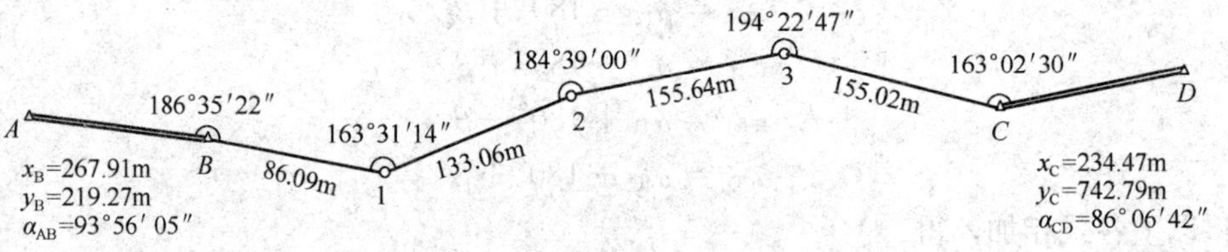

图 7-14　附合导线坐标已知数据

（2）求 f_x、f_y 并对其调整

$$f_x=\Sigma\Delta x'-(x_C-x_B)=+0.02$$

$$f_y=\Sigma\Delta y'-(y_C-y_B)=+0.06$$

$$f_D=\sqrt{f_x^2+f_y^2}=0.06$$

$$K=\frac{f_D}{\Sigma D}=\frac{0.06}{529.81}\approx\frac{1}{8800}<\frac{1}{2000}\text{(合格)}$$

$$\delta_{x_{B1}}=-\frac{+0.02}{529.81}\times 86.09=0$$

$$\delta_{y_{B1}}=-\frac{+0.06}{529.81}\times 86.09=-0.01$$

……………………………………………

$$\Sigma\Delta x_{改}=x_C-x_B,\Sigma\Delta y_{改}=y_C-y_B$$

见表 7-7 的辅助计算及 6、7、8、9 栏

四、注意事项

（1）导线测量计算必须在导线计算表中进行。辅助计算应写全，各项检核认真进行。

（2）计算中要遵循“4 舍 6 入”、“5 看奇偶，奇进偶不进”的取位原则。

第四节　全站仪导线测量

全站仪在建筑工程测量中得到了广泛的应用。由于全站仪具有坐标测量和高程测量的功能，因此在外业观测时，可直接得到观测点的坐标和高程。在成果处理时，可将坐标和高程作为观测值进行平差计算。

一、外业观测工作

以图 7-15 所示的附合导线为例，全站仪导线三维坐标测量的外业工作除踏勘选点及建立标志外，主要应测得导线点的坐标、高程和相邻点间的边长，并以此作为观测值。其观测步骤如下：

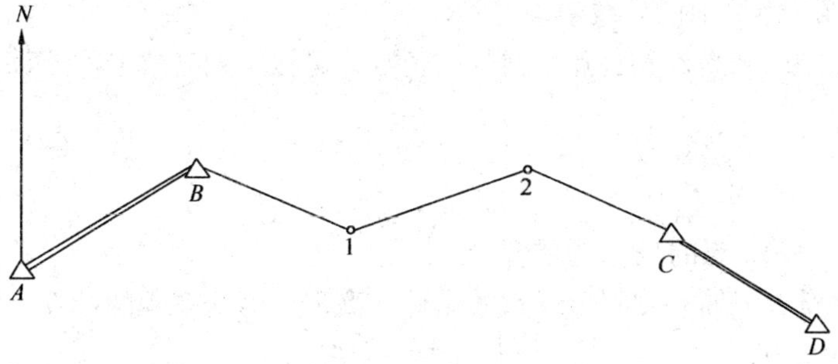

图 7-15　全站仪附合导线三维坐标测量

将全站仪安置于起始点 B（高级控制点），按距离及三维坐标的测量方法测定控制点 B 与 1 点的距离 D_{B1}、1 点的坐标（x'_1，y'_1）和高程 H'_1。再将仪器安置在已测坐标的 1 点上，用同样的方法测得 1、2 点间的距离 D_{12}、2 点的坐标（x'_2，y'_2）和高程 H'_2。依此方法进行观测，最后测得终点 C（高级控制点）的坐标观测值（x'_C，x'_C）。

由于 C 为高级控制点，其坐标已知。在实际测量中，由于各种因素的影响，C 点的坐标观测值一般不等于其已知值，因此，需要进行观测成果的平差计算。

二、以坐标和高程为观测值的导线近似平差计算

在图 7-13 中，设 C 点坐标的已知值为（x_C，y_C），其坐标的观测值为（x'_C，y'_C），则纵、横坐标闭合差为：

$$\left.\begin{aligned} f_x &= x'_C - x_C \\ f_y &= y'_C - y_C \end{aligned}\right\} \tag{7-22}$$

由此可计算出导线全长闭合差：

$$f_D = \sqrt{f_x^2 + f_y^2} \tag{7-23}$$

导线全长闭合差 f_D 是随着导线的长度增大而增大的，所以，导线测量的精度是用导线全长相对闭合差 K（即导线全长闭合差 f_D 与导线全长 ΣD 之比值）来衡量的，即：

$$K = \frac{f_D}{\Sigma D} = \frac{1}{\Sigma D / f_D} \tag{7-24}$$

式中　D——导线边长。

导线全长相对闭合差 K 通常用分子是 1 的分数形式表示，不同等级的导线全长相对闭合差的容许值 K 列于表 7-6 中，用时可查阅。

若 $K \leqslant K_{容}$ 表明测量结果满足精度要求，则可按下式计算各点坐标的改正数：

$$\left.\begin{aligned} v_{x_i} &= -\frac{f_x}{\Sigma D} \cdot \Sigma D_i \\ v_{y_i} &= -\frac{f_y}{\Sigma D} \cdot \Sigma D_i \end{aligned}\right\} \tag{7-25}$$

式中　ΣD——导线全长；

ΣD_i——第 i 点之前的导线边长之和。

根据起始点的已知坐标和各点坐标的改正数，可按下列公式依次计算各导线点坐标：

$$\left.\begin{aligned} x_j &= x'_i + v_{x_i} \\ y_j &= y'_i + v_{y_i} \end{aligned}\right\} \tag{7-26}$$

式中　x'_i、y'_i——第 i 点的坐标观测值。

因全站仪测量可以同时测得导线点的坐标和高程，因此高程的计算可与坐标计算一并进行，高程闭合差为：

$$f_H = H'_C - H_C \tag{7-27}$$

式中　H'_C——C 点的高程观测值；

H_C——C 点的已知高程。

各导线点的高程改正数为：

$$v_{H_i} = -\frac{f_H}{\Sigma D} \cdot \Sigma D_i \tag{7-28}$$

式中　ΣD——导线全长；

ΣD_i——第 i 点之前的导线边长之和。

改正后导线点的高程为：

$$H_i = H'_i + v_{H_i} \tag{7-29}$$

式中　H'_i——第 i 点的高程观测值。

以坐标和高程为观测量的近似平差计算全过程的算例，可见表 7-8。

全站仪附合导线三维坐标计算表　　**表 7-8**

点号	坐标观测值（m）			距离 D （m）	坐标改正数（mm）			坐标值（m）			点号
	x'_i	y'_i	H'_i		v_{x_i}	v_{y_i}	v_{H_i}	x_i	y_i	H_i	
1	2	3	4	5	6	7	8	9	10	11	12
A								110.253	51.026		A
B				297.262				200.000	200.000	72.126	B
1	125.532	487.855	72.543	187.814	−10	+8	+4	125.522	487.863	72.547	1
2	182.808	666.741	73.233	93.403	−17	+13	+7	182.791	666.754	73.240	2
C	155.395	756.046	74.151	ΣD=578.479	−20	+15	+8	155.375	756.061	74.159	C
D								86.451	841.018		D
辅助计算	$f_x = x'_C - x_C = +20$mm $y_y = y'_C - y_C = -15$mm $f_D = \sqrt{f_x^2 + f_y^2} = 25$mm $K = \frac{f_D}{\Sigma D} \approx \frac{0.025}{578.479} \approx \frac{1}{23000}$ $f_H = H'_C - H_C = -8$mm				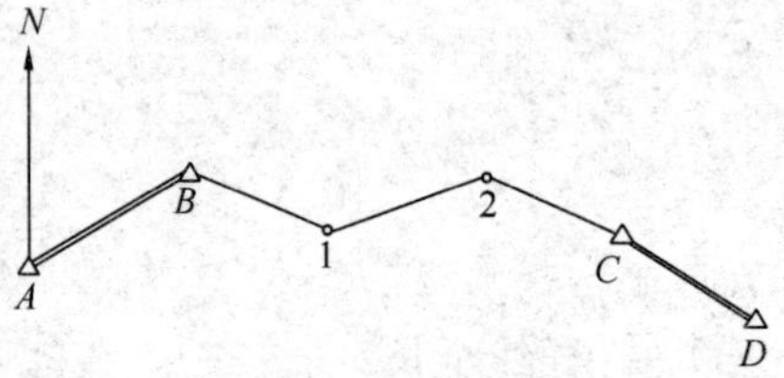						

第五节　高 程 控 制 测 量

小地区高程控制测量一般以三等或四等水准网作为首级高程控制，在地形测量时，再用图根水准测量或三角高程测量来进行加密，三角高程测量主要用于地形起伏较大的区域。三、四等水准点一般应引自附近的一、二等水准点，如附近没有高等级控制点，也可以布设成独立的水准网，这时起算点数据采用假设值。

图根水准测量的方法已经在第二章中进行了介绍，本节主要介绍三、四等水准测量的方法和三角高程测量的基本原理。

一、三、四等水准测量

（一）点位布设与技术要求

三、四等水准点一般布设成附合或闭合水准路线。点位应选择在土质坚硬、周围干扰较少、能长期保存并便于观测使用的地方，同时应埋设相应的水准标志。一般一个测区需布设三个以上水准点，以便在其中某一点被破坏时能及时发现与恢复。水准点可以独立于平面控制点单独布设，也可以利用有埋设标志的平面控制点兼作高程控制点，布设的水准点应作相应的点之记，以利于后期使用与寻找检查。

三、四等水准测量的主要技术要求见表 7-9。

三、四等水准测量的主要技术指标　　表 7-9

等级	视线长度（m）	水准尺	前后视距差（m）	任一测站上前后视距累积差（m）	红黑面读数差（mm）	红黑面测高差之差（mm）	高差闭合差（mm）	
							平原	山地
三等	≤65	双面	≤3.0	≤6.0	≤2	≤3	$12\sqrt{L}$	$4\sqrt{n}$
四等	≤80	双面	≤5.0	≤10.0	≤3	≤5	$20\sqrt{L}$	$6\sqrt{n}$
图根	≤100	单面	大致相等	—	—	—	$40\sqrt{L}$	$12\sqrt{n}$

（二）三、四等水准观测方法

三、四等水准测量观测应在通视良好、望远镜成像清晰与稳定的情况下进行，应避免在日出前后、日正午及其他气象不稳定状况下进行观测，观测时应避免在测区附近有持续振动干扰源而对水准测量带来影响。

三、四等水准测量一般采用双面尺法，且应采用一对水准尺（两根，一根红面起点 4.687m，另一根红面起点 4.787m）。下面以一个测站为例介绍双面尺法的观测过程。

先在离两把水准尺的距离大致相等的位置安置水准仪，整平后照准后尺的黑面，按上、中、下顺序读数并记入表 7-10 中(1)～(3)的对应位置；再转动水准仪照准前尺黑面，同

三、四等水准测量观测记录表 **表 7-10**

日期：__________ 地点：自__________到__________ 观测：__________

天气：__________ 成像：__________ 仪器：__________ 记录：__________

测站编号	点号	后尺 上丝	前尺 上丝	方向与尺号	水准尺中丝读数		K+黑—红	平均高差（m）	备注
		后尺 下丝	前尺 下丝		黑面	红面			
		后视距离	前视距离						
		前后视距差	累积视距差						
①	②	③	④	⑤	⑥	⑦	⑧	⑨	⑩
		(1)	(4)	后	(3)	(8)	(14)		
		(2)	(5)	前	(6)	(7)	(13)	(18)	
		(9)	(10)	后—前	(15)	(16)	(17)		
		(11)	(12)						
		1102	1628	后 *A*	1275	5964	−2		表中列⑤中 *A*、*B* 对应为两把尺编号，尺常数 $K_A=4687$，$K_B=4787$，单位为 mm。表中单元格（9）～（12）、（13）～（14）、（17）～（18）单位为 m，其余单元格单位为 mm
1	*BMA* | *TP*1	1450	1980	前 *B*	1805	6590	+2	−0.528	
		34.8	35.2	后—前	−0.530	−0.626	−4		
		−0.4	−0.4						
		1376	1244	后 *B*	1605	6391	+1		
2	*TP*1 | *TP*2	1838	1686	前 *A*	1467	6157	−3	+0.136	
		46.2	44.2	后—前	+0.138	+0.234	+4		
		+2.0	+1.6						
		1635	1554	后 *A*	1948	6636	−1		
3	*TP*2 | *TP*3	2263	2208	前 *B*	1883	6672	−2	+0.064	
		62.8	65.4	后—前	+0.065	−0.036	+1		
		−2.6	−1.0						
……	……	……	……	……	……	……	……	……	

样按上、中、下顺序读数并记录在表 7-10 中(4)～(6)的位置；转动前尺翻转为红面，水准仪照准前尺红面并读中丝读数及记录入表 7-10 中（7）处；同样转动后尺为红面并照准读数，然后记入表 7-10 中。然后进入下一测站，仪器搬站，前尺在原位不变成为下一站的后视，后尺移动到前一点成为下一站的前视，以同样的方法进行下一站的观测。显然，在观测中随着测站前移水准尺是交叉移动的。在每一测站上应保证仪器安置点与前尺和后尺的距离大致相等。

三、四等水准观测在一测站中的观测顺序为“后、前、前、后”（黑、黑、红、红），四等水准时，如测区地面坚实，也可采用“后、后、前、前”（黑、红、黑、红）的顺序来观测，以加快观测速度。

四等水准也可以采用改变仪高法进行观测，在改变仪器高度前，读数顺序为后、前，基本上与双面尺法的前半部分相似，即上、中、下三丝均应读数；而改变仪器高度后，读数顺序为前、后，即只读中丝读数，并记入表中相应位置，记录方法和位置与双面尺法相同。

无论采用何种读数方法，在测站上安置好仪器后，水准仪视线应保持在水平状态；如为微倾式水准仪，则在读数以前仪器必须精平，读数完毕后检查是否保持精平。

(三) 数据计算与处理

首先检查表 7-10 中(1)～(8)的各点数据是否准确，在确认正确后，计算视距与视距差，应满足表 7-10 的相应要求。

后视距离(9)＝[(1)－(2)]×100

前视距离(10)＝[(4)－(5)]×100

前后视距差(11)＝(9)－(10)(三等水准小于 3m,四等水准小于 5m)

累积视距差(12)＝前一站累积差(12)＋本站视距差(11)(三等水准小于 6m,四等水准小于 10m)

然后计算同一标尺黑、红面读数之差，合格后计算本站红、黑面高差之差，同样应满足表 7-11 的相关要求。

后视标尺黑红读数之差(14)＝(3)＋K－(8)

前视标尺黑红读数之差(13)＝(6)＋K－(7)

常数 K 对于标准水准尺取 4.687m 或 4.787m，而使用其他尺且如果黑红面起始读数一致时，取 K 为 0。计算得到的(13)或(14)三等水准小于 2mm，四等水准小于 3mm。

黑面高差(15)＝(3)－(6)

红面高差(16)＝(8)－(7)

高差之差(17)＝(15)－(16)±0.100(三等水准小于 3mm，四等水准小于 5mm)

同样，(17)＝(14)－(13)

平均高差(18)＝[(15)＋(16)±0.100]/2

计算式中 0.100 系前后尺红面起点读数之差(即两把尺常数之差)。计算中“±”具体取值，当(15)＞(16)时取“＋”；反之取“－”。

在完成一测站观测后，应立即按前述方法进行相应表格的各项计算，并满足限差要求，方能搬站，如此继续直到测完整条水准路线。然后参照第二章水准测量的要求进行路线的平差，并求取各点的高程。误差分析与平差计算以及最终各点的高程计算请参阅第二章。

二、图根水准测量

图根控制测量可以用于小测区要求较低时的控制点的高程以及图根点的高程，由于其精度一般低于四等水准测量，也称为等外水准测量。

测量与计算方法如采用双面尺法，则基本与四等水准测量的方法相同，而精度要求低于四等水准测量，具体要求见表 7-11；如采用单面尺法，则测量方法可参照第二章水准测量的相关要求。

三、三角高程测量

在地形起伏较大的地区采用水准测量，观测速度较慢且测量有一定困难，可采用三角高程测量的方法，但是测区内必须有一定量的高等级水准点作为基准点，或用水准测量方式先布设水准点作为三角高程测量的基准点。

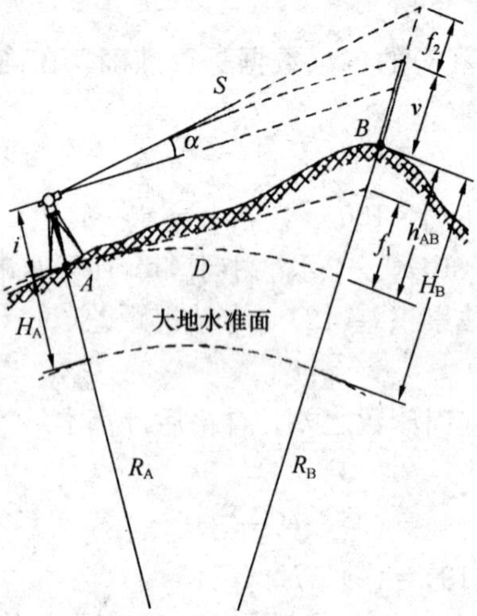

图 7-16　三角高程测量与高差改正示意

（一）三角高程测量的基本原理

三角高程测量是利用获得两点之间的水平距离或倾斜距离以及竖直角，然后用三角的几何关系计算求得的。如图 7-16 所示，A 点的高程已知，求 AB 两点之间的高差 h_{AB}，并获得 B 点的高程。

在 A 点安置经纬仪，并量取仪器横轴中心（一般在仪器固定横轴的支架上有一红点）到 A 点桩顶的高度，称为仪高 i，在 B 点安置标尺或棱镜并量取顶高度，称为觇高 l，望远镜十字丝中丝照准 B 点觇高 l 的对应位置，测得竖直角 α，若获得 AB 两点间的水平距离 D_{AB} 或斜距 S_{AB}（可以用测距仪测得或视距测量获得），则可以计算出 AB 两点之间的高差及 B 点高程：

$$h_{AB} = D_{AB}\tan\alpha + i - v$$

或 $$h_{AB}=S_{AB}\sin\alpha+i-v$$

及 $$H_B=H_A+h_{AB}=H_A+D_{AB}\tan\alpha+i-v=H_A+S_{AB}\sin\alpha+i-v$$

计算中竖直角 α 为仰角时取正值，为俯角时取负值。

（二）三角高程测量的基本技术要求

对于三角高程测量，控制等级分为四级及五级，其中代替四等水准的光电测距高程路线应起闭于不低于三等的水准点上，其边长不应大于 1km，且路线最大长度不应超过四等水准路线的最大长度。其具体技术要求见表 7-11。

三角高程测量的主要技术指标 **表 7-11**

等级	仪器	测距边测回数	竖直角测回数		指标差较差（″）	竖直角测回差（″）	对向观测高差较差（mm）	附合路线或环线闭合差（mm）
			三丝法	中丝法				
四等	DJ_2	往返各一次	—	3	≤7	≤7	$40\sqrt{D}$	$20\sqrt{\Sigma D}$
五等	DJ_2	1	1	2	≤10	≤10	$60\sqrt{D}$	$30\sqrt{\Sigma D}$

（三）三角高程测量的方法及高差改正

1. 三角高程测量的观测

在测站上安置仪器（经纬仪或全站仪），量取仪高 i；在目标点上安置觇标（标杆或棱镜），量取觇标高 v。

用经纬仪或全站仪采用测回法观测竖直角 α，取平均值为最后计算取值。

用全站仪或测距仪测量两点之间的水平距离或斜距。

采用对向观测，即仪器与目标杆位置互换，按前述步骤进行观测。

应用推导出的公式计算出高差及由已知点高程计算未知点高程。

2. 高差改正与计算

在用三角高程测量两点之间的高差时，若两点之间的距离较远（200m 以上），则不能用水平面来代替水准面，而应按照曲面计算，即应考虑地球曲率及大气折光的改正。

地球曲率改正 $$f_1=D^2/2R$$

大气折光改正 $$f_2\approx -f_1/7=-0.14D^2/2R$$

总改正 $$f=f_1+f_2=0.43D^2/R$$

式中，D 为两点之间的水平距离；R 为地球半径，计算时取 6371km。

表 7-12 所示为不同水平距离下的改正数。

三角高程测量时不同水平距离下的地球曲率与大气折光改正 **表 7-12**

D（m）	f（mm）	D（m）	f（mm）	D（m）	f（mm）
100	0.67	1000	67	2500	422
200	2.7	1500	152	3000	607
500	16.87	2000	270	5000	1687

【例 7-5】 计算例见表 7-13。

三角高程测量计算表 **表 7-13**

起算点	A	
测量点	B	
测量方向	往（A—B）	返（B—A）
倾斜距离 S（m）	581.114	581.114
竖直角 α（° ′ ″）	10 24 30	−10 26 48
$S\sin\alpha$	104.985	−105.368
仪器高 i（m）	2.106	1.875
目标高 v（m）	1.855	1.780
改正数 f（m）	0.022	0.022
高差 h（m）	105.258	−105.251
平均高差（m）	105.254	

思考题与习题

1. 在全国范围、城市地区是如何进行高程控制网与平面控制网的布设的？
2. 导线的布设形式有哪些？平面点位应如何选择？
3. 导线外业测量应包含哪些内容？
4. 何谓坐标的正、反算？
5. 在导线测量内业计算时，怎样衡量导线测量的精度？
6. 闭合导线的点号按顺时针方向编号与逆时针方向编号，其方位角计算有何不同？
7. 附合导线与闭合导线内业计算中有哪些相似？又有哪些不同？
8. 某附合导线如图 7-17 所示，列表并计算 1、2 点的坐标。
9. 某闭合导线如图 7-18 所示，已知 $\alpha_{A5}=45°$，列表计算各点的坐标。

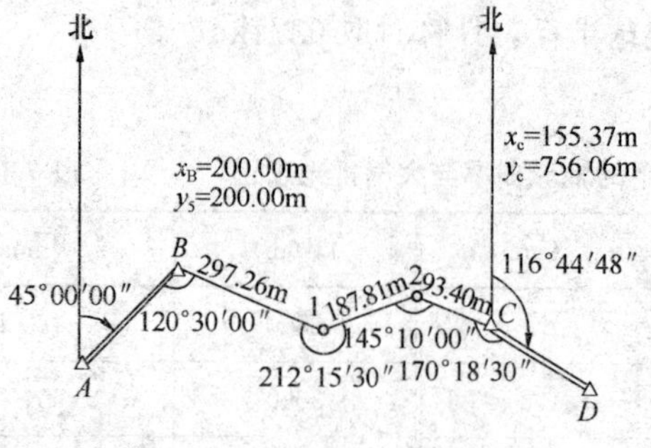

图 7-17 附合导线计算简图

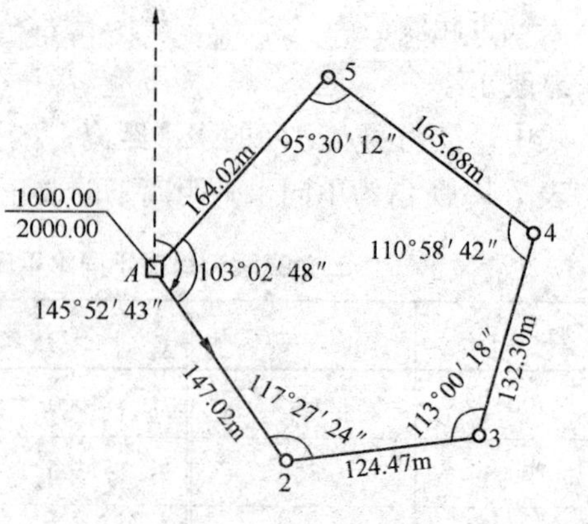

图 7-18 闭合导线计算略图

10. 四等水准测量建立高程控制时，应如何观测、如何记录及计算？

11. 如采用三角高程测量时，如何观测、记录及计算？

12. 如图 7-16 所示，已知 A 点的高程为 25.000m，现用三角高程测量方法进行往返观测，数据如表 7-14 所示，计算 B 点的高程。

三角高程测量数据 **表 7-14**

测站	目标	直线距离 S（m）	竖直角 α	仪器高 i（m）	标杆高 v（m）
A	B	213.634	$3°32'12''$	1.50	2.10
B	A	213.643	$2°48'42''$	1.52	3.32

第八章　大比例尺地形图与测绘

教学要求：通过本章学习、熟悉地物符号、地貌符号和地形图的要素内容；熟悉在一个测站上地形图的测绘方法。

教学提示：本章重点为比例尺、比例尺精度和等高线及其特性，地形图测绘的基本方法。

第一节　地形图的基本知识

一、地形图与比例尺

地球表面固定不动的物体称为地物，如河流、湖泊、道路、建筑等。地球表面高低起伏的形态称为地貌。地物与地貌合称为地形。

地形图是将一定区域内的地物和地貌用正投影的方法按一定比例尺缩小并用规定的符号及方法表达出来的图形。这种图包括了地物与地貌的平面位置以及它们的高程。如果仅表达地物的平面位置，而省略表达地貌的，称为平面图。

（一）比例尺的表示方法

图上一段直线的长度与地面上相应线段真实长度的比值，称为地形图的比例尺。根据具体表示方法的不同可以分为数字比例尺和图示比例尺。

1. 数字比例尺

数字比例尺以分子为 1、分母为整数的分数表示，图上一线段的长度为 d，对应实际地面上的水平长度为 D，则其比例尺可以表示为：

$$\frac{d}{D}=\frac{1}{D/d}=\frac{1}{M}$$

式中，M 称为比例尺分母，该值越小即上式分数越大则比例尺越大，图上表示的内容越详细，但是相同图面表达内容的范围越小。数字比例尺通常可以表达为 1∶500、1∶1000、1∶2000 等，数字比例尺 1∶1000<1∶500。

2. 图示比例尺

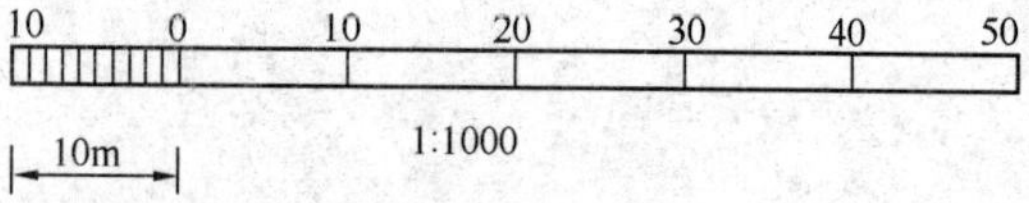

图 8-1　图示比例尺示意

常用的图示比例尺为直线比例尺，如图 8-1 中 1∶1000 的直线比例尺，取长度 1cm 为基本度量单位，标注的数字为该长度对应的真实水平距离，首格又分为十等分，即可以直接读出基本度量单位的 1/10，可以估读到基本度量单位的 1/100。

图示比例尺一般位于图纸的下方，它随图纸一起印刷或复印，一旦发生变形，图上变形基本相同，故可以直接在图纸上量取，能消除图纸伸缩或变形带来的影响。

（二）地形图按比例尺分类及比例尺选用

我国一般把地形图按比例尺的大小分为大比例尺地形图、中比例尺地形图和小比例尺地形图三类。

1. 大比例尺地形图

通常将比例尺分母值小于10000的地形图称为大比例尺地形图。如1∶500、1∶1000、1∶2000、1∶5000等。城市管理和工程建设等普遍采用大比例尺地形图，大比例尺地形图的传统测绘方法是经纬仪测绘法或经纬仪联合平板测绘法，而现代的测绘方法是采用全站仪或动态GPS进行外业数据采集，用计算机进行内业数据处理与成图，称为数字化测图。

2. 中比例尺地形图

将采用比例尺分母值在10000～100000之间的比例尺的地形图称为中比例尺地形图。其系国家的基本地图，由国家专业测绘部门负责测绘，主要采用航空摄影测量的方式测绘成图，也可以采用卫星遥感测绘的方式。

3. 小比例尺地形图

所采用比例尺的比例尺分母值大于100000的地形图称为小比例尺地形图。部分也是国家的基本地图，小比例尺地形图一般由中比例尺地形图缩小编绘而成。

4. 地形图比例尺的选择

在城市或工程建设中，可以根据城市的大小以及不同阶段的用途，按表8-1选用相应比例尺的地形图。

地形图比例尺的选用 **表8-1**

比例尺	用　途
1∶10000	城市规划设计（城市总体规划、厂址选择、区域布置、方案比较）等
1∶5000	
1∶2000	城市详细规划或工业项目的初步设计
1∶1000	城市详细规划、管理、地下管线和地下普通建（构）筑工程的现状图、工程项目的施工图设计、竣工图等
1∶500	

（三）比例尺精度

在正常情况下，人肉眼可以在图上进行分辨的最小距离是0.1mm，当图上两点之间的距离小于0.1mm时，人眼将无法进行分辨而将其认成同一点。因此，可以将相当于图上长度0.1mm的实际地面水平距离称为地形图的比例尺精度。即比例尺精度值为0.1m。

表8-2所示为常用比例尺的比例尺精度。比例尺精度对测图非常重要。如选用比例尺为1∶500，对应的比例尺精度为0.05m，在实际地面测量时仅需测量距离大于0.05m的物体与距离，而即使测量得再精细，小于0.05m的物体也无法在图纸上表达，因此可以根据比例尺精度来确定实地量距的最小尺寸。再比如在测图上需反映地面上大于0.1m的细节，则可以根据比例尺精度选择测图比例尺为1∶1000，即根据需求来确定合适的比例尺。

常用比例尺对应的比例尺精度　　表 8-2

比例尺	1∶500	1∶1000	1∶2000	1∶5000	1∶10000
比例尺精度（m）	0.05	0.1	0.2	0.5	1.0

二、地形图的分幅、编号与图廓

（一）地形图的分幅与编号

地形图的分幅与编号主要有两种：一种是按经线和纬线划分的梯形分幅与编号，主要用于中小比例尺的国家基本图的分幅；另一种是按坐标格网划分成的矩形分幅与编号，用于大比例尺地形图的分幅与编号。本章仅介绍矩形分幅与编号的方法。

1∶5000～1∶500 的大比例尺地形图通常采用矩形分幅，其中 1∶5000 地形图采用 40cm×40cm 的正方形分幅，1∶500、1∶1000 和 1∶2000 地形图一般采用 50cm×50cm 的正方形分幅，或 40cm×50cm 的矩形分幅。

矩形分幅的编号方法主要有如下三种。

1. 以 1∶5000 地形图图号为基础编号法

正方形图幅以 1∶5000 地形图作为基础，以该图幅西南角之坐标数字（阿拉伯数字，单位 km）作为图号，纵坐标在前，横坐标在后，同时也作为 1∶2000～1∶500 地形图的基本编号。如图 8-2 中所示 1∶5000 地形图的图号为 20—30。

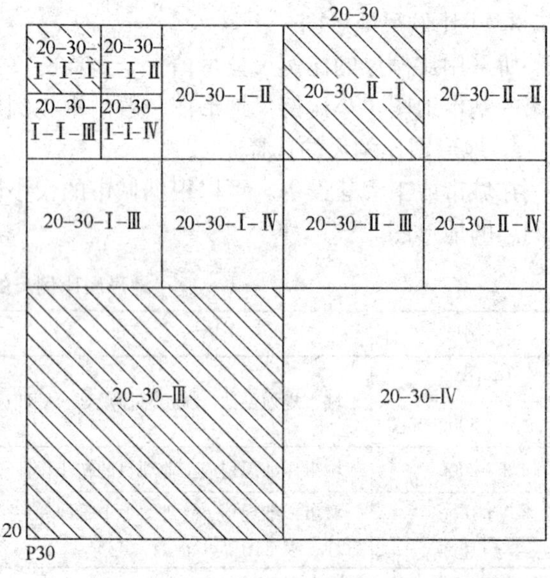

图 8-2　大比例尺地形图正方形分幅

在 1∶5000 地形图基本图号的末尾，附加一个子号数字（罗马数字，下同）作为 1∶2000 图的图号。如图 8-2中将 1∶5000 图作四等分，便得到四幅 1∶2000 地形图，其中阴影所示图编号（左下角）为 20—30—Ⅲ。同样将 1∶2000 图四等分。得到四幅 1∶1000 地形图，而将 1∶1000 地形图四等分得到四幅 1∶500 地形图，1∶1000 或 1∶500 地形图的图幅号分别以对应的 1∶2000 或 1∶1000 地形图的图号末尾再附加一罗马数字形成，如图 8-2 中阴影所示，1∶1000 地形图（右上角）编号为 20—30—Ⅱ—Ⅰ，1∶500 地形图（左上角）编号为 20—30—Ⅰ—Ⅰ—Ⅰ。

2. 按图幅西南角坐标公里数编号法

当采用矩形分幅时，大比例尺地形图的编号，可以采用图幅西南角坐标公里数编号法。如图 8-2 所示，其西南角的坐标点为 x=31.0km，y=52.0km，所以编号为“31.0—52.0”。编号时，比例尺为 1∶500 的地形图坐标值取至 0.01km，而 1∶1000、1∶2000 的地形图的坐标值取至0.1km。

3. 按数字顺序编号法

对于带状地形图或小面积测量区域，可以按测区统一顺序进行编号，编号时一般按从左到右、从上到下用数字1，2，3…编定。对于特定地区，也可以对横行用代号A、B、C……从上到下排列，纵列用数字1，2，3……排列来编定，编号时先行后列例如B—2。

（二）地形图的图廓

地形图都有内外图廓，内图廓用细实线表示，是图幅的范围线，绘图必须控制在该范围线内；外图廓用粗实线表示，主要起装饰作用。正方形图廓的内图廓同时也是坐标格网线，在内外图廓之间和图内绘有坐标格网的交点，同时在内外图廓之间标注以公里为单位的坐标格网值。

在图廓外，图纸正上方，标注图名和图号。图名即该幅图的名称，以图纸内有代表性的典型地物命名。图纸左上角为接图表，表示本图幅与相邻图幅的关系，其中正中为本图幅位置，周围各格分别为与本图相邻图幅的图名。图纸下方正中为比例尺，标注数字比例尺，部分图纸也在数字比例尺下方绘制直线比例尺。

同时在图纸左下方图廓外应注明测图时间、方法、采用坐标系统以及高程系统等。而在右下侧标注测绘单位与测绘者等信息。

三、地物与地貌在图上的表示方法

为了便于测图与识图，可以用各种简明、准确、易于判断实物的图形或符号，将实地的地物或地貌在图上表示出来，这些符号统称为地形图图式。地形图图式由国家测绘机关编制并颁布，是测绘与识图的重要参考依据。表8-3所示为国家测绘局颁布的《地形图图式（1∶500、1∶1000、1∶2000）》中部分常用的地物与地貌符号。

（一）地物符号在图上的表示方法

地物在图中用地物符号表示，地物符号可以分为比例符号、半依比例符号、非比例符号和注记。

1. 比例符号

按照测图比例尺缩小后，用规定的符号画出的为比例符号。如房屋、草地、湖泊及较宽的道路等在大比例尺地形图中均可以用比例符号表示。其特点是可以根据比例尺直接进行度量与确定位置。

2. 半依比例符号

对于一些呈长带状延伸的地物，其长度方向可以按比例缩小后绘制，而宽度方向缩小后无法直接在图中表示的符号称为半依比例符号，也称为线性符号。如小路、通信线路、管道、篱笆或围墙等。其特点是长度方向可以按比例度量。

3. 非比例符号

对于有些地物，其轮廓尺寸较小，无法将其形状与大小按比例缩小后展绘到地形图上，则不考虑其实际大小，仅在其中心点位置按规定符号表示，称为非比例符号。如导线点、水准点、路灯、检修井或旗杆等。如表8-3中编号27～40的符号。

常用部分地形图图式 表 8-3

编号	符号名称	图　例	
1	坚固房屋 4—房屋层数		
2	普通房屋 2—房屋层数	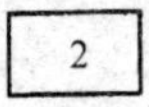	
3	窑　洞 1—住人的； 2—不住人的； 3—地面下的	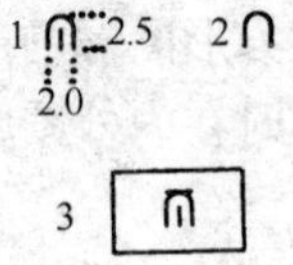	
4	台　阶	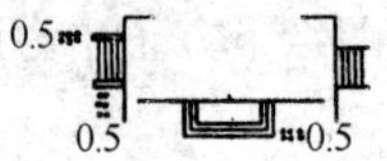	
5	花　圃	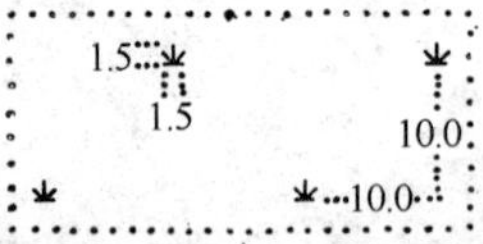	
6	草　地	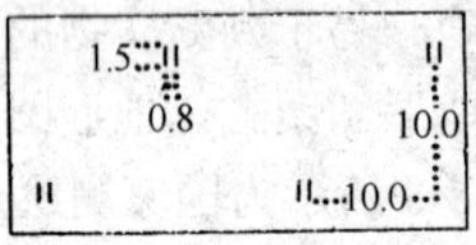	
7	经济作物地	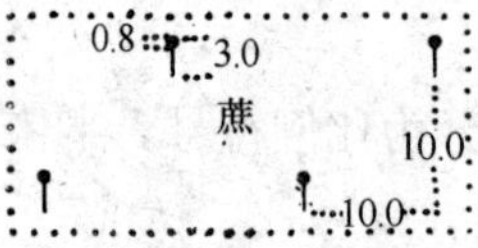	
8	水生经济 作物地	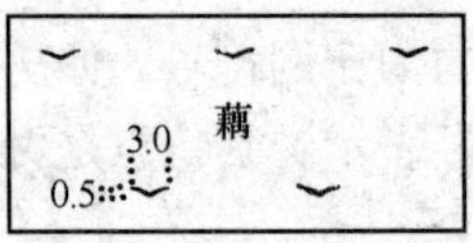	
9	水稻田	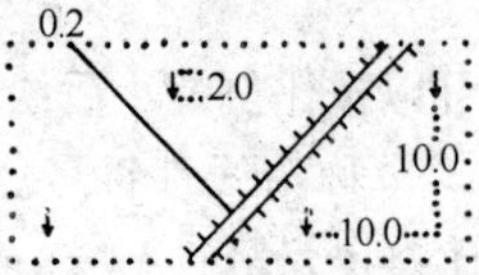	
10	旱　地	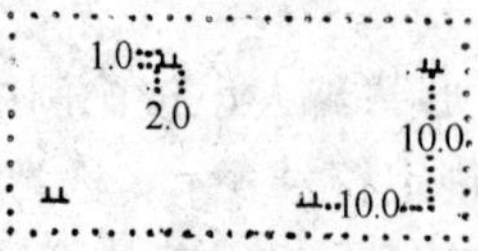	
11	灌木林	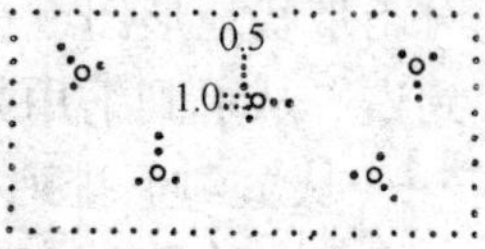	
12	菜　地	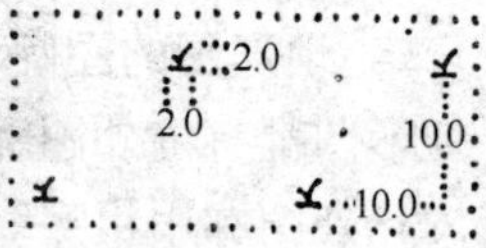	
13	高压线	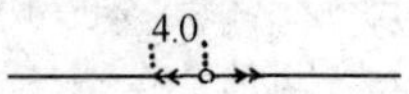	
14	低压线	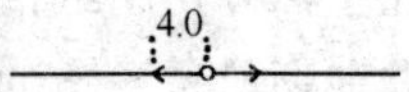	
15	电　杆	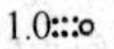	
16	电线架		
17	砖、石及 混凝土围墙	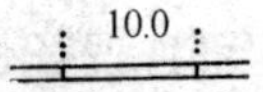	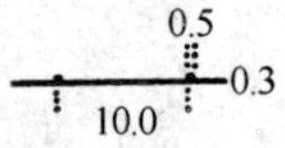
18	土围墙	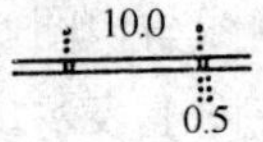	
19	栅栏、栏杆	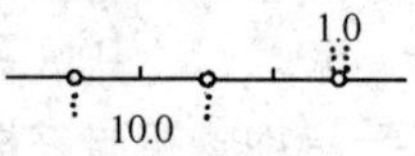	
20	篱　笆	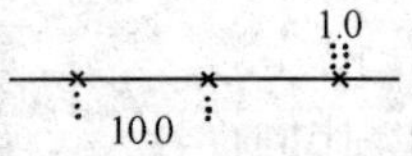	
21	活树篱笆	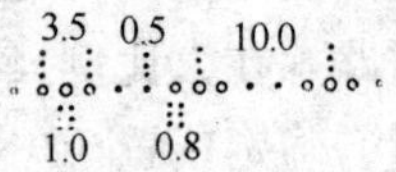	
22	沟　渠 1—有堤岸的； 2—一般的； 3—有沟堑的	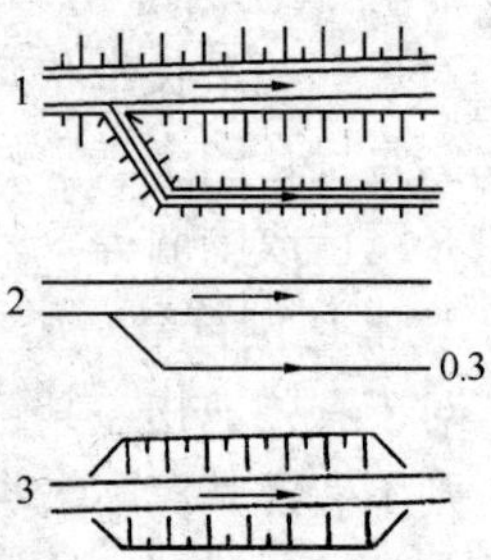	

编号	符号名称	图例
23	公　路	 0.3 沥：砾 0.3
24	简易公路	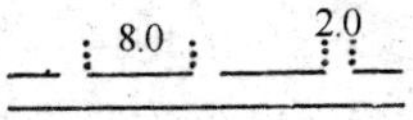 8.0 2.0
25	大车路	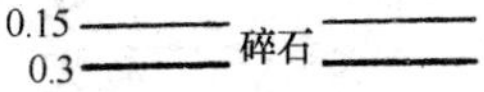 0.15 0.3 碎石
26	小　路	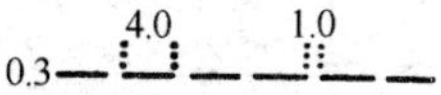 4.0 1.0 0.3
27	三角点 凤凰山—点名； 394.468—高程	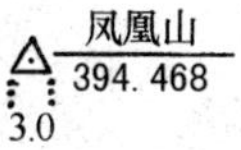 凤凰山 394.468 3.0
28	图根点 1—埋石的； 2—不埋石的	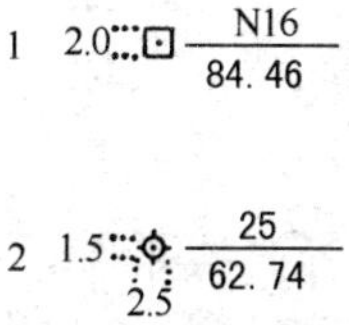 1 2.0 N16 84.46 2 1.5 25 62.74 2.5
29	水准点	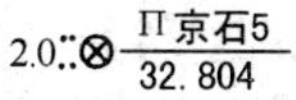 2.0 II京石5 32.804
30	旗　杆	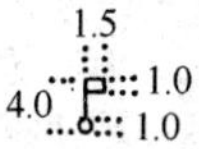 1.5 1.0 4.0 1.0
31	水　塔	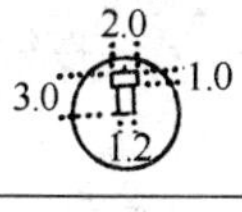 2.0 3.0 1.0 1.2
32	烟　囱	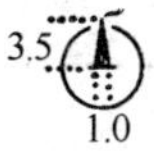 3.5 1.0
33	气象站（台）	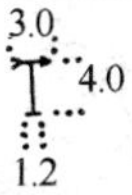 3.0 4.0 1.2
34	消火栓	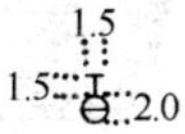 1.5 1.5 2.0
35	阀　门	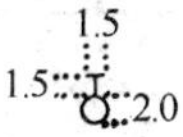 1.5 1.5 2.0
36	水龙头	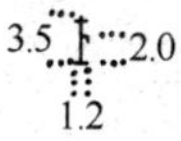 3.5 2.0 1.2
37	钻　孔	 3.0 1.0
38	路　灯	 3.5 1.0
39	独立树 1—阔叶； 2—针叶	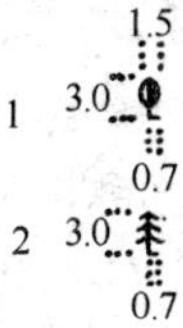 1.5 1 3.0 0.7 2 3.0 0.7
40	岗　亭、 岗　楼	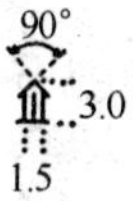 90° 3.0 1.5
41	等高线 1—首曲线； 2—计曲线； 3—间曲线	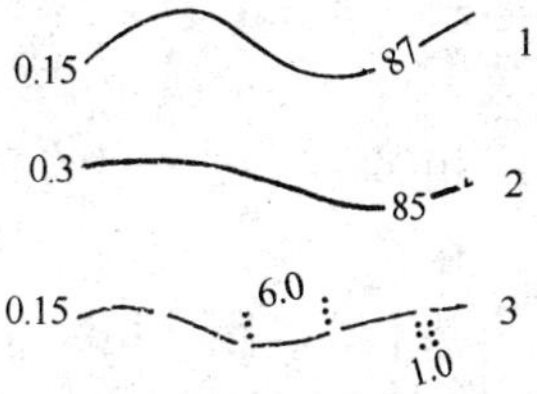 0.15 87 1 0.3 85 2 0.15 6.0 3 1.0
42	示坡线	 8'0
43	高程点及 其注记	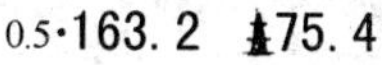 0.5·163.2 75.4
44	滑　坡	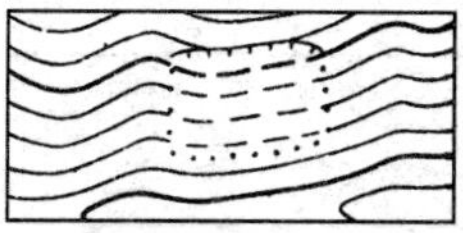
45	陡　崖 1—土质的； 2—石质的	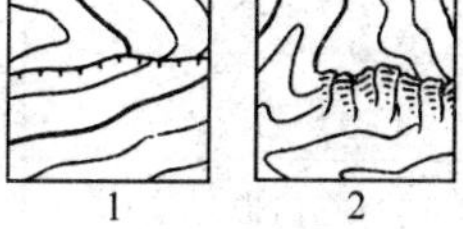 1 2
46	冲　沟	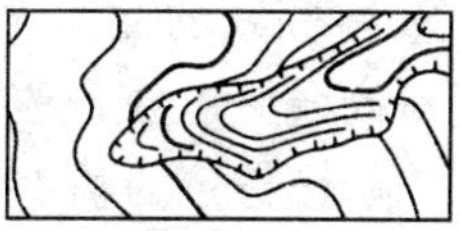

4. 文字或数字注记

有些地物用相应符号表示还无法表达清楚，则对其相应的特性、名称等用文字或数字加以注记。如建筑物层数、地名、路名、控制点的编号与水准点的高程等。

(二) 地貌符号的表示方法

地貌形态比较丰富，对于局部地区可以按地形起伏的大小划分为如下四种类型：地面倾斜角在 2°以下的地区称为平坦地；地面倾斜角在 2°～6°的地区称为丘陵地；地面倾斜角在 6°～25°的地区称为山地；而地面倾斜角超过 25°的地区称为高山地。

地形图上表示地貌的主要方法为等高线。

1. 等高线的概念

地面上高程相同的相邻点依次首尾相连而形成的封闭曲线称为等高线。如图 8-3 所示，有一静止水面包围的小山，水面与山坡形成的交线为封闭曲线，曲线上各点的高程是相等的。随着水位的不断上升，形成不同高度的闭合曲线，将其投影到平面上，并按比例缩小后绘制的图形，即为该山头用等高线表示的地貌图。

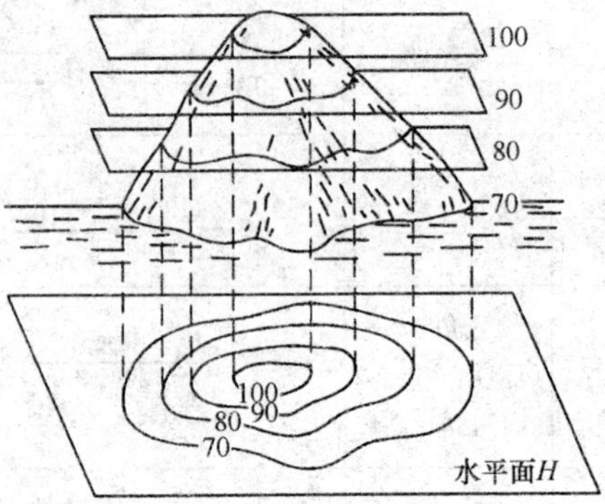

图 8-3 等高线形成示意

相邻等高线之间的高差称为等高距，用 h 表示。在同一幅地形图上等高距是相同的，因此也称为基本等高距。相邻等高线之间的水平距离称为等高线平距，用 d 表示。在同一幅地形图上由于等高距是相同的，则等高线平距的大小反映了地面起伏的状况，等高线平距越小，相应等高线越密，则对应地面坡度大，即该地较陡；等高线平距越大，相应等高线越稀疏，则对应地面坡度较小，即该地较缓；如果一系列等高线平距相等，则该地的坡度相等。

在一个区域内，如果等高距过小，则等高线非常密集，该区域将难以表达清楚，因此绘制地形图以前，应根据测图比例尺和测区地面坡度状况，按照规范要求选择合适的基本等高距（表 8-4）。

地形图的基本等高距（m） **表 8-4**

比例尺 / 地形类别	1∶500	1∶1000	1∶2000
平地	0.5	0.5	0.5、1
丘陵地	0.5	0.5、1	1
山地	0.5、1	1	2
高山地	1	1、2	2

2. 等高线的种类

等高线可以分为基本等高线和辅助等高线等，如图 8-4 所示。

（1）按选定的基本等高距绘制的等高线，称为首曲线，是基本等高线的一部分。用 0.15mm 宽的细实线表示。

（2）从零米开始，每隔四条首曲线绘制的一条加粗等高线，称为计曲线，也是基本等高线的一部分。主要为便于读取等高线上的高程，用 0.3mm 宽的粗实线表示。

（3）当局部区域比较平缓，用基本等高线无法完全表达时，可以在两条基本等高线中间插入一条辅助等高线，将等高线之间的高差变成 1/2 等高距，称为间曲线。用 0.15mm 宽的长虚线表示。当插入间曲线还是无法清楚表达时，可以再插入描绘 1/4 等高距的等高线，使相邻等高线之间的高差为基本等高距的 1/4，称为助曲线。用 0.15mm 宽的短虚线表示。间曲线与助曲线均为辅助等高线。

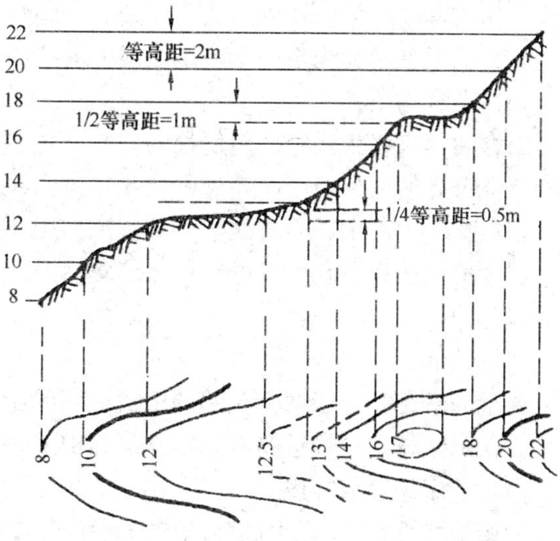

图 8-4　等高线的种类示意

3. 典型等高线

地面上的地貌是多种多样的，在这里仅介绍主要的几种，如图 8-5 所示。

（1）山头与洼地

图 8-5 左上角所示分别为山头与洼地的等高线。它们投影到水平面上均为一组封闭的

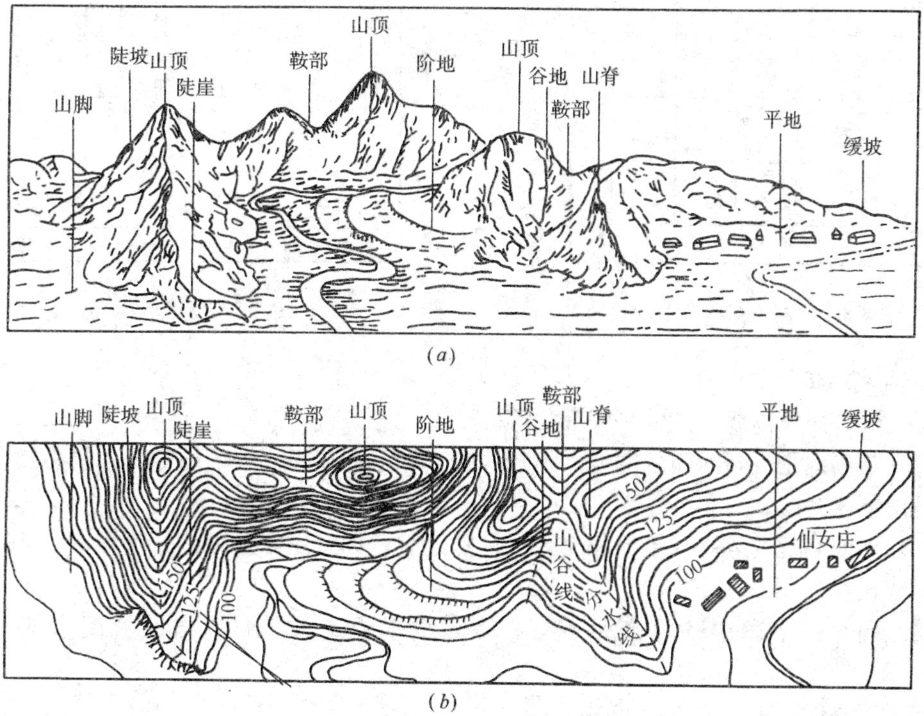

图 8-5　典型地貌

曲线。从高程注记可以区分山头与洼地。中间高四周低的是山头，而洼地正好相反。也可以在等高线上加示坡线来表示，示坡线方向指向低处。

（2）山脊与山谷

山脊的等高线为一组凸向低处的曲线，各条曲线方向改变处的连线即山脊线。山谷正好相反，等高线为一组凸向高处的曲线，各曲线方向改变处的连线为山谷线。

在山脊上，雨水以山脊线为界分别流向山脊的两侧，故也称为分水线，山脊线是该区域中坡度最缓的地方。山谷线是雨水汇集后流出的通道，因此也称为集水线，是该区域内坡度最陡的。

（3）鞍部

典型的鞍部是处于两个相邻的山头之间的山脊与山谷的会聚处，由于形状类似马鞍而得名。在山区选定越岭道路时，通常从鞍部通过，如图 8-5 所示。

（4）悬崖绝壁与陡崖

陡崖是坡度在 70°以上的陡峭崖壁，由于坡度较陡，等高线在该区域非常密集，因此可以用锯齿状的断崖符号表示。而当局部区域的崖壁近乎直立且下部向内凹时，等高线会发生重叠，即上部的等高线将部分下部等高线遮盖，看不见部分以虚线表示，如图 8-6 及图 8-7 所示。

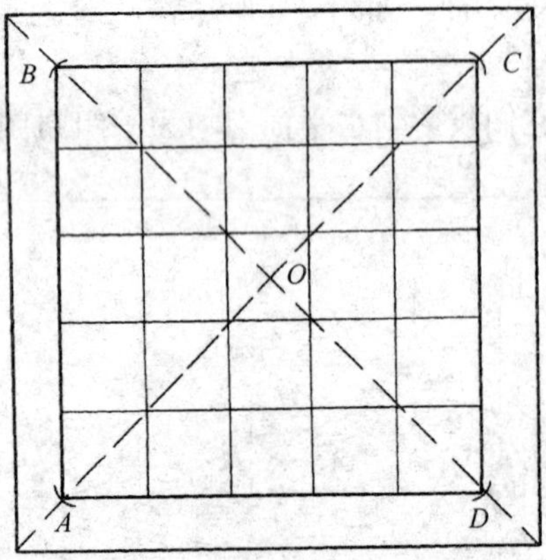

图 8-6　绘制坐标格网示意图

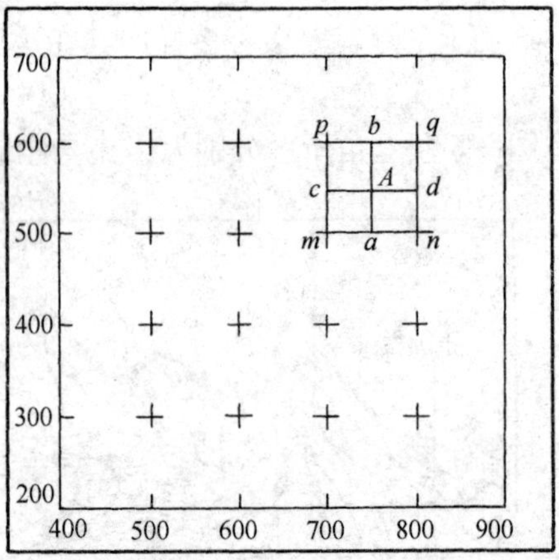

图 8-7　展点示意图

4. 等高线的特性

（1）同一条等高线上点的高程都相等。

（2）等高线是一条封闭的曲线，不能中断，如不能在同一图幅内封闭，也必然在图外或其他图幅内封闭。

（3）不同高程的等高线不得相交。在特殊地貌，如悬崖等是用特殊符号表示其等高线重叠而非相交。

（4）同一地形图中的等高距相等，等高线平距越大，则该地区坡度愈缓，反之亦然。

（5）等高线与山脊线或山谷线正交。

第二节　大比例尺地形图的测绘

大比例尺地形图测绘是在控制测量工作完成后进行的。把直接用于地形图测绘的控制点称为图根控制点。控制测量中除了测定图根控制点的平面位置，一般还需用水准测量或三角高程测量的方法测定其高程。然后根据图根点测定地物和地貌特征点的位置，按规定的比例尺和图式符号绘制地形图。

一、测图前的准备工作

1. 图纸准备

地形图的图纸，一般选用一种表面打毛的半透明聚酯薄膜，其厚度为 0.07～0.1 mm。用聚酯薄膜作为测图图纸，具有伸缩变形小，透明度高，不怕潮湿，牢固耐用，可用清水洗涤，可在底图上着墨，直接晒蓝等优点。但聚酯薄膜怕折，易燃，易老化，因此，使用及保管时应当注意。当没有聚酯薄膜图纸时，可选用质地好的绘图纸作为图纸进行测绘。

2. 绘制坐标方格网

控制点在测图前应根据其坐标值展绘在图纸上。为了正确地在图纸上绘出控制点的位置，以及用图的方便，首先要在测图纸上精确地绘制 10cm×10cm 的直角坐标格网。绘制坐标格网和展绘控制点可用比较精确的直尺按对角线法进行绘制和展点。

如图 8-6 所示，首先，依据图纸的四角用直尺画出两条对角线，从交点 O 起，在对角线上精确量取四段相等的长度得 OA、OB、OC、OD，连接 A、B、C、D 四点即得矩形 $ABCD$。自 A 和 B 点起，分别沿 AD 和 BC 方向每隔 10cm 截取一点；再自 A、D 点起，分别沿 AB 和 DC 方向每隔 10cm 截取一点，然后连接相应各点，即得坐标格网和内图廓线。

坐标方格网绘制好后，应检查各方格网线条粗细不超过 0.2mm；各方格网边长误差不超过 0.2mm；坐标方格网的对角线上各点应在一条直线上，其偏差不大于 0.2mm；图廓线及对角线长度误差不大于 0.3mm；检查合格后，在图廓外注明格网线的坐标值，并注明图幅编号。对于已绘有坐标格网的聚酯薄膜图纸，仍需作上述精度检查，以确保质量。

3. 展绘控制点

如图 8-7，展绘控制点时，首先应根据控制点的坐标，确定该点所在的方格位置。图中 A 点为一图根控制点，其坐标为 $x_A=542.12$m，$y_A=747.15$m，该点应落于 $mnpq$ 这一方格内，从 m、n 两点按比例分别向上量取 $\Delta x=42.12$m，定出 c、d 两点；再从 m、q 两点按比例分别向右量取 $\Delta y=47.15$m，定出 a、b 两点，连接 a、b 和 c、d，所得交点即为图根点 A 的位置。用相同的方法展绘出其他的图根控制点。待全部控制点展绘好后，检查图纸上展绘控制点之间的距离与实际距离是否相符，其限差为 0.3mm，对超限的控制点应重新展绘。经校对无误后，可按《地形图图式》的规定注记控制点点号及其高程。

二、经纬仪测绘法

经纬仪测绘法是用极坐标法测量碎部点的水平距离和高差，然后按极坐标法用量角器和比例尺将碎部点标定在图纸上，并在点的右侧注记高程。当图纸上碎部点足够时，即可对照实地并按规定的图式符号在图上勾绘地物和地貌。测图时，经纬仪安置在一控制点上并作为测站点，绘图平板安放在测站点附近。选定测站点至另一控制点的方向为起始方向（零方向），该方向的度盘读数为 $0°00'$，待测的碎部点上安放水准尺，用经纬仪测出起始方向和测站点至碎部点方向间的水平角，以及测站点至碎部点的水平距离和高差。

（一）碎部点的选择

反映地物轮廓和几何位置的点称为地物特征点；地貌可以看做是由许多大小，坡度方向不同的曲面组成，这些曲面的交线称为地貌特征线（例如，山脊线和山谷线等），地貌特征线上的点称为地貌特征点。测图时，碎部点的选择合理与否，直接关系到测图的质量和速度。因此，碎部点应选在地物和地貌的特征点上。规范规定，建筑物轮廓线的凸凹部在图上大于 0.4mm、简单建筑大于 0.6mm 时都要绘制出来。因此在测绘 1∶1000 地形图时，实地凸凹大于 0.4m 就要进行施测。对于地物，如能依比例尺在地形图上显示出来，要实测出其轮廓线的转折点，如房角、道路中心线、河岸线等的转折点；对于不能依比例尺在图上显示的地物，如水井、独立树及电杆等，要实测其中心位置。对于地貌应测出最能反映地貌特征的地性线，如山脊线、山谷线、山脚线等。此外还应测出山顶、山谷底、鞍部和其他地面坡度变化处的地貌特征点。通常，应在现场把有关的地貌特征点连起来，用铅笔轻轻地勾出地性线。用点划线表示山脊线，用虚线表示山谷线。然后在两相邻点之间，按其高程内插出等高线，进而将地貌绘制出来。在碎部测量中，还应注意碎部点要分布均匀，尽量一点多用。有关城市建筑区碎部点的最大间距和最大视距见表 8-5，非城市建筑区最大间距和最大视距可适当放宽 25%；对于一般地区（地面平坦，坡度无显著变化）应按表 8-6 选择足够密度的碎部点。

最大视距 **表 8-5**

测图比例尺	最大视距（m）	
	主要地物点	次要地物和地形点
1∶500	实测	70
1∶1000	80	120
1∶2000	150	200

最大间距与最大视距 **表 8-6**

测图比例尺	地形点最大间距（m）	最大视距（m）	
		主要地物点	次要地物和地形点
1∶500	15	60	100
1∶1000	30	100	150
1∶2000	50	180	250

（二）经纬仪测绘法操作步骤

将经纬仪安置在测站 A 上，绘图板安放于测站旁，如图 8-8 所示。其一个测站上测量工作的步骤如下：

图 8-8　经纬仪测绘法

（1）安置仪器　安置经纬仪于测站点 A（图根控制点）上，对中、整平、量取仪高 i，填入记录手簿。

（2）定向　经纬仪照准另一控制点 B，置水平度盘读数为 $0°00'00''$，即置 AB 方向为水平度盘的零方向。

（3）立尺　立尺人员应根据测图范围和实地情况，与观测员、绘图员共同商定跑尺路线，选定立尺点，依次将水准尺立在地物、地貌特征点上。

（4）观测　旋转照准部，瞄准碎部点 1 上的水准尺，读取水平角 β。使竖盘指标水准管居中，在尺上读取上丝、下丝读数（或直接读出尺间隔 l），中丝读数 V，竖盘读数 L（竖直角 α）。竖盘读数、水平角读数到 $1'$，半测回即可。

（5）依次将观测值填入记录手簿。对于具有特殊意义的碎部点，如房角、电杆、山头、鞍部等，应在备注中加以说明，见表 8-7。

记录手薄　　**表 8-7**

测站：A 后视点：B　　仪器高：1.45m　　测站高程：108.40m　　指标差：0

观测者：××　　记录者：××

测点	尺上读数（m）			尺间隔	竖盘读数	竖直角	水 平 角	距离	高程	备注
	下丝	上丝	中丝	（m）	（° ′）	（° ′）	（° ′）	（m）	（m）	
1	1.687	1.214	1.450	0.473	87 53	2 07	64 54	47.2	110.15	房角
2	1.679	1.321	1.500	0.358	90 00	0 00	20 54	35.8	108.35	房角
3	1.643	1.256	1.450	0.387	92 25	−2 25	98 19	38.6	106.77	电杆

（6）计算　碎部点的高程 H_1 和测站 A 至碎部点 1 的水平距离 D_{A1} 依下列测量公式计算

$$D_{A1} = 100 \cdot l \cdot \cos^2\alpha$$

$$h_{A1} = D_{A1}\,\mathrm{tg}\alpha + i - V$$

$$H_1 = H_A + h_{A1}$$

如图 8-9 所示，式中

l——（尺间隔）上丝、下丝读数之差；

V——中丝读数；

i——仪器高；

α——竖直角。

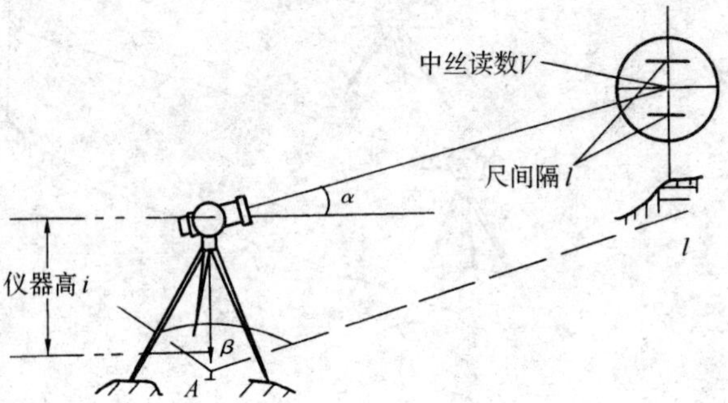

图 8-9　碎部点计算

（7）展绘碎部点　如图 8-10，用细针将量角器的圆心固定在图上测站点处，转动量角器，使量角器上等于水平角 β 的刻划线对准图上的起始方向（相应于实地的零方向 AB），此时量角器的零方向便是碎部点 1 的方向。按测得的水平距离和测图比例尺在该方向上定出点 1 的位置，并在该点右侧注明其高程。

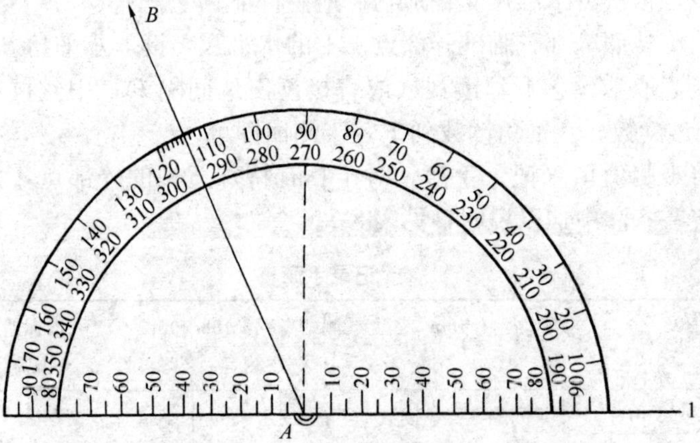

图 8-10　展绘碎部点

同法，测绘出本站上其余各碎部点的平面位置与高程。并对照实地绘出等高线和地物。为了保证测图质量，仪器搬到下一测站时，应首先检查上一测站所测部分碎部点的平面位置和高程。若测区面积较大时，考虑到相邻图幅的拼接问题，每幅图应向图廓外测出 5mm。

三、地形图的绘制

地形图的绘制一般是在现场，对照实地描绘地物和等高线。

1. 地物描绘

地物描绘是按《地形图图式》规定的符号在实地描绘地物。对于建筑物的轮廓用直线连接，道路、河流则用光滑曲线逐点连接。不能按比例尺描绘的地物，如电杆、烟囱、水井等，应在图上绘出其中心位置，或按规定的非比例符号表示。

2. 等高线勾绘

地貌主要是用等高线来表示。为了便于勾绘等高线，首先用铅笔轻轻描绘出山脊线、山谷线等地性线，然后根据地性线附近的碎部点高程勾绘出等高线。如图 8-11 所示，地面上两碎部点 A、B 的高程分别为 62.8m 及 56.1m，若取 1m 等高距时，其间有 57、58、59、60、61、62m 六条等高线通过。由于碎部点是选在地面坡度变化处，因此相邻两点间山坡可视为均匀坡度。这样可在两相邻碎部点的连线上按平距与高差成比例的关系，内插出两点间各条整米等高线。勾绘等高线时，先目估定出高程为 57m 的点和高程为 62m 点，然后将该两点间距离五等分，定出高程为 58、59、60、61m 的等高线。同理可定出其他相邻碎部点间等高线应通过的位置。将高程相同的相邻点用光滑的曲线连接，即为等高线。勾绘等高线时，要对照实地，先画计曲线，后画首曲线，并注意等高线通过山脊线和山谷线的走向。地形图等高距的选择与测图比例尺和地形坡度有关。对于不能用等高线表示的地貌，如悬崖、陡崖、冲沟等应按《地形图图式》规定的符号表示。

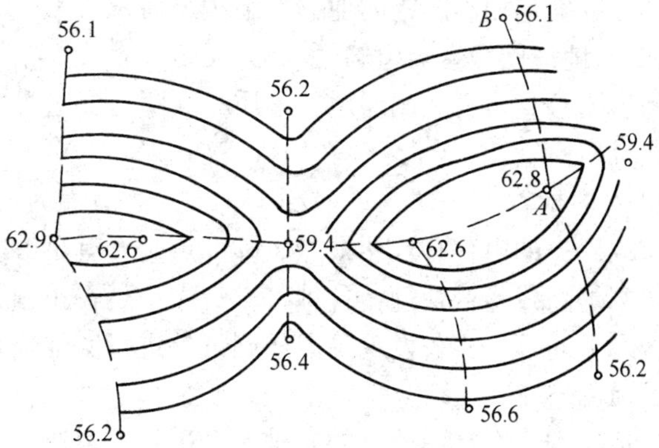

图 8-11　等高线勾绘

四、地形图的拼接、检查与整饰

(一) 地形图的拼接

当测图范围较大时，要将整个测区划分为若干图幅分别进行施测。由于测量误差及绘图误差的影响，相邻图幅边界连接处的地物和地貌轮廓线往往不能完全吻合。如图 8-12 所示的相邻两图幅边界上地物、地貌都存在偏差。若这些相邻处的地物、地貌偏差不超过表8-8中规定的中误差的$2\sqrt{2}$倍时，则可取其平均位置，作为其改正后相邻图幅的地物、地貌位置。

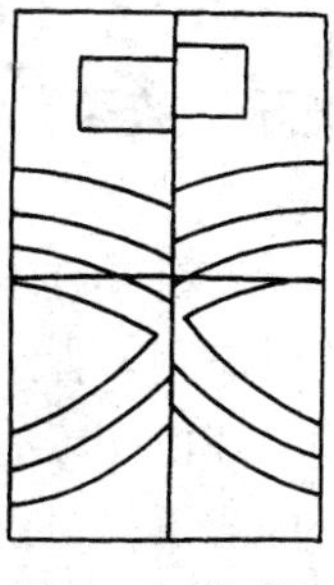
图 8-12　地形图的拼接

地形点允许中误差　　**表 8-8**

地区类别	地物点位置中误差（mm）		等高线高程中误差（等高距）		
	主要地物	次要地物	6°以下	6°～15°	15°以上
一般地区	±0.6	±0.8	1/3	1/2	1
城市建筑区	±0.4	±0.6			

相邻图幅拼接时，用一透明纸蒙在左图幅的接边上，用铅笔把其图廓线、坐标格网线、地物、地貌绘在透明纸上，然后再将透明纸按相同图廓线、坐标格网线位置蒙在右图幅接边上，同样用铅笔描绘地物和地貌。取其平均位置作为最后相邻图幅的地物、地貌位置。当用聚酯薄膜测图时，可直接将两相邻图幅的坐标格网线叠加，检查相应的偏差，并用前述方法确定相邻图幅的地物、地貌最后位置。

（二）地形图检查与整饰

地形图检查是为了确保地形图质量，除施测过程中加强检查外，在地形图测完后必须作一次全面检查。

1. 室内检查

室内检查的内容有：图根点、碎部点是否有足够的密度，图上地物、地貌是否清晰易读，绘制等高线是否合理，各种符号、注记是否正确，地形点的高程是否有可疑之处，图边拼接有无问题等。若发现疑点应到野外进行实地检查修改。

2. 实地检查

实地检查是在室内检查的基础上，进行实地巡视检查和仪器检查。实地巡视要对照实地检查地形图上地物、地貌有无遗漏；仪器检查是在室内检查和巡视检查的基础上，在某些图根点上安置仪器进行修正和补测，并对本测站所测地形进行检查，查看测绘的地形图是否符合要求。仪器检查工作量一般为一幅图的10％左右，如发现问题应当场修正。

3. 地形图的整饰

为使所测地形图清晰美观，经拼接、检查和修正后，即可进行铅笔原图的整饰。整饰时应注意线条清楚，符号正确，符合图式规定。整饰的顺序是先图内后图外，先地物后地貌，先注记后符号。图上的地物、注记以及等高线均应按规定的图式符号进行注记绘制。同时，注意等高线不能通过符号、注记和地物。按《地形图图式》规定，还要注记图名、比例尺、坐标系统、高程系统、测图单位等。最后要进行着墨处理。

五、数字化测图

随着科学技术的进步，电子技术的迅猛发展及其向各专业的渗透，以及电子测量仪器的广泛应用，促进了地形测量的自动化和数字化。测量成果不止是可以绘制在图纸上的地形图（即以图纸为载体的地形信息），而主要是以计算机磁盘为载体的数字地形信息，其提交的成果是可供计算机处理、远距离传输、多方共享的数字地形图。数字测图是一种全解析的计算机辅助测图方法，与图解法测图相比，其具有明显的优越性和广阔的发展前景。它将成为地理信息系统的重要组成部分。

1. 数字测图系统

数字测图系统是以计算机为核心，连接测量仪器的输入输出设备，在硬件和软件的支持下，对地形空间数据进行采集、输入、编辑、成图、输出、绘图、管理的测绘系统。数字测图系统的综合框图如图 8-13 所示。

2. 数字测图图形信息的采集和输入

各种数字测图系统必须首先获取图形信息，地形图的图形信息包括所有与成图有关的资料，如测量控制点资料、解析点坐标、各种地物的位置和符号、各种地貌的形状、各种

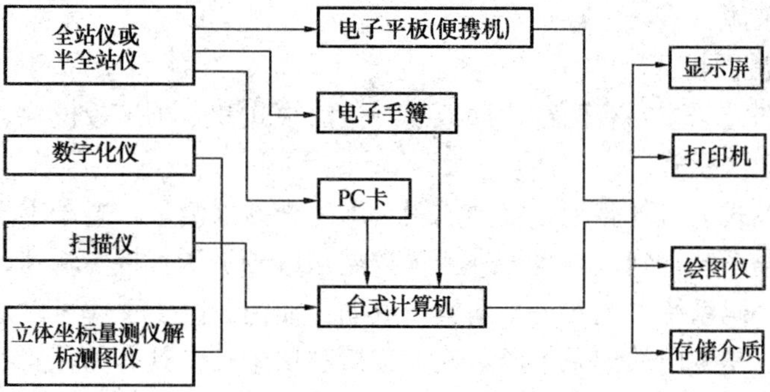

图 8-13　数字测图系统综合框图

注记等。对于图形信息，常用的采集和输入方式有以下几种：

（1）地面测量仪器数据采集输入

应用全站仪或其他测量仪器在野外对成图信息直接进行采集。采集的数据载体为全站仪的存储器和存储卡，例如，全站仪 SET2000 即配备相应的存储器和存储卡；也可为电子手簿，如 GRE3、GRE4 等；或为各种袖珍计算机及便携机，如 PCE-500 等。采集的数据可通过接口电缆直接送入计算机中。

（2）人机对话键盘输入

对于测量成果资料、文字注记资料等，可以通过人机对话方式由键盘输入计算机之中。

（3）数字化仪输入

应用数字化仪对收集的已有地形图的图形资料进行数字化，也是图形信息获取的一个重要途径。数字化仪主要以矢量数据形式输入各类实体的图形数据，即只要输入实体的坐标。除矢量数据外，数字化仪与适当的程序配合也可在数字化仪选择的位置上输入文本和特殊符号。对原有地形图，可用点方式数字化的形式。点方式为选择最有利于表示图形特征的特征点逐点进行数字化。

（4）扫描仪输入

对已经清绘过的地形图，可以利用扫描仪进行图形输入，由专门程序把扫描获得的栅格数据转换为矢量数据，以从中提取图形的点、线、面信息，然后再进行编辑处理。采用激光扫描仪扫描等高线地形图是最有效的方法，因为等高线地形图绘制精细，并且有许多闭合圈而没有交叉线，故用激光扫描仪扫描时，只要将激光束引导到等高线的起点，激光束会自动沿线移动，并记录坐标，碰到环线的起始点或单线的终点就自动停止，再进行下一条等高线的数字化。其最大优点是能很快地扫描完一条线，几乎是一瞬间就完成扫描。同时，扫描得到的数据直接变成符合比例尺要求的矢量数据。

（5）航测仪器联机输入

利用大比例尺航摄相片，在航测仪器上建立地形立体模型，通过接口把航测仪器上量测所得的数据直接输入计算机；也可以利用数字摄影测量系统直接得到测区的数字影像，再经过计算机图像处理得到数字地形图及数字地面模型（DTM）。

（6）由存储介质输入

对于已存入磁盘、磁带、光盘中的图形信息，可通过相应的读取设备进行读取，作为图形信息的一个来源。

3. 地面数字测图模式

常用数字测图方法主要有两种，即数字测记法模式和电子平板模式。

(1) 数字测记法模式

数字测记法模式为野外测记，室内成图，即用全站仪测量，电子手簿记录，同时配以人工画草图和编码系统，到室内将野外测量数据从电子手簿直接传输到计算机中，再配以成图软件，根据编码系统以及参考草图编辑成图。使用的电子手簿可以是全站仪原配套的电子手簿，也可以是专门的记录手簿，或者直接利用全站仪具有的存储器和存储卡作为记录手簿。测记法成图的软件也有许多种。

测记法测定碎部点的操作过程：

1) 绘制草图。进入测区后，绘草图领镜员首先对测站周围的地形、地物分布情况大概看一遍，认清方向，及时按近似比例勾绘一份含主要地物、地貌的草图（若在放大的旧图上会更准确的标明），便于观测时在草图上标明所测碎部点的位置及点号。

2) 安置仪器。量取仪器高，进行测站数据设置，包括：输入测站点的三维坐标和仪器高；

3) 测站定向。瞄准后视点，锁定仪器水平度盘，输入定向参数，即：输入后视点的坐标或定向边的方位角；

4) 定向检核。测量某一已知点的坐标。测量结果符合后，定向结束。否则，应重新定向，以满足要求为准；

5) 碎部点测量。按成图规范要求进行碎部点采集；同时进行绘图信息的采集或者绘制草图；

6) 结束前的定向检查。检查方法同4)，如发现定向有误，应查找原因进行改正或重新进行碎步测量。

(2) 电子平板模式

电子平板模式为野外测绘，实时显示，现场编辑成图。所谓电子平板测量，即将全站仪与装有成图软件的便携机联机，在测站上全站仪实测地形点，计算机屏幕现场显示点位和图形，并可对其进行编辑，满足测图要求后，将测量和编辑数据存盘。这样，相当于在现场就得到一张平板仪测绘的地形图，因此，无需画草图，并可在现场将测得图形和实地相对照，如果有错误和遗漏，也能得到及时纠正。

电子平板模式成图的操作过程：

1) 利用计算机将测区的已知控制点及测站点的坐标传输到全站仪的内存中，或手工输入控制点及测站点的坐标到全站仪的内存中。

2) 在测站点上架好仪器，并把笔记本电脑或PDA与全站仪用相应的电缆连接。分别在全站仪和笔记本电脑或PDA上完成测站、定向点的设置工作。

3) 全站仪照准碎部点，利用计算机控制全站仪的测角和测距，每测完一个点，屏幕上都会及时的展绘显示出来。

4) 根据被测点的类型，在测图系统上找到相应的操作，将被测点绘制出来，现场成图。

思考题与习题

1. 何谓比例尺精度？它对测图和用图有何作用？

2. 地形图的数字比例尺和图示比例尺（直线比例尺）有何用途？

3. 何谓等高线？等高距、等高线平距与地面坡度的关系如何？等高线有哪些特性？

4. 在图 8-14 地形图中，按指定的符号表示出山脊线和山谷线，并用虚线圈出山顶和鞍部。

5. 城市测图，按正方形分幅，如图 8-15 所示，试写出 1∶5000 及阴影线所示的 1∶2000、1∶1000、1∶500诸幅图的图号。

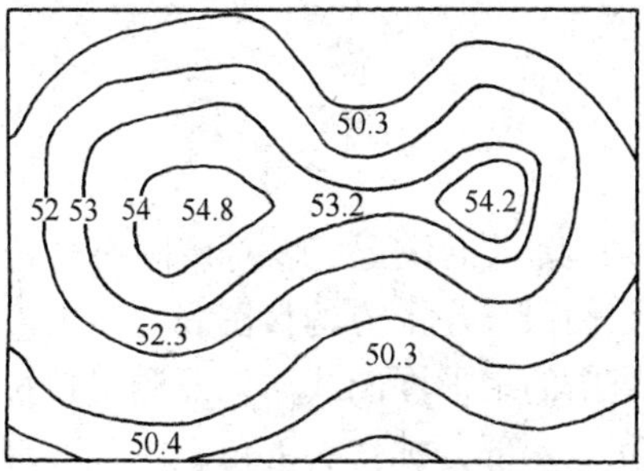

图 8-14　习题 4 图

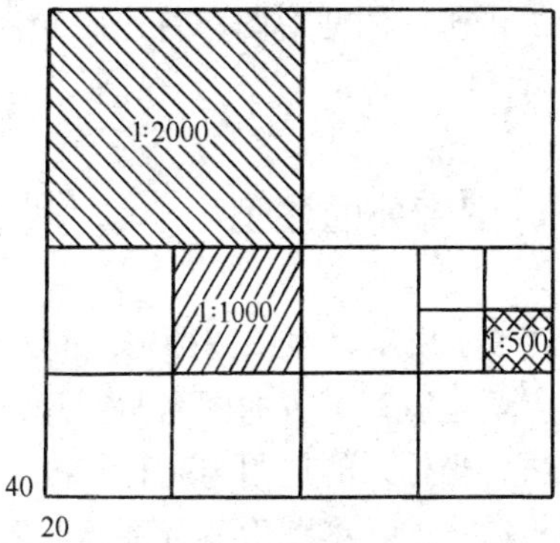

图 8-15　习题 5 图

6. 测图前如何绘制坐标格网和展绘控制点，应进行哪些检核和检查？

7. 简述经纬仪测绘法测图的主要步骤。

8. 什么是地物特征点和地貌特征点？

9. 试根据图 8-16 所示地貌特征点（图上标明了山脊线、山谷线等）位置和高程勾绘等高距为 5m 的等高线。

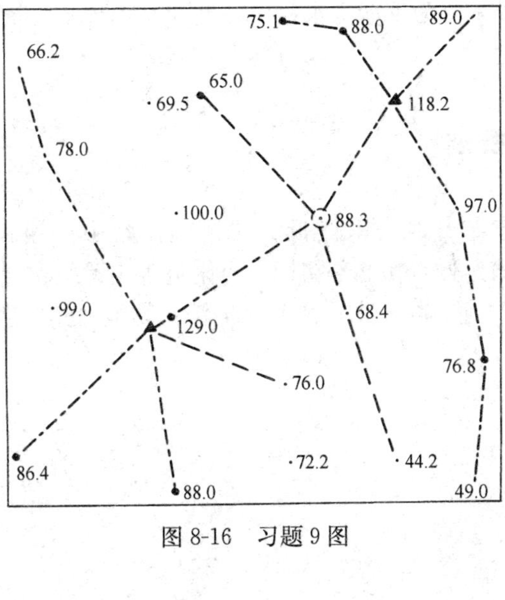

图 8-16　习题 9 图

第九章 地形图的应用

第一节 地形图的识读

为了正确应用地形图，首先应先读懂地形图，即识图。在识读地形图时，一般按如下顺序进行。

一、图廓外的注记

如图 9-1 所示，在识读地形图时，首先应阅读图廓外的注记，以对该图有一个基本的认识。主要是看正上方的图名与图号，正下方的比例尺，左上方的接图表，以及左下方的测图方法、坐标系的选用与高程基准、等高距及采用的地形图图式。以及测量单位、测量人员和测量日期，本图为节选部分，所以表示不完整，部分标在右下角。

二、地物分布

在先阅读图外注记及熟悉有关地物符号的基础上，可以进一步识读地物，如图 9-1 所示，图纸西南部为黄岩村，村北面有小良河自东向西流过，村西侧有一便道，通过一座小桥跨过该河，村子西侧和南侧有电线通过，该村建筑以砖房为主，个别为土房。村子四周有控制点Ⅰ12、A10、A11 和 B17，其中第一点为埋石的，其他各点为不埋石的，该地区标高大致在 287m。村子东侧为菜地与水稻田，北面是山地，上面是树林。山地的东侧与东北侧有采石场。

三、地貌分布与植被

根据等高线的分布，山地为南侧低、北侧高，其中一座山峰为英山，顶面标高 306.17m。其山脊线向南延伸，在北部格网交点附近为山谷线位置，西北侧还有一山峰在图幅外，南部西侧有一洼地。村子东、南侧为经济作物地，其中南侧为旱地。山上作物比较稀疏。

图 9-1　地形图的识读

第二节　地形图的基本应用

一、求图上某点的坐标

如图 9-2 所示，图中 A 点的坐标，可以根据地形图中坐标格网的坐标值确定，A 点在 $abcd$ 所围成的坐标格网中；其西南点 a 的坐标为：

$$x_a = 57100\text{m} \qquad y_a = 18100\text{m}$$

过 A 点作方格的平行线，与格网边分别交于 g、e 点，丈量图上 ag、ae 的长度，可以求得：

$$x_A = x_a + \Delta x_{ag} = 57100 + \frac{0.0822}{0.100} \times 100 = 57182.2\text{m}$$

$$y_A = y_a + \Delta x_{ae} = 18100 + \frac{0.0632}{0.100} \times 100 = 88163.2\text{m}$$

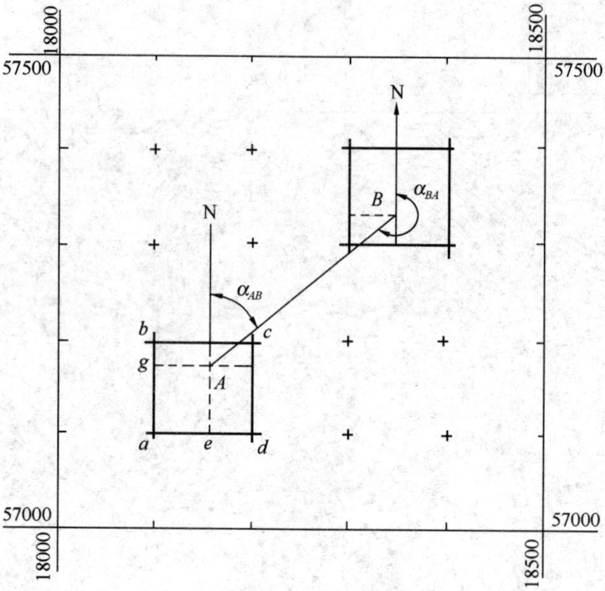

图 9-2　地形图的基本应用

其中 0.0822、0.0632 分别是图上得到的 ag、ae 的长度，0.100 为格网一格长度，如果图纸有变形，格网每格尺寸发生变化，可以认为图内物体也是同样变化的，则上式同样适用，只是分母中 0.100 应用实际丈量距离代替。而 100 为每一格的实际长度。同样可以得到 B 点的坐标。我们可以得到考虑图纸变形的坐标计算式：

$$\left.\begin{aligned} x_{\mathrm{A}} &= x_{\mathrm{a}} + \frac{ag}{ab} \times l_{\mathrm{ab}} \times M \\ y_{\mathrm{A}} &= y_{\mathrm{a}} + \frac{ae}{ad} \times l_{\mathrm{ad}} \times M \end{aligned}\right\} \tag{9-1}$$

式中　l_{ab}、l_{ad} 为图上格网的理论长度，一般为 10cm，M 为比例尺分母。

二、图上两点间的水平距离

如图 9 2 所示，求 AB 两点之间的水平距离，可以采用图解法或解析法。图解法为直接从图中量出 AB 两点之间直线的长度，再乘比例尺分母 M 即为该点的水平距离。而解析法则是在求得 A、B 两点的坐标后，用公式计算：

$$D_{\mathrm{AB}} = \sqrt{(x_{\mathrm{B}} - x_{\mathrm{A}})^2 + (y_{\mathrm{B}} - y_{\mathrm{A}})^2} = \sqrt{\Delta x_{\mathrm{AB}}^2 + \Delta y_{\mathrm{AB}}^2} \tag{9-2}$$

三、坐标方位角的量测

如图 9-2 所示，过 A、B 分别作 x 坐标的平行线，然后用量角器分别量出角值 α'_{AB} 和 α'_{BA}，并取其平均值为结果：

$$\alpha_{\mathrm{AB}} = \frac{1}{2}(\alpha'_{\mathrm{AB}} + \alpha'_{\mathrm{BA}} \pm 180°) \tag{9-3}$$

也可以先求得 A、B 两点的坐标，然后用公式计算：

$$\alpha_{AB} = \arctan\frac{\Delta y_{AB}}{\Delta x_{AB}} = \arctan\frac{y_B - y_A}{x_B - x_A} \tag{9-4}$$

四、图上点高程的确定

如图 9-3 所示，如果某一点刚好在某条等高线上，如 m、n 点，则该等高线的高程即为该点的高程。图上 m、n 点的高程分别为 17m 和 18m。

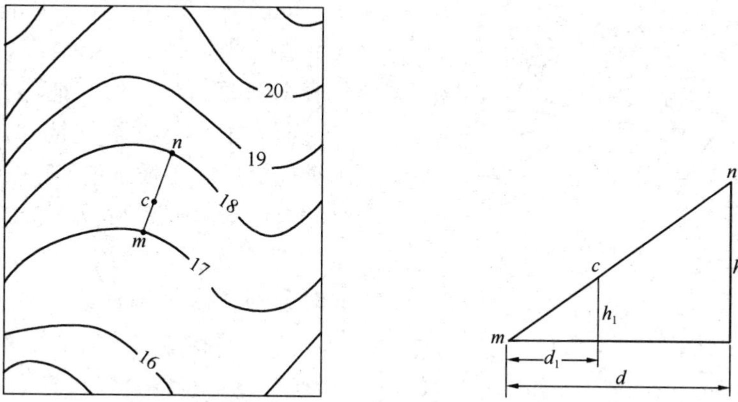

图 9-3　求点的高程

如果某点位置不在一条等高线上，如 c，则应用内插法求该点的高程。过 c 点作线段 mn 大致垂直于相邻两条等高线，在相邻等高线之间可以认为坡度是均匀的，则量出 mc 和 mn 的长度分别为 d_1 与 d，则 c 点的高程为：

$$H_c = H_m + \Delta h_{mc} = H_m + h_1 = H_m + \frac{d_1}{d}h_{mm} \tag{9-5}$$

式中　$h_{mm}=1\text{m}$，为相邻等高线之间的高差，即等高距，$d_{mc}=4\text{mm}$，$d_{mn}=11\text{mm}$，则

$$H_c=17+\frac{4}{11}\times1=17+0.36=17.36\text{m}$$

根据等高线勾给的精度要求，也可以用目估的方法确定图上一点的高程。

五、确定图上直线的坡度

直线两点之间的高差与该两点之间的水平距离的比值即为该直线的坡度，即

$$i_{AB} = \frac{h_{AB}}{D_{AB}} \tag{9-6}$$

由于高差一般有正负号，而距离恒为正，则坡度的符号即为高差的符号，i_{AB} 和 i_{BA} 是不同的，两者符号相反。坡度一般用百分率（%）或千分率（‰）表示。

如果该两点在两条相邻等高线上或以内，则一般认为其坡度是均匀的，而如果该两点跨越了几条等高线，一般它们是有起伏的，而按上式计算得出的是平均坡度。

第三节 地形图在工程建设中的应用

一、沿指定方向绘制纵断面图

在道路、管线等工程设计与施工前，为了合理确定路线的坡度，及平衡挖填方量，需要详细考虑沿线的路面纵坡。因此，需要根据等高线图来绘制路面的纵断面图。

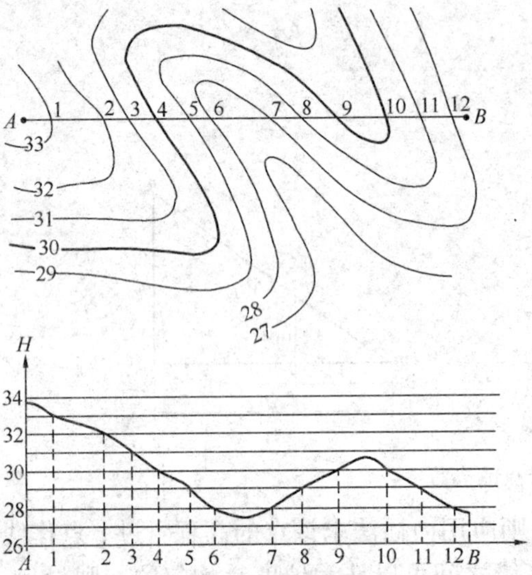

图 9-4 纵断面图的绘制

如图 9-4 所示，首先在等高线图正下方绘制直角坐标系，其纵轴 H 为高程，横轴代表水平距离，一般与地形图的比例尺相同，而为了更好地反映地面起伏，可以将纵轴比例尺取为横轴的 10～20 倍，然后在纵轴上按基本等高距与对应高程标注高程，高程范围比等高线图中涉及的范围略大，同时分别作水平辅助线。将 AB 用直线相连，与等高线的交点分别依次用 1、2……标注，将各交点到 A 点的距离分别量取到坐标横轴上，其中横轴起点即为 A 点，依次在横轴上分别作 1、2……点的垂线与水平辅助线分别相交，交点的纵坐标为该点的高程，最后用光滑曲线将各交点依次相连，即成。

如果坐标系选取在等高线图正下方，也可以从等高线图直接向坐标系投影，同样投影线应与辅助线正交，交点确定同上，最后用光滑曲线连接。这时，除非该方向线正好与横坐标平行，否则横坐标（水平距离）的比例尺一般与图上的比例尺不同。

二、在图上按指定坡度选定最短路线

在道路与管线工程设计与选线时，当经过山地或丘陵地区时，有时要选择一条坡度不超过一定限值的最短路线。

如图 9-5 所示，需要从 A 点到 B 点确定一条路线，该路线的坡度要求不超过 5%，图中等高距为 1m，比例尺为 1∶1000，则根据式（9-6）可以求得相邻等高线之间的最短水平距离为（式中 1000 为比例尺分母 M）：

$$d = h/(i \times M) = 1/(5\% \times 1000) = 0.02\text{m} = 2\text{cm}$$

即从 A 点出发先以 A 点为圆心取半径为 2cm 画圆与相邻等高线相交，交点为 a、a'；再分别以 a、a'为圆心，半径为 2cm 画圆与下一条等高线相交，交点分别为 b、b'，依次前进，最后必有一条最接近或通过 B 点，对应的相邻交点分别依次用直线相连成的折线即为等坡度线。

如果从某点出发与相邻等高线有两个交点，如图 9-5 中的 a、a'，则连线 Aa、Aa'的坡度相同，$a\sim a'$之间的任意点与 A 点的连线坡度大于要求，其余各点与 A 点的连线坡度小于要求；如果只有一个交点，则该交点为坡度满足要求点，与前点连线坡度最大；而如果没有交点，说明该相邻等高线之间的坡度均小于要求值，这是可以取相邻等高线之间的最短距离（垂直距离）来定线。

三、汇水面积的确定与面积计算

当有一条路线跨越河谷时，需要建设桥梁或者涵洞以保证水流通过，首先要确定将来通过的水量。而水流量是根据当地的年最大降雨量及汇水面积来进行计算的。

如图 9-6 所示，为了确定汇水面积，首先应在地形图上画出山脊线与山谷线等特征线，山谷线用实线表示，与路线交于 m 点，即桥涵建设地点；山脊线为分水线，用虚线表示，雨水以山脊线为界，分别流向山脊两边，图中虚线围成区域 $agfedcba$ 即为汇水区域，确定相关区域后，就可以计算该区域的面积。面积计算的方法很多，在这里仅简单介绍几种。

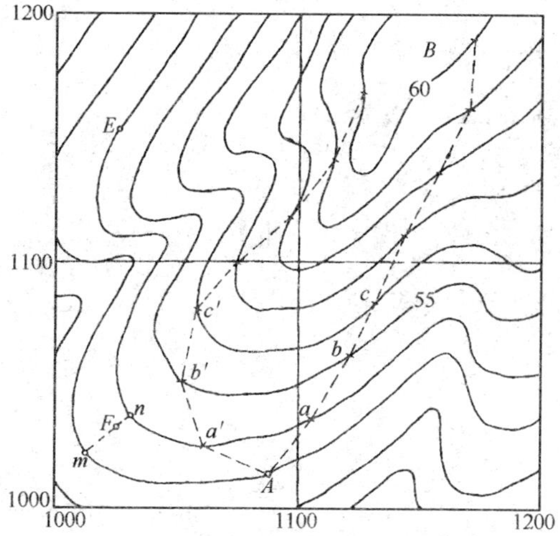

图 9-5　等坡度线的绘制

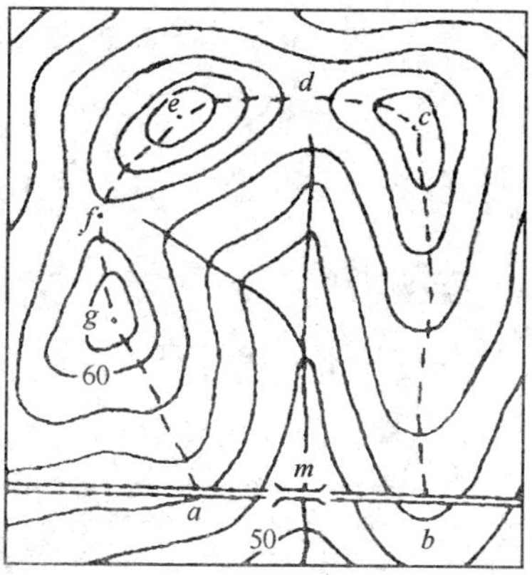

图 9-6　汇水面积的确定

1. 透明方格纸法

如图 9-7 所示，用透明方格纸覆盖在图形上，然后分别数出图形内的方格数，边缘不满一格的均按半格计，则数出的方格数 n 与单位格面积 a 的乘积，即为图上面积 S，而考虑比例尺后，可以求得实际面积 A。

$$\left.\begin{aligned} S &= n\times a \\ A &= S\times M^2 = n\times a\times M^2 \end{aligned}\right\} \qquad (9\text{-}7)$$

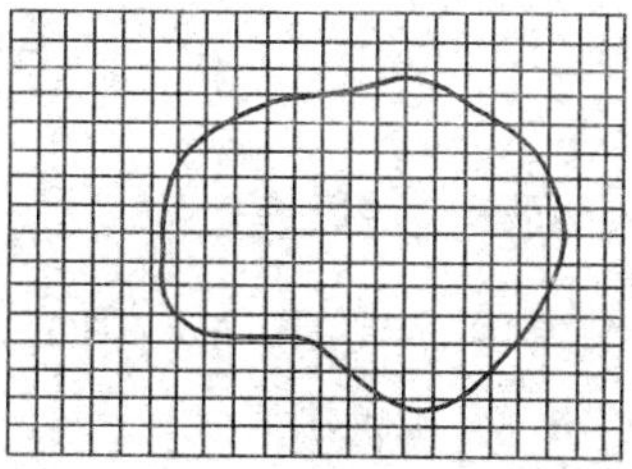

图 9-7　以透明方格纸法计算面积

2. 条分法

由于透明方格纸法计数非常麻烦，故也可以采用条分法，如图 9-8 所示。用一组平行线与图形分别相交，平行线的上下边分别与图形相切，则图形端部可以近似看成一个三角形，其余相邻平行线与图形相交围成的区域可近似看做一个梯形，其面积计算如下：

$$S_1 = (0 + l_1)h/2$$
$$S_2 = (l_1 + l_2)h/2$$
$$\cdots\cdots$$
$$S_{n+1} = (l_n + 0)h/2$$

则总的图形面积为：

$$\begin{aligned} S &= S_1 + S_2 + \cdots + S_{n+1} \\ &= (l_1 + l_2 + \cdots + l_n)h \end{aligned} \tag{9-8}$$

3. 解析法

如果图形是由直线段组成的任意多边形，而且各顶点的坐标已经在图上丈量出或实地测定，则可根据各点坐标计算图形的面积。

如图 9-9 所示四边形 1234，各顶点坐标已知，则四边形的面积可以按如下方法计算：

$$S_{23X_3X_2} = (Y_2 + Y_3) \times (X_2 - X_3)/2$$
$$S_{34X_4X_3} = (Y_3 + Y_4) \times (X_3 - X_4)/2$$
$$S_{21X_1X_2} = (Y_2 + Y_1) \times (X_2 - X_1)/2$$
$$S_{14X_4X_1} = (Y_1 + Y_4) \times (X_1 - X_4)/2$$
$$S_{1234} = S_{23X_3X_2} + S_{34X_4X_3} - S_{21X_1X_2} - S_{14X_4X_1}$$

得到：$2A = Y_1(X_4 - X_2) + Y_2(X_1 - X_3) + Y_3(X_2 - X_4) + Y_4(X_3 - X_1)$

表达为通式
$$S = \frac{1}{2}\sum_{i=1}^{n} Y_i(X_{i-1} - X_{i+1}) \tag{9-9}$$

其中 $i=1$ 时，X_{i-1} 用 X_n。

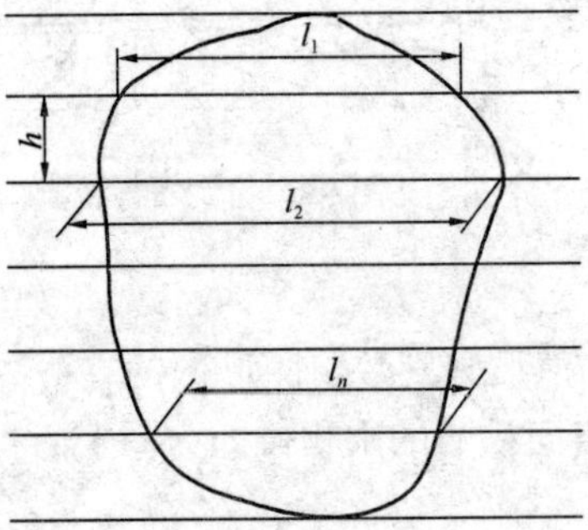

图 9-8　以条分法计算面积

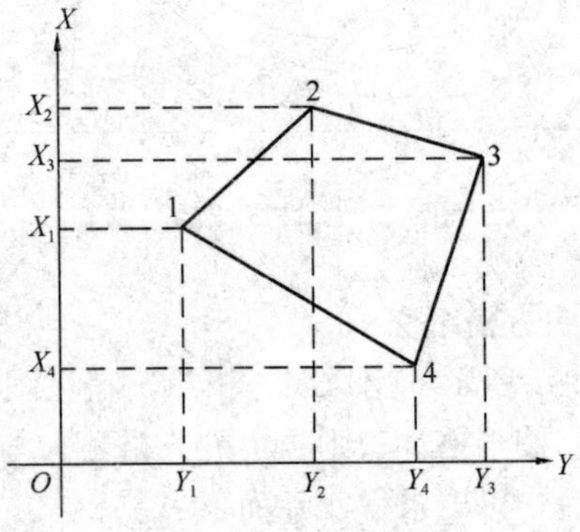

图 9-9　以解析法求面积

同样也可以表达为
$$S = \frac{1}{2}\sum_{i=1}^{n} X_i(Y_{i+1} - Y_{i-1}) \tag{9-10}$$

其中 $i=1$ 时，Y_{i-1} 用 Y_n。

4. 求积仪法

求积仪是一种专门供图上量算面积的仪器，现在广泛采用的数字求积仪操作简单，速度快捷，特别是用于不规则曲线图形的面积量算。

由于求积仪种类繁多，故不在这里作专门介绍，在使用时请仔细阅读相关仪器的使用说明书，即可对照操作。

第四节　地形图在场地平整土地中的应用

一、格网法水平场地平整

在工程建设中，经常要进行场地平整，其设计主要是利用地形图进行。场地的平整，最终形成的可能是一个水平面，也可能是一个倾斜的平面以利于排水，两者的原理基本相似，在本节中着重介绍场地整理成水平面的挖填计算。

如图 9-10 所示，场地尺寸为 80m×80m，根据等高线可知场地地形起伏不大，坡度比较平缓，因此可以采用方格网法估算土方挖填量。

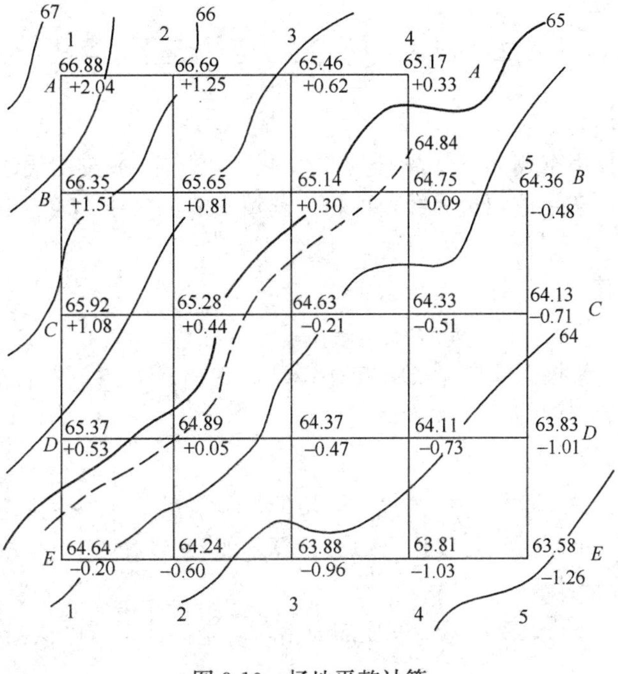

图 9-10　场地平整计算

1. 划分方格网

在划分时使方格网尽量与施工区的纵、横坐标一致，再根据要求的精度和场地的大小，将方格网的边长取为 10m×10m、20m×20m、40m×40m 或 50m×50m 等。如本题中方格网边长取为 20m×20m，则分成 AE 方向 4 格与 14 方向 4 格组成的格网，其中东北角一格去除，并对各边进行编号，如图 9-10 所示的 A～E 和 1～5。

2. 计算格网顶点高程

在方格网划分完成后，可以根据地形图中的等高线来计算各方格顶点的地面高程，并标注在该点上方。图中等高距为 0.5m，$A1$ 点（用纵横边的编号表示交点）的高程在 66.5m 与 67m 之间，用内插法计算得到高程为 66.88m，同样 $E5$ 点的高程为 63.58m。其余各点的高程均可以用相同方法计算出。

3. 计算方格网网格平均高程与确定设计高程

在方格网内计算网格的平均高程时，一般用平均法，即将网格四角高程相加再除以四得到平均值，如左上角的网格 A1A2B2B1 的平均高程为：

$$\overline{H} = (H_{A1} + H_{A2} + H_{B2} + H_{B1})/4 = (66.88 + 66.69 + 66.35 + 66.65)/4 = 66.64\text{m}$$

同样，可以计算其他各个网格的场地实际平均高程。

在计算好各网格的平均高程后，可以计算确定设计高程。其原则是挖填基本平衡，即挖土方量与填土方量要大致相等。在这里是取网格平均值的算术平均值，即将各网格的高程平均值相加，再除以网格数得到设计高程，可以发现，角点如 $A1$、$A4$、$B5$、$E1$、$E5$ 的高程计算中仅参与角部网格计算，即只用到一次；边点如 $A2$、$A3$、$B1$、$C1$ 等要参与相邻网格的高程计算，即用到两次；中间点 $B2$、$B3$、$C2$、$C3$ 等要参与相邻四个网格的高程计算，即用到四次；而折点如 $B4$ 参与了相邻三个网格的高程计算，即用到三次，故设计高程计算公式为：

$$H_{设} = \frac{\Sigma H_{角} \times 1 + \Sigma H_{边} \times 2 + \Sigma H_{折} \times 3 + \Sigma H_{中} \times 4}{4n} \tag{9-11}$$

式中　n——格网总数。

按上式可以计算出本题的设计高程为 64.84m，再在图中按内插法绘出 64.84m 的等高线，用虚线表示，它是挖填边界线，即挖土与填土的分界线，该线上既不挖也不填，故又称为零线。

4. 计算挖填高度

$$h = H_{地面实际高程} - H_{设计高程} \tag{9-12}$$

计算结果为正表示该点实际地面高程比设计高程高，为挖土，而结果为负则为填土，计算结果标于该点的下方。

5. 计算网格挖填土量并汇总

在求得挖填高度后，就可以计算每个网格的挖填土量，其中挖土与填土方量应分别计算。当计算精度要求不高时，可以用近似法计算，即取平均的挖土或填土高度乘以该部分地面面积求得近似挖土量。

如图 9-10 中左上角 $A1A2B2B1$ 围成的方格，为全部挖土，则该网格的挖土方量为：

$$V_{1挖} = \frac{1}{4}(2.04 + 1.25 + 1.81 + 0.51) \times 20 \times 20 = 561\text{m}^3$$

右下角 $D4D5E5E4$ 围成的方格，为全部填土，则该网格的填土方量为：

$$V_{2填} = \frac{1}{4}(-0.73 - 1.01 - 1.26 - 1.03) \times 20 \times 20 = 403\text{m}^3$$

中间挖填边界线（虚线）通过的网格则既有挖方，也有填方，应分别计算，如 $B3B4C4C3$ 围成的方格，左上角部分为挖土，而右边部分为填土，挖土与填土部分的水平投影面积可以按前面讲述的方法从图上丈量得到，如本题中假设填土部分面积 300m^2，挖土部分面积 100m^2，则可以分别计算挖填方量：

$$V_{3挖} = \frac{1}{3}(0.30 + 0 + 0) \times 100 = 10\text{m}^3$$

$$V_{3填} = \frac{1}{5}(-0.21 - 0.51 - 0.09 - 0 - 0) \times 300 = 48.6\text{m}^3$$

在这里挖土部分可以近似地按三边形计算，填土部分按五边形计算，与零线相交的交点挖填高度为 0。

最后，在每个格网的土方量均计算完成后，将土方量按挖方和填方分别汇总则得到总的挖填土方总量。计算中正值为挖方，而负值为填方。

上题中计算土方量时是取各个角点的挖填高度的平均值乘以面积来近似计算土方量的，在格网内挖填边界近似为一条直线，则也可以按表 9-1 来计算土方量。

常用方格网的挖填土方计算 **表 9-1**

项目（分类）	简　图	计 算 公 式
一点填方或挖方（三角形部分）	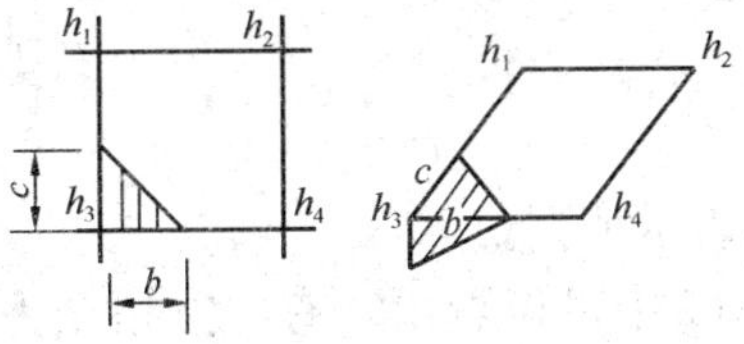	$V = \frac{1}{2}bc\frac{\Sigma h}{3} = \frac{bch_3}{6}$ 当 $b = c = a$ 时，$V = \frac{a^2h_3}{6}$
二点填方或挖方（梯形）	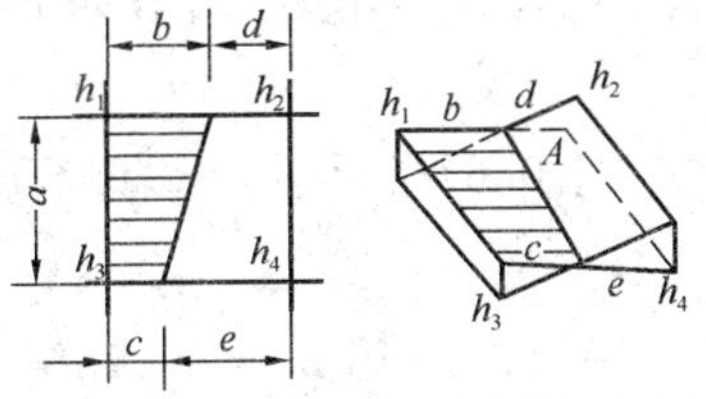	$V_{挖} = \frac{d+e}{2}a\frac{\Sigma h}{4} = \frac{a}{8}(d+e)(h_2+h_4)$ $V_{填} = \frac{b+c}{2}a\frac{\Sigma h}{4} = \frac{a}{8}(b+c)(h_1+h_3)$
三点填方或挖方（五边形部分）	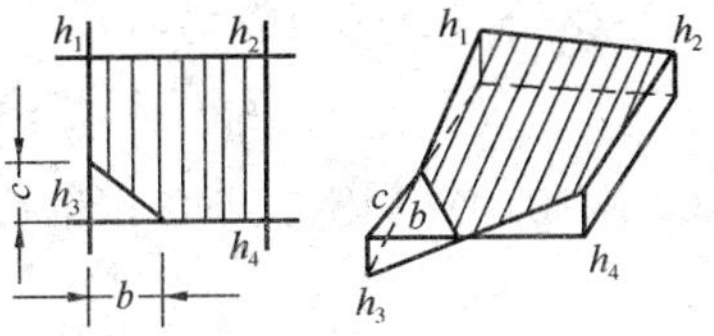	$V = \left(a^2 - \frac{bc}{2}\right)\frac{\Sigma h}{5} = \left(a^2 - \frac{bc}{2}\right)\frac{h_1+h_2+h_4}{5}$ 三角形部分按第一行计算
四点填方或挖方（正方形）	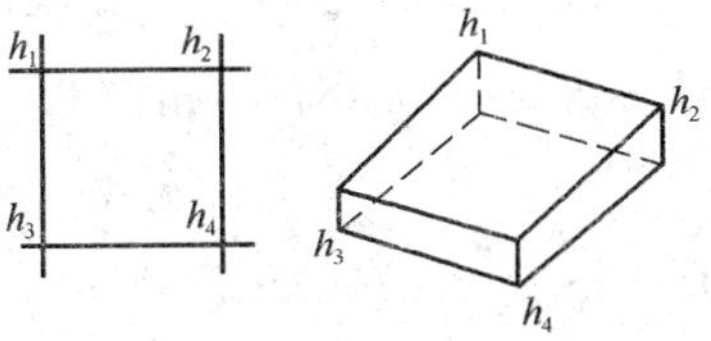	$V = a^2\frac{\Sigma h}{4} = \frac{a^2(h_1+h_2+h_3+h_4)}{4}$

【例 9-1】 如图 9-11 所示，将方格所覆盖的区域平整成水平场地的步骤如下：

（1）在地形图上平整场地的区域内绘制方格网，格网边长根据地形情况和挖、填土石方计算的精确度要求而定，一般为 10m 或 20m。本例方格网为 10m。

（2）计算设计高程。用内插法或目估法求出各方格顶点的地面高程，并注在相应顶点的右上方。将每一方格的顶点高程取平均值（即每个方格顶点高程之和除以 4），最后将所有方格的平均高程相加，再除以方格总数，即得地面设计高程 35.2m。

（3）绘出填、挖分界线。根据设计高程，在图上用内插法绘出设计高程的等高线（图

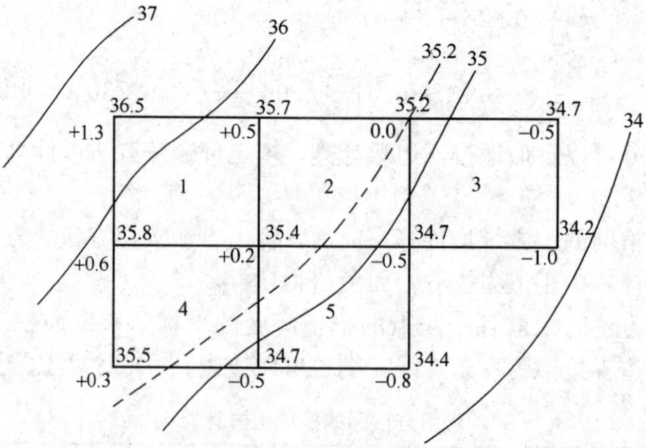

图 9-11　以方格法平整场地

中虚线)，该等高线即为填、挖分界线。

(4) 计算各方格顶点的填、挖深度。

h——“+”号表示挖方，“-”号表示填方。

(5) 计算填、挖土石方量。从图 9-11 中可以看出，有的方格全为挖土，有的方格全为填土，有的方格有填有挖。计算时，填、挖要分开计算。计算如下：

方格 1 为全挖方，挖方量为：

$$V_{1挖} = [(1.3 + 0.5 + 0.2 + 0.6)/4]S_{1挖} = 0.65S_1\,\mathrm{m}^3$$

方格 2 既有挖方也有填方，可得：

$$V_{2挖} = [(0.5 + 0.2 + 0.0 + 0.0)/4]S_{2挖} = 0.175S_{2挖}\,\mathrm{m}^3$$

$$V_{2填} = [(0.5 + 0.0 + 0.0)/3]S_{2填} = 0.167S_{2填}\,\mathrm{m}^3$$

方格 3 全填方，填方量为：

$$V_{3填} = [(0.5 + 1.0 + 0.5 + 0.0)/4]S_{3填} = 0.5S_{3填}\,\mathrm{m}^3$$

方格 4 既有挖方也有填方，可得：

$$V_{4挖} = [(0.6 + 0.2 + 0.0 + 0.0 + 0.3)/5]S_{4挖} = 0.22S_{4挖}\,\mathrm{m}^3$$

$$V_{4填} = [(0.5 + 0.0 + 0.0)/3]S_{4填} = 0.167S_{4填}\,\mathrm{m}^3$$

方格 5 既有挖方也有填方，可得：

$$V_{5挖} = [(0.2 + 0.0 + 0.0)/3]S_{5挖} = 0.067S_{5挖}\,\mathrm{m}^3$$

$$V_{5填} = [(0.5 + 0.8 + 0.5 + 0.0 + 0.0)/5]S_{5填} = 0.36S_{5填}\,\mathrm{m}^3$$

上面计算式中的 $S_{1挖}$、$S_{2挖}$、$S_{2填}$、$S_{3填}$、$S_{4挖}$、$S_{4填}$、$S_{5挖}$、$S_{5填}$ 分别为相应填、挖方面积。将以上挖方量和填方量分别求和，即得总的挖方量和填方量，填、挖方量总和应基本相等。

二、倾斜平面场地平整

通常，倾斜平面场地平整也是根据设计要求和挖、填土（石）方量平衡的原则，在地形图上绘出设计倾斜平面的等高线，进而将原地形改造成具有某一坡度的倾斜平面。但是，有时要求所设计的倾斜平面必须包含不能改动的某些高程点（称为设计斜平面的控制高程点）。例如，已有道路的中线高程点；永久性或大型建筑物的外墙地坪高程等。如图9-12所示，设 A、B、C 三点为控制高程点，相应地面高程分别为 80.6、84.2m 和 83.8m。场地平整后的倾斜平面必通过 A、B、C 三点。其设计步骤如下：

1. 确定倾斜平面上设计等高线

如图 9-12 所示，过 A、B 二点作一直线，按比例内插法在该直线上分别求出 i、h、g、f，对应于高程 81、82、83、84m 的点。这些高程点的位置，也就是设计斜平面上相应等高线应经过的位置。由于设计斜平面经过 A、B、C 三点，可在 A、B 直线上内插出一点 k，使其高程等于 C 点高程 83.8m。连接 k、C，则 kC 直线的方向就是设计斜平面上等高线的方向。

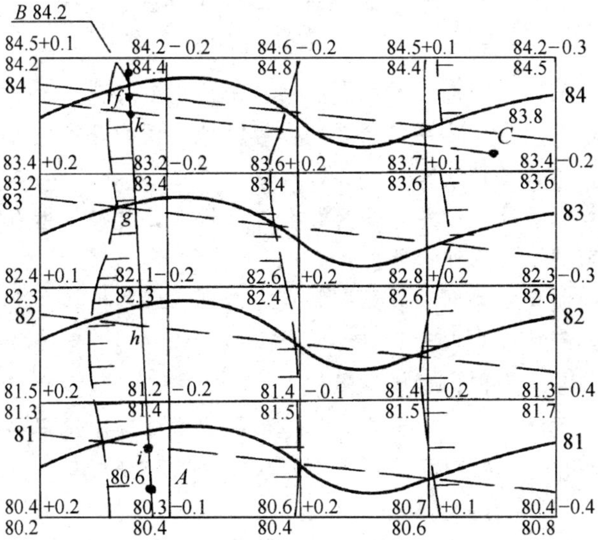

图 9-12　倾斜平面设计等高线

2. 确定挖、填边界线

首先绘出设计斜平面上相应 81、82、83、84m 的各条等高线。为此，过 i、h、g、f 各点作 kC 直线的平行线（图中的虚线），即为设计斜平面上相应的等高线。将设计斜平面上的等高线和原地形上同名等高线的交点，用光滑曲线连接，即为挖、填边界线。挖、填边界线上原地形高程等于设计斜平面上对应点高程。图 9-12 中，挖、填边界线上绘有短线的一侧为填土区，另一侧为挖土区。

在地形图上绘制方格网，并确定原地形上各方格顶点的高程，注记在方格顶点的左上方。

根据设计斜平面上等高线求得各方格顶点的设计高程，注记在方格顶点的左下方。挖、填高度按式（9-10）计算，并记在各方格顶点的右上方。

3. 计算挖、填土方量

设图 9-12 中方格边长为 10m，每方格实地面积为 $100m^2$，挖方量和填方量按式（9-11）分别计算，得到总挖方量 $122.5m^3$，总填土方量为 $177.5m^3$，见表 9-2 所示。

挖、填土方量　　　　表 9-2

点类＼土方	挖方量（m^3）	填方量（m^3）
角点	7.5	17.5
边点	45.0	70.0
中点	70.0	90.0
拐点		
合计	122.5	177.5

思考题与习题

1. 何谓比例尺精度？它对测图和用图有何作用？

2. 什么是地形图？地形图主要包含哪些内容？地形图的分类？

3. 什么是地物？什么是地貌？

4. 什么是等高线、等高线平距与等高距？等高线的分类及特性有哪些？

5. 地形图测绘前的准备工作有哪些？

6. 测图前如何绘制坐标格网和展绘控制点，应进行哪些检核和检查？

7. 碎部点的选择有什么要求？

8. 简述经纬仪测绘法测图的主要步骤？

9. 地形图绘图中应注意的问题有哪些？地形图的拼接应注意哪些问题？

10. 如何求地形图中点的坐标、高程？如何求水平距离和坡度？

11. 绘制纵断面图应考虑的问题有哪些？

12. 如何确定挖填平衡线？如何计算体积？

13. 如何确定汇水面积？如何计算面积？

14. 根据图 9-13，绘制等高线图。

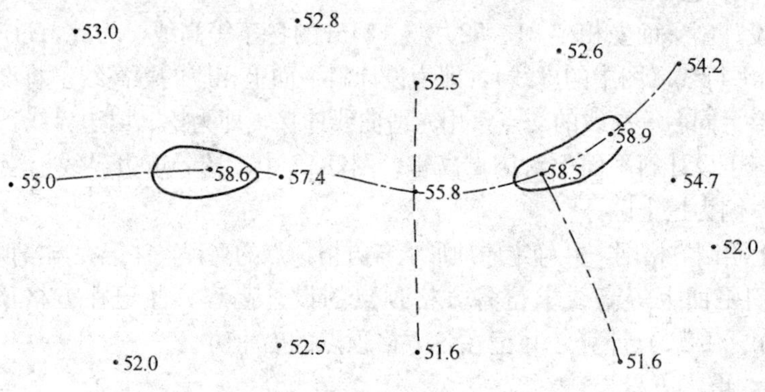

图 9-13　绘制等高线

15. 如图 9-14 所示，求：

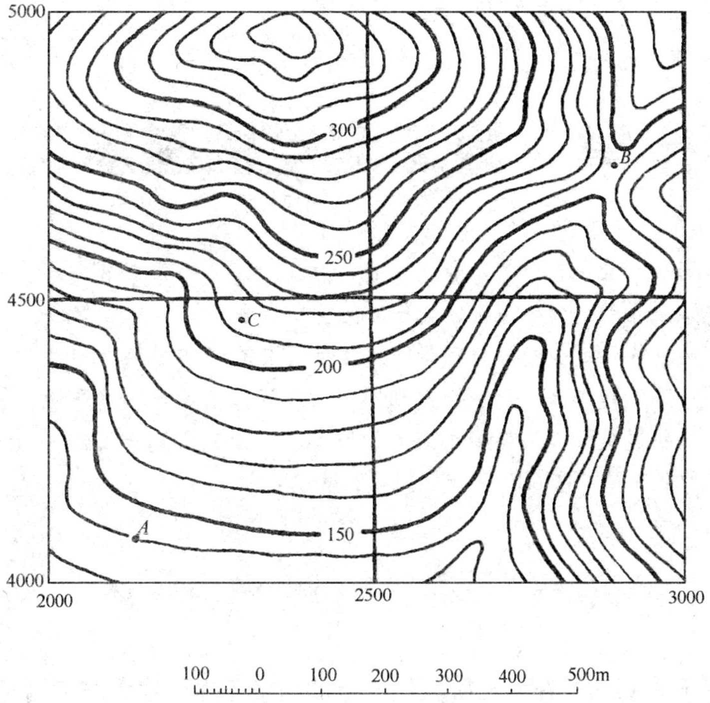

图 9-14 地形图应用计算题

(1) A、B、C 点坐标、高程。

(2) AB、BC、AC 的水平距离、方位角、坡度。

(3) 画出山谷线。

16. 如图 9-15 所示，绘制 AB 连线的纵断面图。

17. 如图 9-10 所示，整理成一个平面（挖填平衡），绘制挖填平衡线，并计算土方量。

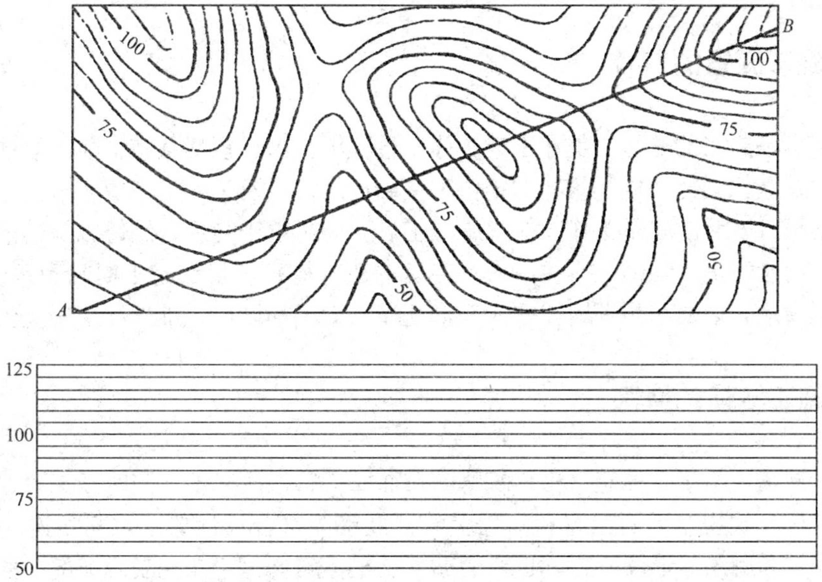

图 9-15 纵断面图绘制计算题

第十章　施工测量的基本工作

教学要求：通过本章学习，熟悉施工测量的任务、特点、原则和精度，掌握施工测量的三项基本工作和点的平面位置测设方法。

教学提示：测量的第二个任务是测设，施工测量贯穿于整个施工过程中。施工测量必须遵循“从整体到局部、先控制后细部”的原则。测设已知水平距离、测设已知水平角和测设已知高程，是施工测量的三项基本工作。点的平面位置测设方法有直角坐标法、极坐标法、角度交会法和距离交会法。

第一节　施工测量概述

建筑、管道和道路工程在施工阶段所进行的测量工作，称为施工测量，又称测设或放样。

一、施工测量的任务

施工测量的任务是根据施工需要将设计图纸上的建（构）筑物的平面和高程位置，按一定的精度和设计要求，用测量仪器测设在地面上，作为施工的依据，并在施工过程中进行一系列的测量工作，以衔接和指导各工序间的施工。

二、施工测量的内容

施工测量是施工的先导，贯穿于整个施工过程中。内容包括从施工前的场地平整，施工控制网的建立，到建（构）筑物的定位和基础放线；以及工程施工中各道工序的细部测设，构件与设备安装的测设工作；在工程竣工后，为了便于管理、维修和扩建，还需进行竣工测量，绘制竣工平面图；有些高大和特殊的建（构）筑物在施工期间和运营（使用）中进行变形观测，以便积累资料，掌握变形规律，为工程设计、维护和使用提供资料。

三、施工测量的原则

在施工现场，由于各种建（构）筑物分布面较广，往往又不是同时开工兴建，为了保证各个建（构）筑物在平面位置和高程上的精度都能符合设计要求，互相连成统一的整体，施工测量和测绘地形图一样，也要遵循“从整体到局部，先控制后细部”的原则。即先在施工现场建立统一的平面控制网和高程控制网，然后以此为基础，测设出各个建

（构）筑物的细部。只有这样才能保证施工测量的精度。

四、施工测量的特点

1. 施工测量和地形测图就其程序来讲恰好相反

地形测图是将地面上的地物、地貌测绘在图纸上，而施工测量是将图纸上所设计的建（构）筑物，按其设计位置测设到相应的地面上。其本质都是确定点的位置。

2. 施工测量精度高于测图

与测图相比较，施工测量精度要求较高。其误差大小，将直接影响建（构）筑物的尺寸和形状。测设精度的要求又取决于建（构）筑物的大小、结构形式、材料、用途和施工方法等因素。如工业建筑测设精度高于民用建筑；钢结构建筑物的测设精度高于钢筋混凝土结构的建筑物；装配式建筑物的测设精度高于非装配式的建筑物；高层建筑物的测设精度高于低层建筑物等。

3. 施工测量与施工有着密切的联系

施工测量贯穿于施工的全过程，是直接为施工服务的。测设的质量将直接影响到施工的质量和进度。测量人员除应充分了解设计内容及对测设的精度要求、熟悉图上设计建筑物的尺寸、数据以外，还应与施工单位密切配合，并要事先充分做好准备工作，制订切实可行的施工测量方案，随时掌握工程进度及现场变动情况，认真仔细地检查每个环节，使测设精度和速度能满足施工的需要。

4. 保护好测量标志

施工现场工种多，交叉作业、干扰大，地面变动较大并有机械的振动，易使测量标志被毁。因此，测量标志从形式、选点到埋设均应考虑便于使用、保管和检查，如有损坏，应及时恢复。在高空或危险地段施测时，应采取安全措施，以防止事故发生。

第二节　测设的基本工作

建筑物和构筑物的测设工作实质上是根据已建立的控制点或已有的建筑物，按照设计的角度、距离和高程把图纸上建（构）筑物的一些特征点（如轴线的交点）标定在实地上。测设的基本工作，主要包括测设已知水平距离、测设已知水平角和测设已知高程。

一、测设已知水平距离

已知水平距离的测设，就是根据地面上一给定的直线起点，沿给定的方向，定出直线上另外一点，使得两点间的水平距离为给定的已知值。例如，经常要在施工现场，把房屋轴线的设计长度在地面上标定出来；经常要在道路及管线的中线上，按设计长度定出一系列点等。

（一）钢尺测设法

如图 10-1 所示，设 A 为地面上已知点，D 为设计的水平距离，要在地面上沿给定的

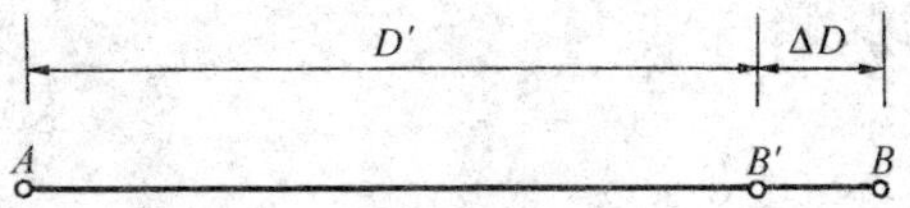

图 10-1　钢尺测设水平距离

AB 方向上测设水平距离 D，以定出线段的另一端点 B。具体做法是从 A 点开始，沿 AB 方向用钢尺边定线边丈量，按设计长度 D 在地面上定出 B' 点的位置。若建筑场地不是平面时，丈量时可将钢尺一端抬高，使钢尺保持水平，用吊垂球的方法来投点。往返丈量 AB' 的距离，若相对误差在限差以内时，取其平均值 D'，并将端点 B' 加以改正，求得 B 点的最后位置。改正数 $\Delta D=D-D'$。当 ΔD 为正时，向外改正；反之，向内改正。

（二）全站仪测设法

目前水平距离的测设，尤其是长距离的测设多采用全站仪。如图 10-2 所示，安置全站仪于 A 点，瞄准 AB 方向，指挥反光棱镜位于视线上，测量 A 点至棱镜的水平距离 D'，若 D' 大于设计距离 D，则棱镜沿视线往 A 方向移动距离 $\Delta D=D-D'$，然后重新进行测量，直至符合限差为止。

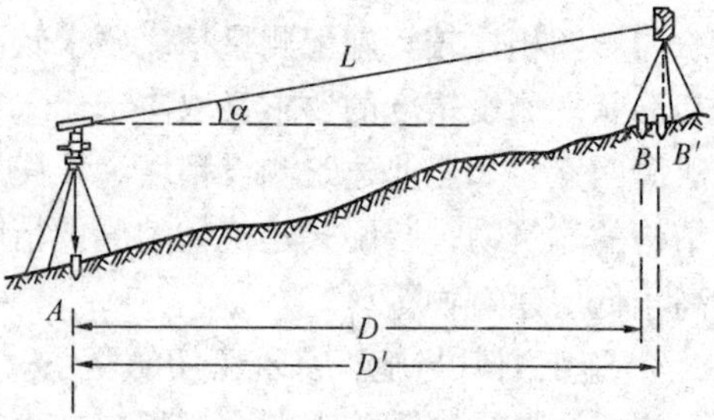

图 10-2　全站仪测设水平距离

二、测设已知水平角

测设已知水平角是根据一个已知方向及所给定的角值在地面上标定出该角的另一个方向，使得两个方向间的水平角为给定的已知值。根据精度要求不同，测设方法有以下两种。

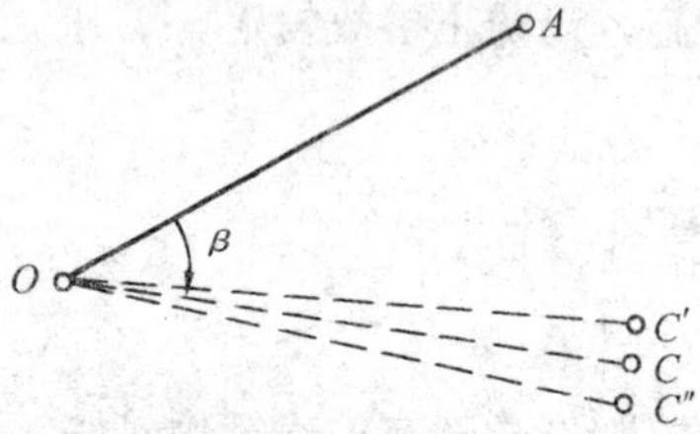

图 10-3　直接测设水平角

（一）一般方法

如图 10-3 所示，OA 为已知方向，欲在 O 点测设 β 角，定出该角的另一边 OC，可按下列步骤进行操作。

（1）安置经纬仪于 O 点，盘左瞄准 A 点，同时配水平度盘读数为：$0°00'00''$。

（2）顺时针旋转照准部，使水平度盘增加 β 时，在视线方向定出一点 C'。

（3）纵转望远镜成盘右，瞄准 A 点，读取水平度盘读数。

（4）顺时针旋转照准部，使水平度盘读数增加 β 时，在视线方向定出一点 C''。若 C' 和 C'' 重合，则所测设之角已为 β。若 C' 和 C'' 不重合，取 C' 和 C'' 的中点 C，得到 OC 方向，则 $\angle AOC$ 就是所测设的 β 角。因为 C 点是 C' 和 C'' 的中点，故此方法亦称盘左、盘右取中方法。

（二）精确方法

当水平角测设精度要求较高时，可采用垂线支距法进行改正。如图 10-4 所示，在 O 点安置经

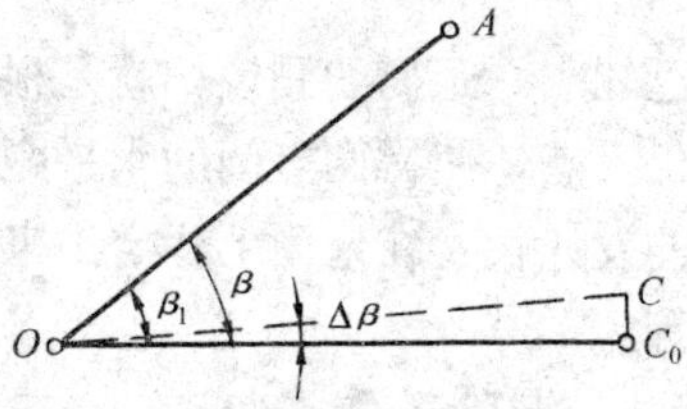

图 10-4　精确测设水平角

纬仪，先用盘左盘右取中方法测设 β 角，在地面上定出 C 点，再用测回法观测 $\angle AOC$ 几个测回（测回数由精度要求决定），取各测回平均值为 β_1。设 $\Delta\beta=\beta_1-\beta$，根据 $\Delta\beta$ 和 OC 的长度，计算垂线支距 CC_0

$$CC_0 = OC \cdot \tan\Delta\beta \approx OC \cdot \frac{\Delta\beta''}{\rho''} \tag{10-1}$$

式中　$\rho''=206265''$

过 C 点作 OC 的垂线，从 C 点沿垂线方向向外侧（$\Delta\beta<0$）或向内侧（$\Delta\beta>0$）量支距 CC_0 定出 C_0 点，则 $\angle AOC_0$ 就是所测设的 β 角。为了检核，再用测回法测出 $\angle AOC_0$，其值与 β 角之差应小于限差。

【例 10-1】　已知地面上 A、O 两点，要测设直角 $\angle AOC$。

【解】　作法：在 O 点安置经纬仪，利用盘左盘右取中方法测设直角，得中点 C，量得 $OC=50\text{m}$，用测回法测了三个测回，测得 $\angle AOC=89°59'30''$。

$$\Delta\beta = 89°59'30'' - 90°00'00'' = -30''$$

$$CC_0 = OC \cdot \frac{\Delta\beta}{\rho''} = 50 \times \frac{30''}{206265''} = 0.007\text{m}$$

过 C 点作 OC 的垂线 CC_0 向外侧量（$\Delta\beta<0$）$CC_0=0.007\text{m}$ 定得 C_0 点，则 $\angle AOC_0$ 即为直角。

三、测设已知高程

测设已知高程是根据地面上已知水准点的高程和设计点的高程，采用水准仪将设计点的高程标志线测设在地面上的工作。例如，平整场地，基础开挖，建筑物地坪标高位置确定等，都要测设出已知的设计高程。

1. 视线高程法

在建筑设计和施工的过程中，为了使用和计算方便，一般将建筑物的室内地坪假设为±0，建筑物各部分的高程都是相对于±0 测设的，测设时一般采用视线高程法。

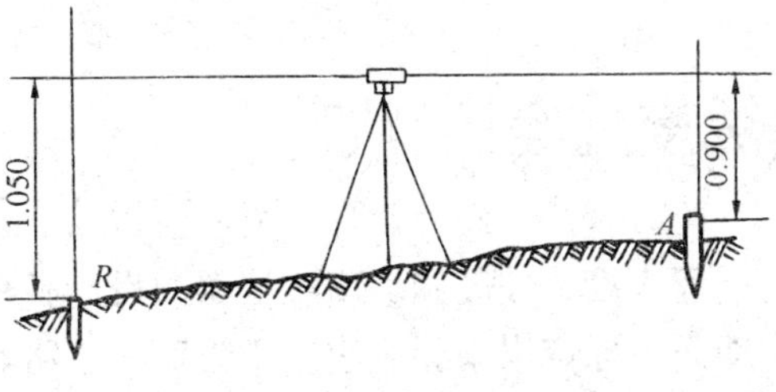

图 10-5　视线高程法

如图 10-5 所示，欲根据某水准点的高程 H_R，测设 A 点，使其高程为设计高程 H_A。则 A 点尺上应读的前视读数为：

$$b_{应} = (H_R + a) - H_A \tag{10-2}$$

测设方法如下：

（1）安置水准仪于 R、A 中间，整平仪器。

（2）后视水准点 R 上的立尺，读得后视读数为 a，则仪器的视线高 $H_i=H_R+a$。

（3）将水准尺紧贴 A 点木桩侧面上下移动，直至前视读数为 $b_{应}$ 时，在桩侧面沿尺底画一横线，此线即为室内地坪±0 的位置。

【例 10-2】　R 为水准点，$H_R=15.670\text{m}$，A 为建筑物室内地坪±0 待测点，设计高程 H_A

$=15.820$m，若后视读数 $a=1.050$m，读求 A 点尺读数为多少时尺底就是设计高程 H_A。

【解】 $b_{应}=H_R+a-H_A=15.670+1.050-15.820=0.900$ (m)

如果地面坡度较大，无法将设计高程在桩顶或一侧标出时，可立尺于桩顶，读取桩顶前视，根据下式计算出桩顶改正数。

$$桩顶改正数=桩顶前视-应读前视$$

假如应读前视读数是 1.600m，桩顶前视读数是 1.150m，则桩顶改为正数为 −0.450m，表示设计高程的位置在自桩顶往下量 0.450m 处，可在桩顶上标注"向下 0.450m"。如果改正数为正，说明桩顶低于设计高程，自桩顶向上量改正数即得设计高程。

2. 高程传递法

当开挖较深的基槽，将高程引测到建筑物的上部或安装吊车轨道时，由于测设点与水准点的高差很大，只用水准尺无法测定点位的高程，应采用高程传递法。即用钢尺和水准仪将地面水准点的高程传递到低处或高处上所设置的临时水准点，然后再根据临时水准点测设所需的各点高程。

如图 10-6 所示，为深基坑的高程传递，将钢尺悬挂在坑边的木杆上，下端挂 10kg 重锤，在地面上和坑内各安置一台水准仪分别读取地面水准点 A 和坑内水准点 B 的水准尺读数 a 和 d，并读取钢尺读数 b 和 c，则可根据已知地面水准点 A 的高程 H_A，按下式求得临时水准点 B 的高程 H_B。

$$H_B=H_A+a-(b-c)-d \tag{10-3}$$

为了进行检核，可将钢尺位置变动10～20cm，同法再次读取这四个数，两次求得的高程相差不得大于 3mm。

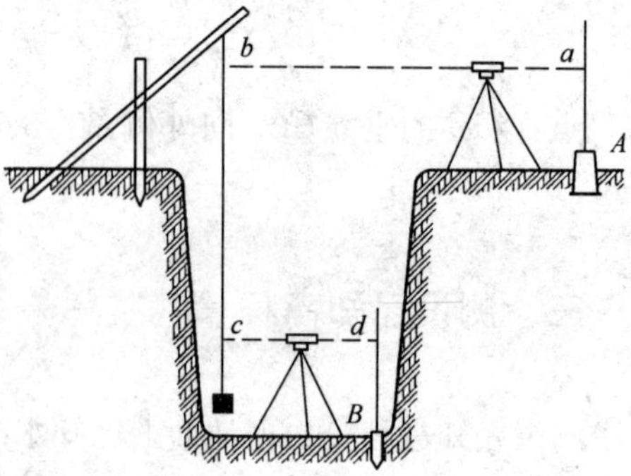

图 10-6　高程传递法

当需要将高程由低处传递至高处时，可采用同样方法，由下式计算：

$$H_A=H_B+d+(b-c)-a \tag{10-4}$$

第三节　已知坡度直线的测设

坡度线的测设是根据现场附近水准点的高程、设计坡度和坡度线端点的设计高程，用高程测设方法将坡度线上各点的设计高程在地面上标定出来。它应用于管道、道路等工程的施工放样中。测设的方法通常采用水平视线法和倾斜视线法。

一、水平视线法

如图 10-7 所示，A、B 为设计坡度线的两端点，A 点的设计高程 $H_A=32.000$m，A、B 两点的距离为 75m。附近有一水准点 R，其高程 $H_R=32.123$m。欲从 A 到 B 测设坡度

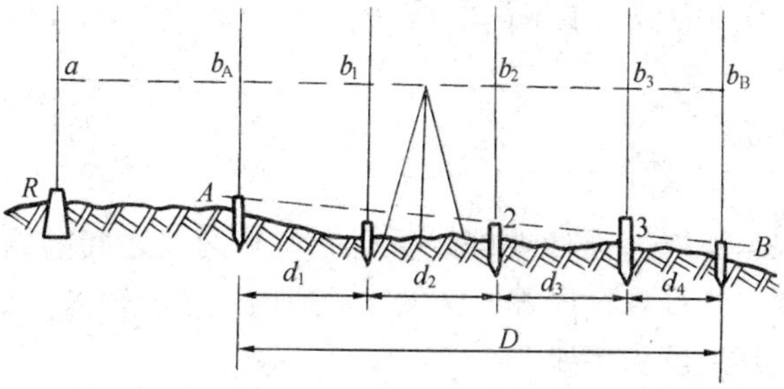

图 10-7　水平视线法

$i=-1\%$的坡度线，其测设步骤如下：

（1）沿 AB 方向，根据施工需要，按一定的间距 d 在地面上标定出中间点 1、2、3 的位置。图中 d_1、d_2、d_3 均为 20m，d_4 为 15m。

（2）按下式计算各桩点的设计高程

$$H_{设} = H_{起} + i \cdot d \tag{10-5}$$

则第 1 点的设计高程

$$H_1 = H_A + i \cdot d_1 = 32.000 + (-1\% \times 20) = 31.800\text{m}$$

第 2 点的设计高程

$$H_2 = H_1 + i \cdot d_2 = 31.800 + (-1\% \times 20) = 31.600\text{m}$$

第 3 点的设计高程

$$H_3 = H_2 + i \cdot d_3 = 31.600 + (-1\% \times 20) = 31.400\text{m}$$

B 点的设计高程

$$H_B = H_3 + i \cdot d_4 = 31.400 + (-1\% \times 15) = 31.250\text{m}$$

检核：$H_B = H_A + i \cdot D = 32.000 + (-1\% \times 75) = 31.250\text{m}$

（3）如图 10-7 所示，安置水准仪于水准点 R 附近，读取后视数 $a=1.312\text{m}$，则水准仪的视线高程为

$$H_{视} = H_R + a = 32.123 + 1.312 = 33.435\text{m}$$

（4）按测设高程的方法，算出各桩点水准尺的应读数：

$$b_{A应} = H_{视} - H_A = 33.435 - 32.000 = 1.435\text{m}$$

$$b_{1应} = H_{视} - H_1 = 33.435 - 31.800 = 1.635\text{m}$$

$$b_{2应} = H_{视} - H_2 = 33.435 - 31.600 = 1.835\text{m}$$

$$b_{3应} = H_{视} - H_3 = 33.435 - 31.400 = 2.035\text{m}$$

$$b_{B应} = H_{视} - H_B = 33.435 - 31.250 = 2.185\text{m}$$

（5）根据各点的应有读数指挥打桩，当水平视线在各桩顶水准尺读数都等于各自的应有读数时，则桩顶连线为设计坡度线。若木桩无法往下打时，可将水准尺靠在木桩的一侧，上下移动，当水准尺的读数恰好为应有读数时，在木桩侧面沿水准尺底画一横线，此线即在 AB 坡度线上，图 10-7 中的 3 点。若桩顶高度不够，可立尺于桩顶，读取桩顶实读数 $b_{实}$，则

$$b_{应} - b_{实} = 填挖尺数 \tag{10-6}$$

当填挖尺数为“＋”时，表示向下挖深，填挖尺数为“－”时表示向上填高。图 10-7 中

的 1 点，$b_{1应}$ 与 b_1 之差即为桩顶填土高度。

二、倾斜视线法

倾斜视线法是根据视线与设计坡度线平行时，其两线之间的铅垂距离处处相等的原理，以确定设计坡度上各点高程位置。这种方法适用于坡度较大，且地面自然坡度与设计坡度较一致的地段。其测设步骤如下：

(1) 按高程测设方法将坡度线的端点的设计高程标定在地面的木桩上。其 A 点的高程 H_A 可在设计图上查到，B 点的高程 H_B 按下式计算

$$H_B = H_A + i \cdot D$$

式中　i——设计坡度。

(2) 图 10-8 所示，将经纬仪安置于 A 点，并量取仪器高 i，瞄准 B 点的水准尺，使读数为仪器高 i，此时仪器的倾斜视线平行于设计坡度线。

(3) 沿 AB 方向，根据施工需要，按一定的间距在地面上标定中间点 1、2、3 的位置。

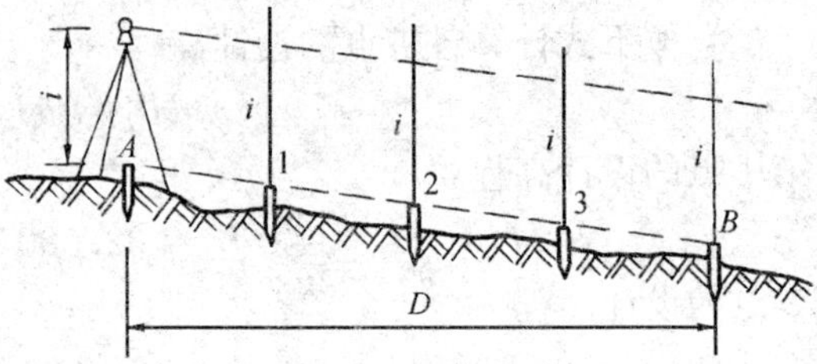

图 10-8　倾斜视线法

(4) 在各中间点上立水准尺，并由观测者指挥打桩，当桩顶读数均为 i 时，各桩顶的连线即为设计坡度线。

当坡度不大时，倾斜视线法可用水准仪进行。安置水准仪于 A 点，并使水准仪的一个脚螺旋在 AB 方向线上，另两个脚螺旋垂直于 AB 方向，量取仪器 i。瞄准 B 点水准尺，旋转 AB 方向的脚螺旋和微倾螺旋，使 B 点水准尺上的读数为仪器高 i，此时视线与设计坡度线平行。然后指挥打桩，当各桩顶的读数均为 i 时，则各桩顶的连线就是设计坡度线。

第四节　点的平面位置测设

测设点的平面位置，就是根据已知控制点，在地面上标定出一些点的平面位置，使这些点的坐标为给定的设计坐标。例如，在工程建设中，要将建筑物的平面位置标定在实地上，其实质就是将建筑物的轴线交点、拐角点在实地标定出来。

根据设计点位与已有控制点的平面位置关系，结合施工现场条件，测设点的平面位置的基本方法有直角坐标法、极坐标法、角度交会法和距离交会法等。

一、直角坐标法

当建筑物附近已有互相垂直的建筑基线或建筑方格网，待测设的建（构）筑物的轴线平行而又靠近基线或方格网边线时，常用直角坐标法测设点位。

如图 10-9 所示，Ⅰ、Ⅱ、Ⅲ、Ⅳ点建筑场地的建筑方格网顶点，其坐标值已知，1、

2、3、4 为拟测设的建筑物的四个角点，在设计图纸上已给定四角的坐标，现用直角坐标法测设建筑物的四个角桩。测设步骤如下：

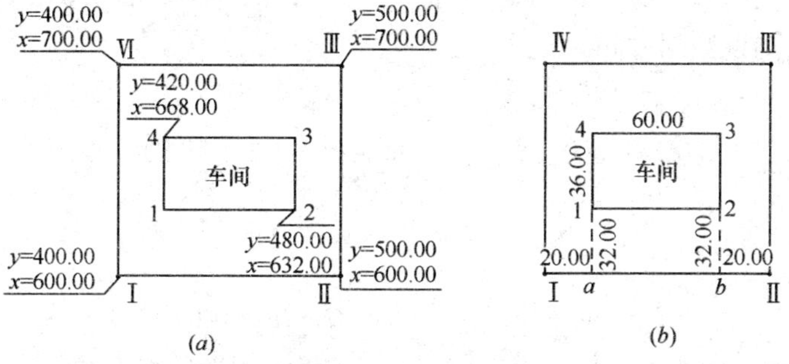

图 10-9　直角坐标法

（a）直角坐标法设计图纸；（b）直角坐标法测设数据

首先根据方格顶点和建筑物角点坐标，计算出测设数据。然后在Ⅰ点安置经纬仪，照准Ⅱ点，在Ⅰ、Ⅱ方向上以Ⅰ点为起点分别测设 $D_{\text{Ⅰa}}=20.00\text{m}$，$D_{ab}=60.00\text{m}$，定出 a、b 点。搬仪器至 a 点，照准Ⅱ点，用盘左盘右测设 90°，定出 $a4$ 方向线，在此方向上由 a 点测设 $D_{a1}=32.00\text{m}$，$D_{14}=36\text{m}$，定出 1、4 点。再搬仪器至 b 点，照准Ⅰ点，同法定出建筑物角点 2、3。这样建筑物的四个角点位置便确定了，最后要检查 D_{12}、D_{34} 的长度是否为 60.00m，建筑物角点 4 和 3 是否为 90°，误差是否在允许范围内。

直角坐标法计算简单，测设方便，精度较高，应用广泛。

二、极坐标法

极坐标法是在控制点上测设一个角度和一段距离来确定点的平面位置。此法宜用于测设点离控制点较近且便于量距的情况。若用全站仪测设则不受这些条件限制，测设工作方便、灵活。

如图 10-10 所示，设 A、B 为地面上已有控制点，已知坐标分别为 x_A、y_A 和 x_B、y_B，欲测设 P 点，其设计坐标为 x_P、y_P。测设前，先按下列坐标反算公式求出测设数据水平角 β 和水平距离 D。

$$\alpha_{AB}=\text{tg}^{-1}\frac{y_B-y_A}{x_B-x_A}=\text{tg}^{-1}\frac{\Delta y_{AB}}{\Delta x_{AB}}$$

$$\alpha_{AP}=\text{tg}^{-1}\frac{y_P-y_A}{x_P-x_A}=\text{tg}^{-1}\frac{\Delta y_{AP}}{\Delta x_{AP}}$$

式中　α_{AB}——AB 边的坐标方位角；

α_{AP}——AP 边的坐标方位角。

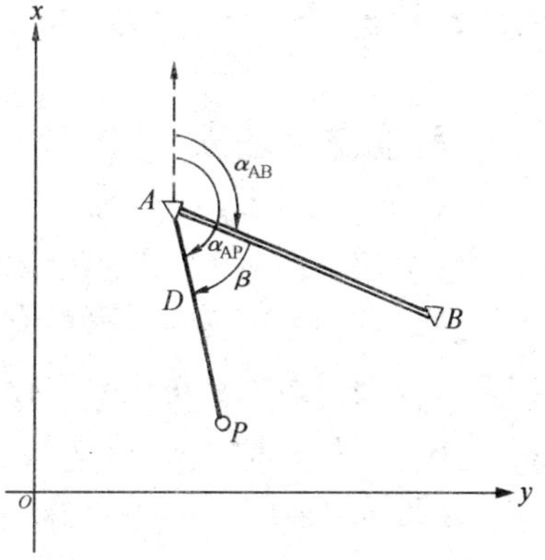

图 10-10　极坐标法

$$\beta=\alpha_{AP}-\alpha_{AB}$$

$$D=\sqrt{(x_p-x_A)^2+(y_p-y_A)^2}$$

测设时，在 A 点安置经纬仪，对中、整平后，瞄准 B 点，顺时针方向测设 β 角，得

AP 方向线，再沿该方向测设长度 *D*，即得 *P* 点的平面位置。

【例 10-3】 如图 10-10 所示。已知

$x_A = 100.00$m，$y_A = 100.00$m，$x_B = 80.00$m，$y_B = 150.00$m，$x_P = 40.00$m，$y_P = 120.00$m。求测设数据 β 和 D_{AP}。

【解】

$$\alpha_{AB} = \tan^{-1}\frac{y_B - y_A}{x_B - x_A} = \tan^{-1}\frac{150.00 - 100.00}{80.00 - 100.00}$$

$$= \tan^{-1}\frac{5}{(-2)} = 111°48'05''$$

$$\alpha_{AP} = \tan^{-1}\frac{y_P - y_A}{x_P - x_A} = \tan^{-1}\frac{120.00 - 100.00}{40.00 - 100.00}$$

$$= \tan^{-1}\frac{1}{(-3)} = 161°33'54''$$

$$\beta = \alpha_{AP} - \alpha_{AB} = 161°33'54'' - 111°48'05'' = 49°45'49''$$

$$D_{AP} = \sqrt{(x_P - x_A)^2 + (y_P - y_A)^2}$$

$$= \sqrt{(40.00 - 100.00)^2 + (120.00 - 100.00)^2}$$

$$= \sqrt{60^2 + 20^2} = 63.25\text{m}$$

如果用全站仪按极坐标法测设点的平面位置，则更为方便，甚至无须预先计算放样数据。如图 10-11 所示，*A*、*B* 为已知控制点，*P* 点为待测设的点。将全站仪安置在 *A* 点，瞄准 *B* 点，按提示分别输入测站点 *A*、后视点 *B* 及待测设点 *P* 的坐标后，仪器即自动显示测设数据水平角 β 及水平距离 *D*。水平转动仪器直至角度显示为 0°00″00′，此时视线方向即为需测设的方向。在此视线方向上指挥持棱镜者前后移动棱镜，直到距离改正值显示为零，则棱镜所在位置即为 *P* 点。

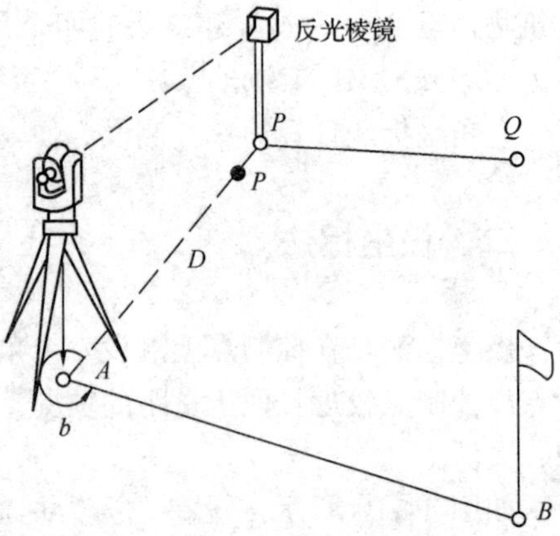

图 10-11 全站仪测设法

三、角度交会法

角度交会法是在两个控制点上用两台经纬仪测设出两个已知数值的水平角；交会出点的平面位置。这种方法又称为方向交会法，为提高放样精度，通常用三个控制点三台经纬仪进行交会。此法适用于待定点离控制点较远或量距较困难的地区。目前此法应用较少。

如图 10-12（*a*）所示，*A*、*B*、*C* 为控制点，*P* 为待测设点，其坐标均为已知。欲将 *P* 点测设于地面，首先计算测设数据 β_1、β_2、β_3，然后将经纬仪分别安置于 *A*、*B*、*C* 点上，分别测设角度 β_1、β_2、β_3，定出三个方向，其交点位置就是 *P* 点。由于测设有误差，往往三个方向不交于一点，而形成一个误差三角形，如图 10-12（*b*）所示。如果此三角形最长边不超过 3～4cm，则取三角形的重心作为 P 点的最终位置。

应用此法放样时，宜使交会角 γ_1、γ_2 在 30°～120°之间。

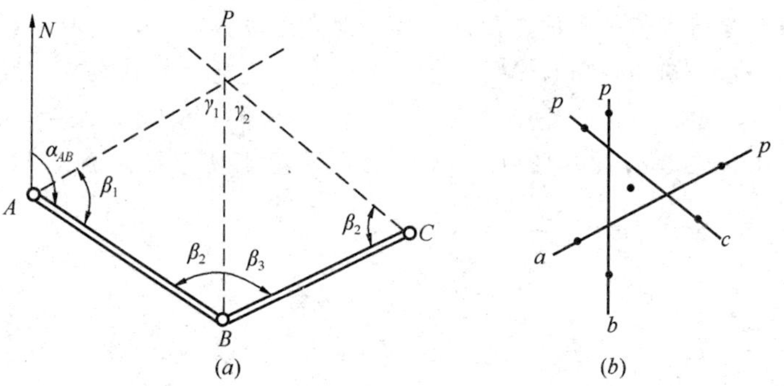

图 10-12 角度交会法

(*a*) 角度交会观测法；(*b*) 误差三角形

四、距离交会法

距离交会法是在两个控制点各测设已知两段距离交会出点的平面位置。这种方法适用于场地平坦，量距方便，且控制点离测设点不超过一尺段长的地区，使用较多。

如图 10-12 所示，A、B 控制点，P 为待测设点；其坐标均为已知。先根据控制点 A、B 的坐标和待测设点 P 的坐标，按式（10-6）计算出测设距离 D_1、D_2，计算公式见式（10-6）。测设时，以 A 点为圆心，以 D_1 为半径，用钢尺在地面上画弧；以 B 点为圆心，以 D_2 为半径，用钢尺在地面上画弧，两条弧线的交点即为 P 点。

思考题与习题

1. 施工测量的任务和原则是什么？

2. 测设的基本工作是什么？

3. 测设已知数值的水平距离、水平角及高程是如何进行的？

4. 测设点位的方法有哪几种？各适用于什么场合？各需要哪些测设数据？

5. 如何用水准仪测设已知坡度的坡度线？

6. 要测设$\angle ACB=120°$，先用一般方法定出 B'点，再精确测量$\angle ACB'=120°00'5''$，已知 CB'的距离为 $D=180$m，问如何移动 B'点才能使角值为 120°？应移动多少距离？

7. 设水准点 A 的高程为 16.63m，现要测设高程为 15.000m 的 B 点，仪器架在 AB 两点之间，在 A 尺上读数为 1.036m，则 B 尺上读数应为多少？如何进行测设？如欲使 B 桩的桩顶高程为 15.000m，应如何进行测设？

8. 要在 CB 方向测设一条坡度为 $i=-2\%$的坡度线，已知 C 点高程为 36.425m，CB 的水平距离为 120m，则 B 点的高程应为多少？

9. 设 I、J 为控制点，已知 $X_I=158.27$m，$Y_I=160.64$m，$X_J=115.49$m，$Y_J=185.72$m，A 点的设计坐标为 $X_A=160.00$m，$Y_A=210.00$m，试分别计算用极坐标法、角度交会法及距离交会法测设 A 点所需的放样数据。

10. 设A、B为建筑方格网上的控制点，其已知坐标为$X_A=1000.000$m，$Y_A=800.000$m，$X_B=1000.000$m，$Y_B=1000.000$m，M、N、E、F为一建筑物的轴线点，其设计坐标为$X_M=1051.500$m，$Y_M=848.500$m，$X_N=1051.500$m，$Y_N=911.800$m，$X_E=1064.200$m，$Y_E=848.500$m，$X_J=1064.200$m，$Y_F=911.800$m，试叙述用直角坐标法测设M、N、E、F四点的测设方法。

第十一章　建筑施工控制测量

教学要求：通过本章学习，要求掌握建筑施工控制网的布设、建筑施工控制网（平面施工控制网和高程施工控制网）的测量方法。

教学提示：施工测量的控制可用建筑基线或建筑方格网作施工测量的平面控制，可用基线、方格网点或水准点作施工测量的高程控制。

第一节　施工控制网概述

建筑施工控制的任务是建立施工控制网。由于在勘测设计阶段所建立的测图控制网未考虑拟建建筑物的总体布置，在点位的分布、密度和精度等方面不能满足施工放样的要求；在测量施工现场平整场地工作中进行土方的填挖，使原来布置的控制点大多都被破坏。因此，在施工前大多必须以测图控制点为定向条件重新建立统一的施工控制网。

在建筑工程施工现场，各种建（构）筑物分布较广，常常分批分期兴建，它们的施工测量一般都按施工顺序分批进行。为了保证施工测量的精度和速度，使各建（构）筑物的平面位置和高程都能符合设计要求，互相连成统一的整体，为此施工测量和测绘地形一样，也要遵循“从整体到局部，先控制后细部”的原则。即先在施工现场建立统一的施工控制网，然后以此为基础，测设各个建（构）筑物的位置和进行变形观测。

施工控制网分为平面控制网和高程控制网两种，前者常采用导线网、建筑基线或建筑方格网等，后者则采用三、四等水准网或图根水准网。

施工控制网的布设，应根据设计总平面图的布局和施工地区的地形条件来确定。一般民用建筑、工业厂房、道路和管线工程，基本上是沿着相互平行或垂直的方向布置的，对于建筑物布置比较规则和密集的大中型建筑场地，施工控制网一般布置成正方形或矩形格网，即建筑方格网，对于面积不大而又简单的小型施工场地，常布置一条或几条建筑基线作为施工测量的平面控制。对于扩建或改建工程的建筑场地，可采用导线网作为施工控制网。

相对于测图控制网来说，施工控制网具有控制范围小、控制点密度大、精度要求高、使用频繁、受施工干扰大等特点。

第二节　平面施工控制网

一、建筑基线

（一）建筑基线的布置

在面积不大、地势较平坦的建筑场地上，布设一条或几条基准线，作为施工测量的平面控制，称为建筑基线。根据建筑设计总平面图上建筑物的分布，现场地形条件及原有测图控制点的分布情况，建筑基线可布设成三点直线形，三点直角形，四点丁字形和五点十字形等形式，如图 11-1 所示。建筑基线应尽可能靠近拟建的主要建筑物并与其主要轴线平行或垂直，以便用较简单的直角坐标法进行测设；基线点位应选在通视良好，不受施工影响，且不易被破坏的地方，为能长期保存，要埋设永久性的混凝土桩。边长 100～400m；基线点应不少于三个，以便校核。

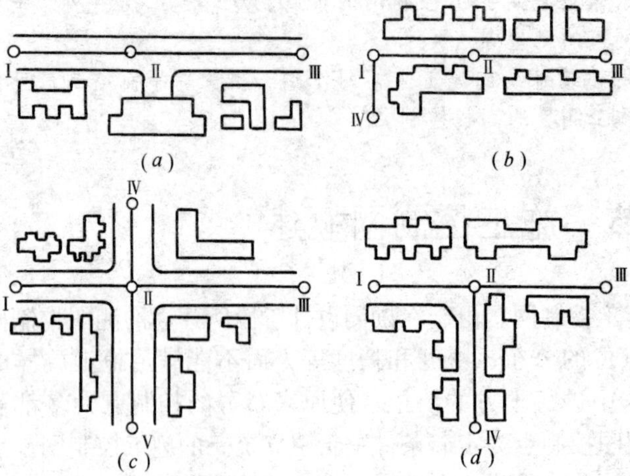

图 11-1　建筑基线的布置

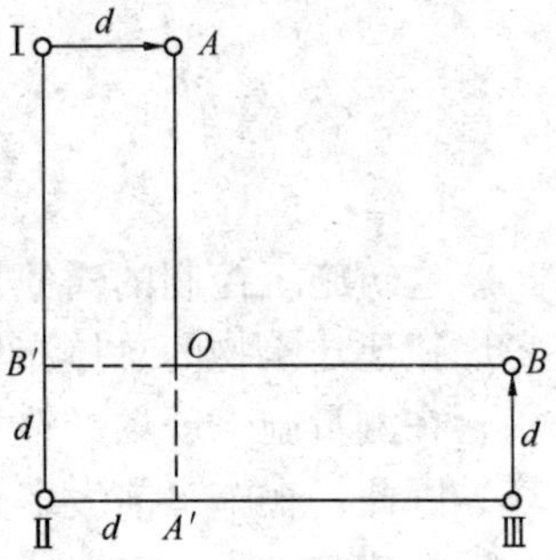

图 11-2　建筑红线

（二）建筑基线的测设

根据建筑场地的不同情况，测设建筑基线的方法主要有下述两种。

(1) 根据建筑红线测设。在城市建设中，建筑用地的界址，是由规划部门确定，并由拨地单位在现场直接标定出用地边界点，边界点的连线是正交的直线，称为建筑红线。建筑红线与拟建的主要建筑物或建筑群中的多数建筑物的主轴线平行。因此，可根据建筑红线用平行线推移法测设建筑基线。

如图 11-2 所示，Ⅰ-Ⅱ和Ⅱ-Ⅲ是两条互相垂直的建筑红线，A、O、B 三点是欲测的建筑基线点。其测设过程：从Ⅱ点出发，沿Ⅱ、Ⅰ和Ⅱ、Ⅲ方向分别量取 d 长度得出 A' 和 B' 点；再过Ⅰ、Ⅱ两点分别作建筑红线的垂线，并沿垂直方向分别量取 d 的长度得出 A 点和 B 点；然后，将 AA' 与 BB' 连线，则交会出 O 点。A、O、B 三点即为建筑基线点。

当把 A、O、B 三点在地面上做好标志后，将经纬仪安置在 O 点上，精确观测 $\angle AOB$，若 $\angle AOB$ 与 90°之差不在容许值以内时，应进一步检查测设数据和测设方法，并应对 $\angle AOB$ 按水平角精确测设法来进行点位的调整，使 $\angle AOB=90°$。

如果建筑红线完全符合作为建筑基线的条件时，可将其作为建筑基线使用，即直接用建筑红线进行建筑物的放样，既简便又快捷。

(2) 根据附近的控制点测设。在非建筑区，没有建筑红线作依据时，就需要在建筑设计总平面图上，根据建筑物的设计坐标和附近已有的测图控制点来选定建筑基线的位置，并在实地采用极坐标法或角度交会法把基线点在地面上标定出来。

如图 11-3 所示，Ⅰ、Ⅱ两点为附近已有的测图控制点，A、O、B 三点为欲测设的建筑基线点。测设过程为：先将 A、O、B 三点的施工坐标，换算成测图坐标；再根据 A、O、B 三点的测图坐标与原有的测图控制点Ⅰ、Ⅱ的坐标关系，采用极坐标法或角度交会法测定 A、O、B 点位的有关放样数据；最后在地面上分别测设出 A、O、B 三点。

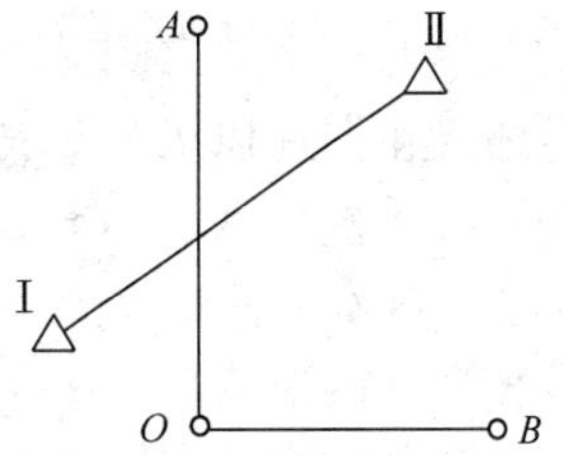

图 11-3　用附近的控制点测设

当 A、O、B 三点在地面上作好标志后，在 O 点安置经纬仪，测量∠AOB 的角值，丈量 OA、OB 的距离。若检查角度的误差与丈量边长的相对误差均不在容许值以内，就要调整 A、B 两点，使其满足规定的精度要求。

二、建筑方格网

(一) 建筑方格网的布置

在大中型建筑场地上，由正方形或矩形格网组成的施工控制网，称为建筑方格网，如图 11-4 所示。建筑方格网是根据设计总平面图中建（构）筑物和各种管线的位置并结合现场的地形条件来布设的。设计时先选定方格网的主轴线（图11-4中 AOB、COD），然后再布置其他的方格点。方格网是场区建（构）筑物放线的依据，布网时应考虑以下几点：

（1）建筑方格网的主轴线位于建筑场地的中央，并与主要建筑物的轴线平行，使方格网点接近于测设对象。

（2）方格网的转折角应严格成 90°。

（3）方格网的边长一般为 100～200m，边长的相对误差一般为 1/10000～1/20000。

（4）按照实际地形布设，使控制点位于测角、量距比较方便的地方，并使埋设标桩的高程与场地的设计标高不要相差太大。

（5）当场地面积不大时尽量布设成全面方格网。若场地面积较大时，应分为二级，首级可采用“十”字形、“口”字形或“田”字形，然后再加密方格网。

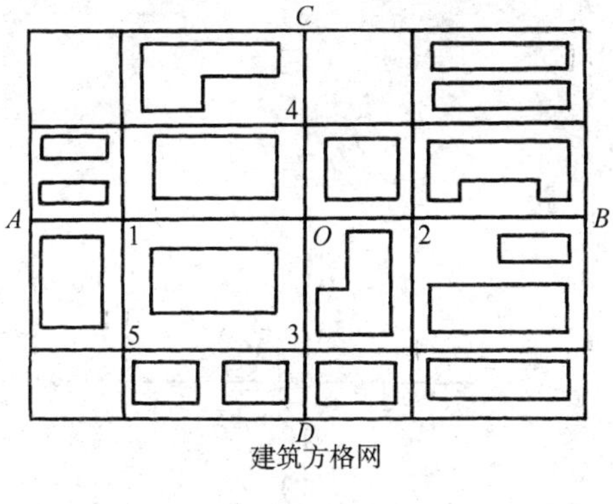

图 11-4　建筑方格网

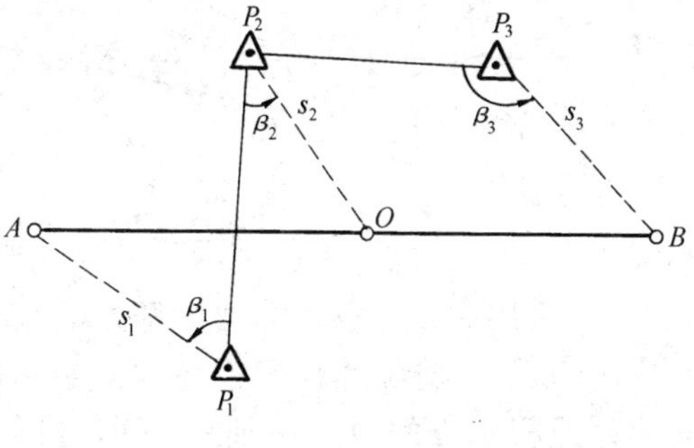

图 11-5　主轴线的测设

(二) 建筑物方格网主轴线的测设

主轴线的定位是根据测量控制点来测设的。如图 11-5 所示，P_1、P_2、P_3 为测量控制点，A、O、B 为主轴线点，以坐标反算方法算出测设数据 β_1、s_1、β_2、s_2、β_3、s_3，然后用经纬仪和钢尺以极坐标法测设 A、O、B 点的概略位置 A'、O'、B'，如图 11-8 所示。并用混凝土桩把 A'、O'、B'标定下来。桩的顶部常设置一块 10cm×10cm 的铁板供调整点位用。因存在测量误差，三个主轴线点一般不在一条直线上，因此需要在 O'点上安置经纬仪，精确地测量$\angle A'O'B'$的角值 β。如果它和 180°之差超过±10″时，则对 A'、O'、B'的点位进行调整。调整的方法如下。

1. 调整端点

如图 11-6 所示，调整 A'点至 A 点，使三点为一直线。调整值 δ 为

$$\delta = \frac{180^\circ - \beta}{\rho} \cdot a \tag{11-1}$$

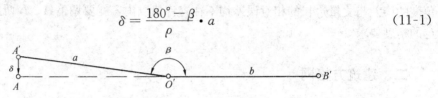

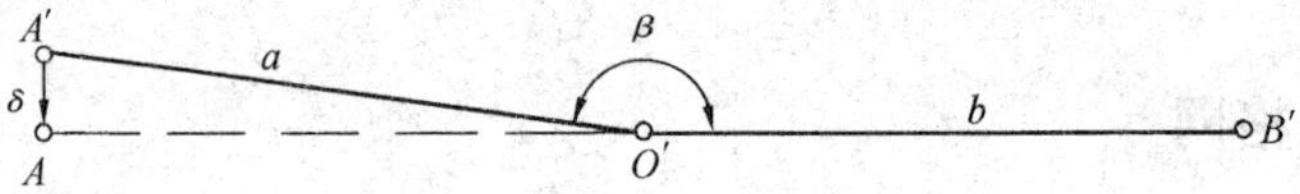

图 11-6　调整端点

2. 调整中点

如图 11-7 所示，调整 O'至 O 点，使三点为一直线。调整值 δ 为

$$\delta = \frac{ab}{a+b} \frac{(180^\circ - \beta)}{\rho} \tag{11-2}$$

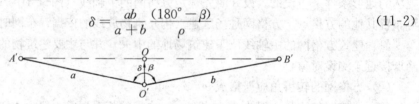

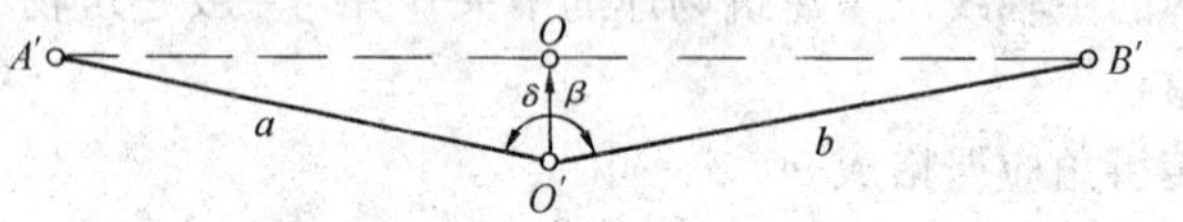

图 11-7　调整中点

3. 调整三点

如图 11-8 所示，调整 A'、O'、B'三点，使成一直线其调整值 δ 为

$$\delta = \frac{ab}{2(a+b)} \frac{(180^\circ - \beta)}{\rho} \tag{11-3}$$

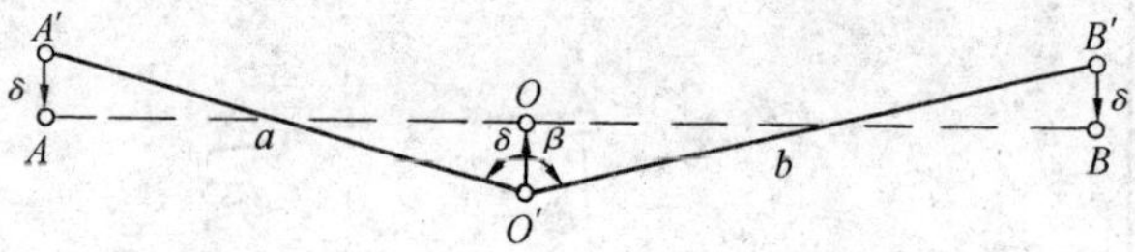

图 11-8　调整三点

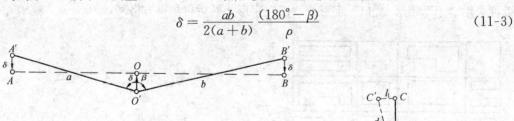

一般采用调整三点的方法为好。定好 A、O、B 三个主点后，将经纬仪安置在 O 点，再测设与 AOB 轴线相垂直的另一主轴线 COD（图 11-9）。测设时瞄准 A 点，分别向右、左转 90°，并根据主点间的距离，在实地标定出 C'和 D'点，再精确地测出$\angle AOC'$和$\angle AOD'$，分别算出它们与 90°之差 ε_1、ε_2，并按下式计算出改正数 l_1，l_2，即

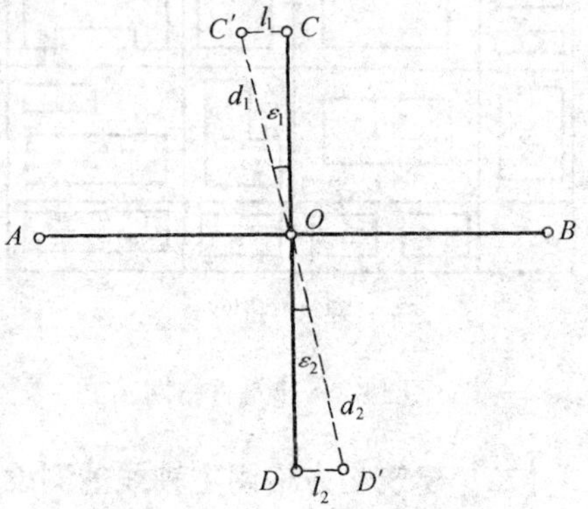

图 11-9　测设另一主轴线

$$l = d\frac{\varepsilon''}{\rho''} \tag{11-4}$$

式中 d 为 OC' 和 OD' 的距离。

将 C'、D' 两点分别沿 OC 及 OD 的垂直方向移动 l_1、l_2，得 C、D 点，C'、D' 的移动方向依观测角值大于或小于 90°决定。然后再实测改正后的 $\angle COD$，其角值与 180°之差不应超过±10″。

最后自 O 点起，用钢尺分别沿直线 OA、OB、OC 和 OD 测设主轴线的距离，采用精密距离测设方法，其相对误差应达到 1/10000～1/20000。

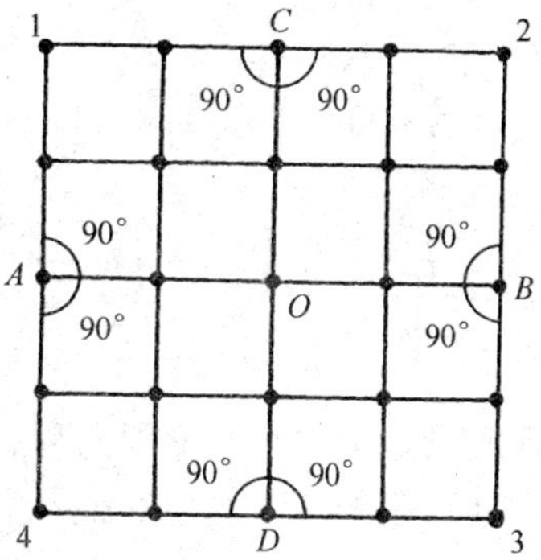

图 11-10　分部方格网测设

（三）矩形方格网的测设

主轴线确定后，进行分部方格网测设，必要时，再在分部方格网内进行加密。

1. 分部方格网的测设

用两台经纬仪同时安置在已确定的方格网点 A 和 C 上（如图 11-10 所示），它们均以主轴线为零方向，分别向右和向左测设 90°角，按测设的方向交会出 1 点位置，并进行交角的检测与调整。

同法，用方向交会法测设出方格网点 2，3，4。

2. 直线内分点法加密

在一条方格边上的中间点加密方格网点时，如图 11-11 所示，从已知点 A 沿方向线 AO 丈量至中间点 M 的设计距离 AM，由于定线偏差等原因得 M'。安置经纬仪于 M' 点，精确测定 $\angle AM'O$ 的角值 β，按下式求得

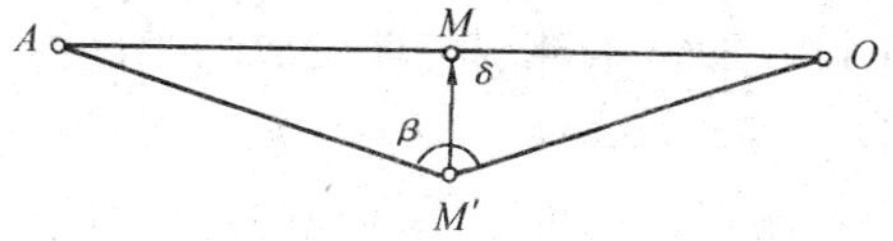

图 11-11　直线内分点法加密

$$\delta = \frac{\Delta\beta''}{2\rho''}D \tag{11-5}$$

式中　D——AM' 的距离；

　　　$\Delta\beta'' = 180° - \beta$。

然后将 M' 点沿与 AO 直线垂直方向移动 δ 值至 M 点。同法加密其他各方格点位。

（四）施工坐标系与测量坐标系的坐标换算

在建筑场地，为便于设计经常根据总平面布置采用独立的施工坐标系，与原测量坐标系不一致，为利用原测量控制点进行测设，应先将建筑方格网主点的施工坐标换算成测量坐标。有关坐标换算数据一般由设计单位提出，或在总平面图上用图解法量取施工坐标系坐标原点在测量坐标系中的坐标 x_0、y_0 及施工坐标系纵坐标轴与测量坐标系纵坐标轴间的夹角 α，再根据 x_0，y_0，α 进行坐标换算。

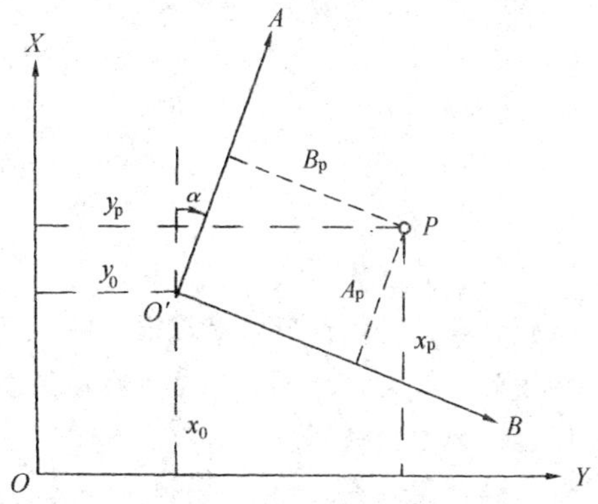

图 11-12　坐标换算

如图 11-12 所示，设 x_P、y_P 为 P 点在测量坐标系 XOY 中的坐标，A_p、B_p 为 P 点在施工坐标系 $AO'B$ 中的坐标，若要将 P 点的施工坐标 A_p、B_p 换算成相应的测量坐标，可采用下列公式计算

$$\left.\begin{aligned} x_p &= x_0 + A_p\cos\alpha - B_p\sin\alpha \\ y_p &= y_0 + A_p\sin\alpha + B_p\cos\alpha \end{aligned}\right\} \tag{11-6}$$

反之，已知 x_p、y_p，也可求 A_p、B_p：

$$\left.\begin{aligned} A_p &= (x_p - x_0)\cos\alpha + (y_p - y_0)\sin\alpha \\ B_p &= -(x_p - x_0)\sin\alpha + (y_p - y_0)\cos\alpha \end{aligned}\right\} \tag{11-7}$$

第三节　高程施工控制网

建筑场地上的水准网即高程施工控制网。水准网应布设成闭合、附合水准路线，并与国家水准网联测，以便建立统一的高程系统。高程测量的精度不宜低于四等水准测量的精度。场地水准点应布设在土质坚硬、不受施工影响，便于长期使用的地方，并埋设永久性标志。水准点的间距宜小于 1km，距建筑物不宜小于 25m，距离回填土边线不宜小于 15m。

中小型建筑场地一般建筑施工高程控制网可用 DS_3 型水准仪按四等水准测量的要求进行布设，对连续生产的厂房或下水管道等工程则采用三等水准测量的方法测定各控制点高程。

加密水准路线可按图根水准测量的要求进行布设。加密水准点可埋设成临时性标志，尽量靠近施工建筑物，便于使用。

建筑物高程控制的水准点可利用平面控制点作水准点，也可利用场地附近的水准点，其间距宜在 200m 左右。水准点的密度应满足场地抄平的需求，尽可能做到观测一个测站即可测设所需高程点。

为了施工引测方便，可在建筑场地内每隔一段距离（如 50m）设置以底层室内地坪 ±0.000为标高的水准点，但需注意设计中各建（构）筑物的±0.000 不一定是同一高程。当施工中水准点标桩不能保存时，应将其高程引测至附近的建（构）筑物上，引测的精度不应低于原有水准测量的等级要求。

思考题与习题

1. 施工控制网的形式有哪几种？它们各适用于哪些场合？

2. 何谓建筑基线？何谓建筑方格网？布设有何要求？

3. 为什么要进行施工坐标系与测量坐标系的坐标换算？如何进行坐标换算？

4. 施工高程控制网应如何布设？

5. 简述建筑基线的作用及测设方法。

6. 建筑方格网的主轴线确定后，方格网点如何测设？

7. 要确定建筑方格网主轴线的主点 A、O、B，如图 11-13 所示。根据控制网已测设出主轴线的初点 A'、O'、B' 三点，测得 $\angle A'O'B'=\angle\beta=179°59'36''$，又知 a=150m，b=200m，试求该主轴线直线性调整的移动量 δ 值。

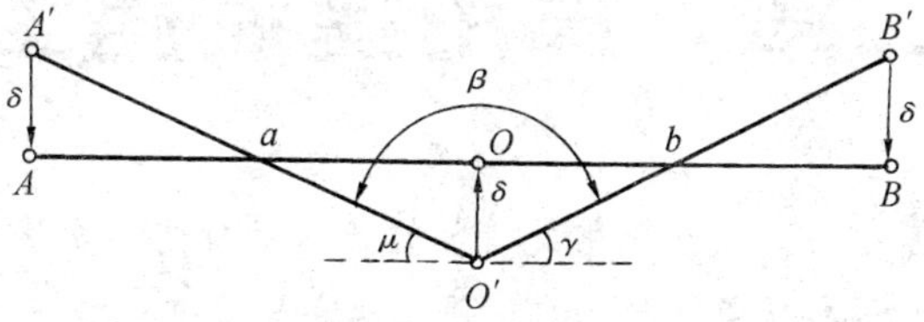

图 11-13　习题 7 图

8. 如图 11-12 所示，已知施工坐标原点 O 的测量坐标为 $x_0=1000.000$m，$y_0=1000.000$m，建筑基线点 P 的施工坐标 $A_P=250.000$m，$B_P=200.000$m，设计两坐标系轴线的夹角 α 为30°00′00″。试计算 P 点的测量坐标 x_P、y_P 的值。

第十二章　民用建筑施工测量

教学要求：通过本章学习，掌握民用建筑放样数据的确定，掌握利用基本测量仪器进行建筑平面位置与高程位置放样的方法，掌握高层建筑施工测量方法。

教学提示：建（构）筑物的定位放线可根据建筑基线、建筑方格网、建筑红线、道路中心线、控制点和与原有建筑物的关系等。测设建筑物的外廓轴线，常用直角坐标法和极坐标法测设轴线交点桩位。保留轴线标志有测设轴线控制桩、设置龙门板等方法，建筑物的施工测量内容是建筑物轴线的投测和标高的传递。

第一节　概　　述

建筑工程一般可分为民用建筑工程和工业建筑工程两大类。

民用建筑一般指住宅、办公楼、商店、医院、学校、饭店等建筑物。有单层、低层（2～3 层）、多层（4～7 层）和高层（8 层以上）建筑。由于类型不同，其放样的方法和精度也不同，但放样过程基本相同。

建筑工程施工阶段的测量工作也可分为建筑施工前的测量工作和建筑施工过程中的测量工作。建筑施工前的测量工作包括施工控制网的建立、场地布置、工程定位和基础放线等。施工过程中的测量工作包括基础施工测量、墙体施工测量、建（构）筑物的轴线投测和高程传递、沉降观测等。施工放样是每道工序作业的先导，而验收测量是各道工序的最后环节。施工测量贯穿于整个施工过程，它对保证工程质量和施工进度都起着重要的作用。测量人员要树立为工程建设服务的思想，主动了解施工方案，掌握施工进度，同时，对所测设的标志，一定要经过反复校核无误后，方可交付施工，避免因测错而造成工程质量事故。

一般情况下，施工测量的精度应比测绘地形图的精度高，而且根据建（构）筑物的大小、重要性、材料及施工方法等的不同，对施工测量的精度要求也有所不同。例如，工业建筑测设精度高于民用建筑；钢结构建筑的测设精度高于钢筋混凝土建筑；装配式建筑的测设精度高于非装配式建筑；高层建筑的测设精度高于低层建筑等。总之，施工测量的质量和速度直接影响着工程质量和施工进度。

在建筑工程施工现场上由于各种材料和机具的堆放，土石方的填挖，以及机械化施工等原因，场地内的测量标志易受损坏。因此，在整个施工期间应采取有效措施，保护好测量标志。另外，测量作业前对所用仪器和工具要进行检验与校正。在施工现场，由于干扰因素多，测设方法和计算方法要力求简捷，同时要特别注意人身和仪器的安全。

第二节　测设前准备工作

一、熟悉设计图纸

设计图纸是施工测量的依据，在测设前应熟悉建筑物的尺寸和施工要求，以及施工的建筑物与相邻地物的相互关系等，对各设计图纸的有关尺寸应仔细核对，必要时要将图纸上主要数据摘抄于施测记录本上，以便随时查用。测设时应具备下列图纸资料。

（1）建筑总平面图。建筑总平面图给出了建筑物地上所有建筑物和道路的平面位置及主要点的坐标，标出相邻建筑物之间的尺寸关系，注明各建筑物室内地坪高程，是测设建筑物总体位置的依据，建筑物就是依据其在总平面图上所给定的尺寸关系进行定位的，如图 12-1 所示。

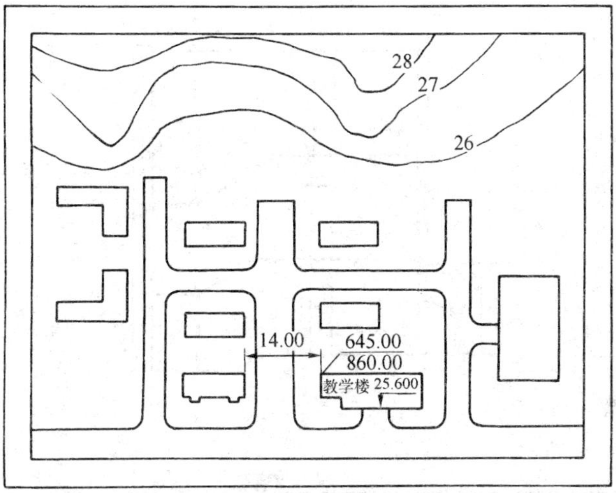

图 12-1　建筑总平面图

（2）建筑平面图。建筑平面图给出了建筑物各轴线的间距，如图 12-2 所示。它是测设建筑物细部轴线的依据。

（3）立面图和剖面图。立面图和剖面图给出了基础、室内外地坪、门窗、楼板、屋架、屋面等处的设计标高，这些高程是以±0.000 标高为起算点的相对高程，它是测设建筑物各部位高程的依据，如图 12-3 所示。

（4）基础平面图和基础详图。基础平面图和基础详图给出了基础轴线、基础宽度和标高的尺寸关系，它是测设基础（坑）开挖边线和开挖深度的依据，也是基础定位及细部放样的依据，如图 12-4 所示。

（5）设备基础图和管网图。

在熟悉设计图纸的过程中应注意以下问题：总平面图上给出的建筑物之间的距离一般是指建筑物外墙皮间距；建筑物到建筑红线、建筑基线、道路中线的距离一般也是指建筑物外墙皮至某一直线的距离；总平面图上设计的建筑物平面位置用坐标表示时，给出的坐

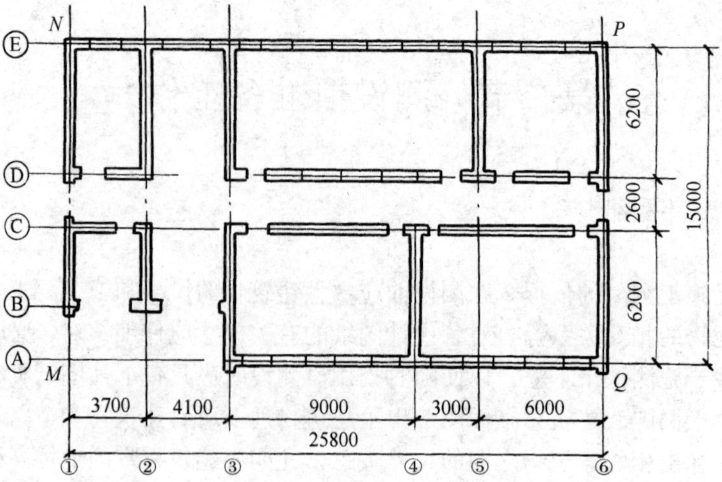

图 12-2　建筑平面图

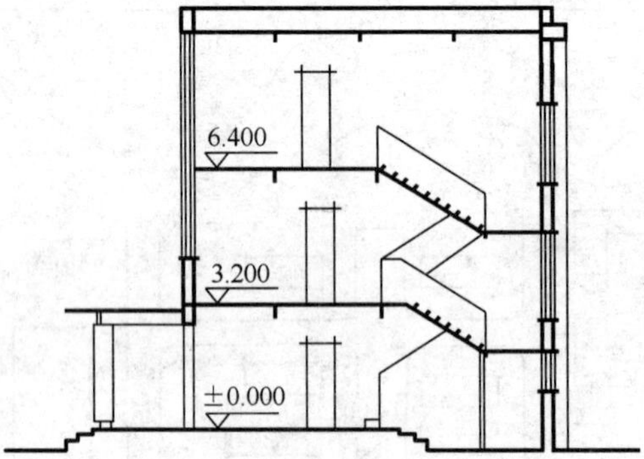

图 12-3　剖面图

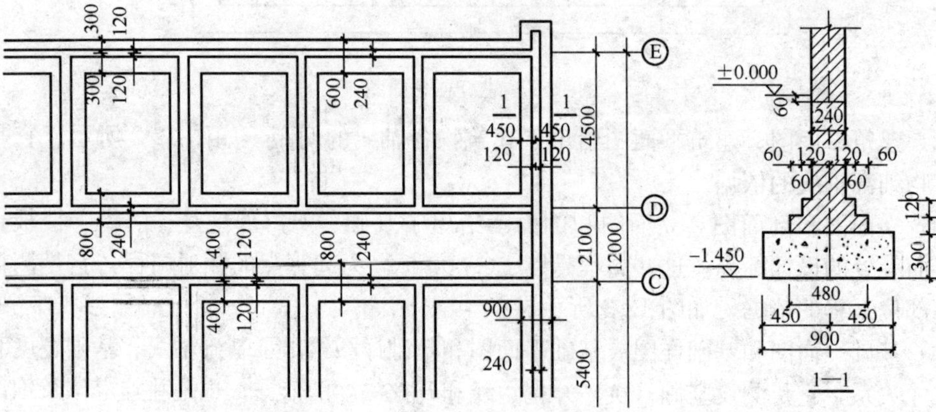

图 12-4　基础平面图及基础详图

标一般是外墙角的坐标值；建筑平面图上给出的尺寸一般是轴线间的尺寸。

施工放样过程中，建筑物定位均是根据拟建建筑物外墙轴线进行定位，因此在测前准备测设数据时，应注意以上数据之间的相互关系，根据墙的设计厚度找出外墙皮至轴线的尺寸。

(6) 计算测设数据并绘制建筑物测设略图。如图 12-5 所示，依据设计图纸计算所编制的测设方案的对应测设数据，然后绘制测设略图，并将计算数据标注在图中。

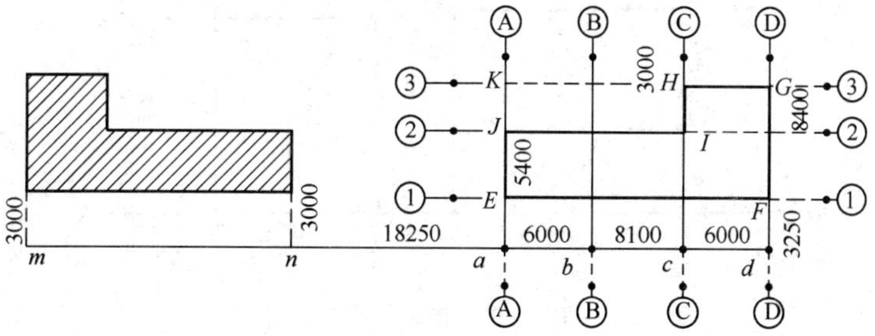

图 12-5　建筑物测设略图

二、现场踏勘

目的是为了全面了解现场的地物、地貌和原有测量控制点的分布情况，检测所给原有测量平面控制点和水准点，以获得正确的测设起始坐标数据和测站点位。

三、平整和清理施工现场

为满足施工定位放线、材料与设备运输等施工的需要，在施工前通常要将拟建场地整理成为水平面或倾斜面。在平整场地工作中应力求经济合理，一般的要求是场地内填、挖的土方量达到相互平衡。

四、编制施工测量方案

在熟悉建筑物的设计与说明的基础上按照施工进度计划，制订详细的测设计划，包括测设方法、要求、测设数据计算和绘制测设草图。

第三节　民用建筑物的定位与放线

一、建筑物的定位

建筑物的定位是根据设计给出的条件，将建筑物的外轮廓墙的各轴线交点（简称角点）测设到地面上，作为基础放线和细部放线的依据。常用的定位方法有：

（一）根据建筑基线定位

如图 12-6 所示，*AB* 为建筑基线，*EFGH* 为拟建建筑物外墙轴线的交点。根据基线进行拟建建筑物的定位，测设方法如下：

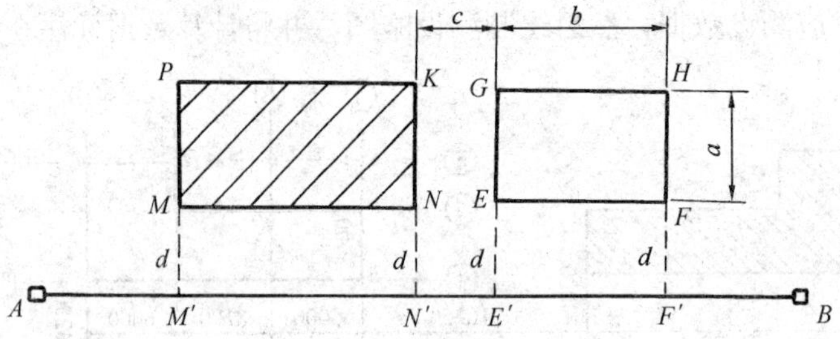

图 12-6　建筑基线定位

1. 根据建筑总平面图，查得原有建筑和新建建筑与建筑基线的距离均为 d，原有建筑和新建建筑物之间的间距为 c。根据建筑平面图查得拟建新建筑 EG 轴与 FH 轴两轴之间距离为 b，EF 轴与 GH 轴两轴之间距离为 a。新建建筑外墙厚 37cm（即一砖半墙），轴线偏里，离外墙 24cm。

2. 如图 12-6 所示，首先用钢尺沿原有建筑的东西两外墙各延长一小段距离 d 得 M'、N'两点（即小线延长法）。用经纬仪检查 M'、N'两点是否在基线 AB 上，用小木桩标定之。

3. 将经纬仪安置在 M'点上，瞄准 N'点，并从 N'沿 $M'N'$方向测设出 $c+0.240$m 得 E'点，继续沿 $M'N'$方向从 E'测设距离 b 得 F'点，$E'F'$点均应在基线方向上。

4. 然后将经纬仪分别安置在 E'、F'两点上，后视 A 点并测设 90°方向，沿方向线分别测设 $d+0.240$m 得 E、F 两点。再继续沿方向线分别测设距离 a 得 H、G 两点。E、F、G、H 四点即为新建建筑外墙定位轴线的交点，用小木桩标定之。

5. 检查 EF、GH 的距离是否等于 b，四个角是否等于 90°。误差在 1/5000 和 1′之内即可。

（二）根据建筑方格网定位

在建筑场地内布设有建筑方格网时，可根据附近方格网点和建筑物角点的设计坐标用直角坐标法测设建筑物的轴线位置。

如图 12-7 所示，$MNPQ$ 为建筑方格网，根据 MN 这条边进行建筑物 $ABCD$ 的定位放线，测设方法如下：

（1）在施工总平面图上查得 A、D 点坐标，计算出 $MA'=20$m，$AA'=20$m，$AC=15$m，$AB=60$m。

（2）用直角坐标法测设 A、B、C、D 四角点。

（3）用经纬仪检查四角是否等于 90°，误差不得超过±1′；用钢尺检查放出建筑物的边长，误差不得超过 1/5000。

（三）根据建筑红线定位

由规划部门确定，经实地标定具法律效用，在总平面图上以红线画出的建筑用地边界线，称为建筑红线。建筑红线一般与道路中心线相平行。如图 12-8 中，Ⅰ，Ⅱ，Ⅲ三点为实地标定的场地边界点，其边线Ⅰ-Ⅱ，Ⅱ-Ⅲ称为建筑红线。

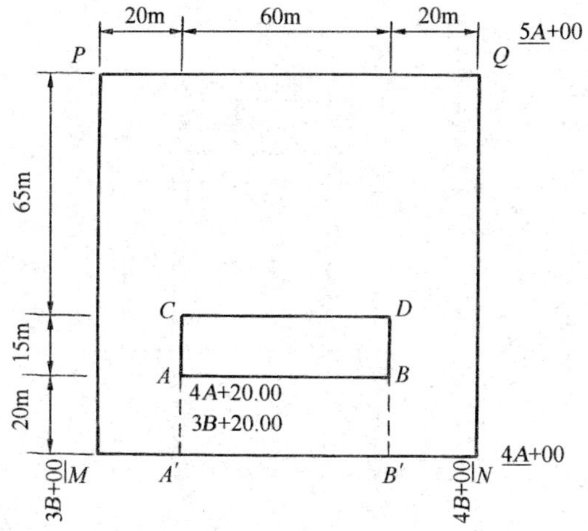

图 12-7　建筑方格网定位

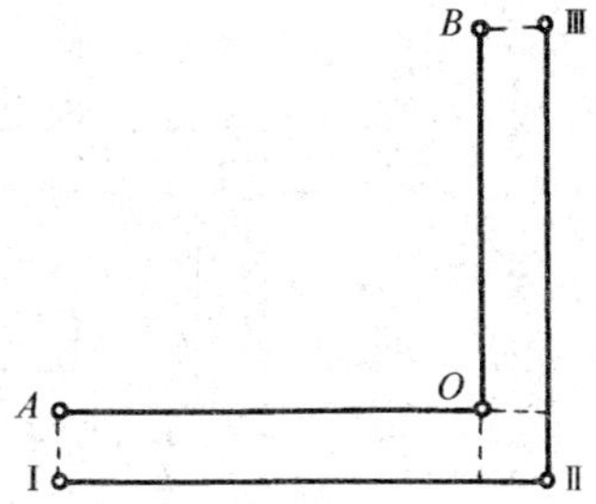

图 12-8　建筑红线定位

建筑物的主轴线 AO，OB 和建筑红线平行或垂直，所以根据建筑红线用直角坐标法来测设主轴线 AOB 就比较方便。当 A、O、B 三点在实地标定后，应在 O 点安置经纬仪，检查 $\angle AOB$ 是否等于 90°。OA、OB 的长度也要实量检验，使其在容许误差内。施工单位放线人员在施工前应对城市勘察（土地部门）负责测设的桩点位置及坐标进行校核，正确无误后才可以根据建筑红线进行建筑物主轴线的测设。

（四）根据与现有建（构）筑物的关系定位

在现有建筑区内新建或扩建时，设计图上通常给出拟建建筑物与原有建筑物或道路中心线的位置关系数据，建筑物的主轴线可根据有关数据在现场测设。

如图 12-9 为几种常见的情况，画斜线的为现有建筑物，未画斜线的为拟建建筑物。图 12-9（a）中拟建建筑物在现有建筑物的延长线上。测设轴线 AB 方法如下：首先用小线延长法沿原有建筑外墙 PM 及 QN 分别延长距离 $MM'=NN'=1$m，然后在 M' 处安置经纬仪测设出 $M'N'$ 的延长线 $A'B'$，并使 $N'A'$ 等于 d_1 加上新建筑物墙皮到轴线的距离（如为 37 墙），则为 $d_1+0.240$m。再分别在 A'、B' 处安置经纬仪测设垂线可得 A、B 两点，AA'、BB' 距离应为 1.240m，其连线 AB 即为所测设角桩。当拟建建筑物与现有建筑物距离较近时，也可用线绳紧贴 MN 进行穿线，在线绳延长线上定出 $A'B'$ 直线，然后考虑 37 墙厚，分别测设直角和 0.240m 距离，得到 A、B 两角桩。图 12-9（b）是按上法，定出 O 点后测设 90°，根据有关数据定出 AB 轴线。图 12-9（c）中，拟建多层建筑物平行于原有的道路中心线，其测设方法是先定出道路中心线位置，然后用经纬仪测设垂线和量距，定出拟建建筑物的主轴线。

（五）根据测量控制点定位

当建筑物附近有导线点、三角点等测量控制点时，可根据控制点和建筑物各角点的设计坐标用极坐标法或角度交会法测设建筑物轴线。

二、建筑物的放线

建筑物的放线是根据已定位的外墙轴线交点桩详细测设其他各轴线交点的位置，并用

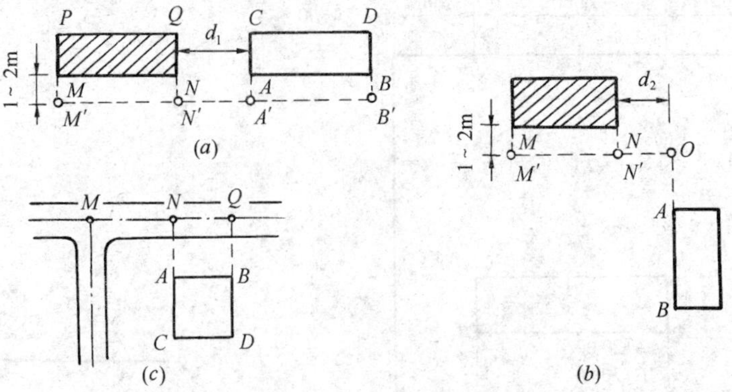

图 12-9　常见几种情况

木桩（桩顶钉小钉）标定出来，称为中心桩。据此可按基础宽和放坡宽用白灰撒出基槽开挖边界线。常用的放线方法有：

（一）测设轴线控制桩

由于在施工开挖基槽时中心桩要被挖掉，所以在基槽外各轴线延长线的两端应设轴线控制桩（又称引桩），作为开槽后各阶段施工中恢复轴线的依据。控制桩一般钉在槽边2～4m，不受施工干扰并便于引测和保存桩位的地方。为了保证控制桩的精度，施工中将控制桩与定位桩一起测设，有时先测设控制桩，再测设定位桩。

（二）测设龙门板

在一般民用建筑中，为了便于施工，常在基槽开挖前将各轴线引测到槽外的水平木板上，以作为挖槽后各阶段施工恢复轴线的依据。水平木板称为龙门板，固定木板的木桩称为龙门桩，如图 12-10 所示。设置龙门板的步骤如下：

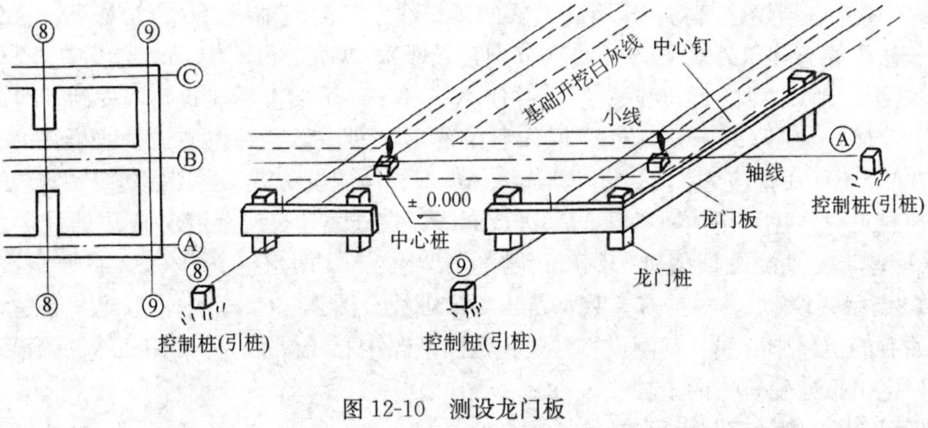

图 12-10　测设龙门板

（1）在建筑物四角和中间隔墙两端基槽开挖边界线以外 1.5～2m 处钉设龙门桩，桩要竖直、牢固，桩的侧面应与基槽平行。

（2）根据附近水准点，用水准仪在每个龙门桩外侧测设出该建筑物室内地坪设计高程线即±0.000 标高线，并做出标志。在地形条件受限制时，可测设比±0.000高或低整分米数的标高线。但同一个建筑最好只选用一个标高。如地形起伏较大需用两个标高时，必须标注清楚，以免使用时发生错误。

(3) 沿龙门桩上±0.000 标高线钉设龙门板，其顶面的高程必须同在±0.000 标高的水平面上，然后用水准仪校核龙门板的高程，其限差为±5mm。

(4) 把经纬仪安置于中心桩上，将各轴线引测到龙门板顶面上，并钉小钉作标志（称为中心钉），其投点误差为±5mm。如果建筑物较小，也可用垂球对准定位桩中心，在轴线两端龙门板间拉一小线绳使其贴紧垂球线，用这种方法将轴线延长标定在龙门板上并作好标志。

(5) 用钢尺沿龙门板顶面，检测中心钉间的距离，其相对误差不得超过限差。校核无误后，以中心钉为准，将墙宽、基础宽标定在龙门板上。最后根据基槽上口宽度拉线，用石灰撒出开挖边界线。

龙门板应注记轴线编号。龙门板使用方便，它可以控制±0.000 以下标高和基槽宽、基础宽、墙身宽以及墙柱中心线等，但占地大，使用木材多，影响交通，故在机械化施工时，一般都设置控制桩。

（三）测设拟建建筑物的轴线到已有建筑物的墙脚上

在多层建筑物施工中，为便于向上投点，应在离拟建建筑物较远的地方测设轴线控制桩，如附近已有建筑物，最好把轴线投测到建筑物的墙脚或基础顶面上，并将±0.000 标高引测到墙面上，用红油漆做好标志，以代替轴线控制桩。

【例 12-1】 建（构）筑物轴线测设和高程测设案例

【解】 1. 建筑轴线放样

1）依据图纸。建筑轴线放样所依据的建筑图纸有：建筑总平面图、建筑平面图（见图 12-11）、放样略图（可用建筑平面图代替）。

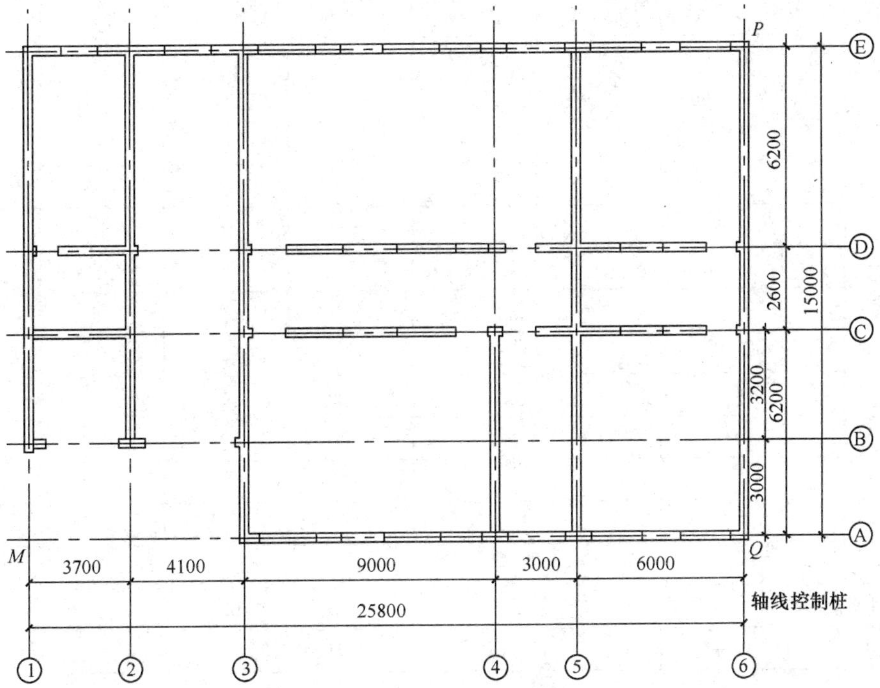

图 12-11 建筑平面图

2）核对施工测量的依据。在测设前应对设计图的有关尺寸仔细核对，绘出导线控制点和待测设点的略图（请在示意图上标出本组所用的导线点号和设计点号，见图 12-12），以免出现差错。

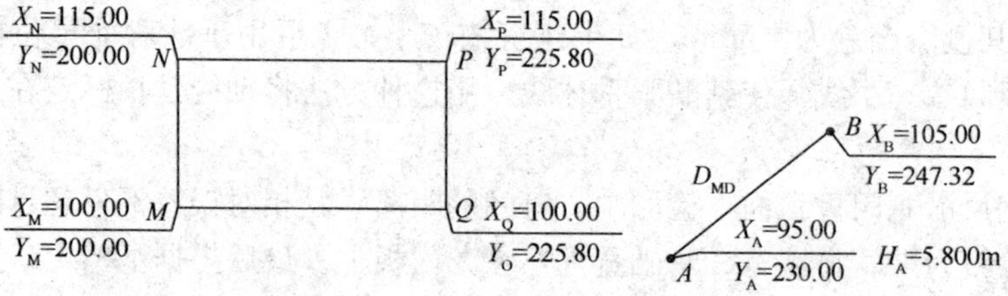

图 12-12　导线控制点和待测设点略图

3）现场踏测。现场踏测的目的为了解现场的地物、地貌和原有测量控制点的分布情况，并调查与施工测量有关的问题，对建筑场地上的平面控制点、水准点要进行检核，获得正确的测量起始数据和点位。测设数据及计算见表 12-1。

测设数据及计算　　　　**表 12-1**

计算者：　　　　　　　　日期：

项目	点名	坐标 X (m)	坐标 Y (m)	相对测站点的坐标增量 Δx (m)	相对测站点的坐标增量 Δy (m)	相对测站点的方位角、距离 方位角 α (° ′ ″)	相对测站点的方位角、距离 水平距离 D (m)	备注
导线控制点	A	95.00	230.00	10.00	17.32	60 00 00		测站点
	B	105.00	247.32					定向点
待测设建筑物四大角	M	100.00	200.00	5.00	−30.00	279 27 44	30.414	A—M
	N	115.00	200.00	20.00	−30.00	303 41 24	36.056	A—N
	P	115.00	225.80	20.00	−4.20	348 08 25	20.436	A—P
	Q	100.00	225.80	5.00	−4.20	319 58 11	6.530	A—Q
M-Q 段各轴线间距离							3.700	M (1) —2
							4.100	2—3
							9.000	3—4
							3.000	4—5
							6.000	5—6 (Q)
Q-P 段各轴线间距离							3.000	Q (A) —C
							3.200	B—C
							2.600	C—D
							6.200	D—E (P)
已知水准点的高程 H_A 为		H_A=5.800m						
标志的±0.000 高程为		$H_{设}$=6.500m						

4）制定测设方案。根据设计要求、定位条件、现场地形、施工方案和放样方案等因素指定施工放样方案。

5）准备测设数据。测设数据及计算见表 12-1。

除了计算必要的放样数据外，尚需从下列图纸上查取房屋内的平面尺寸和高程，作为测设建筑物总体位置的依据。

A. 从建筑平面图中，查取建筑物的总尺寸和内部各定位轴线之间的关系尺寸，这是施工放样的基本资料。

B. 从基础平面图上查取建筑物的总尺寸和内部各定位轴线之间的关系尺寸，以及基础布置与基础剖面位置的关系。

C. 从基础详图中查取基础立面尺寸、设计标高，以及基础边线与定位轴线的尺寸关系，这是基础高程放样的依据。

D. 从建筑物的立面图和剖面图中，可以查出基础、地坪、门窗、楼板、屋架和屋面等设计高程，这是高程测设的主要依据。

6）轴线放样。

A. 定位。根据现场实际情况获得测量点位 A、B 的坐标（X，Y），依据建筑总平面图、建筑平面图给定的建筑物角点设计坐标 M、N、P、Q，采用极坐标法对指定构筑物进行定位，如图 12-12 所示，依据 A、B 和 M、N、P、Q 的坐标，计算出 AB 和 AM、AN、AP、AQ 的坐标方位角 α_{AB}、α_{AM}、α_{AN}、α_{AP}、α_{AQ} 和 D_{AM}、D_{AN}、D_{AP}、D_{AQ}；测设数据及计算见表 12-1。

计算 $\beta_1=\alpha_{AM}-\alpha_{AB}=279°27'44''-60°00'00''=219°27'44''$、$\beta_2=\alpha_{AN}-\alpha_{AB}=243°41'24''$、$\beta_3=\alpha_{AP}-\alpha_{AB}=288°08'25''$、$\beta_4=\alpha_{AQ}-\alpha_{AB}=259°58'11''$。

在 A 点安置经纬仪瞄准 B 点作为起始方向精确测设 $\beta_1=\alpha_{AM}-\alpha_{AB}=219°27'44''$ 后，在该角的终边方向精密测设出距离 $D_{AM}=30.414$m，即为建筑物的外廓定位轴线的交点 M，同法亦可测设出其余点位 N、P、Q。

测设后检查：分别在 M、N、P、Q 点安置经纬仪测定其四大角，四大角与设计值（90°）的偏差为：

$\Delta\angle M=14''$　　　　$\Delta\angle N=-8''$

$\Delta\angle P=13''$　　　　$\Delta\angle Q=-12''$

四条主轴线边与设计值的偏差为：

$\Delta D_{MN}=-15$mm　　　　$\Delta D_{NP}=20$mm

$\Delta D_{PQ}=-17$mm　　　　$\Delta D_{QM}=11$mm

满足量距误差 1/5000、测角误差 $\pm40''$ 的要求。

B. 放线。在外墙周边轴线上测设轴线交点。如图 12-13 所示，将经纬仪安置在 M 点瞄准 Q 点，用钢尺沿 MQ 方向量出相邻两轴线间 M（1）—2 的距离（依据建筑平面图和表 12-1 测设数据及计算得出距离），定出 1、2、3、4、5、6 各点（也可以每隔 1～2 轴线定一点），同理可定出 A、B、C、D 各点。要求量距误差：1/5000～1/2000。丈量各轴线之间距离时，钢尺零端始终对在同一点上。

2. 高程测设

设已知水准点的高程为 $H_{水}$，±0.000 标志的高程为 $H_{设}$（见表 12-2）。在定位点 M、Q 的木桩上测设出±0.000 标志。

首先在已知水准点和定位点 M 的中间安置水准仪，读取水准点上的后视读数 $a=$

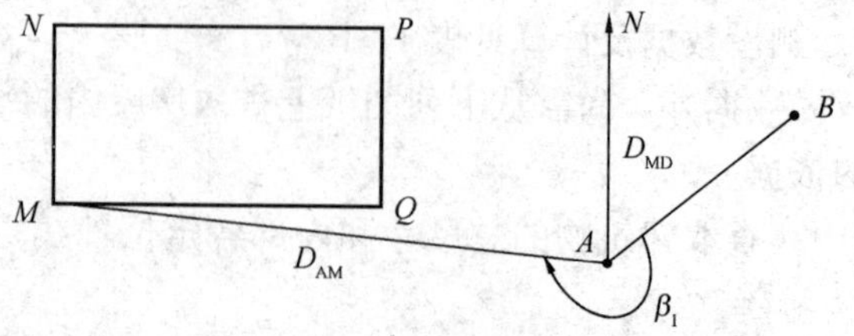

图 12-13　用导线点导线控制点测设待测设点的略图

1.680m，则定位点前视应读数 b 为：

$$b=(H_{水}+a)-H_{设}=(5.800+1.680)-6.500=0.980\text{m}$$

将水准尺紧贴定位点木桩上下移动，直至前视读数为 $b=0.980$m 时，沿尺低面的木桩上画线，则画线位置即为±0.000 标志的位置。

同法在另一定位点 Q 的木桩上测设出±0.000 的标志。

高程放样计算与记录表　　**表 12-2**

已知水准点高程 $H_{水}$：5.800m　　后视读数 a：1.680m　　仪器视线高 $H_{水}+a$：7.480m

点　名	设计高程 $H_{设}$（m）	前视读数（H_0+a）$-H_i$（m）	备　注
M	6.500	0.980	
Q	6.500	0.980	

1）读后视读数并计算测设数据

2）测设后检查

测量 M、Q 两点之间高差 $h_{MQ}=a-b=1.358-1.360=0.002$m；其值应为 0。若有误差，应在±3mm 范围内，否则应重新测设。

用水准仪测得点 M 与点 Q 的实际高差为：<u>－2mm</u>

根据设计高程算得点 M 与点 Q 的高差为：<u>0.00</u>

两者相差为：<u>－2mm</u>

满足测高程误差±3mm 的要求。

第四节　建筑物基础施工测量

一、基础开挖深度的控制

施工中，基槽（或坑）是根据基槽灰线开挖的。当开挖接近槽底时，在基槽壁上自拐角开始每隔 3～5m 测设一比槽底设计标高高 0.3～0.5m 的水平桩（又称腰桩），作为挖槽深度、修平槽底和打基础垫层的依据。高程点的测量容许误差为±10mm。

一般根据施工现场已测设的±0.000标高线，龙门板顶高程或水准点，用水准仪高程测设的方法测设水平桩。如图 12-14 所示，设槽底设计标高为－1.700m，欲测设比槽底设计标高高 0.500m 的水平桩。首先在地面适当位置安置水准仪，立水准尺于龙门板顶面上，读取后视读数为 0.774m，求得测设水平桩的前视应读数为 $b_{应}=0.774+1.700-0.500=1.974$m。然后立尺于槽内一侧并上下移动，直至水准仪视线读数为 1.974m，即可沿尺底在槽壁打一小木桩，即为要测设的水平桩。

二、基础垫层标高的控制和弹线

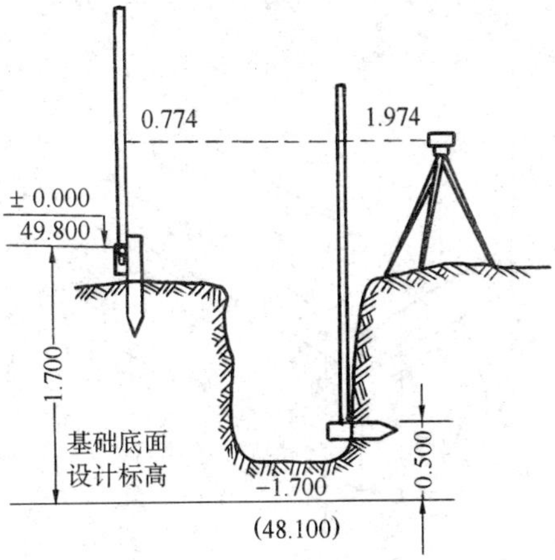

图 12-14　基础水平桩测设

为控制垫层标高，在基槽壁上沿水平桩顶面弹一条水平墨线或拉上白线绳，以此水平线直接控制垫层标高，也可用水准点或龙门板顶的已知高程，直接用水准仪来控制垫层标高。基础垫层打好后，根据龙门板上的轴线钉或轴线控制桩，用拉绳挂锤球或用经纬仪将轴线投测到垫层上，并用墨线弹出墙中心线和基础边线，作为砌筑基础的依据。

三、基础标高的控制和弹线

房屋基础墙（±0.000 以下的砖墙）的高度是利用基础皮数杆来控制的。立基础皮数杆时，可在立杆处打一木桩，用水准仪在木桩侧面抄出一条高于垫层标高某一数值的水平线，将皮数杆上相同的标高线与木桩上的水平线对齐，并将皮数杆固定在木桩上，即可作为砌筑基础的标高依据。

当基础墙砌筑到±0.000 标高下一层砖（防潮层）时，应用水准仪检测防潮层标高，其允许偏差为±5mm。防潮层做好后，根据龙门板上的轴线钉或引桩进行投点，其投点误差为±5mm。

当基础施工结束后，用水准仪检查基础面的标高是否符合设计要求，基础面是否水平，俗称“找平”，以便立墙身皮数杆砌筑墙体。

第五节　墙体施工测量

一、墙体定位

在基础工程结束后，应对龙门板（或控制桩）进行复核，以防移位。复核无误后，可利用龙门板或控制桩将轴线测设到基础或防潮层等部位的侧面，如图 12-15 所示，作为向上投测轴线的依据。同时也把门、窗和其他洞口的边线在外墙立面上画出。放线时先将各主要墙的轴线弹出，经检查无误后，再将其余轴线全部弹出。

二、墙体测量控制

（一）皮数杆的设置

在墙体砌筑施工中，墙身各部位的标高和砖缝水平及墙面平整是用皮数杆来控制和传递的。

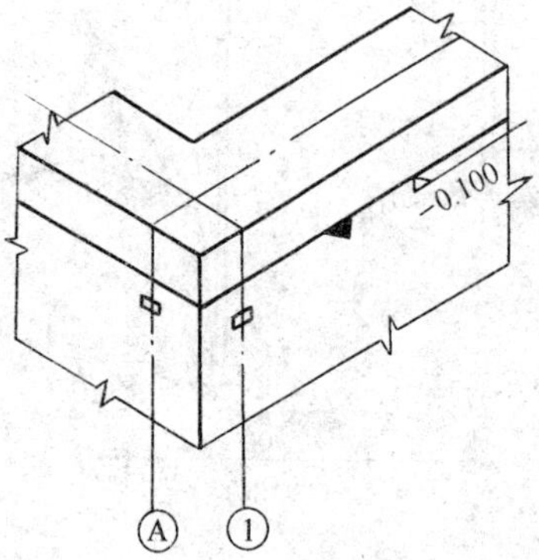

图 12-15　墙体轴线

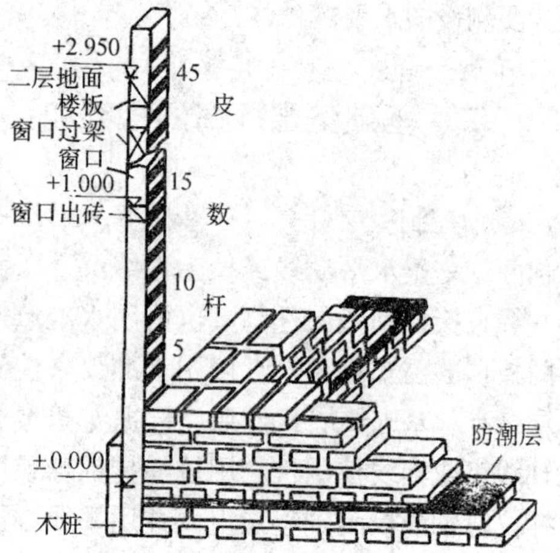

图 12-16　基础皮数杆

皮数杆是根据建筑剖面图画有每皮砖和灰缝的厚度，并注明墙体上窗台、门窗洞口、过梁、雨篷、圈梁、楼板等构件高程位置的专用木杆，如图 12-16 所示，在墙体施工中，用皮数杆可以保证墙身各部位构件的位置准确，每皮砖灰缝厚度均匀、每皮砖都处在同一水平面上。

皮数杆一般立在建筑物的拐角和隔墙处（图 12-16）。立皮数杆时，先在立杆地面上打一木桩，用水准仪在其上测画出±0.000 标高位置线，测量容许误差为±3mm；然后，把皮数杆上的±0.000 线与木桩上的±0.000 线对齐，并钉牢。为了保证皮数杆稳定，可在其上加钉两根斜撑，前后要用水准仪进行检查，并用垂球线来校正皮数杆的竖直。砌砖时在相邻两杆上每皮灰缝底线处拉通线，用以控制砌砖。

为方便施工，采用里脚手架时，皮数杆立在墙外边；采用外脚手架时，皮数杆立在墙里边。如系框架或钢筋混凝土柱间墙时，每层皮数可直接画在构件上，而不立皮数杆。

（二）墙体各部位标高控制

砖砌到 1.2m，即一步架高台，用水准仪测设出高出室内地坪线＋0.500m 的标高线，该标高线用来控制层高及设置门、窗过梁高度的依据；也是控制室内装饰施工时做地面标高、墙裙、踢脚线、窗台等装饰标高的依据。在楼板板底标高处 10cm 处弹墨线，根据墨线把板底安装用的找平层抹平，以保证吊装楼板时板面平整及地面抹面施工。在抹好找平层的墙顶面上弹出墙的中心线及楼板安装的位置线并用钢尺检查合乎要求后吊装楼板。

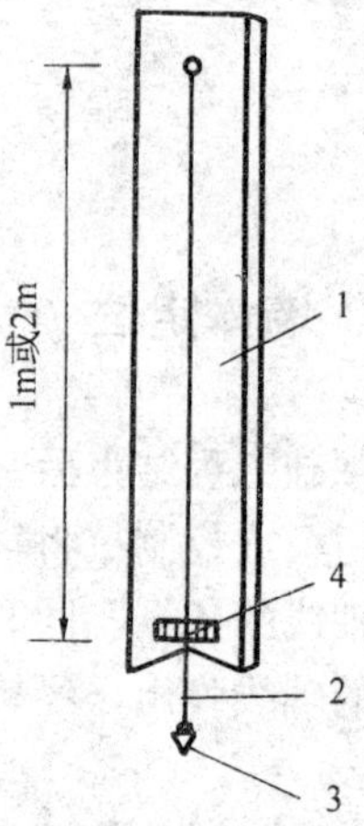

图 12-17　内墙面垂直度检测

1—垂球线板；2—垂球线；3—垂球；4—毫米刻度尺

楼板安装完毕后，用锤球将底层轴线引测到二层楼面上，作为二层楼的墙体轴线。对于二层以上各层同样将皮数杆移到楼层，使杆上±0.000 标高线正对楼面标高处，即可进行二层以上墙体的砌筑。在墙身砌到 1.2m 时，用水准仪测设出该层的“＋0.500m”标高线。

内墙面的垂直度可用如图 12-17 所示的 2m 托线板检测，将托线板的侧面紧靠墙面，看板上的锤线是否与板的墨线一致。每层偏差不得超过 5mm，同时，应用钢角尺检测墙壁阴角是否为直角。阴角及阳角线是否为一直线和垂直也用 2m 托线板检测。

（三）墙体轴线投测

按规范规定，在高层建筑施工测量中，一般应用吊锤线或经纬仪投测轴线，其投测方法及注意事项参见本章第六节的相关内容。

第六节　高层建筑施工测量

一、高层建筑施工测量的特点

由于高层建筑的建筑物层数多、高度高、建筑结构复杂、设备和装修标准高，特别是高速电梯的安装要求最高，因此，在施工过程中对建筑物各部位的水平位置、垂直度及轴线位置对尺寸、标高等的测设精度要求都十分严格。特别是在竖向轴线投测时，对测设的精度要求极高。

另外，由于高层建筑施工的工程量大，且多设地下工程，同时一般多是分期施工工期长，施工现场变化大，因此，为保证工程的整体性和局部性施工的精度要求，进行高层建筑施工测量之前，必须谨慎地制定测设方案，选用适当的仪器，并拟出各种控制和检测的措施以确保放样精度。

高层建筑一般采用桩基础，上部主体结构为现场浇筑的框架结构工程，而且建筑平面、立面造型既新颖又复杂多变，因而，其施工测设方法与一般建筑既有相似之处，又有其自身独特的地方，按测设方案具体实施时，务必精密计算，严格操作，并应严格校核，才可保证测设误差在所规定的建筑限差允许的范围内。

二、高层建筑施工测量

在高层建筑施工过程中有大量的施工测量工作，下面主要介绍高层建筑施工控制网的布设、高层建筑物桩基础施工测量、高层建筑物主要轴线的定位和放线、高层建筑物的轴线投测、高层建筑物的高程线道。

1. 施工控制网的布设

高层建筑必须建立施工控制网。其平面控制一般布设建筑方格网较为实用，且使用方便，精度可以保证，自检也方便。建立建筑方格网，必须从整个施工过程考虑，打桩、挖土、浇筑基础垫层及其他施工工序中的轴线测设要均能应用所布设的施工控制网。由于打桩、挖土对施工控制网的影响较大，除了经常进行控制网点的复测校核之外，最好随着施工的进行，将控制网延伸到施工影响区之外。而且，必须及时伴随着施工将控制轴线投测到相应的建筑面层上，这样便可根据投测的控制轴线，进行柱列轴线等细部放样，以备绑扎钢筋、立模板和浇筑混凝土之用。为了将设计的高层建筑测设到实地，同时简化设计点位的坐标计算和在现场便于建筑物细部放样，该控制网的轴系应严格平行于建筑物的主轴线或道路的中心线。施工方格网的布设必须与建筑总平面图相配合，以便在施工过程中能够保存最多数量的方格控制点。

建筑方格网的实施，与一般建筑场地上所建立的控制网实施过程一样，首先在建筑总平面图上设计，然后依据高等级测图点用极坐标法或直角坐标法测设在实地，最后，进行校核调整，保证精度在允许的限差范围之内。

在高层建筑施工中，高程测设在整个施工测量工作中所占比例很大，同时也是施工测量中的重要部分。正确而周密地在施工场地上布置水准高程控制点，能在很大程度上使立面布置、管道敷设和建筑物施工得以顺利进行，建筑施工场地上的高程控制必须以精确的起算数据来保证施工的质量要求。

高层建筑施工场地上的高程控制点，必须联测到国家水准点上或城市水准点上。高层建筑物的外部水准点高程系统应与城市水准点的高程系统统一，因为要由城市向建筑场区敷设许多管道和电缆等。

一般高层建筑施工场地上的高程控制网用三、四等水准测量方法进行施测，且应把建筑方格网的方格点纳入到高程系统中，以保证高程控制点密度，满足工程建设高程测设工作所需。所建网型一般为附合水准或闭合水准。

2. 高层建（构）筑物主要轴线的定位和放线

在建筑物放样时，按照建筑物柱列线或轮廓线与主控制轴线的关系，依据场地上的控制轴线逐一定出建筑物的轮廓线。对于目前一些几何图形复杂的建筑物，如S形、椭圆形、扇形、圆筒形、多面体形等，可以使用全站仪采用极坐标法进行定位。具体做法是：通过图纸将设计要素如轮廓坐标、曲线半径、圆心坐标及施工控制网点的坐标等识读清楚，并计算各自的方向角及边长，然后在控制点上安置全站仪（或经纬仪）建立测站，按极坐标法完成各点的实地测设。将所有建筑物轮廓点定出后，再行检查是否满足设计要求。

总之，根据施工场地的具体条件和建筑物几何图形的繁简情况，可以选择最合适的测设方法完成高层建筑物的轴线定位。

轴线定位之后，即可依据轴线测设各桩位或柱列线上的桩位。

3. 高层建筑基础施工测量

（1）桩基础施工测量。采用桩基础的建筑物多为高层建筑，其特点是建筑层数多、高度高、基坑深、结构竖向偏差直接影响工程受力情况，故施工测量中要求竖向投点精度高。高层建筑位于市区，施工场地不宽畅，整幢建筑物可能有几条不平行的轴线，施工测量要根据结构类型、施工方法和场地实际情况采取切实可行的方法进行，并经过校对和复核，以确保无误。

1）桩的定位：根据建筑物主轴线测设桩基和板桩轴线位置的允许偏差为20mm，对于单排桩，则为10mm。沿轴线测设桩位时，纵向（沿轴线方向）偏差不宜大于3cm，横向偏差不宜大于2cm。位于群桩外周边上的桩，测设偏差不得大于桩径或桩边长（方形桩）的1/10；桩群中间的桩则不得大于桩径或边长的1/5。

桩位测设工作必须在恢复后的各轴线检查无误后进行。

桩的排列因建筑物形状和基础结构不同而异。最简单的排列成格网状，此时只要根据轴线精确地测设出格网四个角点，进行加密即可。地下室桩基础则是由若干个承台和基础梁连接而成。承台下面是群桩，基础梁下面有的是单排桩，有的是双排桩。承台下群桩的排列有时也会有所不同。测设时一般是按照“先整体，后局部”、“先外廓，后内部”的顺序进行。

桩顶上做承台，按控制的标高进行，先在桩顶面上弹出轴线，作为支承台模板的依据。

承台浇筑完后，在承台面上弹轴线，并详细放出地下室的墙宽、门洞等位置。地下室施工标高高于地面时，根据轴线控制桩将轴线投测到墙的立面上，同时沿建筑物四周将标高线引测到墙面上。

2）施工后桩位的检测：桩基施工结束后，应根据轴线重新在桩顶上测设出桩的设计位置，并用油漆标明；然后量出桩中心与设计位置的纵、横向两个偏差分量 δ_x、δ_y。若其在允许误差范围内，即可进行下一工序的施工。

（2）深基坑施工测量。

1）测设基坑开挖边线。高层建筑一般都有地下室，因此要进行基坑开挖。开挖前，先根据建筑物的轴线控制桩确定角桩，以及建筑物的外围边线，再考虑边坡的坡度和基础施工所需工作面的宽度，测设出基坑的开挖边线并撒出灰线。

2）基坑开挖时的测量工作。高层建筑的基坑一般都很深，需要放坡并进行边坡支护加固。开挖过程中，除了用水准仪控制开挖深度外，还应经常用经纬仪或拉线检查边坡的位置，防止出现坑底边线内收，致使基础位置出现偏差。

3）基础放线及标高控制。

A. 基础放线。先根据地面上各主要轴线的控制桩，用经纬仪向基坑下投测建筑物的四大角、四廓轴线和其他主轴线，经认真校核后，以此为依据放出细部轴线，再根据基础图所示尺寸，放出基础施工中所需的各种中心线和边线，例如桩心的交线以及梁、柱、墙的中线和边线等。

测设轴线时，有时为了通视和量距方便，不是测设真正的轴线，而是测设其平行线，这时一定要在现场标注清楚，以免用错。另外，一些基础桩、梁、柱、墙的中线不一定与建筑轴线重合，而是偏移某个尺寸，因此要认真按图施测，防止出错。

如果是在垫层上放线，可把有关轴线和边线直接用墨线弹在垫层上，由于基础轴线的位置决定了整个高层建筑的平面位置和尺寸，因此施测时要严格检核，保证精度。如果是在基坑下做桩基，则测设轴线和桩位时，宜在基坑护壁上设立轴线控制桩，既能保留较长时间，也便于施工时用来复核桩位和测设桩顶上的承台和基础梁等。

从地面往下投测轴线时，一般用经纬仪投测法。由于俯角较大，为了减小误差，每个轴线点均应盘左盘右各投测一次，然后取中数。

B. 基础标高测设。基坑完成后，应及时用水准仪根据地面上的±0.000 水平线，将高程引测到坑底，并在基坑护坡的钢板或混凝土桩上做好标高为负的整米数的标高线。由于基坑较深，引测时可多设几站观测，也可用悬吊钢尺代替水准尺进行观测。在施工过程中，如果是桩基，要控制好各桩的顶面高程；如果是箱基和筏基，则直接将高程标志测设到竖向钢筋和模板上，作为安装模板、绑扎钢筋和浇筑混凝土的标高依据。

4. 高层建筑的轴线投测

高层建筑轴线投测是将建筑物基础轴线向高层引测，保证各层相应的轴线位于同一竖直面内。

有关规范对于不同结构的高层建筑施工的竖向精度有不同的要求。为了保证总的竖向施工误差不超限，层间垂直度测量偏差不应超过3mm，建筑全高垂直度测量偏差不应超过3H/10000（H为建筑总高度），且不应大于：

$30m < H \leqslant 60m$ 时，±10mm；

$60m < H \leqslant 90m$ 时，±15mm；

$90m < H$ 时，±20mm。

轴线投测的方法有以下几种：

（1）吊垂线法

一般建筑在施工中常用较重的特别重垂球悬吊在建筑物楼板或柱顶边缘，当垂球尖对准基础或墙底设立的定位轴线时，在楼层定出各层的主轴线，再用钢尺校核各轴线间距，然后继续施工。该法简单易行，不受场地限制，一般能保证施工质量。但当风力较大或层数较多时，误差较大，可用经纬仪投测。

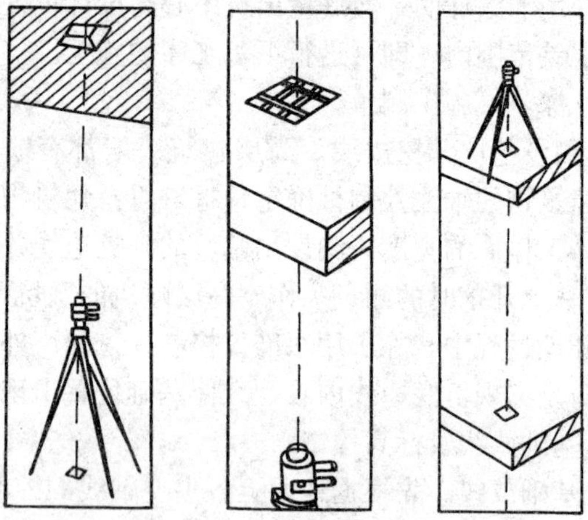
(a)　(b)　(c)

图12-18　垂准孔

在高层建筑施工时，常在底层适当位置设置与建筑物主轴线平行的辅助轴线，在辅助轴线端点处预埋一块小铁板，上面划以十字丝，交点上冲一小孔，作为轴线投测的标志。在每层楼的楼面相应位置处都预留孔洞（也叫垂准孔），面积30cm×30cm，供吊垂球用。如图12-18所示，投测时在垂准孔上安置十字架，挂上钢丝悬吊的垂球，对准底层预埋标志，当垂球线静止时固定十字架，而十字架中心则为辅助轴线在楼面上的投测点，并在洞口四周做出标志，作为以后恢复轴线及放样的依据。用此方法逐层向上悬吊引测轴线和控制结构的竖向测量，如用铅直的塑料管套着线坠线，并采用专用观测设备，则精度更高。此方法较为费时费力，只有在缺少仪器而不得已时才采用。

（2）经纬仪投测法

通常将经纬仪安置于轴线控制桩上，分别以正、倒镜两个盘位照准建筑物底部的轴线标志，向上投测到上层楼面上，取正、倒镜两投测点的中点，即得投测在该层上的轴线点。按此方法分别在建筑物纵、横轴线的四个轴线控制桩上安置经纬仪，就可在同一层楼面上投测出四个轴线交点。其连线也就是该层面上的建筑物主轴线，据此再测设出层面上其他轴线。

要保证投测质量，使用的经纬仪必须经过严格的检验与校正，尤其是照准部水准管轴应严格垂直于仪器竖轴。投测时应注意照准部水准管气泡要严格居中。为防止投测时仰角过大，经纬仪距建筑物的水平距离要大于建筑物的高度。当建筑物轴线投测增至相当高度时，而轴线控制桩离建筑物较近，经纬仪视准轴向上投测的仰角增大，不但点位投测的精度降低，且观测操作也不方便。为此，必须将原轴线控制桩延长引测到远处的稳固地点或附近大楼的屋面上，然后再向上投测。为避免日照、风力等不良影响，宜在阴天、无风时进行观测，如图 12-19 所示。

（3）激光铅垂仪投测法

对高层建筑及建筑物密集的建筑区，用吊锤线法和经纬仪法投测轴线已不能适应工程建设的需要，10 层以上的高层建筑应利用激光铅垂仪投测轴线，使用方便，精度高，速度快。

激光铅垂仪是一种供铅直定位的专用仪器，适用于高层建筑、烟囱和高塔架的铅直定位测量。该仪器主要由氦氖激光器、竖轴、发射望远镜、管水准器和基座等部件组成。置平仪器上的水准管气泡后，仪器的视准轴处于铅垂位置，可以据此向上或向下投点。采用此方法应设置辅助轴线和垂准孔，供安置激光铅垂仪和投测轴线之用。如图 12-20 为激光铅垂仪的基本构造图。图 12-18 中，（*a*）、（*b*）是向上作铅垂投点，（*c*）是向下作铅垂对点。

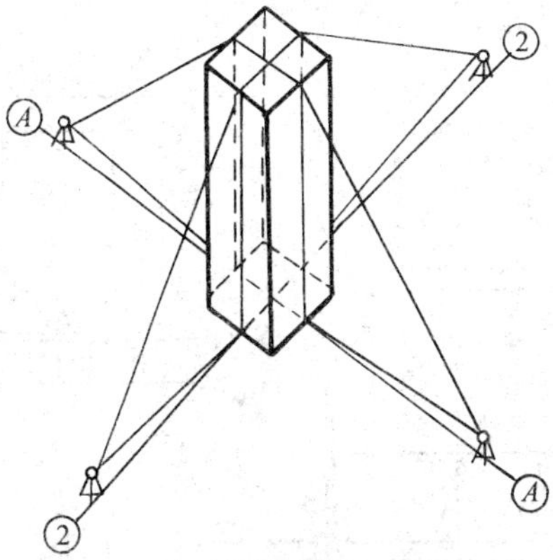

图 12-19　经纬仪投测法

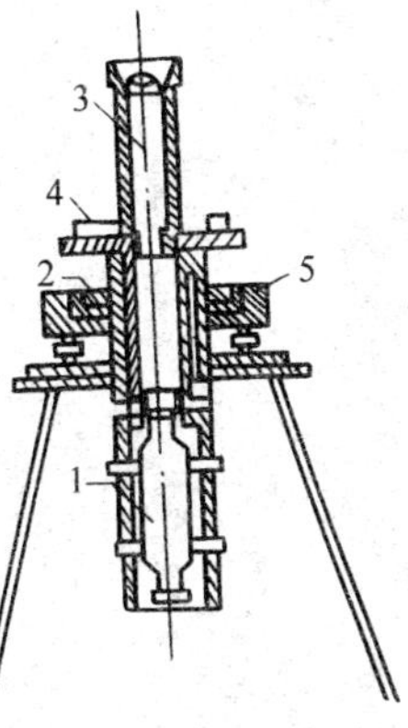

图 12-20　激光铅垂仪

1—氦氖激光器；2—竖轴；
3—发射望远镜；4—水准管；5—基座

使用时将激光铅垂仪安置在底层辅助轴线的预埋标志上，严格对中、整平，接通激光电源，起辉激光器，即可发射出铅直激光基准线。当激光束指向铅垂方向时，在相应楼层的垂准孔上设置接收靶即可将轴线从底层传至高层。

轴线投测要控制与检校轴线向上投测的竖直偏差值在本层内不超过 5mm，全楼的累积偏差不超过 20mm。一般建筑，当各轴线投测到楼板上后，用钢尺丈量其间距作为校核，其相对误差不得大于 1/2000；高层建筑，量距精度要求较高，且向上投测的次数越多，对距离测设精度要求越高，一般不得低于 1/10000。

5. 高层建筑的高程传递

多层或高层建筑施工中，要由下层楼面向上层传递高程，以使上层楼板、门窗口、室内装修等工程的标高符合设计要求。楼面标高误差不得超过±10mm。传递高程的方法有以下几种：

（1）利用皮数杆传递高程

在皮数杆上自±0.000m标高线起，门窗口、楼板、过梁等构件的标高都已标明。一层楼砌好后，则从一层皮数杆起一层一层往上接，就可以把标高传递到各楼层。在接杆时要检查下层杆位置是否正确。

(2) 利用钢尺直接丈量

在标高精度要求较高时，可用钢尺沿某一墙角自±0.000m标高处起向上直接丈量，把高程传递上去。然后根据下面传递上来的高程立皮数杆，作为该层墙身砌筑和安装门窗、过梁及室内装修、地坪抹灰时控制标高的依据。

(3) 悬吊钢尺法（水准仪高程传递法）

根据多层或高层建筑物的具体情况也可用钢尺代替水准尺，用水准仪读数，从下向上传递高程。如图12-21所示，由地面上已知高程点A，向建筑物楼面B传递高程，先从楼面上（或楼梯间）悬挂一支钢尺，钢尺下端悬一重垂。在观测时，为了使钢尺比较稳定，可将重垂浸于一盛满油的容器中。然后在地面及楼面上各安置一台水准仪，按水准测量方法同时读得a_1、b_1和a_2、b_2，则楼面上B点的高程H_B为：

$$H_B = H_A + a_1 - b_1 + a_2 - b_2 \tag{12-1}$$

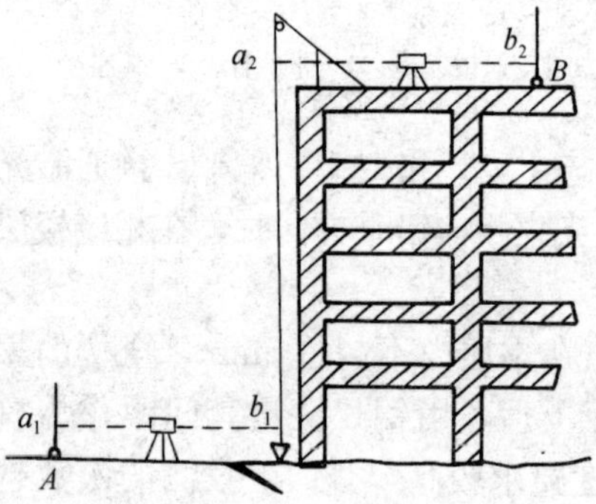

图12-21　悬吊钢尺法

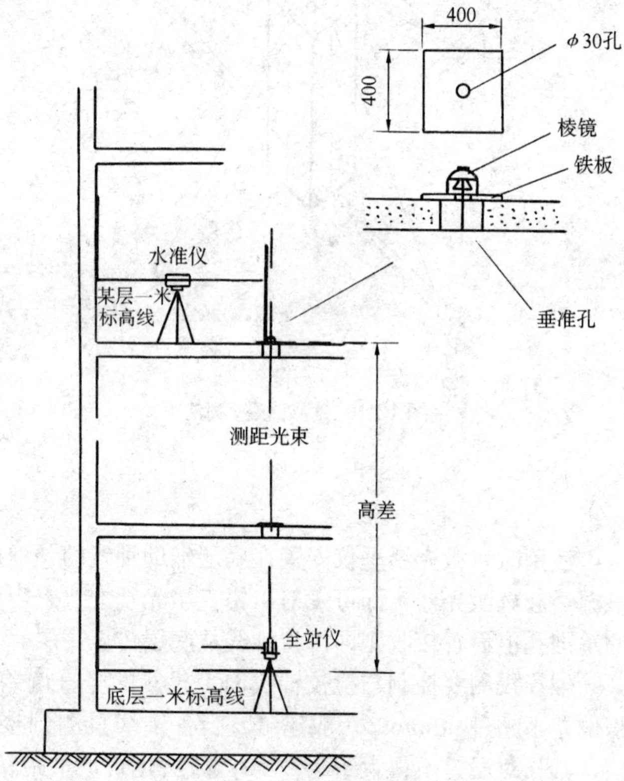

图12-22　全站仪天顶测距法传递高程

(4) 全站仪天顶测高法

如图12-22所示，利用高层建筑中的垂准孔（或电梯井等），在底层控制点上安置全站仪，置平望远镜（屏幕显示垂直角为0°或天顶距为90°），然后将望远镜指向天顶（天顶距为0°或垂直角为90°），在需要传递高层的层面垂准孔上安置反射棱镜，即可测得仪器横轴至棱镜横轴的垂直距离，加仪器高，减棱镜常数（棱镜面至棱镜横轴的高度），就可以算得高差。

6. 框架结构吊装测量

近来我国多（高）层民用建筑越来越多地采用装配式钢筋混凝土框架结构。高层建筑中有的采用中心筒体为钢筋混凝土结构，而其周边梁柱框架均采用钢结构，这些预制构件在建筑场地进行吊装时，应进行吊装测量控制，进行构件的定位、水平和垂直校正。其中柱子的定位和校正是重要环节，它直接关系到整个结构的质量。柱子的观测校正方法与工业厂房柱子定位和校正相同，但难度更高，操作时还应注意以下几点：

（1）对每根柱子随着工序的进展和荷载变化需重复多次校正和观测垂直偏移值。先是在起重机脱钩以后、电焊以前对柱子进行初校。在多节柱接头电焊、梁柱接头电焊时，因钢筋收缩不均匀，柱子会产生偏移，尤其是在吊装梁及楼板后，柱上增加了荷载，若荷载不对称时柱的偏移更为明显，都应进行观测。对数层一节的长柱，在多层梁、板吊装前后，都需观测和校正柱的垂直偏移值，保证柱的最终偏移值控制在容许范围内。

（2）多节柱分节吊装时，要确保下节柱的位置正确，否则可能会导致上层形成无法矫正的累积偏差。下节柱经校正后虽其偏差在容许范围内，但仍有偏差，此时吊装上节柱时，若根据标准定位中心线观测就位，则在柱子接头处钢筋往往对不齐；若按下节柱的中心线观测就位，则会产生累积误差。为保证柱的位置正确，一般采用方法是上节柱的底部就位时，应对准标准定位中心与下柱中心线的中点；在校正上节柱的顶部时，仍应以标准定位中心为准。吊装时，依此法向上进行观测校正。

（3）对高层建筑和柱子垂直度有严格控制的工程，宜在阴天、早晨或夜间无阳光影响时进行柱子校正。

第七节　复杂建(构)筑物施工测量

一般建(构)筑物的平面组合形式多为矩形，矩形平面组合的形式很多，有一字形、T字形、E字形、N字形、H字形和L字形等，矩形平面组合的建筑施工定位、放线测量中的主要特点是角度均为直角，其可以直接依据建筑施工总平面图和建筑平面图来确定，因而施测方法较简单。近年来，随着旅游建筑、公共建筑的发展，在施工测量中经常遇到各种平面图形比较复杂的建筑和构筑物，它们有圆形、椭圆形、梯形和多边形等，我们称为异型平面组合结构。异型平面组合建筑的定位放线与矩形平面组合有很大的不同，它们不仅要依据建筑施工总平面图、建筑平面图，更要依据异型平面组合的几何关系来计算，以求得角度、距离等测设数据，然后在实地利用测量控制点和一定的测设方法，先测设出建筑物的主轴线，再进行细部测设。

一、圆形类建筑

（一）直接拉线法

圆弧半径小的情况下可采用直接拉线法。在突出建筑物的中心位置后，即可进行施工放线。

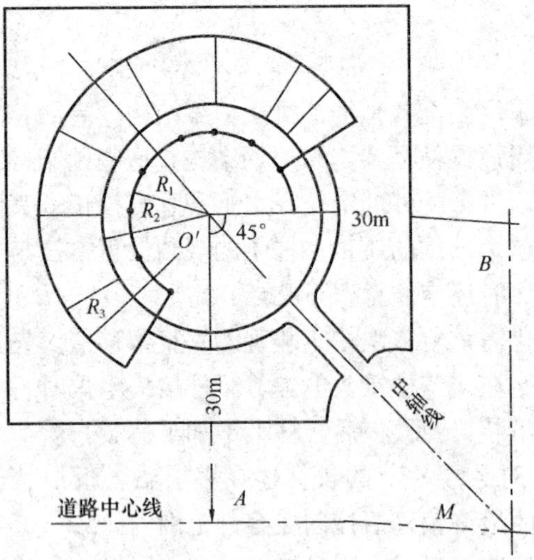

图 12-23 圆形建筑物测设

【例 12-2】 图 12-23 所示为某三层幼儿园底层平面图，图中 R_1 为前沿墙半径——8.4m，R_2 为柱廊半径——11.4m，R_3 为后沿墙半径——18m，半圆中柱廊七等分。其定位标准是两道路中心线，依据是建筑平面图中建筑平面圆心与两道路中心线的距离值。

【解】 用直接拉线法进行现场施工放线的步骤如下：

测设时以建筑平面圆心为标准，依据建筑平面图中的尺寸、几何关系，通过计算确定测设数据，同时结合 R_1、R_2、R_3 的大小进行距离的计算确定。其施测方法如下：

(1) 测设中心点 O。找出道路中心线交点 M，从 M 点沿道路中心线分别测设水平距离 30m，定出 A、B 两点。然后在 A、B 点安置经纬仪测设 O 点，并设置中心控制桩。

(2) 测设中轴线。在 O 点对中整平安置经纬仪，后视 A（或 B）点，测设 45°角，确定出建筑平面中轴线。

(3) 放出三圆弧线。以 O 点为圆心，用钢尺套住中心桩上的钢筋头或铁钉，分别以 R_1、R_2、R_3 画圆，测设出前沿墙、柱廊和后沿墙的轴线位置。

(4) 放出各房间轴线。根据四分之一圆弧，分三等分成三个房间，则其所对应的圆心角大小为 $90°\div3=30°$，用同样的方法等分另两个四分之一圆弧，便可在地面得到七个等分点；在 O 点安置经纬仪，照准各等分点，即可确定各房间的轴线方向。

(5) 设置龙门板和轴线控制桩。对以上角度和距离进行复查，满足精度要求后，即在测设的位置设置好各轴线的龙门板或轴线控制桩，再根据中心轴线及控制桩进行细部放线。

(二) 几何作图法

当半径 R 较大，圆心已越出建筑物之外，不能采用直接拉线法进行施工放线时，可采用几何作图法，也称直接放样法、弦点作图法。

该法是在施工现场采用几何作图工具（直尺、角尺等）直接放出具有一定精度的圆弧形平面曲线的大样，无须进行任何计算工作。一般操作工都能掌握。

【例 12-3】 一影剧院观众席某排座位的圆弧曲线 AB 的弦长为 $2L_0$，拱高 $h_0=R-\sqrt{R^2-L_0^2}$，见图 12-24，简述用几何作图法绘制圆弧曲线的作图步骤。

【解】 用几何作图法绘制圆弧曲线的作图步骤如下（参考图 12-25）：

(1) 作 $AB=2L_0$、$OC=h_0$ 并垂直平分 AB；确定 AB 的 1/4 分点，即 BC、CA 的 1/2 分点 G、F。

(2) 过 B 点作 AB 的垂直线，并与 AC 的延长线相交于 D；在 AD 上截取 $AB'=AB$，并连接 BB'。

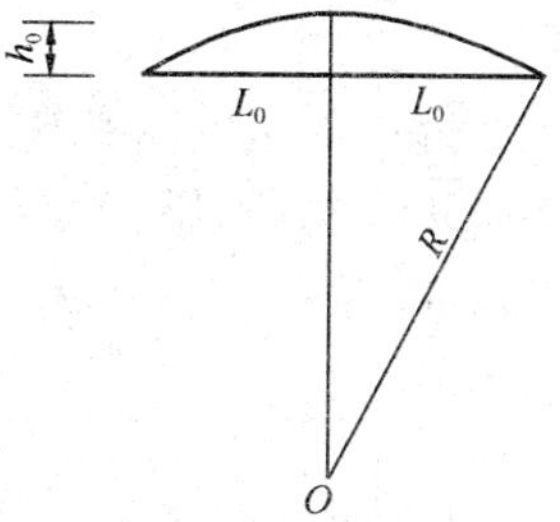

图 12-24　某影剧院观众坐席的圆弧曲线

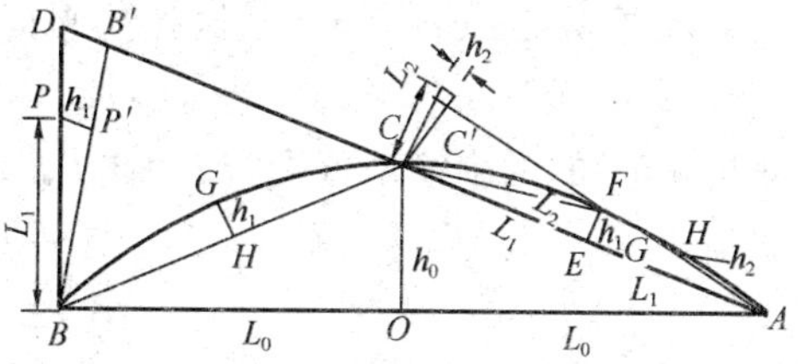

图 12-25　放样步骤图示

(3) 在 BD 上（或其延长线上）截取 $BP=L_1$（L_1 为 AC 弦或 BC 弦之半）。

(4) 过 P 点作 $DB'A$ 的平行线交 BB' 于 P' 点。

(5) 量取 PP' 的长度为 h_1，则 h_1 即是 AC 弧或 BC 弧的拱高。

(6) 作 AC 弦及 BC 弦的垂直平分线 EF 和 HG，并使 $EF=HG=h$，则 F、G 点即为 AB 圆弧曲线的 1/4 分点。

(7) 重复上面（2）～（6）各步骤，可得 AB 的 1/8 分点、1/16 分点、1/32 分点……

(8) 将所得各分点以平滑曲线相连，即得所要求作的圆弧曲线的大样图。

一般来说，重复 3～4 次，即可满足圆弧曲线的精度要求。

在大半径圆弧平面曲线的施工放线中，当弦的等分点越多，放线时所求得的圆弧形曲线越精确。作图宜在垫层做好后进行，作业中地面上所弹墨线较多，应精心操作，防止差错。

（三）坐标计算法

坐标计算法适用于半径较大的圆弧形平面曲线图形的施工放线，当半径较大，圆心越出建筑物平面以外甚远，用直接拉线法或几何作图法无法进行施工放线时，采用该法则能获得较高的施工精度，施工操作方法也较简便。

【例 12-4】 地处繁华市区中心广场一角的某商店，平面呈圆弧形，共 22 间，前沿圆弧半径为 86500mm，房屋进深为 11800mm，前沿每间轴线间弦长 4000mm，总平面及平面图如图 12-26、图 12-27 所示。用坐标计算法进行施工放线。

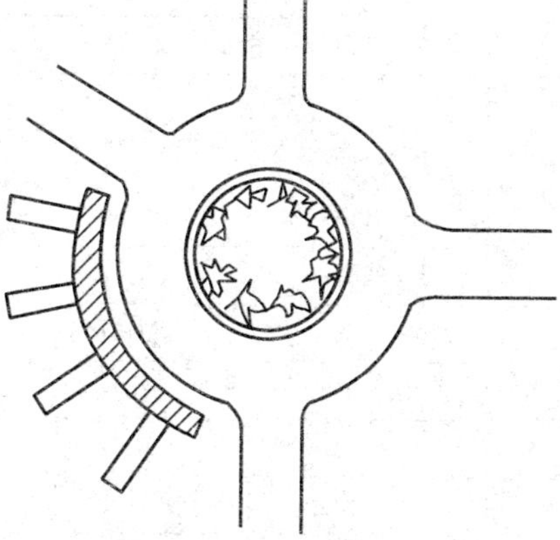

图 12-26　商店总平面图

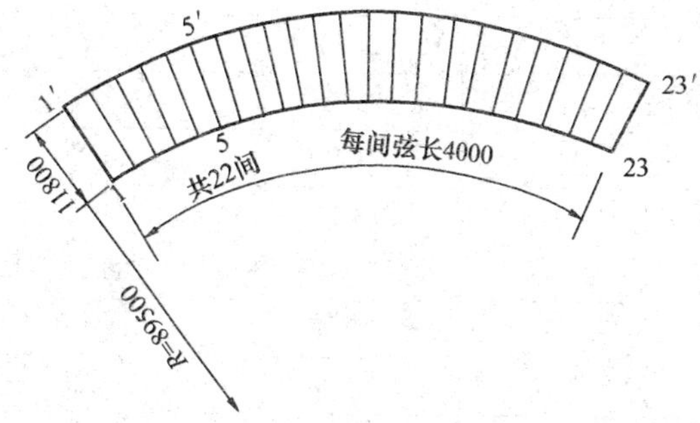

图 12-27　商店平面图

【解】 1. 坐标计算

（1）如图 12-28（*a*）所示，圆弧形平面的每一轴线点都可以组成以半径 R 为斜边的直角三角形 $1a_10$，$2a_20$，$3a_30$，…，$11a_{11}0$，半径 $R=8.65\text{m}$。如图 12-28（*b*）所示，直角三角形 $1a_10$ 的两个锐角分别为 α_1 和 β_1。由图 12-28（*b*）可得：

$$B=R\cdot\sin\alpha_1$$

$$h_1=R\cdot\cos\alpha_1$$

（2）下面计算直角三角形 $1a_10$ 的 α_1 值。如图 12-29 所示，先求每间弦长 4000mm 所对之圆心角 α，有公式：

$$\sin\frac{\alpha}{2}=\frac{2000}{86500} \tag{12-2}$$

由上式可求得：

$$\alpha=2°39'$$

在直角三形角 $1a_10$ 中，α_1 值即为总共 11 间所对之圆心角，即：

$$\alpha_1=2°39'\times11=29°09'$$

同理，对于其他直角三角形，其锐角 α_i 为：$\alpha_2=2°39'\times10$；$\alpha_3=2°39'\times9$；……

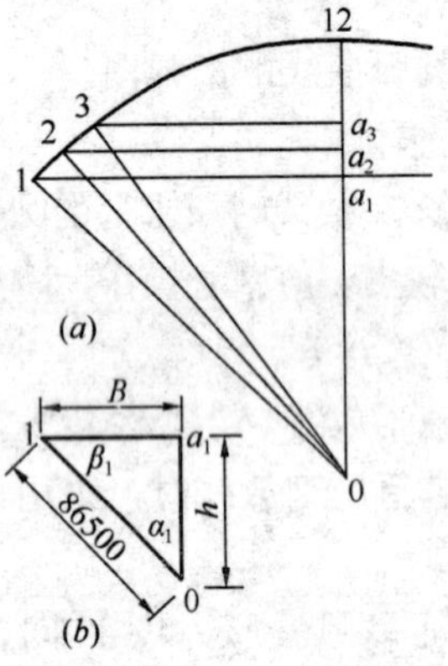

图 12-28　坐标计算图

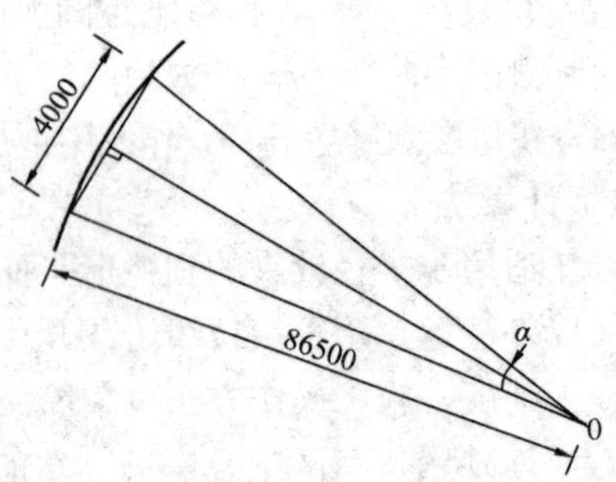

图 12-29　求每间弦长所对应的圆心角 α

（3）计算各点的 B、h 值。按式（12-1）进行计算，计算所得的数值列于表 12-3。

前圆弧各点坐标值计算表一　　**表 12-3**

点　号	a_i	B_i（mm）	$B_1\sim B_i$	h_i（mm）	$h_i\sim h_1$
1	29°09′	42134	0	75545	0
2	26°30′	38596	3538	77412	1867
3	23°51′	34976	7158	79114	3569
4	21°12′	31281	10853	80646	5101
5	18°33′	27518	14616	82006	6461
6	15°54′	23697	18437	83191	7646
7	13°15′	19826	22308	84197	8652
8	10°36′	15912	26222	85024	9479
9	7°57′	11964	30170	85669	10124

续表

点　号	a_i	B_i（mm）	$B_1 \sim B_i$	h_i（mm）	$h_i \sim h_1$
10	5°18′	7990	34144	86130	10585
11	2°39′	3999	38135	86407	10862
12	0	0	42134	86500	10955

注：表中 $B_1 \sim B_i$ 和 $h_i \sim h_1$ 的值是以 1 号点为原点的坐标值（参考图 12-28）。

（4）同法计算后圆弧各点放线坐标值（以 1′点为原点）。后圆弧半径 $R'=98300$mm。按式（12-1）进行计算，计算所得的数值列于表 12-4。

后圆弧各点坐标值计算表二　　表 12-4

点　号	a_i	B_i（mm）	$B_1 \sim B_i$	h_i（mm）	$h_i \sim h_1$
1′	29°09′	47881	0	85850	0
2′	26°30′	43861	4020	87971	2121
3′	23°51′	39747	8134	89905	4055
4′	21°12′	35548	12333	91647	5797
5′	18°33′	31272	16609	93193	7343
6′	15°54′	26930	20951	94539	8689
7′	13°15′	22530	25351	95683	9833
8′	10°36′	18082	29799	96623	10773
9′	7°57′	13596	34285	97355	11505
10′	5°18′	9080	38801	97880	12030
11′	2°39′	4545	43336	98195	12345
12′	0	0	47881	98300	12450

注：表中 $B_1 \sim B_i$ 和 $h_i \sim h_1$ 的值是以 1′号点为原点的坐标值。

2. 放线步骤

（1）根据建筑物的建设规划位置（由总平面设计图可知），定出前圆弧弦的两端点 1 和 23。两点的距离为 $2 \times B = 84268$mm，丈量应精确，并拉好直线。

（2）以 1 点为起点（即原点），按表 12-3 中的 $B_1 \sim B_i$ 值，向右分别量取 3538、7158、10853……各值，并由此各点向上作垂线（用经纬仪或方角尺均可），再按表中的 $h_i \sim h_1$ 值，分别量取 1867、3569、5101 各值，即可定出 2，3，4，…，12 各轴线中心点的位置。根据对称性质特点，可定出 13，14，…，22 各点。

（3）用同样的方法，按表 12-4 中的各 $B_1 \sim B_i$、$h_i \sim h_1$ 值，可定出后圆弧 1′，2′，3′，…，23′各点。各轴线中心点的放线简图如图 12-30 所示。

（4）各轴线中心点定出后，可按正常的施工放线方法钉上龙门板（桩）。在圆弧的弦线方向宜钉上控制性龙门板（桩），如图 12-31 所示，注明轴线点编号和 B、h 值，以便施工中进行复核之用。

（5）本工程前后墙在轴线间都是直线弦段，放线较为简便。值得注意的是，同样是圆弧形平面的建筑，由于设计图纸、施工地点和施工环境的不同，其坐标计算方法和现场施工放线方法也略有差异，应根据具体情况灵活处理。

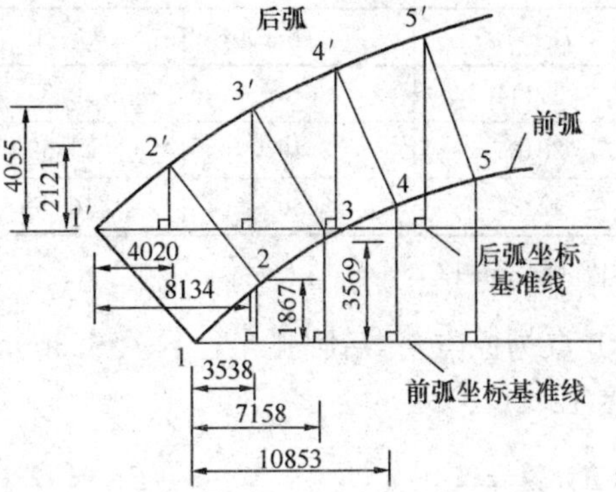

图 12-30 放线简图

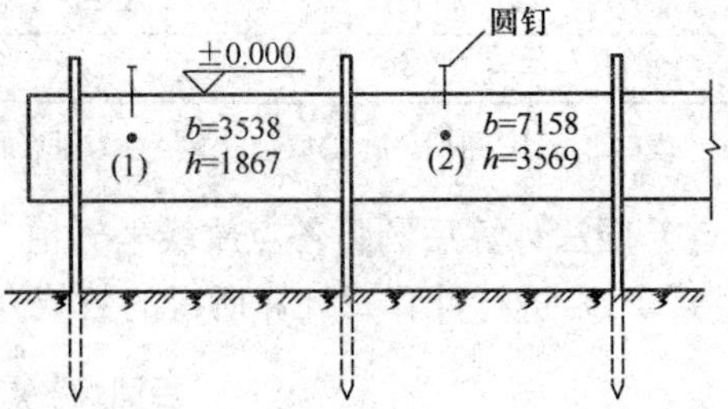

图 12-31 控制性龙门板（桩）示意图

（四）经纬仪测角法

当圆弧曲线的半径较大，曲线长度又较长，不宜采用坐标计算法进行曲线放线时，可借助经纬仪进行圆弧曲线的放线工作。经纬仪测角法主要应用一条几何定理，即弦切角等于该弦所对之圆心角之半。

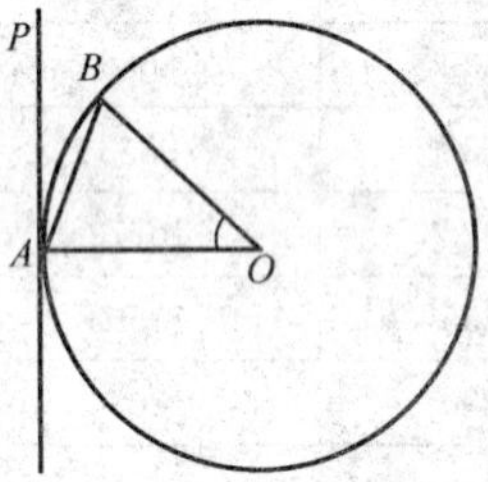

图 12-32 已知弦长及圆心角作圆法

如图 12-32 所示。在圆中，弦 AB 与切线 PA 所夹的角 $\angle PAB$，等于圆心角 $\angle AOB$ 的一半，即

$$\angle PAB=1/2\angle AOB$$

因此，只要知道弦长和圆心角，就可利用经纬仪配合钢尺或利用全站仪，精确地定出圆弧上的各点位置。下面通过一个实例说明经纬仪测角法的测设过程。

【例 12-5】 某宾馆建筑位于市区主要街道的转角处，平面形状呈 S 形，总平面位置及平面轴线尺寸如图 12-33 所示。地面放线时，圆心 O_1 处民房尚未拆除，圆心 O_2 处有障碍物。基坑底标高为－6.10m，O_1、O_2 均在挖土区。基础施工时，基坑土方、混凝土垫层、地下室钢筋混凝土结构按三段流水。基坑用钢板桩作护壁。试简述进行地面放线现场施工的过程。

【解】 本工程平面形状为 S 形，仅㉖轴至㉜轴间为矩形，因圆心 O_2 处有障碍，故不能用直接拉线法进行圆弧曲线的施工放线，又因为基础施工按三段流水，故亦不能采用几何作图法、坐标计算法等施工定位放线方法。故拟采用经纬仪测角法进行施工定位放线。

1. 测设数据计算

由于平面形状复杂，应确定一条基准轴线，作为整个施工定位放线的控制线，现决定以⑦轴线为基准轴线。每间放射轴线的角度为：

$$\alpha=90°/8=11°15'$$

每间圆弧曲线的弦长 c 的计算公式为：

$$c_i = 2R_i \cdot \sin\alpha/2$$

已知，各轴线半径分别为：西侧⑤轴线，RF＝29407mm；⑥轴线，RE＝46207mm；④轴线，RA＝74207mm。因此，各轴线的弦长 c 分别为：CF＝5764mm；CE＝9057mm；CA＝14545mm。同理，东侧各轴线的弦长 c 也可按上式求得。

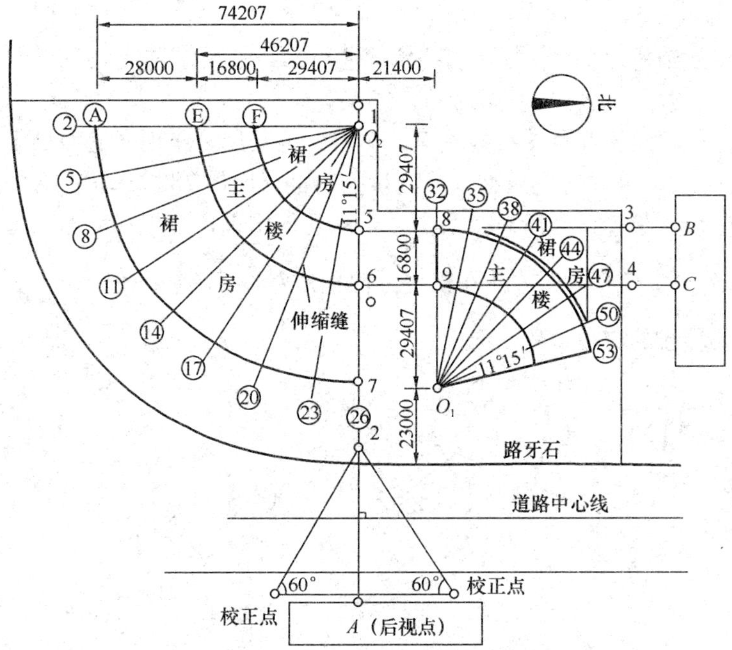

图 12-33　某宾馆建筑平面图

2. 测设控制桩

（1）根据规划提供的建筑红线位置，定出㉖轴线位置，并在㉖轴线东端的自然地面上（非挖工区）设置稳固的测量控制桩点为 2 号桩点，在主干道东侧的建筑物墙上，设立后视点 A。

（2）为了保证 2 号测量控制桩点位置的正确性，在道路东侧的人行道上，又设立两个校正点，其夹角均为 60°，如图 12-34 所示。

（3）将经纬仪架设于 2 号测量控制桩点，对中、整平后，首先将视线照准主干道东侧设在建筑物墙上的后视点 A，然后倒转望远镜（或顺转 180°），在视线方向设立 17 号临时测量控制桩点，如图 12-34 所示。因此时 O_2 处民房未拆，不能设置 1′号测量控制桩点，故在 O_2 点前面的适当部位设立 1′号临时测量控制桩点。然后定出㉖轴线。注意：须用正倒镜取中法作定点，以防有误。

（4）根据设计图纸提供的尺寸，在㉖轴线上，从路牙石开始，向内量取 23000、29407、16800mm，分别定出主楼和裙房的放线控制点 7、6、5 号，并设立稳固木桩，桩顶处应设轴线标志点。

（5）将经纬仪架设于 5 号放线控制点，对中、整平后，首先将视线照准 2 号（或 1′号）测量控制桩点，然后转动 90°，在视线方向，即建筑物北侧自然界地面上（非挖土区）定出 3 号测量控制桩点，并在北侧的建筑物墙上，设立后视点 B，在视线方向量取 21400mm，定出㉜轴线上的 8 号放线控制点，同样设立稳固的木桩，最后将经纬仪再转动 90°，对准 1′号（或 2 号）测量控制桩点作校核。

（6）将经纬仪搬至 6 号放线控制点，同步骤（5），定出 4 号测量控制桩点和后视点 C，以及 9 号放线控制点。

（7）3、4 号测量控制桩点和后视点 B、C 设定后，应测设∠$B3C$ 和∠$B4C$ 的角度，以便在施工过程中校核 3、4 号测量控制桩点位置的正确性。

3. 放样细部点

现以Ⓕ轴线的圆弧形部分为例，如图 12-34 所示，放出Ⓕ轴线上各放射形轴线中心点位置方法如下：

（1）将经纬仪架设于 5 号放线控制点，对中、整平后，将视线先照准 1′号或 2 号测量控制桩点后作 90°转动（亦可先照准 3 号测量控制桩点后作 180°转动），使视线朝向南方。

（2）根据弦切角等于该弦所对圆心角之半的几何定理，使视线向右（即向西）方向转动一角度，为$\frac{11°15'}{2}=5°37'30''$，并在视线方向正确量取 5764mm，得点 1，则点 1 即为㉓放射形轴线与Ⓕ轴线的交点位置。

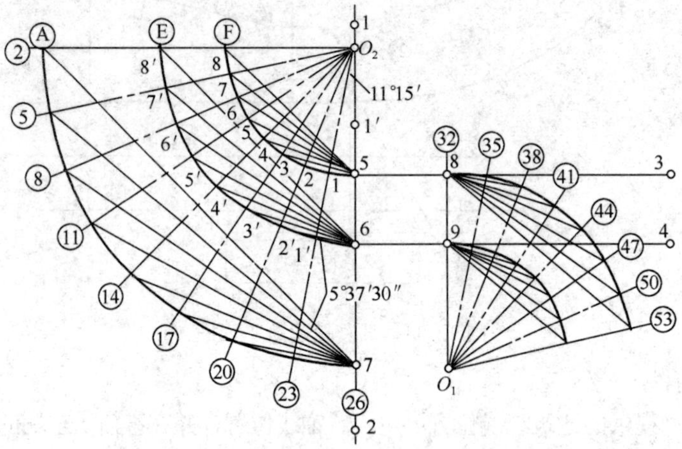

图 12-34　在地面上放出各轴线位置和桩位

（3）将视线继续向右转动 5°37′30″，并从点 1 开始，以 5764mm 的长度与视线相交得点 2，则点 2 即为⑳放射形轴线与Ⓕ轴线的交点位置。

（4）继续上述操作方法，直到 3、4、5、6、7、8 各点全部放出。这里须提及的一点是，由于操作、丈量等方面的多种原因，往往造成总尺寸不能闭合而产生误差，这时应作反复测定，直至全部闭合正确为止。

（5）再测设东侧⑤轴线。将经纬仪移至 8 号放线控制点，对中、整平后，首先将视线照准 5 号放线控制点，然后转动 180°，对准 3 号测量控制桩点、校核无误后，按照上述（2）～（4）的操作步骤，可放出㉜～(53)各放射形轴线与⑦轴线的交点。这里须注意的一点是，这边的弦长不是 5764mm，而是 9057mm（读者自行验算）。

（6）同上原理，可放出Ⓔ轴线、Ⓐ轴线上各放射形轴线的交点，这里不再赘述。放线定位测量中应注意：2、3、4 号测量控制桩点是整个定位放线的关键性控制桩点，每次测设前，应认真校核其位置的正确性。对于 2 号测量控制桩点，应用主干道东侧的两个校正点进行校正测设；对于 3、4 号测量控制桩点，应分别测设∠*B*3*C* 和∠*B*4*C*，以校核其位置的正确性。

二、多边形类建筑

【例 12-6】 图 12-35 所示为某五边形建筑物的建筑平面图，进行此类多边形建筑物建筑的测设时，应严格根据多边形的几何关系进行计算确定其放线数据。根据正五边形的几何原理（图 12-36）知，正五边形各内角均为 108°。当其外接圆半径为 1 时可计算出如下数据：

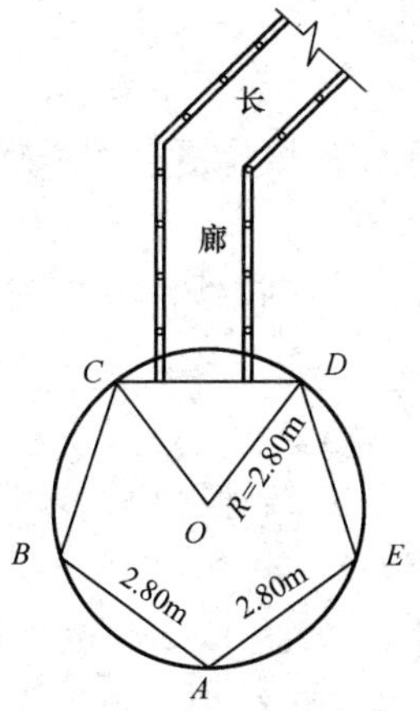

图 12-35　五边形建筑测设

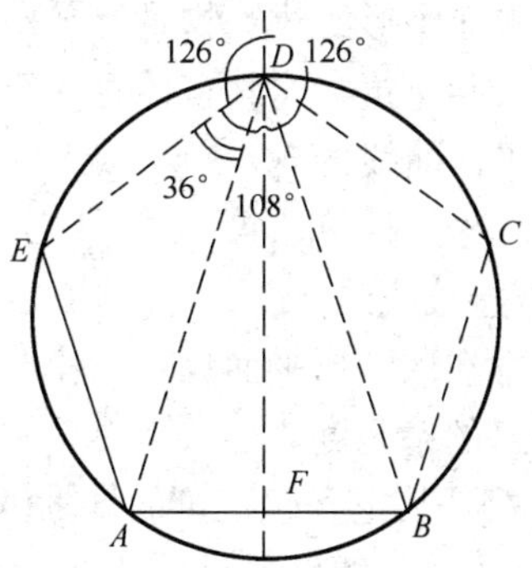

图 12-36　正五边形原理

若正五边形的外接圆半径大于 1，则直接进行换算。

由此可用经纬仪测设角度来进行该建筑物的放样，步骤如下：

（1）测设 C、D 点。根据建筑总平面图，依据定位测设数据进行。

（2）测设 CB、AC、CE 方向。在 C 点对中、整平安置经纬仪，后视 D 点，顺时针测设 36°、72°和 108°，测定出 CE、AC 和 CB 方向。

（3）进行角度复查校核。在 C 点安置经纬仪，后视 D 点，对观测各角度进行复查，当各角度与理论值的差不超过 20″时为合格。

（4）测定 E、A、B 点。在 CE、AC 和 CB 方向上分别测设距离为 CE、AC 和 BC，定出各点。其中 $CE=AC=1.902\times2.38\text{m}\approx4.527\text{m}$，$BC=1.176\times2.38\text{m}\approx2.799\text{m}$。

（5）复查各点距离和各内角。距离相对误差不超过 1/3000，各角度与理论值的差不超过 20″时为合格，否则要进行调整或重新测设。

三、梯形平面组合建筑

图 12-37 所示为梯形平面组合的两种主要表现形式，图 12-37（a）形式建筑的定位放线可按矩行平面组合建筑进行；图 12-37（b）形式建筑的定位放线可参照圆形建筑来进行（具体测设过程略）。

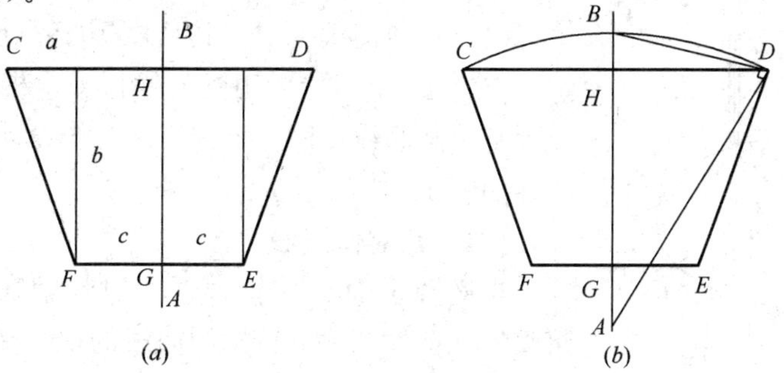

图 12-37　梯形建筑物

四、椭圆形平面图形建筑物施工测量

椭圆形平面图形的建筑物具有平面布局紧凑、立面比较活泼、富有动态感等优点，较多地使用于公共建筑，尤其在体育建筑中使用较多。

椭圆形平面曲线的现场施工放线方法很多，常用的有直接拉线法（即连续运动法）、几何作图法和坐标计算法等。

（一）直接拉线法

该法通常在椭圆形平面尺寸较小时采用，其操作简单，放线速度快，只要操作认真就可以获得较好的精确度。

【例 12-7】 某纪念碑建筑的外围围墙形状为一椭圆形，如图 12-38 所示。椭圆长轴的设计尺寸 $a=15$m，短轴的设计尺寸 $b=9$m。试用直接拉线法进行现场施工放线。

【解】 放线步骤：

（1）根据总平面设计图，确定纪念碑平面图形中心点位置和主轴线（即椭圆的短轴）方向，并正确放出长轴位置，如图 12-39 所示。

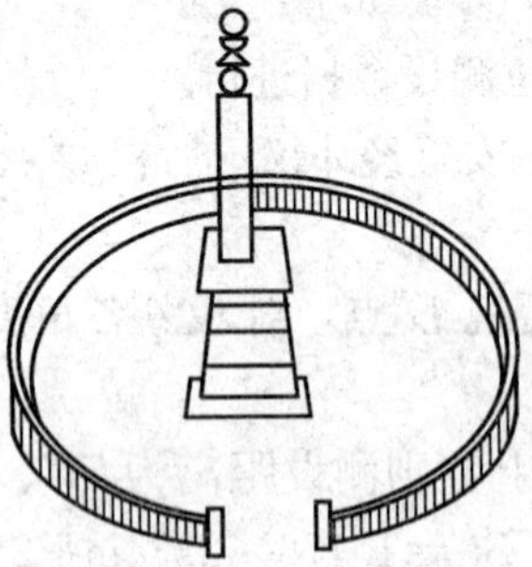

图 12-38　某椭圆形纪念碑平面示意图

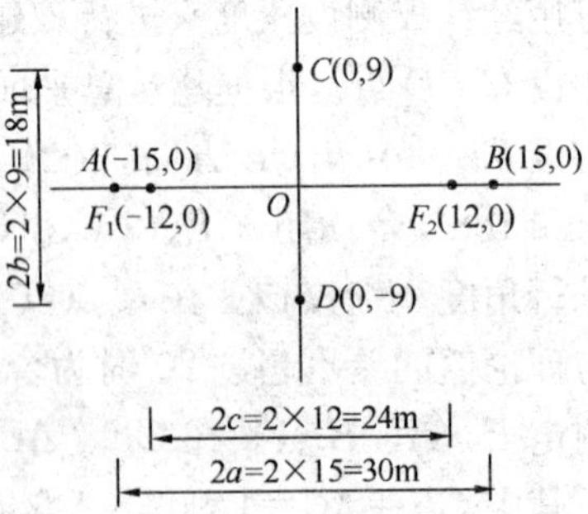

图 12-39　放出椭圆长轴坐标

（2）根据已知的长、短轴设计参数 $a=15$m、$b=9$m，定出椭圆形平面的四个顶点位置，即 A（-15，0）、B（15，0）、C（0，9）、D（0，-9）。并计算出椭圆的焦距和确定焦点位置。焦距为：

$$C=\sqrt{a^2-b^2}=\sqrt{15^2-9^2}=12\text{m}$$

（3）在焦点 F_1 和 F_2 处建立较为稳固的木桩或水泥桩。

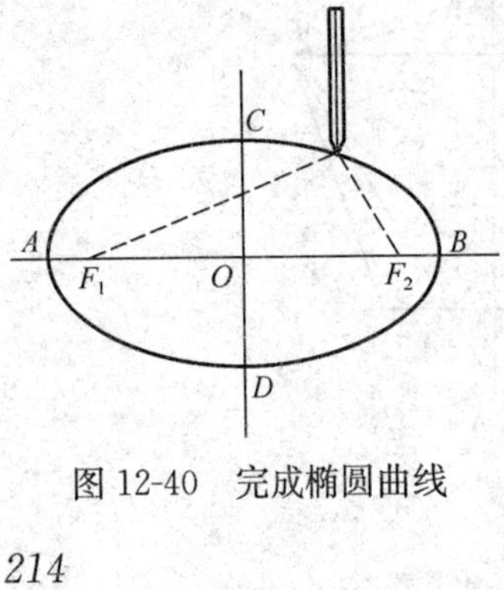

图 12-40　完成椭圆曲线

（4）找细钢丝一根，其长度等于 F_1C+F_2C，两端固定于 F_1、F_2 上，然后用圆的铁棍或木棍套住细钢丝后在长轴两边画曲线，即可得到一条符合设计要求的椭圆形曲线，如图 12-40 所示。

（二）几何作图法

当椭圆平面尺寸较大（一般长轴在 80m 以上）时，可采用几何作图法进行椭圆曲线的现场施工放线。而几何作图法中，又大多采用四心圆心，因为它能直接放出圆弧曲线，施工操作不太复杂。

【例 12-8】 某省体育馆平面形状为椭圆形，设计图纸提供的椭圆形平面的长、短轴设计尺寸（柱中心线）：长轴 $2a$＝80m，短轴 $2b$＝60m，周围设 44 根柱子，平面形状参见图 12-41。

【解】 现场施工放线步骤如下。

1. 计算测设数据

根据设计图纸提供的长、短轴尺寸，先用四心圆法在图纸上作一椭圆，其比例一般可用 1∶100～1∶200，如图 12-41（一）所示，并精确测量下列数值。

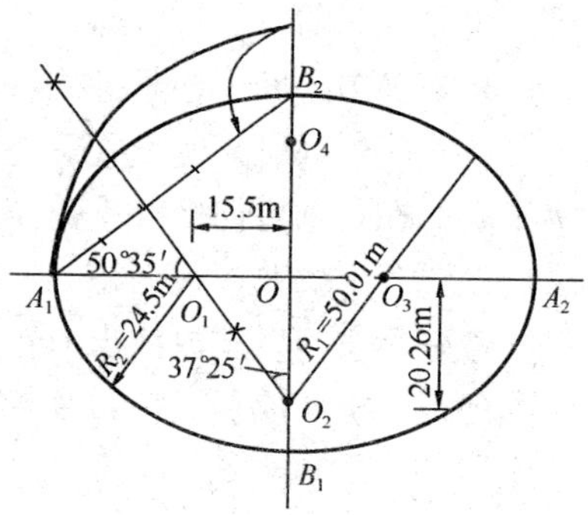

图 12-41 用四心圆法求作椭圆（一）

（1）四段圆弧的圆心与中心 O 的距离，OO_1（OO_3）＝15.5m，OO_2（OO_4）＝20.26m。

（2）长轴方向圆弧半径：R_1＝50.01m；短轴方向圆弧半径 R_2＝24.5m；R_1 与短轴的夹角 α_1＝37°25′；R_2 与长轴的夹角 α_2＝52°35′。

（3）计算整个椭圆形的周长：长轴方向圆弧：$\left(R_1\times2\times\pi\times\dfrac{\alpha_1\times2}{360^\circ}\right)\times2=130.65\text{m}$；短轴方向圆弧：$\left(R_1\times2\times\pi\times\dfrac{\alpha_1\times2}{360^\circ}\right)\times2=89.94\text{m}$；椭圆周长：130.65＋89.94＝220.59m。

（4）周围 44 根柱子的柱距为：220.59÷44＝5.013m。

2. 确定四个圆心位置

（1）按总平面图设计位置，在现场定出椭圆形平面的中心点及主轴线方位。

（2）用经纬仪或方角尺确定长、短轴线方位，确定椭圆平面的四个顶点 A_1、A_2、B_1、B_2。

（3）根据上述已得数值，确定四个圆心 O_1、O_2、O_3、O_4 的位置，认真钉好木桩（或水泥桩），在圆心部分钉上铁钉。

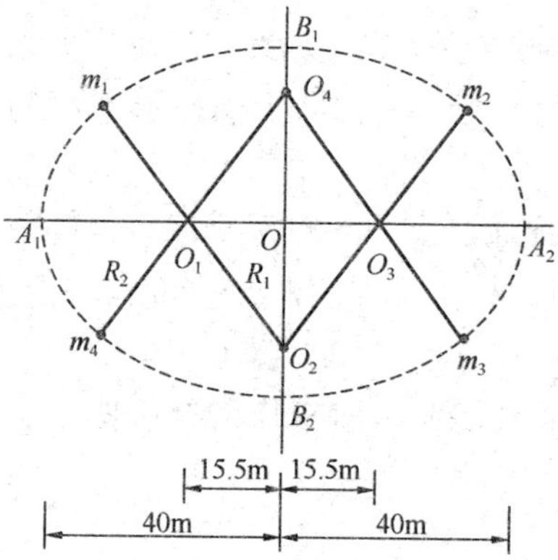

图 12-41 用四心圆法求作椭圆（二）

3. 确定椭圆形细部点

（1）连接四个圆心并延长，按上述已求得的圆弧半径 R_1 和 R_2，确定圆弧的交界点 m_1、m_2、m_3、m_4，如图 12-41（二）所示。

（2）分别以 O_1、O_2、O_3、O_4 为圆心，以相应的 R_1 和 R_2 为半径，用直接拉线法作圆弧曲线，所得的封闭图形，即为所要求作的椭圆平面的四周柱子中心线。

（3）确定椭圆形平面四周柱子的合理方位。一般以椭圆形外圈离中心点最短距离（即短轴长度之半）与长轴的交点所作的连线方向为合理方位。

假定从 OB_2 短轴的右侧开始，右边量得$\dfrac{1}{2}\times5.013=2.5065=2.507\text{m}$，得 1 点。然后

以 1 点为圆心，以短轴之半长（30m）为半径，作弧交长轴于 1′点，连接 1-1′，则连线方向即为 1 点柱子的中心线方向。其余 2，3…各点与各柱子方位的求法同上。

（4）当确定好四周柱子的位置和中心线方向后，即可放出基础的全部尺寸线。

（5）龙门板（桩）的设置。龙门板（桩）的设置，可分内、外两部分，内部可以中心点为中心，在长轴方向 20m 范围内，沿长轴轴线方向设一整体龙门板，外部则顺着椭圆形方向设置若干块龙门板（桩）。在确定好外围柱子的方位后，在内、外龙门板上应钉上铁钉，做好标志，以防放线出差错。

龙门板（桩）应稳固，并妥善保护，以便施工中多次重复使用，并便于检查、复核和验收之用。

（三）坐标计算法

当椭圆形平面曲线的尺寸较大，或不能采用直接拉线法和几何作图法进行施工放线时，常采用坐标计算法进行现场施工放线。计算方法和圆弧曲线的坐标计算法相同。通过坐标计算，最终列成表格，供现场放线人员使用，施工操作较为简单，能获得较好的施工精度。

【例 12-9】 以［例 12-7］所述的纪念碑为例，采用坐标计算法进行椭圆形平面的施工放线。

【解】 1. 坐标计算

（1）根据已知条件，椭圆长轴的设计尺寸 $a=15$m，短轴设计尺寸 $b=9$m，则该椭圆的标准方程式为：

$$\frac{x^2}{15^2}+\frac{y^2}{9^2}=1$$

（2）把标准方程式变为：

$$y=\pm\frac{9}{15}\sqrt{15^2-x^2}$$

（3）将 $x=0$，1，2，…，15 各点代入方程式，求出相应的 y 值。

2. 施工放线

（1）根据总平面设计，确定纪念碑椭圆形平面的中心点位置和主轴线（短轴）方位。

（2）以主轴线为 y 轴，以中心点为原点，建立直角坐标，x 轴即为椭圆形平面的长轴线。

（3）在 x 轴上分别取 $x=1$，2，3，…，15 各点，并通过上述各点垂直线，根据前面计算的数值，如图 12-39 所示，分别量取各点的 y 值，即 $y_0=\pm 9$，$y_1=\pm 8.92$，…，$y_{15}=0$。

和圆弧曲线的坐标计算法一样，当 x 轴上取的点数越多时，所求作的椭圆曲线也越顺滑，越精确。

五、双曲线平面图形建筑物施工测量

双曲线平面图形的现场施工放线，一般采用坐标计算法，根据设计图纸所给的平面尺寸，先列出双曲线的标准方程式，然后将 z（或 y）作为变量，求出相应的 y 值（或 x

值），最后将计算结果列成表格，供现场放线人员使用，从而简化放线手续，提高放线工效和精确度。

【例 12-10】 图 12-42 所示为一会议大厅的平面图形，长向为双曲线形，两端为圆弧曲线形，有关平面设计尺寸见图示，试用坐标计算法进行施工放线。

【解】 1. 坐标计算

以平面中心点为坐标原点，以横向为 x 轴，纵向为 y 轴建立直角坐标系。经计算，该会议大厅双曲线的标准方程式为：

$$\frac{x^2}{13^2}-\frac{y^2}{24.8^2}=1$$

将上述标准方程式改变为以 y 为变量的方程式：

$$x=\pm\frac{13}{14.8}\sqrt{24.8^2+y^2}$$

设 y 分别等于 0，3，6，9，…，27，29 各值，代入上式，求得相应的 x 值，如表 12-5 所示。

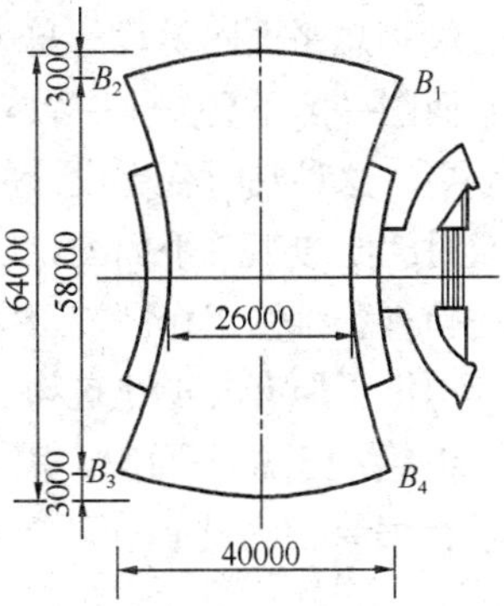

图 12-42　某会议大厅双曲线平面图

双曲线点坐标计算表　　**表 12-5**

y	0	3	6	9	12	15	18	21	24	27	29
x（±）	13	13.09	13.38	13.83	14.44	15.19	16.06	17.03	18.09	19.22	20

然后计算两端圆弧的半径。如图 12-43 所示，已知弦长为 40000mm，矢高为 3000mm，则可以计算出圆弧的半径：$R=68.26$m。

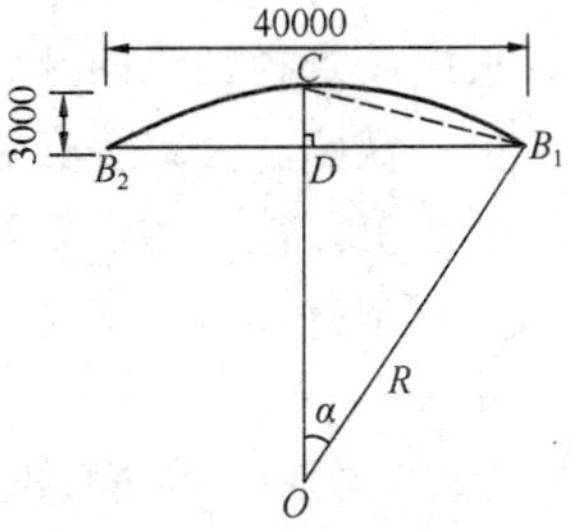

图 12-43　求取圆弧半径（单位：mm）

2. 现场放线步骤

（1）根据设计总平面图，定出双曲线平面图形的中心位置和主轴方位。

（2）将经纬仪架设于 O 点，测定平面图形的纵、横轴线（即 x、y 轴线），x 轴为双曲线的实轴。

（3）在 y 轴（即纵向轴）上，以原点 O 为对称点，上下分别取 3，6，9，…，27，29m，得 1，2，3，…，9，10 各点。

（4）将经纬仪（或方角尺）分别架设于 1，2，3，…，9，10 各点，作 90°垂直线，根据表 12-5 所列 x 值，定出相应的点，最后将各点连续、顺滑地连接起来，即可得到符合设计要求的双曲线平面图形。

（5）根据圆弧放样方法，放出两端圆弧段的曲线。

（6）上述放出的双曲线图形仅是四周中心线位置，各局部细部尺寸，可根据中心线再进行定位。

（7）四周柱子的位置及方位，可按设计要求确定。当设计上无明确要求时，可在会审图纸时商定，一般应以曲线（双曲线及圆弧曲线）的切线方向作为柱子的方位。

（8）根据常规方法，在柱子及有关部位，钉出龙门板（桩），将所测设的中心线、标高等标于其上，以便施工中进行复核、检查和验收之用。

第八节　竣工总平面图的绘制

竣工总平面图是设计总平面图在施工结束后实际情况的全面反映。设计总平面图与竣工总平面图一般不会完全一致，如在施工过程中可能由于设计时没有考虑到的问题而使设计有所变更，这种临时变更设计的情况必须通过测量反映到竣工总平面图上。因此，施工结束后应及时编绘竣工总平面图，以便于日后进行各种设施的维修工作，特别是地下管道等隐蔽工程的检查和维修工作。竣工图的测绘既是对建筑物竣工成果和质量的验收测量，又为企业的扩建提供了原有各项建筑物、地上和地下各种管线及测量控制点的坐标、高程等资料。

编绘竣工总平面图，需要在施工过程中收集一切有关的资料，并对资料加以整理，然后进行编绘。为此，在建筑物开始施工时应有所考虑和安排。

一、竣工总平面图的绘制内容

(1) 现场保存的测量控制点和建筑方格网、主轴线、矩形控制网等平面及高程控制点位；

(2) 地面建筑及地下建筑的平面位置、屋角坐标、层数、底层及室外标高；

(3) 室外给水、排水、电力、电信及热力管线等的位置，与建筑物的关系、编号、标高、坡度、管径、流向及管材等；

(4) 铁路、公路等交通线路，桥涵等构筑物的位置及标高；

(5) 沉淀池、污水处理池、烟囱、水塔等及其附属构筑物的位置及标高；

(6) 室外场地、绿化环境工程的位置及高程。

二、竣工总平面图的绘制

(一) 绘制前的准备工作

1. 确定竣工总平面图的比例尺

建筑物竣工总平面图的比例尺一般为1∶500或1∶1000。

2. 绘制坐标方格网

为了能长期保存竣工资料，竣工总平面图应采用质量较好的图纸，如聚酯薄膜、优质绘图纸等。编制竣工总平面图，首先要在图纸上精确地绘出坐标方格网。坐标格网画好后，应进行检查。用直尺检查有关的交叉点是否在同一直线上；同时，用比例尺量出正方形的边长和对角线长，看其是否与应有的长度相等。图纸对角线绘制容许误差为±1mm。

3. 展绘控制点

以图纸上绘出的坐标方格网为依据，将施工控制网点按坐标展绘在图上。展点对所临近的方格而言，其容许误差为±0.3mm。

4. 展绘设计总平面图

在编制竣工总平面图之前，应根据坐标格网，先将设计总平面图的图面内容按其设计坐标，用铅笔展绘于图纸上，作为底图。

（二）竣工总平面的编绘

在建筑物施工过程中，在每一个单位工程完成后，应该进行竣工测量，并提出该工程的竣工测量成果。对凡有竣工测量资料的工程，若竣工测量成果与设计值之差不超过所规定的定位容许误差时，按设计值编绘；否则应按竣工测量资料编绘。

对于各种地上、地下管线，应用各种不同颜色的墨线绘出其中心位置，注明转折点及井位的坐标、高程及有关注记。在一般没有设计变更的情况下，墨线绘的竣工位置与按设计原图用铅笔绘的设计位置应该重合。随着施工的进展，逐渐在底图上将铅笔线都绘成墨线。在图上按坐标展绘工程竣工位置时，与在图纸上展绘控制点的要求一样，均以坐标格网为依据进行展绘，展点对临近的方格而言，其容许误差为±0.3mm。

另外，建筑物的竣工位置应到实地去测量，如根据控制点采用极坐标法或直角坐标法实测其坐标。外业实测时，必须在现场绘出草图，最后根据实测成果和草图，在室内进行展绘，就成为完整的竣工总平面图。

三、竣工总平面图的附件

为了全面反映竣工成果，便于管理、维修和日后的扩建或改建，下列与竣工总平面图有关的一切资料，应分类装订成册，作为竣工总平面图的附件保存：

（1）建筑场地及其附近的测量控制点布置图及坐标与高程一览表；

（2）建筑物或构筑物沉降及变形观测资料；

（3）地下管线竣工纵断面图；

（4）工程定位、放线检查及竣工测量的资料；

（5）设计变更文件及设计变更图；

（6）建设场地原始地形图等。

思考题与习题

1. 建筑施工测量包括哪些主要测量工作？

2. 施工放样前应做好哪些准备工作？并具备哪些资料？

3. 墙体工程施工测量中如何弹线？墙体各部位标高如何控制？

4. 轴线控制桩和龙门板的作用是什么？如何设置？

5. 建筑物的定位方法有哪几种？如何测设？

6. 试述基坑开挖时控制开挖深度的方法。

7. 皮数杆的作用是什么？应设置在何处？

8. 高层建筑物的轴线投测与标高传递方法有哪几种？如何进行？

9. 如图 12-44 所示，已知原有建筑物与拟建建筑物的相对位置关系，试问如何根据原有建筑物甲测设出拟建建筑物乙？又如何根据已知水准点 BM_A 的高程为 26.740m，在 2 点处测设出室内地坪标高±0.000m=26.990m的位置（乙建筑为一砖半墙）？

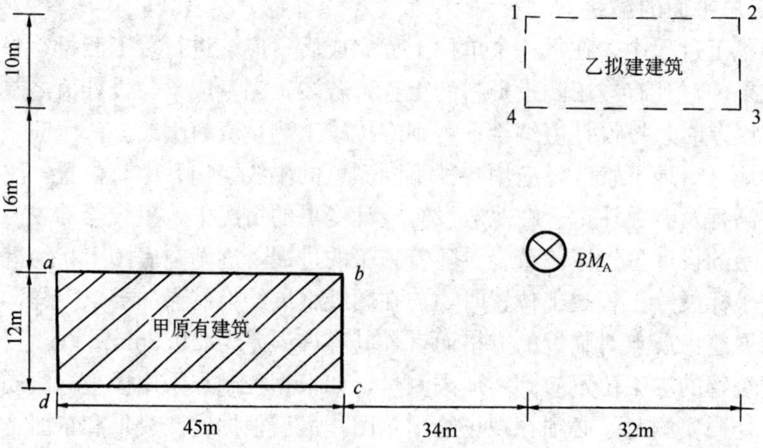

图 12-44　习题 9 图

10. 为什么要编绘竣工总平面图？竣工总平面图包括哪些内容。

第十三章　工业建筑施工测量

教学要求： 通过本章学习，熟悉厂房矩形控制网的测设、厂房控制轴线的测设、基础施工测量、厂房构件安装测量、设备安装测量及钢结构工程中的施工测量。

教学提示： 工业厂房测设精度要求比民用建筑高。先布设主轴线而后建成矩形控制网，再放样出柱列轴线，随后进行柱子、吊车梁和吊车轨道的安装以及相应的施工测量。

工业建筑主要指工业企业的生产性建筑，如厂房、仓库、运输设施、动力设施等，以生产厂房为主体。厂房可分为单层厂房和多层厂房，目前使用较多的是金属结构及装配式钢筋混凝土结构单层厂房。其施工放样的主要工作包括厂房矩形控制网的测设、厂房柱列轴线测设、基础施工测量、厂房构件安装测量及设备安装测量等。

第一节　厂房矩形控制网与柱列轴线的测设

一、厂房矩形控制网的测设

厂房的定位多是根据现场建筑方格网进行的。厂房施工中多采用由柱轴线控制桩组成的厂房矩形控制网作为厂房的基本控制网。图 13-1 中，Ⅰ，Ⅱ，Ⅲ，Ⅳ为建筑方格网点，a，b，c，d 为厂房最外边的四条轴线的交点，其设计坐标已知。A，B，C，D 为布置在基坑开挖范围外的厂房矩形控制网的四个角点，称为厂房控制桩。厂房控制桩的坐标可根据厂房外形轮廓轴线交点的坐标和设计间距 l_1，l_2（一般为 4.0m）求出。先根据建筑方格网点Ⅰ，Ⅱ用直角坐标法精确测设 A、B 两点，然后由 A，B 测设 C，D 点，最后校核 $\angle DCA$，$\angle BDC$ 及 CD 边长，对一般厂房来说，误差不应超过 $\pm 10''$ 和 1/10000。为了便于厂房细部的测设，在测设厂房矩形控制网的同时，还应沿控制网每隔若干柱间距（一般为 18m 或 24m）增设一个木桩，称为距离指标桩。

对于小型厂房也可采用民用建筑的测设方法直接测设厂房四个角点，再将轴线投测到龙门板或控制桩上。

对于大型或设备基础复杂的厂房，则应先精确测设厂房控制网的主轴线，如图 13-2 中的 MON 和 POQ。再根据主轴线测设厂房控制网 $ABCD$。

二、厂房柱列轴线的测设

厂房矩形控制网建立后，即可按柱列间距和跨距用钢尺从靠近的距离指标桩量起，沿

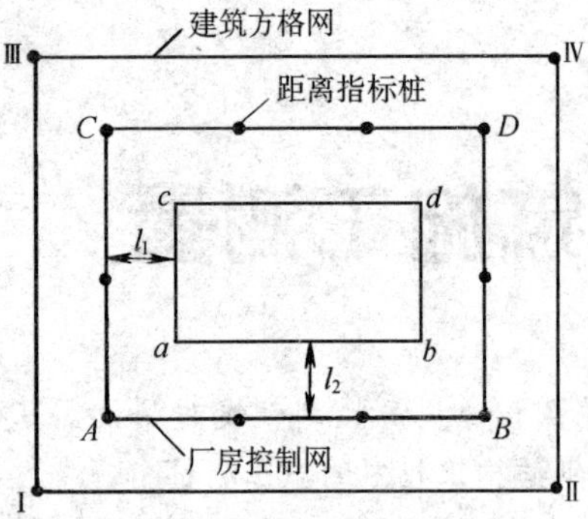

图 13-1　矩形控制网

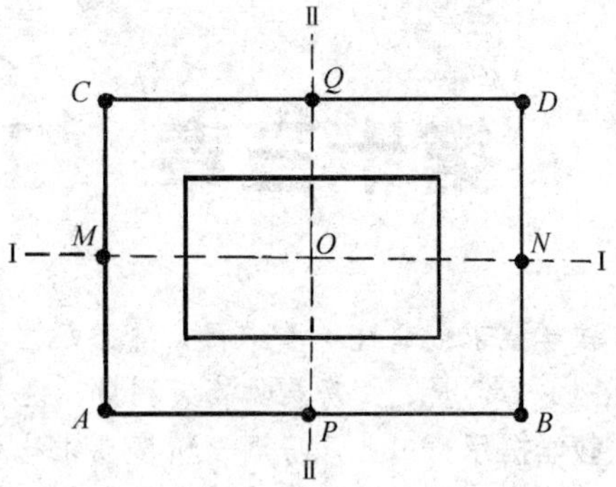

图 13-2　大型厂房控制网的主轴线

矩形控制网各边定出各柱列轴线桩的位置，并在桩顶钉小钉，作为桩基放样和构件安装的依据。如图 13-3 所示，Ⓐ—Ⓐ，Ⓑ—Ⓑ，①—①，②—②，…轴线均为柱列轴线。

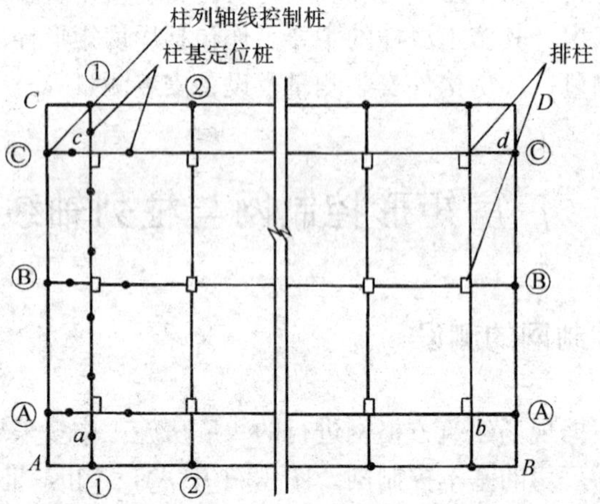

图 13-3　厂房平面示意图

第二节　基础施工测量

一、柱基放线

用两架经纬仪分别安置在相应的柱列轴线控制桩上，沿轴线方向交会出各柱基的位置（即定位轴线的交点）。然后按照基础详图（图 13-4）的尺寸和基坑放坡宽度，用特制角尺，根据定位轴线和定位点放出基础开挖线，并撒上白灰标明开挖边界。同时在基坑四周的轴线上钉四个定位小木桩，如图 13-4 所示，桩顶钉一小钉作为修坑和立模的依据。

二、基坑抄平

当基坑挖到一定深度后，再用水准仪在坑壁四周离坑底设计标高 0.3～0.5m 处测设几个水平桩，如图 13-5 所示，作为检查坑底标高和打垫层的依据。用水准仪检查，其标高容许误差为±5mm。

三、基础模板的定位

垫层铺设完后，根据柱基定位桩用拉线的方法，吊垂球把柱基轴线投测到垫层上，再根据桩基的设计尺寸弹墨线，作为柱基立模和布置钢筋的依据。立模时将模板底线对准垫层上的定位线，并用垂球检查模板是否竖直。最后将柱基顶面设计标高测设在模板内壁上，作为浇筑混凝土的依据。

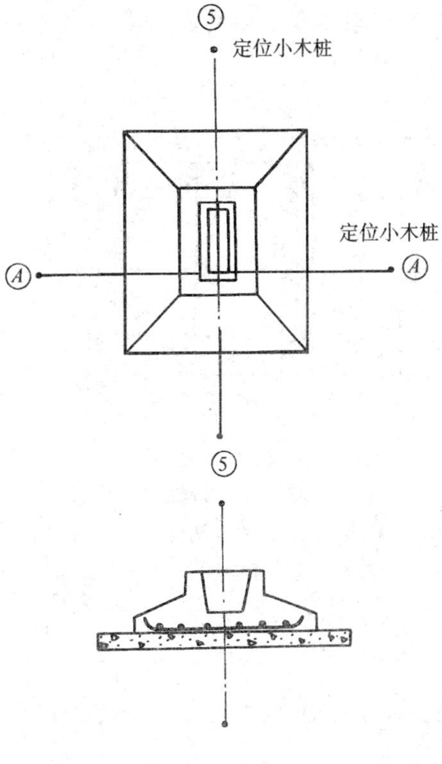

图 13-4　基础详图

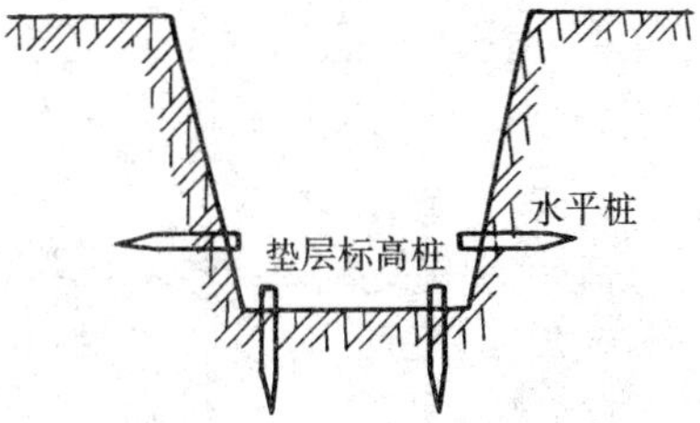

图 13-5　基坑抄平

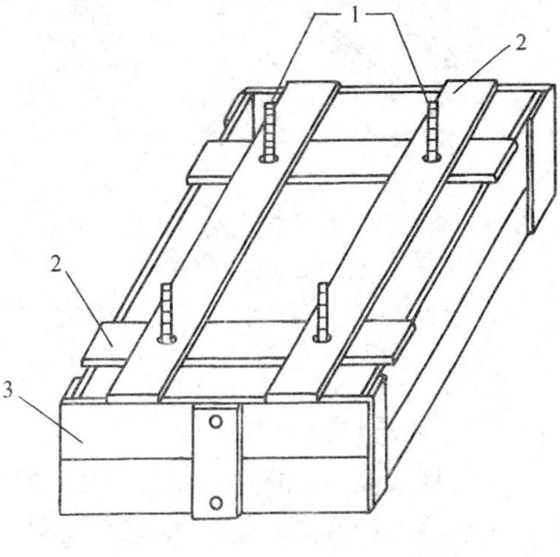

图 13-6　小型钢柱的地脚螺栓

1—地脚螺栓；2—支架；3—基础模板

四、设备基础施工测量

设备基础施工测量主要包括基础定位、基础槽底放线、基础上层放线、地脚螺栓安装放线、中心标板投点等。其中钢柱柱基的定位、槽底放线、垫层放线及标高测设方法与钢筋混凝土柱基的测设方法相同，不同处是钢柱的锚定地脚螺栓的定位放线精度要求高。

（一）钢柱地脚螺栓定位

1. 小型钢柱的地脚螺栓定位

小型设备钢柱的地脚螺栓的直径小、重量轻，可用木支架来定位，如图 13-6 所示。木支架装在基础模板上。根据基础龙门板或引桩，先在垫层上确定轴线位置，再根据设计尺寸放出模板内口的位置，弹出墨线，再立模板。地脚螺栓按设计位置，先安装在支架上，再根据龙门板或引桩在模板上放样出基础轴线及支架板的轴线位置，然后安装支架板，地脚螺栓即可按设计要求就位。

2. 大型钢柱的地脚螺栓定位

大型设备钢柱的地脚螺栓直径大、重量重，需用钢固支架来定位，如图 13-7 所示。固定架由钢样模、钢支架及钢拉杆组成。地脚螺栓孔的位置按设计尺寸根据基础轴线精密放出，用经纬仪精密测设安装钢支架和样模，使样模轴线与基础轴线相重合，如图 13-8 所示。样模标高用水准仪测设到支架上，使样模上的地脚螺栓位置及标高均符合设计要求。钢固定架安装到位后，即可立模浇筑基础混凝土。

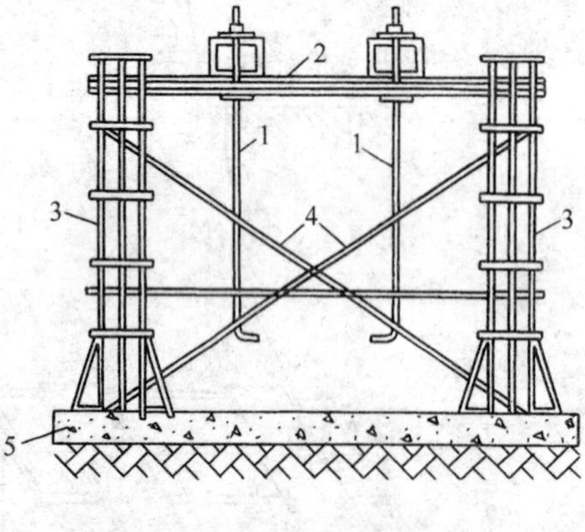

图 13-7　大型钢柱的地脚螺栓

1—地脚螺栓；2—样模钢架；
3—钢支架；4—拉杆；5—混凝土垫层

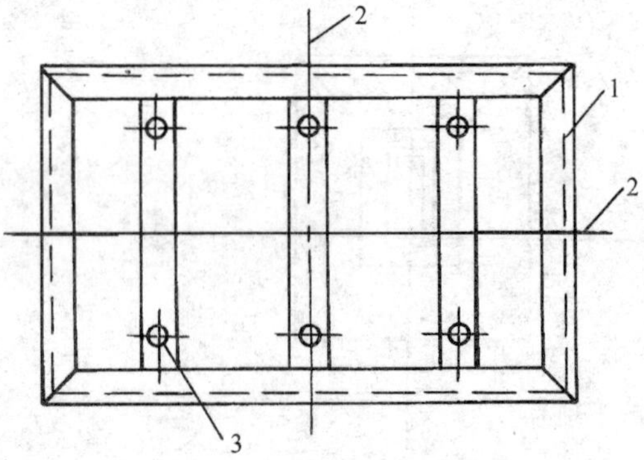

图 13-8　样模上的地脚螺栓

1—样模钢梁；2—基础轴线；
3—地脚螺栓孔

（二）中心标板投点

中心标板投点，是在基础拆模后进行的，先仔细检查中线原点，投点时，根据厂房控制网上的中心线原点开始，测设后在标板上刻出十字标线。

第三节　厂房构件安装测量

装配式单层厂房主要由柱子、吊车梁、屋架、天窗架和屋面板等主要构件组成。一般工业厂房都采用预制构件在现场安装的办法施工。下面着重介绍柱子、吊车梁和吊车轨道等构件在安装时的校正工作。

一、柱子安装测量

（一）柱子安装时应满足的要求

（1）柱子中心线应与相应柱列轴线一致，其允许偏差为±5mm。

（2）牛腿顶面及柱顶面的标高与设计标高一致，其允许偏差为：

柱高在 5m 以下时为±5mm；

柱高在 5m 以上时为±8mm。

（3）柱身垂直允许偏差值为$\frac{1}{1000}$柱高，但不得大于 20mm。

（二）安装前的准备工作

1. 柱基弹线：柱子安装前，先根据轴线控制桩，把定位轴线投测到杯形基础顶面上，并用红油漆画上“▶”标志，作为柱子中心的定位线，如图 13-9 所示。同时用水准仪在杯口内壁测设 −0.6m 标高线（一般杯口顶面标高为 −0.50m），并画出“▼”标志（图 13-9），作为杯底找平的依据。

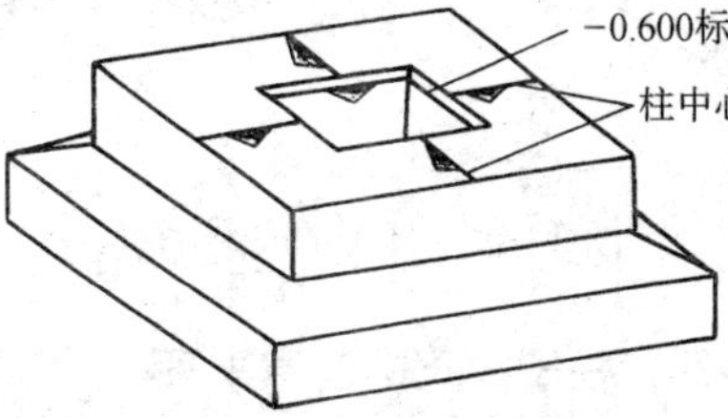

图 13-9　柱基弹线

2. 弹柱子中心线和标高线：如图 13-10 所示，在每根柱子的三个侧面上弹出柱中心线，并在每条线的上端和下端近杯口处画“▶”标志。并根据牛腿面设计标高，从牛腿面向下用钢尺量出±0.000 及−0.60m 标高线，并画“▼”标志。

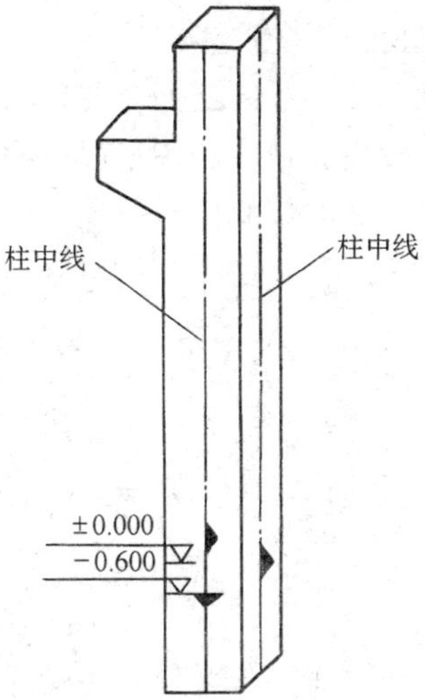

图 13-10　弹柱子中心线和标高线

3. 杯底找平：柱子在预制时，由于制作误差可能使柱子的实际长度与设计尺寸不相同，在浇筑杯底时使其低于设计高程 3～5cm。柱子安装前，先量出柱子−0.60m标高线至柱底面的高度，再在相应柱基杯口内，量出−0.60m 标高线至杯底的高度，并进行比较，以确定杯底找平层厚度。然后用 1∶2 水泥砂浆在杯底进行找平，使牛腿面符合设计高程。

（三）柱子的安装测量

柱子安装测量的目的是保证柱子的平面和高程位置符合设计要求，柱身竖直。

柱子吊起插入杯口后，使柱脚中心线与杯口顶面弹出的柱轴线（柱中心线）在两个互相垂直的方向上同时对齐，用硬木楔或钢楔暂时固定，如有偏差可用锤敲打楔子校正。其容许偏差为±5mm。然后，用两架经纬仪分别安置在互相垂直的两条柱列轴线上，离开柱子的距离约为柱高的 1.5 倍处同时观测，如图 13-11 所示。观测时，经纬仪先照准柱子底部的中心线，固定照准部，逐渐仰起望远镜，使柱中线始终与望远镜十字丝竖丝重合，则柱子在此方向是竖直的；若不重合，则应调整柱子直至互相垂直的两个方向都符合要求为止。

实际安装时，一般是一次把许多根柱子都竖起来，然后进行竖直校正。这时可把两台经纬仪分别安置在纵横轴线的一侧，偏离轴线不超过15°，一次校正几根柱子，如图13-12所示。

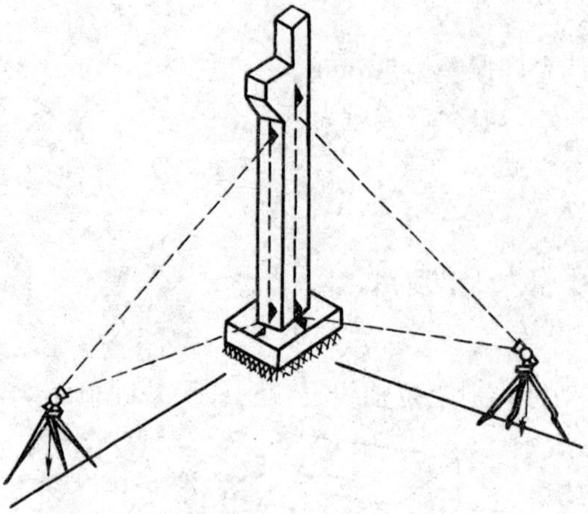

图13-11　柱子的安装测量

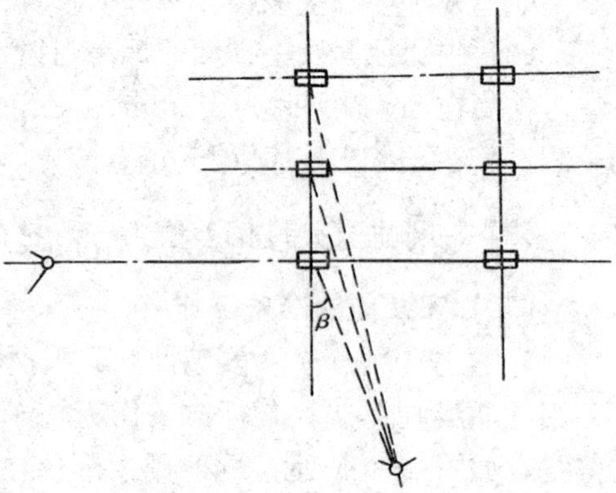

图13-12　柱子的校正

（四）柱子校正的注意事项

（1）校正前经纬仪应严格检验校正。操作时还应注意使照准部水准管气泡严格居中；校正柱子竖直时只用盘左或盘右观测。

（2）柱子在两个方向的垂直度都校正好后，应再复查柱子下部的中心线是否仍对准基础的轴线。

（3）在校正变截面的柱子时，经纬仪必须安置在柱列轴线上，以免产生差错。

（4）当气温较高时，在日照下校正柱子垂直度时应考虑日照使柱子向阴面弯曲，柱顶产生位移的影响。因此，在垂直度要求较高，温度较高，柱身较高时，应利用早晨或阴天进行校正，或在日照下先检查早晨校正过的柱子的垂直偏差值，然后按此值对所校正柱子预留偏差校正。

二、吊车梁安装测量

吊车梁的安装测量主要是保证梁的上、下中心线与吊车轨道的设计中心在同一竖直面内以及梁面标高符合设计标高。

（一）安装前的测量工作

（1）弹出吊车梁中心线：根据预制好的钢筋混凝土梁的尺寸，在吊车梁顶面和梁的两端弹出中心线，以作为安装时定位用。

（2）在牛腿面上弹测梁中心线：根据厂房控制网的中心线A_1—A_1和厂房中心线到吊车梁中心线的距离d，在A_1点安置经纬仪测设吊车梁中心线A'—A'和B'—B'（也是吊车轨道中心线），如图13-13（a）所示。然后分别安置经纬仪于A'和B'，后视另一端A'和B'，仰起望远镜将吊车梁中心线投测到每个柱子的牛腿面上并弹以墨线。投点时如有个别牛腿不通视，可从牛腿面向下吊垂球的方法投测。

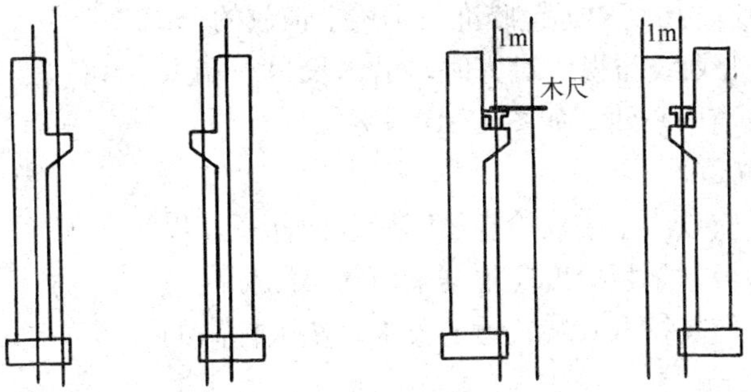

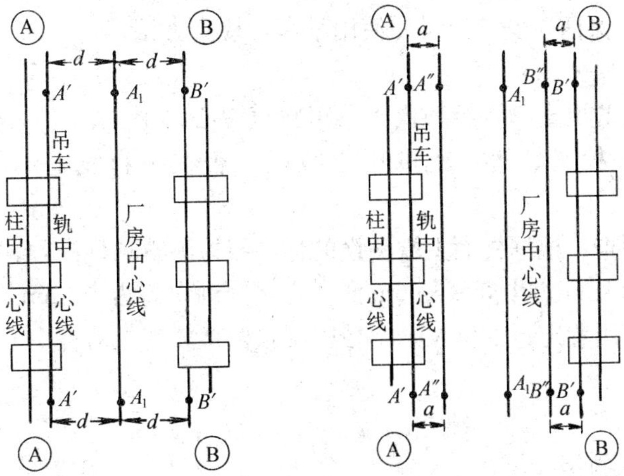

(a)　　　　　　　　　　　　　(b)

图 13-13　吊车量安装测量

（3）在柱面上量弹吊车梁顶面标高线：根据柱子上±0.000 标高线，用钢尺沿柱子侧面向上量出吊车梁顶面设计标高线，以作为修整梁面时控制梁面标高用。

（二）安装测量工作

（1）定位测量：安装时使吊车梁两个端面的中心线分别与牛腿面上的梁中心线对齐。可依两端为准拉上钢丝，钢丝两端各悬重物将钢丝拉紧，并依此线对准，校正中间各吊车梁的轴线，使每个吊车梁中心线均在钢丝这条直线上，其允许误差为±3mm。

（2）标高检测：当吊车梁就位后，应按柱面上定出的标高线对梁面进行修整，若梁面与牛腿面间有空隙应作填实处理，用斜垫铁固定。然后将水准仪安置于吊车梁上，以柱面上定出的梁面设计标高为准，检测梁面的标高是否符合设计要求，其允许误差为±5mm。

三、吊车轨道安装测量

轨道的安装测量主要是保证轨道中心线、轨顶标高以及轨道跨距符合设计要求。

（一）轨道中心线的测量

通常采用平行线测定轨道中心线。如图 13-13（b）所示，垂直 A'—A' 和 B'—B' 向厂房中心线方向移动长度为 a（如 1.00m）得 A''、B'' 点，将经纬仪安置在一端点 A'' 和 B''，照准另一端点A''和B''，抬高望远镜瞄准吊车梁上横放的1m长木尺，当尺上1m分划线与视线对齐时，沿木尺另一端点在梁上划线，即为轨道中心线，如图13-14所示。

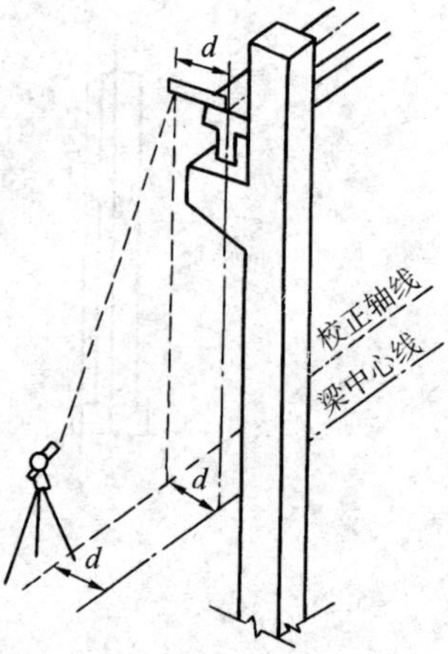

图13-14　吊车轨道安装测量

（二）轨道标高测量

在轨道安装前，应该用水准仪检查吊车梁顶面标高，以便沿中线安装轨道垫板，垫板厚度应根据梁面的实测标高与设计标高之差确定，使其符合安装轨道的要求，垫板标高的测量容许误差为±2mm。

（三）吊车轨道检测

轨道安装完毕后，应对轨道中心线、轨顶标高及跨距进行一次全面检查，以保证能安全架设和使用吊车，检查方法如下：

(1) 轨道中心线的检查：置经纬仪于吊车轨道中心线上照准另一端点，逐一检查轨道面上的中心线点是否在一直线上，容许误差不得超过±3mm。

(2) 轨顶标高检查：根据柱面上端测设的标高线检测轨顶标高，在两轨道接头处各测一点，容许误差为±1mm；中间每隔6m测一点，容许误差为±2mm。

(3) 跨距检查：用鉴定过的钢尺悬空精密丈量两条轨道上对称中心线点的跨距，容许误差为±5mm。

四、屋架安装测量

（一）柱顶找平

屋架是搁在柱顶上的，在屋架安装之前，必须根据柱面上±0.000标高线找平柱顶，屋架才能安装齐平。

（二）屋架定位

使屋架中心线与柱子上相应的中心线对齐即可，其误差不应超过±5mm。

（三）屋架竖直控制

在轴线控制桩上安置经纬仪，照准柱上中心线，抬高望远镜，观测校正使屋架竖直。当观测屋架顶有困难时，也可在架顶上横放1m长小木尺进行观测。

亦可用垂球进行屋架竖直校正。屋架校正至垂直后，立即用电焊固定。屋架安装的竖直容许误差为屋架高度的$\frac{1}{250}$，但不得大于15mm。

五、设备安装测量

（一）设备基础中心线的复测与调整

设备基础安装过程中必须对基础中心线的位置进行复测，两次测量的偏差不应大于±5mm。

埋设有中心标板的重要设备基础，其中心线由竣工中心线引测，同一中心标点的偏差为±1mm。纵横中心线应检查互相是否垂直，并调整横向中心线。同一设备基准中心线的平行偏差或同一生产系统的中心线的直线度应在±1mm以内。

(二) 设备安装基准点的高程测量

一般厂房应使用一个水准点作为高程起算点，如果厂房较大，为施工方便起见，可增设水准点，但应提高水准点的观测精度。一般设备基础基准点的标高偏差，应在±2mm以内。传动装置有联系的设备基础，其相邻两基准点的标高偏差，应在±1mm以内。

第四节 钢结构工程施工测量

目前的建筑除了过去常用的钢筋混凝土结构外，也大批量地采用钢结构来建造。为此，应掌握钢结构建筑的施工特点及相应的施工测量方法，以保证工程建设的顺利进行。其基本测设程序与工业建筑、民用建筑的施测程序基本相同，不过也有其独特的地方，介绍如下：

一、平面控制

建立施工控制网对高层钢结构施工是极为重要的。控制网离施工现场不能太近，应考虑到钢柱的定位、检查、校正。

二、高程控制

高层钢结构工程标高测设极为重要，其精度要求高，故施工场地的高程控制网，应根据城市二等水准点来建立一个独立的三等水准网，以便在施工过程中直接应用，在进行标高引测时必须先对水准点进行检查。三等水准高差闭合差的容许误差应控制在$\pm 3\sqrt{n}$（mm）以内（其中n为测站数）。

三、定位轴线检查

定位轴线从基础施工起就应引起重视，必须在定位轴线测设前做好施工控制点及轴线控制点，待基础浇筑混凝土后再根据轴线控制点将定位轴线引测到柱基钢筋混凝土底板面上，然后预检定位轴线是否同原定位重合、闭合，每根定位线总尺寸误差值是否超过限差值，纵、横网轴线是否垂直、平行。预检应由业主、监理、土建、安装四方联合进行，对检查数据要统一认可鉴证。

四、柱间距检查

柱间距检查是在定位轴线认可的前提下进行的，一般采用检定的钢尺实测柱间距。柱间距离偏差值应严格控制在±3mm范围内，绝不能超过±5mm。柱间距超过±5mm，则必须调整定位轴线。原因是定位轴线的交点是柱基点，钢柱竖向间距以此为准，框架钢梁的连接螺孔的直径一般比高强螺栓直径大1.5～2.0mm，若柱间距过大或过小，直接影响整个竖向框架的安装连接和钢柱的垂直，安装中还会有安装误差。在结构上面检查柱间距时，必须注意安全。

五、单独柱基中心检查

检查单独柱基的中心线与定位轴线之间的误差，若超过限差要求，应调整柱基中心线使其与定位轴线重合，然后以柱基中心线为依据，检查地脚螺栓的预埋位置。

六、标高实测

以三等水准点的标高为依据，对钢柱柱基表面进行标高实测，将测得的标高偏差用平面图表示，作为临时支承标高块调整的依据。

七、轴线位移校正

任何一节框架钢柱的校正，均以下节钢柱顶部的实际中心线为准，使安装的钢柱的底部对准下面钢柱的中心线即可。因此，在安装的过程中，必须随时进行钢柱位移的监测，并根据实测的位移量以实际情况加以调整。调整位移时应特别注意钢柱的扭转，因为钢柱扭转对框架钢柱的安装很不利，必须引起重视。

第五节　烟 囱 施 工 测 量

烟囱是典型的高耸构筑物，其特点是：基础小，筒身高，抗倾覆性能差，其对称轴通过基础圆心的铅垂线。因而施工测量的工作主要是严格控制其中心位置，确保主体竖直。按施工规范规定：筒身中心轴线垂直度偏差最大不得超过110mm；当筒身高度$H>100$m时，其偏差不应超过$0.05H\%$，烟囱圆环的直径偏差不得大于30mm。其放样方法和步骤如下：

一、烟囱基础施工测量

首先按照设计施工平面图的要求，根据已知控制点或原有建筑物与基础中心的尺寸关系，在施工场地上测设出基础中心位置O点。如图13-15所示，在O点上安置经纬仪，任选一点A作为后视点，同时在此方向上定出a点，然后，顺时针旋转照准部依次测设90°直角，测出OC、OB、OD方向上的C、c、B、b、D、d各点，并转回OA方向归零校核。其中A、B、C、D各控制桩至烟囱中心的距离应大于其高度的1～1.5倍，并应妥善

保护 a、b、c、d 四个定位桩，应尽量靠近所建构筑物但又不影响桩位的稳固，用于修坑和恢复其中心位置。

然后，以基础中心点 O 为圆心，以 δ 为半径（$r+\delta$ 为基坑的放坡宽度，r 为构筑物基础的外测半径）在场地上画圆，撒上石灰线以标明土方开挖范围，如图 13-15 所示。

当基坑开挖快到设计标高时，可在基坑内壁测设水平桩，作为检查基础深度和浇筑混凝土垫层的依据。

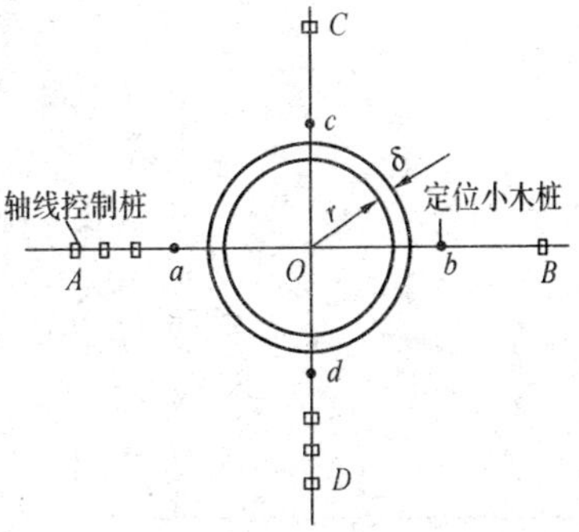

图 13-15　烟囱基础定位放线图

浇筑混凝土基础时，应在基础中心位置埋设钢筋作为标志，并在浇筑完毕后把中心点 O 精确地引测到钢筋标志上，刻上“+”线，作为筒体施工时控制筒体中心位置和筒体半径的依据。

二、烟囱筒身施工测量

1. 引测筒体中心线

筒体施工时，必须将构筑物中心引测到施工作业面上，以此为依据，随时检查作业面的中心是否在构筑物的中心铅垂线上。通常是每施工一个作业面高度引测一次中心线。具体引测方法是：先在施工作业面上横向设置一根控制方木和一根带有刻度的旋转尺杆，如图 13-16 所示，尺杆零端校接于方木中心。方木的中心下悬挂质量为 8～12kg 的锤球。平移方木，将锤球尖对准基础面上的中心标志，如图 13-17 所示，即可检核施工作业面的偏差，并在正确位置继续进行施工。

筒体每施工 10m 左右，还应向施工作业面用经纬仪引测一次中心，对筒体进行检查。检查时，把经纬仪安置在各轴线控制桩上，瞄准各轴线相应一侧的定位小木桩 a、b、c、d，将轴线投测到施工面边上，并做标记，然后将相对的两个标记拉线，两线交点为烟囱中心线。如果有偏差，应立即进行纠正，然后再继续施工。

对高度较高的混凝土烟囱，为保证精度要求，可采用激光经纬仪进行烟囱铅垂定位。定位时将激光经纬仪安置在烟囱基础的“+”字交点上，在工作面中央处安放激光铅垂仪接收靶，每次提升工作平台前和后都应进行铅垂定位测量，并及时调整偏差。

2. 筒体外壁收坡的控制

为了保证筒身收坡符合设计要求，除了用尺杆画圆控制外，还应随时用靠尺板来检查。靠尺形状如图 13-18 所示，两侧的斜边是严格按照设计要求的筒壁收坡系数制作的。在使用过程中，把斜边紧靠在筒体外侧，如筒体的收坡符合要求，则垂球线正好通过下端的缺口。如收坡控制不好，可通过坡度尺上小木尺读数反映其偏差大小，以便使筒体收坡及时得到控制。

在筒体施工的同时，还应检查筒体砌筑到某一高度时的设计半径。如图 13-17 所示，某高度的设计半径 r_H 可由图示计算求得

$$r_H = R - H'm \tag{13-1}$$

式中　R——筒体底面外侧设计半径；

m——筒体的收坡系数。

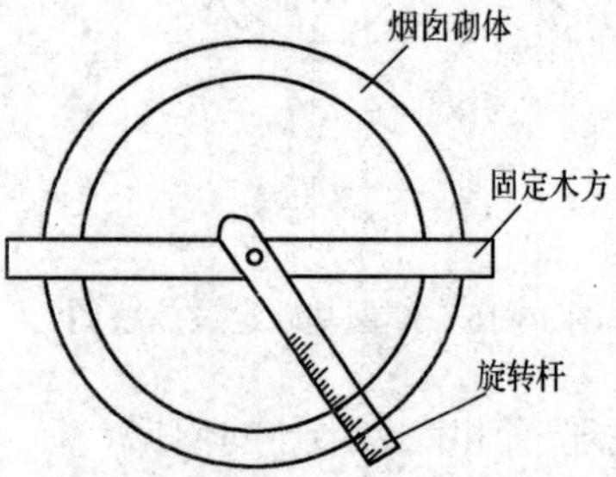

图 13-16　旋转尺杆

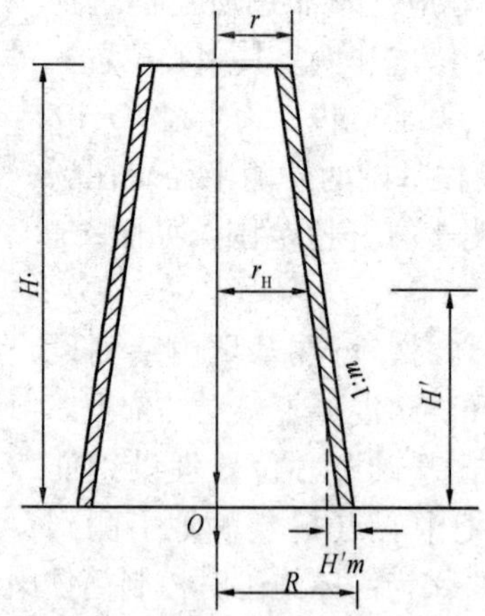

图13-17　筒体中心线引测示意图

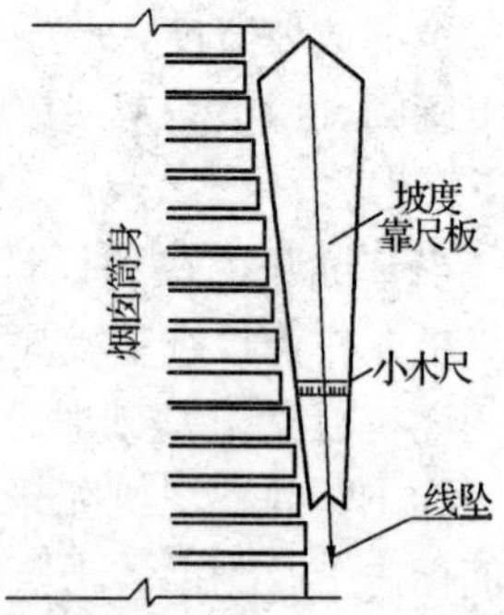

图 13-18　靠尺板示意图

收坡系数的计算公式为

$$m=\frac{R-r}{H} \tag{13-2}$$

式中　r——筒体顶面外侧设计半径；

H——筒体的设计高度。

3. 筒体的标高控制

筒体的标高控制是用水准仪在筒壁上测出+0.500（或任一整分米数）的标高控制线，然后以此线为准用钢尺量取筒体高度。

思考题与习题

1. 在工业厂房施工测量中，为什么要专门建立独立的厂房矩形控制网？为什么在网中要设立距离指标桩？

2. 工业厂房柱列轴线、柱列基础如何定位？

3. 试述钢柱柱基定位的方法。

4. 对柱子安装测量有何要求？如何进行柱子的垂直度校正？应注意哪些问题？

5. 试述吊车梁的吊装测量工作。

6. 试述吊车轨道的安装测量工作。

7. 试述屋架的安装测量工作。

8. 钢结构施工测量基本测设程序如何？

9. 高耸构筑物测量有何特点？在烟囱筒身施工测量中如何控制其垂直度？

第十四章　工 程 变 形 监 测

教学要求： 通过本章学习，明确建筑物进行变形观测的意义和观测的内容；要求能用水准仪进行沉降观测，熟悉基坑的垂直位移及水平位移的观测方法以及建筑物的倾斜、裂缝、位移、挠度及滑坡等观测。了解GPS定位技术在工程监测中的应用。

教学提示： 对建（构）筑物应进行沉降观测，如产生不均匀沉降或裂缝，应及时进行倾斜和裂缝观测，以便分析原因，采取加固或补救措施。

第一节　工程变形监测概述

一、工程变形监测的定义及任务

所谓工程变形监测，就是利用测量仪器及专用特制设备采用一定的监测方法对桥梁、隧道、高层建筑物、地下建筑物等的变形现象进行监视观测的一种工作，并通过这种工作确定变形体空间位置随时间变化而变化的特征，变形监测又称变形测量或变形观测。

工程变形监测的任务是确定在各种荷载和外力作用下，各工程变形体的形状、大小及其位置变化的空间状态和时间特性。从一定意义上来讲，变形监测工作是保证工程项目正常实施和安全营运的必要手段。变形监测为变形分析和安全预报提供基础数据，对于工程建设的安全来说：监测是基础，分析是手段，预报是目的。

二、工程变形监测的内容

工程变形监测的内容主要包括对各工程变形体进行的水平位移、垂直位移的监测。对变形体进行偏移、倾斜、挠度、弯曲、扭转、裂缝等的测量，主要是指对所描述的变形体自身形变和位移的几何量的监测。水平位移是监测点在平面上的变动，一般可分解到某一特定方向；垂直位移是监测点在铅直面或大地水准面法线方向上的变动。偏移、倾斜、挠度等也可归结为监测点（或变形体）的水平或者垂直位移变化。偏移和挠度可以看做是变形点在某一特定方向的水平位移；倾斜可以换算成水平或垂直位移，也可以通过水平或垂直位移测量和距离测量得到。

普通的工业与民用建筑物，其监测内容主要包括基础的沉陷观测和建筑物本身变形的观测。基础的沉陷是指建筑物基础的均匀沉陷与非均匀沉陷；建筑物本身变形是指观测建筑物的倾斜与裂缝；对于高层及高耸建筑物，还必须进行动态变形观测；对于各种工业设备、工艺设施、导轨等，主要进行水平位移和垂直位移观测。

对于基坑，主要是进行围护墙顶部水平位移、立柱竖向位移、支撑轴力、坑底隆起

（回弹）、围护墙侧向土压力、孔隙水压力、地下水位、周边建筑物沉降以及周边管线等观测。

对桥梁而言，其观测内容主要有桥墩沉陷观测、桥墩水平位移观测、桥墩倾斜观测、桥表沉陷观测、大型公路桥梁挠度观测以及桥体裂缝观测等。

除此之外，还应对工程项目的地面影响区域进行地表沉降观测，以掌握其沉降与回升的规律，进而可采取有针对性的防护措施。因为在工程建设的影响范围内，若发生较严重的地表沉降现象，可能会造成地下管线的破坏，甚至危及工程项目的安全。

三、工程变形监测的特点、目的和意义

变形监测的最大特点是需进行周期性观测。所谓周期性观测就是多次地重复观测，第一次称初期观测或零周期观测。每一周期的观测内容及实施过程如监测网形、监测仪器、监测的作业方法以及观测的人员等都要求一致。

工程变形监测的首要目的是要掌握工程变形体的实际性状，为判断其是否安全提供必要的信息。这是因为保证工程建设项目安全是一个十分重要且很现实的问题。

工程建（构）筑物在施工和运营期间，由于受多种主观和客观因素的影响，会产生变形，变形如若超出了允许的限度，就会影响建（构）筑物的正常使用，严重时还会危及工程主体的安全，并带来巨大的经济损失。从实用上来看，变形监测工作可以保障工程安全，监测各种工程建筑物、机器设备以及与工程建设有关的地质构造的变形，及时发现异常变化，并对监测对象的稳定性、安全度作出判断，以便采取相应的处理措施，防止事故发生。所以，为了防止和减小变形对工程建设造成损失，必须进行工程变形监测，同时为进一步进行变形分析和工程安全预报提供基础数据。

科学、准确、及时地分析和预报工程及工程建（构）筑物的变形状况，对工程项目的施工和运营管理都极为重要，这一工作也属于变形监测的范畴。目前，变形监测技术已成为一门跨学科的应用性技术，并向边缘学科方向渗透发展。变形监测技术主要涉及变形信息的获取、变形信息的分析以及变形预报三个方面的内容。其研究成果对预防灾害及了解变形规律是极为重要的。对工程主体而言，变形监测除了作为判断其安全与否的耳目之外，还是验证设计及检验施工安全的重要手段，它为工程主体的安全性诊断提供必要的信息，以便及时发现问题并采取补救措施，最终保障工程项目的安全施工与使用。

第二节 基 坑 监 测

一、概述

为保证工程安全顺利地进行，在基坑开挖及结构构筑期间必须进行严密的施工监测，因为监测数据可以称为工程的“体温表”，不论是安全还是隐患状态都会在数据上有所反

映。从某种意义上施工监测也可以说是一次 1∶1 的岩土工程原型试验，所取得的数据是基坑支护结构和周围地层在施工过程中的真实反映，是各种复杂因素影响下的综合体现。“开挖深度超过 5m、或开挖深度未超过 5m 但现场地质情况和周围环境较复杂的基坑工程均应实施基坑工程监测”。

（一）监测目的

基坑工程监测的主要目的是：

（1）使参建各方能够完全客观真实地把握工程质量。

（2）监测基坑工程的变化，确保基坑工程和相邻建筑物的安全。

（3）做好信息化施工。

（4）信息反馈优化设计，指导基坑开挖和支护结构的施工。

（5）用反分析法修正计算参数和理论公式，指导设计。

（二）监测原则

基坑工程监测是一项涉及多门学科的工作，其技术要求较高，基本原则如下：

（1）监测数据必须是可靠真实的，数据的可靠性由测试元件安装或埋设的可靠性、监测仪器的精度以及监测人员的素质来保证。监测数据的真实性要求所有数据必须以原始记录为依据，任何人不得篡改、删除原始记录。

（2）监测数据必须是及时的，监测数据需在现场及时计算处理，发现有问题时可及时复测，做到当天测、当天反馈。

（3）埋设于土层或结构中的监测元件应尽量减少对结构正常受力的影响，埋设监测元件时应注意与岩土介质的匹配。

（4）对所有监测项目，应按照工程具体情况预先设定预警值和报警制度，预警体系包括变形或内力累积值及其变化速率。

（5）监测应整理完整监测记录表、数据报表、形象的图表和曲线，监测结束后整理出监测报告。

（6）监测结束，监测单位应向建设方提供以下资料，并按档案管理规定，组卷归档：

① 基坑工程监测方案；② 测点布设、验收记录、阶段性监测报告；③ 监测总结报告。

（三）监测方案

监测方案一般包括工程概况、工程设计要点、地质条件、周边环境概况、监测目的、编制依据、监测项目、测点布置、监测人员配置、监测方法及精度、数据整理方法、监测频率、报警值、主要仪器设备、拟提供的监测成果以及监测结果反馈制度、费用预算等。

（四）监测项目

基坑监测的内容分为两大部分，即基坑本体监测和周边环境监测。基坑本体中包括围护桩墙、支撑、锚杆、土钉、坑内立柱、坑内土层、地下水等；周边环境中包括周围地层、地下管线、周边建筑物、周边道路等。基坑工程的监测项目应与基坑工程设计、施工方案相匹配。应针对监测对象的关键部位，做到重点观测、项目配套并形成有效的、完整的监测系统。

根据国家标准《建筑基坑工程监测技术规范》（GB 50497—2009），基坑工程监测项目应根据表 14-1 进行选择。

建筑基坑工程仪器监测项目表（《建筑基坑工程监测技术规范》GB 50497—2009）　　**表 14-1**

监测项目 \ 基坑类别		一级	二级	三级
围护墙（边坡）顶部水平位移		应测	应测	应测
围护墙（边坡）顶部竖向位移		应测	应测	应测
深层水平位移		应测	应测	宜测
立柱竖向位移		应测	宜测	宜测
围护墙内力		宜测	可测	可测
支撑内力		应测	宜测	可测
立柱内力		可测	可测	可测
锚杆内力		应测	宜测	可测
土钉内力		宜测	可测	可测
坑底隆起（回弹）		宜测	可测	可测
围护墙侧向土压力		宜测	可测	可测
孔隙水压力		宜测	可测	可测
地下水位		应测	应测	应测
土体分层竖向位移		宜测	可测	可测
周边地表竖向位移		应测	应测	宜测
周边建筑	竖向位移	应测	应测	应测
	倾斜	应测	宜测	可测
	水平位移	应测	宜测	可测
周边建筑、地表裂缝		应测	应测	应测
周边管线变形		应测	应测	应测

注：基坑类别的划分按照现行国家标准《建筑地基基础工程施工质量验收规范》（GB 50202—2002）执行。

（五）监测频率

基坑工程监测频率的确定应能满足系统反映监测对象所测项目的重要变化过程而又不遗漏其变化时刻的要求。监测工作应从基坑工程施工前开始，直至地下工程完成为止，贯穿于基坑工程和地下工程施工全过程。对有特殊要求的基坑周边环境的监测应根据需要延续至变形趋于稳定后结束。

基坑工程的监测频率不是一成不变的，应根据基坑开挖及地下工程的施工进程、施工工况以及其他外部环境影响因素的变化及时地作出调整。一般在基坑开挖期间，地基土处于卸荷阶段，支护体系处于逐渐加荷状态，应适当加密监测；当基坑开挖完后一段时间，监测值相对稳定时，可适当降低监测频率。当出现异常现象和数据，或临近报警状态时，应提高监测频率甚至连续监测。监测项目的监测频率应综合基坑类别、基坑及地下工程的不同施工阶段以及周边环境、自然条件的变化和当地经验而确定。对于应测项目，在无数据异常和事故征兆的情况下，开挖后现场仪器监测频率可按表 14-2 确定。

现场仪器监测的监测频率（《建筑基坑工程监测技术规范》GB 50497—2009） **表 14-2**

基坑类别	施工进程		基坑设计深度（m）			
			≤5	5～10	10～15	>15
一级	开挖深度（m）	≤5	1 次/1d	1 次/2d	1 次/2d	1 次/2d
		5～10	—	1 次/1d	1 次/1d	1 次/1d
		>10	—	—	2 次/1d	2 次/1d
	底板浇筑后时间（d）	≤7	1 次/1d	1 次/1d	2 次/1d	2 次/1d
		7～14	1 次/3d	1 次/2d	1 次/1d	1 次/1d
		14～28	1 次/5d	1 次/3d	1 次/2d	1 次/1d
		>28	1 次/7d	1 次/5d	1 次/3d	1 次/3d
二级	开挖深度（m）	≤5	1 次/2d	1 次/2d	—	—
		5～10	—	1 次/1d	—	—
	底板浇筑后时间（d）	≤7	1 次/2d	1 次/2d	—	—
		7～14	1 次/3d	1 次/3d	—	—
		14～28	1 次/7d	1 次/5d	—	—
		>28	1 次/10d	1 次/10d	—	—

注：1. 有支撑的支护结构各道支撑开始拆除到拆除完成后 3d 内监测频率应为 1 次/1d；
2. 基坑工程施工至开挖前的监测频率视具体情况确定；
3. 当基坑类别为三级时，监测频率可视具体情况适当降低；
4. 宜测、可测项目的仪器监测频率可视具体情况适当降低。

（六）监测步骤

监测单位工作的程序，应按下列步骤进行：

（1）接受委托；

（2）现场踏勘，收集资料；

（3）制订监测方案，并报委托方及相关单位认可；

（4）展开前期准备工作，设置监测点、校验设备、仪器；

（5）设备、仪器、元件和监测点验收；

（6）现场监测；

（7）监测数据的计算、整理、分析及信息反馈；

（8）提交阶段性监测结果和报告；

（9）现场监测工作结束后，提交完整的监测资料。

（七）现象观测

经验表明，基坑工程每天进行肉眼巡视观察是不可或缺的，与其他监测技术同等重要。巡视内容包括支护桩墙、支撑梁、冠梁、腰梁结构及邻近地面、道路、建筑物的裂缝、沉陷发生和发展情况。主要观测项目有：

（1）支护结构成型质量；

（2）冠梁、围檩、支撑有无裂缝出现；

（3）支撑、立柱有无较大变形；

（4）止水帷幕有无开裂、渗漏；

(5) 墙后土体有无裂缝、沉陷及滑移；
(6) 基坑有无涌土、流砂、管涌；
(7) 周边管道有无破损、泄漏情况；
(8) 周边建筑有无新增裂缝出现；
(9) 周边道路（地面）有无裂缝、沉陷；
(10) 邻近基坑及建筑的施工变化情况；
(11) 开挖后暴露的土质情况与岩土勘察报告有无差异；
(12) 基坑开挖分段长度、分层厚度及支锚设置是否与设计要求一致；
(13) 场地地表水、地下水排放状况是否正常，基坑降水、回灌设施是否运转正常；
(14) 基坑周边地面有无超载。

二、监测方法

（一）墙顶位移（桩顶位移、坡顶位移）

墙顶水平位移和竖向位移是基坑工程中最直接的监测内容，通过监测墙顶位移，对反馈施工工序，并决定是否采用辅助措施以确保支护结构和周围环境安全具有重要意义。同时，墙顶位移也是墙体测斜数据计算的起始依据。

对于围护墙顶水平位移，测特定方向上时可采用视准线法、小角度法、投点法等；测定监测点任意方向的水平位移时，可视监测点的分布情况，采用前方交会法、后方交会法、极坐标法等；当测点与基准点无法通视或距离较远时，可采用GPS测量法或三角、三边、边角测量与基准线法相结合的综合测量方法。墙顶竖向位移监测可采用几何水准或液体静力水准等方法，各监测点与水准基准点或工作基点应组成闭合环路或附合水准路线。

墙顶位移监测基准点的埋设应符合国家现行标准《建筑变形测量规范》（JGJ 8—2007）的有关规定，设置有强制对中的观测墩，并采用精密的光学对中装置，对中误差不大于0.5mm。观测点应设置在基坑边坡混凝土护顶或围护墙顶（冠梁）上，安装时采用铆钉枪打入铝钉，亦可钻孔埋深膨胀螺栓，涂上红漆或用环氧树脂胶粘作为标记，有利于观测点的保护和提高观测精度。

墙顶位移监测点应沿基坑周边布置，监测点水平间距每隔10～15m布设一点。一般基坑每边的中部、阳角处变形较大，所以中部、阳角处宜设测点。为便于监测，水平位移观测点宜同时作为垂直位移的观测点（图14-1）。测站点宜布置在基坑围护结构的直角上。

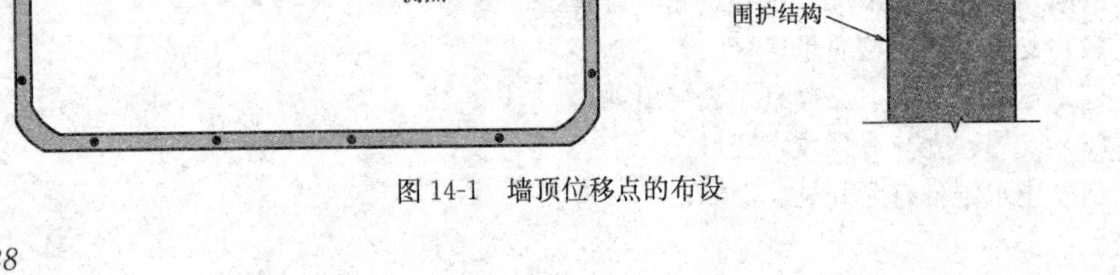

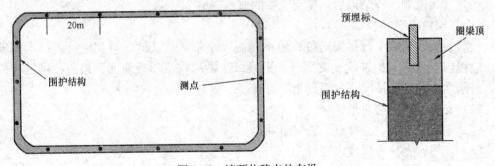

图14-1　墙顶位移点的布设

在架设支撑或锚杆之前，位移变化较快，在结构底板浇筑之后，位移趋于稳定。支护结构顶部发生水平位移过大时，主要是由于超挖和支撑不及时导致的，严重者将导致支护结构顶部位移过大，坑外地表数十米范围将会开裂，影响周围环境的安全。

采用视准线法测量时，常沿欲测量的基坑边线设置一条视准线（图 14-2），在该线的两端设置工作基点 A、B。在基线上沿基坑边线按照需要设置若干测点，基坑有支撑时，测点宜设置在两端支撑的跨中。

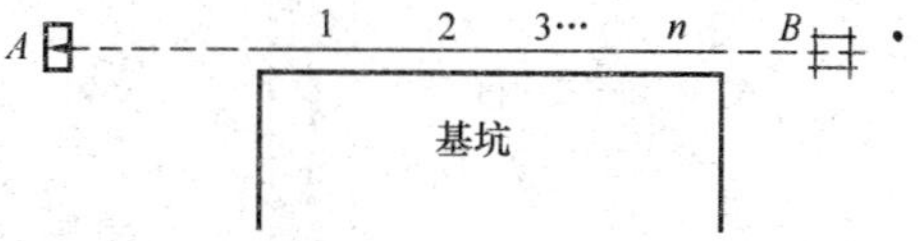

图 14-2　视准线法测墙顶位移

围护墙顶水平位移监测贯穿基坑开挖到主体结构施工到±0.000m 标高的全过程，监测频率为：

（1）从基坑开始开挖到浇筑完主体结构底板，每天监测 1 次；

（2）浇筑完主体结构底板到主体结构施工到±0.000m 标高，每周监测 2～3 次；

（3）各道支撑拆除后的 3 天至一周，每天监测 1 次。

（二）围护（土体）水平位移

围护桩墙或周围土体深层水平位移的监测是确定基坑围护体系变形和受力的最重要的观测手段，通常采用测斜仪观测。

测斜仪的工作原理是利用重力摆锤始终保持铅直方向的性质，测得仪器中轴线与摆锤垂直线的倾角，倾角的变化导致电信号变化，经转化输出并在仪器上显示，从而可以知道被测构筑物的位移变化值（图 14-3）。

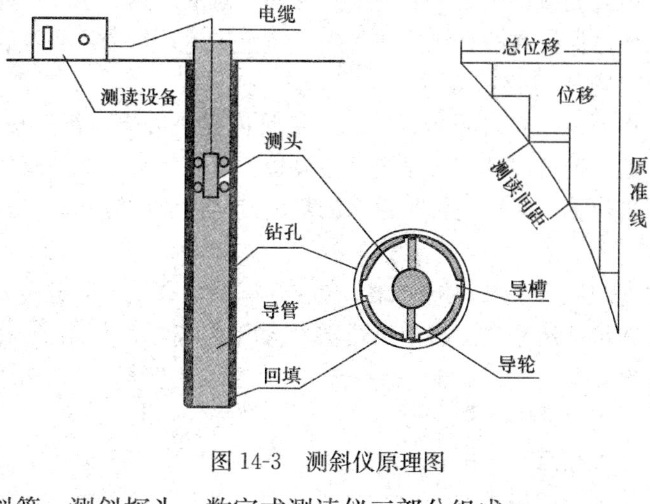

图 14-3　测斜仪原理图

测斜仪由测斜管、测斜探头、数字式测读仪三部分组成。

水平位移可由测得的倾角 θ 用下式表示

$$\delta_i = L_i \sin\theta_i$$

式中　δ_i——第 i 量测段的水平偏差值（mm）；

L_i——第 i 量测段的长度，通常取为 0.5m、1.0m 的整数倍（m）；

θ_i——第 i 量测段的倾角值（°）。

1. 测斜管埋设

（1）测斜管埋设方式主要有钻孔埋设、绑扎埋设两种，如图 14-4 所示。一般测围护桩墙挠曲时采用绑扎埋设和预制埋设，测土体深层位移时采用钻孔埋设。测斜管埋好后，应停留一段时间，使测斜管与土体或结构固连为一整体。

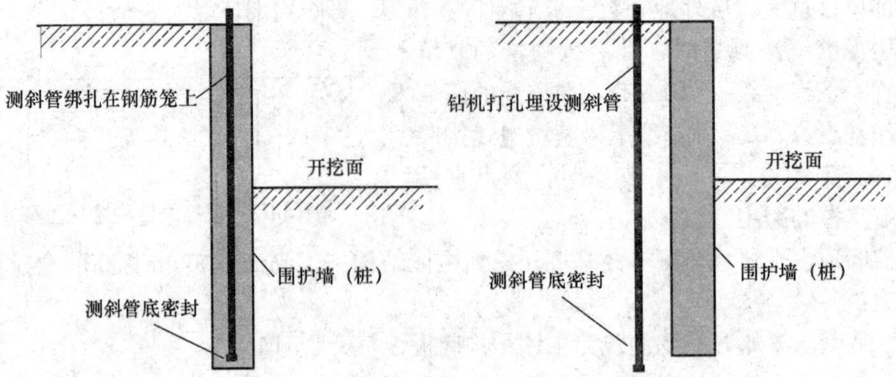

图 14-4　测斜管埋设示意图

(2) 测斜仪宜采用能连续进行多点测量的滑动式仪器。

(3) 测斜监测点一般布置在基坑平面上挠曲计算值最大的位置，监测点水平间距为 20～50m，每边监测点数目不应少于 1 个。为了真实地反映围护墙的挠曲状况和地层位移情况，应保证测斜管的埋设深度：设置在围护墙内的测斜管深度不宜小于围护墙的入土深度；设置在土体内的测斜管深度不宜小于基坑开挖深度的 1.5 倍，并大于围护墙入土深度。

(4) 将测斜管吊入孔或槽内时，应使十字形槽口对准观测的水平位移方向。连接测斜管时应对准导槽，使之保持在一直线上。管底端应装底盖，每个接头及底盖处应密封。

2. 围护（土体）水平位移监测

(1) 量测时，将测斜仪插入测斜管内，并沿管内导槽缓慢下滑，按取定的间距 L 逐段测定各位置处管道与铅直线的相对倾角，假设桩墙（土体）与测斜管挠曲协调，就能得到被测体的深层水平位移，只要配备足够多的量测点（通常间隔 0.5m），所绘制的曲线几乎是连续光滑的。

(2) 基坑开挖期间应 2～3d 观测一次，位移速率或位移量大时应每天 1～2 次。

(3) 当基坑壁的位移速率或位移量迅速增大或出现其他异常时，应在做好观测本身安全的同时，增加次数。

3. 基坑壁侧向位移观测应提交的图表

(1) 基坑壁位移观测点布置图；

(2) 基坑壁位移观测成果表；

(3) 基坑壁位移曲线图。

（三）立柱竖向位移

在软土地区或对周围环境要求比较高的基坑大部分采用内支撑，支撑跨度较大时，一般都架设立柱桩。立柱的竖向位移（沉降或隆起）对支撑轴力的影响很大，有工程实践表明，立柱竖向位移 2～3cm，支撑轴力会变化约 1 倍。因为立柱竖向位移的不均匀会引起支撑体系各点在垂直面上与平面上的差异位移，最终引起支撑产生较大的次应力（这部分力在支撑结构设计时一般没有考虑）。若立柱间或立柱与围护墙间有较大的沉降差，就会导致支撑体系偏心受压甚至失稳，从而引发工程事故，如图 14-5 所示。立柱竖向位移的监测特别重要，因此对于支撑体系应加强立柱的位移监测。

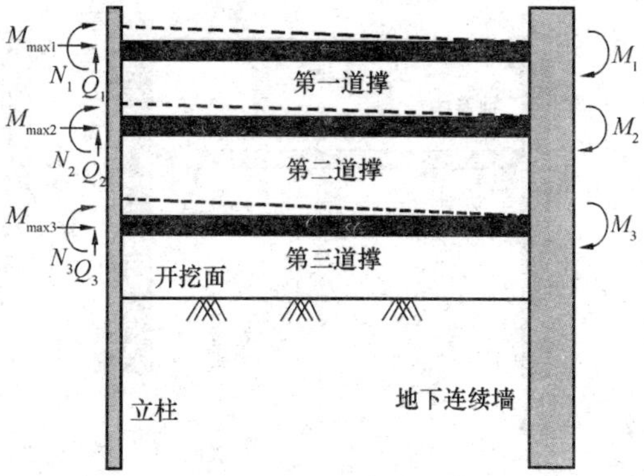

图 14-5　立柱竖向位移危害示意图

立柱监测点应布置在立柱受力、变形较大和容易发生差异沉降的部位，例如基坑中部、多根支撑交汇处、地质条件复杂处，见图 14-6。逆作法施工时，承担上部结构的立柱应加强监测。立柱监测点不应少于立柱总根数的 5%，逆作法施工的基坑不应少于 10%，且均不应少于 3 根。

在影响立柱竖向位移的所有因素中，基坑坑底隆起与竖向荷载是最主要的两个方面。基坑内土方开挖的直接作用引起土层的隆起变形，坑底隆起引起立柱桩的上浮；而竖向荷载主要引起立柱桩的下沉。有时设计虽已考虑竖向荷载的作用，但立柱桩仍有向上位移，原因是施工过程中基坑的情况比较复杂，所采用的竖向荷载值及地质土层情况的实际变异性较大。当基坑开挖后，坑底应力释放，坑内土体回弹，桩身上部承受向上的摩擦力作用，立柱桩被抬升；而基坑深层土体阻止桩的上抬，对桩产生向下的摩阻力阻止桩上抬。桩的上抬也促使桩端土体应力释放，桩端土体也产生隆起，桩也随之上抬，但上部结构的不断加荷以及变异性较大的施工荷载会引起立柱的沉降，可见立柱竖向位移的机理比较复杂。因此，要通过数值计算预测立柱桩最终是抬升还是沉降都比较困难，至于定量计算最终位移就更加困难了，只能通过监测实时控制与调整。

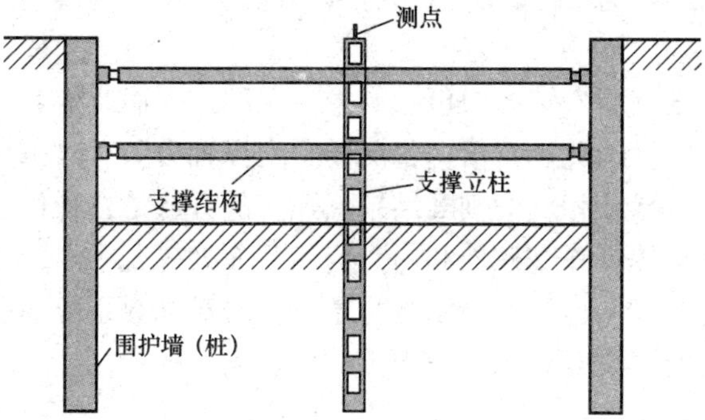

图 14-6　立柱监测示意图

为了减少立柱竖向位移带来的危害，建议使立柱与支撑之间以及支撑与基坑围护结构之间形成刚性较大的整体，共同协调不均匀变形；同时桩土界面的摩阻力会直接影响立柱桩的抬升，因此可通过降低立柱桩上部的摩阻力来减小基坑开挖对立柱抬升的影响。

（四）支撑轴力

基坑外侧的侧向水土压力由围护墙及支撑体系所承担，当实际支撑轴力与支撑在平衡状态下应能承担的轴力（设计计算轴力）不一致时，将可能引起围护体系失稳。支撑内力的监测多根据支撑杆件采用的不同材料，选择不同的监测方法和监测传感器。对于混凝土支撑杆件，目前主要采用钢筋应力计或混凝土应变计（参见围护内力监测）；对于钢支撑杆件，多采用轴力计（也称反力计）或表面应变计。

图 14-7 所示是支撑轴力计安装示意图，轴力监测点布置应遵循以下原则：

（1）监测点宜设置在支撑内力较大或在整个支撑系统中起控制作用的杆件上；

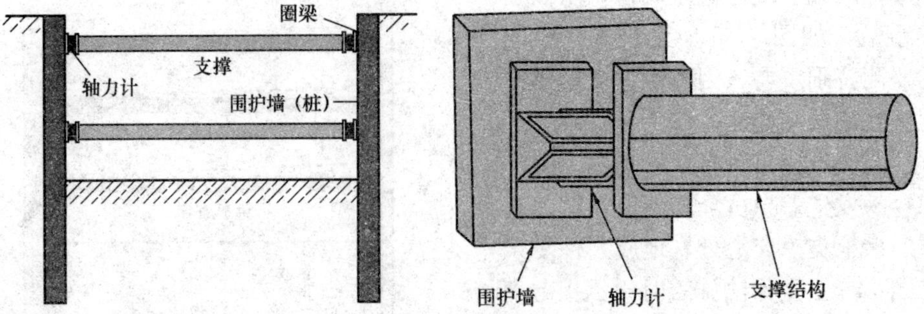

图 14-7　钢支撑轴力计安装示意图

（2）每层支撑的内力监测点不应少于 3 个，各层支撑的监测点位置宜在竖向上保持一致；

（3）钢支撑的监测截面宜选择在两支点间 1/3 部位或支撑的端头；

（4）每个监测点截面内传感器的设置数量及布置应满足不同传感器的测试要求。

支撑的内力不仅与监测计放置的截面位置有关，而且与所监测截面内监测计的布置有关。其监测结果通常以“轴力”（kN）的形式表达，即把支撑杆监测截面内的测点应力平均后与支撑杆截面的乘积。显然，这与结构力学的轴力概念有所不同，它反映的仅是所监测截面的平均应力。

支撑系统的受力极其复杂，支撑杆的截面弯矩方向可随开挖工况的进行而改变，而一般现场布置的监测截面和监测点数量较少。因此，只依据实测的“支撑轴力”有时不易判别清楚支撑系统的真实受力情况，甚至会导致相反的判断结果。建议的方法是选择代表性的支撑杆，既监测其截面应力，又监测支撑杆在立柱处和内力监测截面处等若干点的竖向位移，由此可以根据监测到的截面应力和竖向位移值由结构力学的方法对支撑系统的受力情况作出更加合理的综合判断。同时，有必要对施工过程中围护墙、支撑杆及立柱之间的耦合作用进行深入研究。

钢支撑轴力的监测期限从支撑施工到全部支撑拆除实现换撑，每天监测 1 次。

（五）坑底隆起（回弹）

基坑开挖时会产生隆起，隆起分正常隆起和非正常隆起。一般由于基坑开挖卸载，会造成基坑隆起，该隆起既有弹性部分，也有塑性部分，属于正常隆起。而如果坑底存在承压水层，并且上覆隔水层重量不能抵抗承水水头压力时，会出现坑底过大隆起，一般中部隆起最大；如果围护结构插入深度不足，也会造成坑底隆起，这两种隆起是基坑失稳的前兆，是非正常隆起，是施工中应该避免的。

基坑回弹观测，应测定深埋大型基础在基坑开挖后，由于卸除地基土自重而引起的基坑内外影响范围内相对于开挖前的回弹量。

1. 回弹观测点位的布设

回弹观测点位的布设，应根据基坑形状、大小、深度及地质条件确定，用适当的点数测出所需纵横断面的回弹量。可利用回弹变形的近似对称特性，按下列规定布点。

（1）对于矩形基坑，应在基坑中央及纵（长边）横（短边）轴线上布设，纵向每 8～10m 布一点，横向每 3～4m 布一点。对其他形状不规则的基坑，可与设计人员商定。

(2) 对基坑外的观测点，应埋设常用的普通水准点标石。观测点应在所选坑内方向线的延长线上距基坑深度 1.5～2.0 倍距离内布置。当所选点位遇到地下管道或其他物体时，可将观测点移至与之对应方向线的空位置上。

(3) 应在基坑外相对稳定且不受施工影响的地点选设工作基点及为寻找标志用的定位点。

2. 回弹标志的埋设

回弹监测标埋设方法如下：

(1) 钻孔至基坑设计标高以下 20cm，将回弹标旋入钻杆下端，顺着钻孔深深放至孔底，并压入孔底土中 40～50cm，即将回弹标尾部压入土中。旋开钻杆，使回弹标脱离钻杆，提起钻杆。

(2) 放入辅助测杆，用辅助测杆上的测头进行水准测量，确定回弹标顶面标高。

(3) 监测完毕后，将辅助测杆、保护管（套管）提出地面，用砂或素土将钻孔回填。

3. 回弹观测

(1) 回弹观测精度可按相关规定以给定或预估的最大回弹量为变形允许值进行估算后确定。但最弱观测点相对邻近工作基点的高差中误差，不应大于±1.0mm。

(2) 回弹观测不应少于三次，具体安排是：第一次在基坑开挖之前测读出初读数，第二次在基坑挖到设计标高后再测读一次，第三次在浇灌基础底板混凝土之前再监测一次。当需要测定分段卸荷回弹时，应按分段卸荷时间增加观测次数。当基坑挖完至基础施工的间隔时间较长时，亦应适当增加观测次数。

(3) 基坑开挖前的回弹观测，可采用水准测量配以铅垂钢尺读数的钢尺法；较浅基坑的观测亦可采用水准测量配辅助杆垫高水准尺读数的辅助杆法。

依据这些监测点绘出的隆起（回弹）断面图可以基本反映出坑底的变形变化规律。坑底隆起的测量原理及典型隆起曲线分别见图 14-8 和图 14-9。

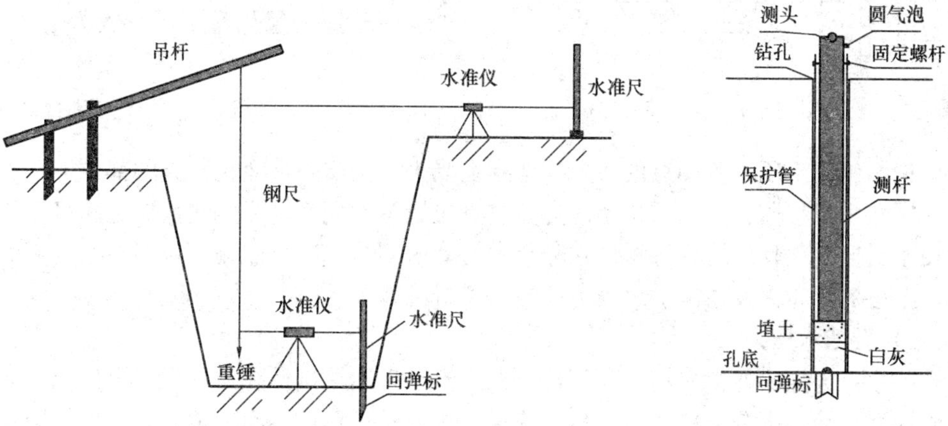

图 14-8 坑底隆起测量示意图

(六) 围护墙侧向土压力

侧向水土压力是直接作用在基坑支护体系上的荷载，是支护结构的设计依据，现场量测能够真实地反映各种因素对水土压力的综合影响，因此在工程界都很重视现场实测水土压力数据的收集和分析。

由于土压力计的结构形式和埋设部位不同，埋设方法很多，例如挂布法、顶入法、弹

图 14-9　坑底隆起曲线

入法、插入法、钻孔法等。土压力计埋设在围护墙构筑期间或完成后均可进行。若在围护墙完成后进行，由于土压力计无法紧贴围护墙埋设，因而所测数据与围护墙上实际作用的土压力有一定差别。若土压力计埋设与围护墙构筑同期进行，则须解决好土压力计在围护墙迎土面上的安装问题。在水下浇筑混凝土过程中，要防止混凝土将面向土层的土压力计表面钢膜包裹，使其无法感应土压力作用，造成埋设失败。另外，还要保持土压力计的承压面与土的应力方向垂直。图 14-10、图 14-11 分别为顶入法和弹入法土压力传感器设置原理图。图 14-12 为钻孔法进行土压力测量时的仪器布置图。

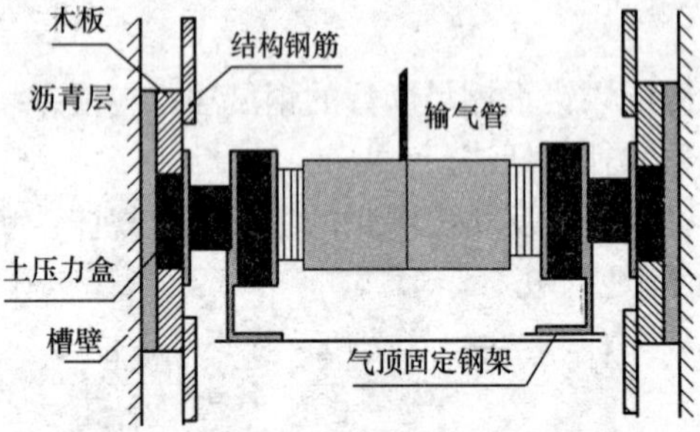

图 14-10　顶入法进行土压力传感器设置

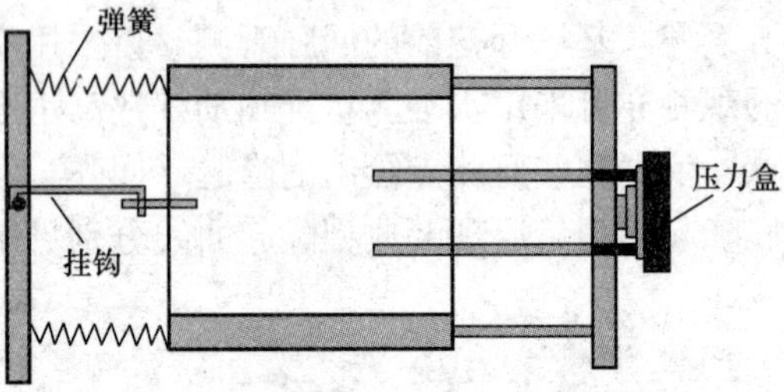

图 14-11　弹入法进行土压力传感器埋设装置

围护墙侧向土压力监测点的布置应选择在受力、土质条件变化较大的部位，在平面上宜与深层水平位移监测点、围护墙内力监测点位置等匹配，这样监测数据之间可以相互验证，便于对监测项目的综合分析。在竖直方向（监测断面）上监测点应考虑土压力的计算图形、土层的分布以及与围护墙内力监测点位置的匹配。

（七）孔隙水压力

孔隙水压力探头通常采用钻孔埋设。在埋设点采用钻机钻孔，达到要求的深度或标高后，先在孔底填入部分干净的砂，然后将探头放入，再在探头周围填砂，最后采用膨胀性黏土或干燥黏土球将钻孔上部封好，使得探头测得的是该标高土层的孔隙水压力。图 14-13为孔隙水压力探头在土中的埋设情况，其技术关键在于保证探头周围垫砂渗水流畅，其次是断绝钻孔上部的向下渗漏。原则上一个钻孔只能埋设一个探头，但为了节省钻孔费用，也有在同一钻孔中埋设多个位于不同标高处的孔隙水压力探头的，在这种情况下，需要采用干土球或膨胀性黏土将各个探头进行严格的相互隔离，否则达不到测定各土层孔隙水压力变化的作用。

孔隙水压力监测点宜布置在基坑受力、变形较大或有代表性的部位。竖向布置上监测点宜在水压力变化影响深度范围内按土层分布情况布设，竖向间距宜为 2～5m，数量不宜少于 3 个。

坑外水位在基坑开挖过程中变化不大，水位下降对孔隙水压力下降的影响不大，孔隙水压力的减小主要是由于侧向应力的减小引起的；而坑内（开挖面）的水位随着开挖深度的不断增加逐渐降低，同时坑内大量的土体卸载逐渐减小，二者共同作用下使得开挖面孔隙水压力不断减小。

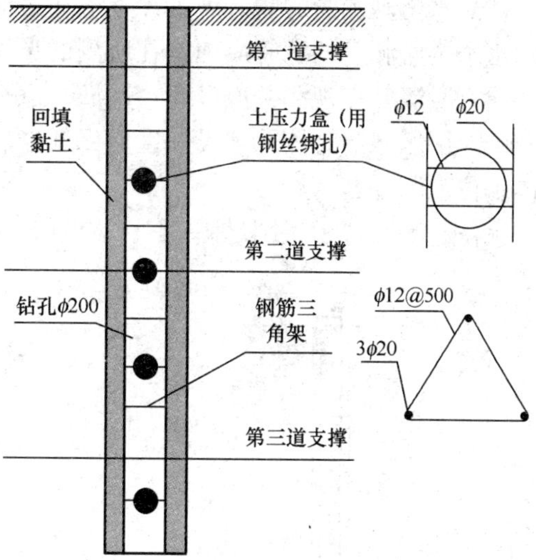

图 14-12　钻孔法进行土压力测量

（八）地下水位

基坑工程地下水位监测包含坑内、坑外水位监测。通过水位观测可以控制基坑工程施工过程中周围地下水位下降的影响范围和程度，防止基坑周边的水土流失。另外，可以检验降水井的降水效果，观测降水对周边环境的影响。地下水位监测点的布置应符合下列要求：

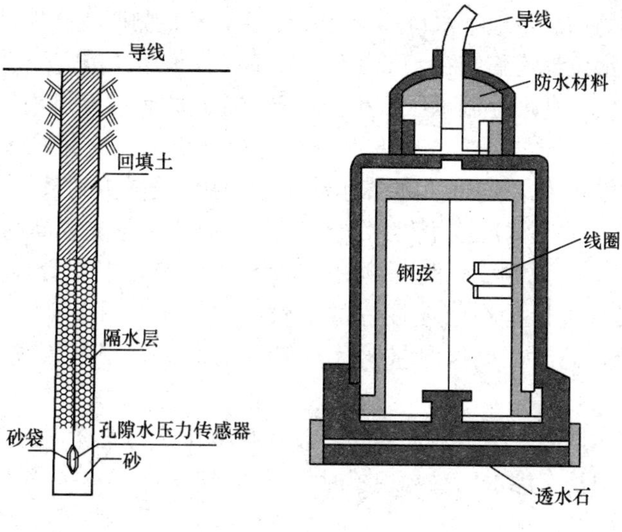

图 14-13　孔隙水压力探头及埋设示意图

（1）基坑内地下水位当采用深井降水时，水位监测点宜布置在基坑中央和两相邻降水井的中间部位；当采用轻型井点、喷射井点降水时，水位监测点宜布置在基坑中央和周边拐角处，监测点数量应视具体情况确定。

（2）基坑外地下水位监测点应沿基坑、被保护对象的周边或在基坑与被保护对象之间布置，监测点间距宜为 20～50m。相邻建筑、重要的管线或管线密集处应布置水位监测点；当有止水帷幕时，宜布置在止水帷幕的外侧约 2m 处。

(3) 水位观测管的管底埋置深度应在最低设计水位或最低允许地下水位之下3～5m。承压水水位监测管的滤管应埋置在所测的承压含水层中。

(4) 回灌井点观测井应设置在回灌井点与被保护对象之间。

(5) 承压水的观测孔埋设深度应保证能反映承压水水位的变化，一般承压降水井可以兼作水位观测井。

水位监测布置示意图见图14-14和图14-15。

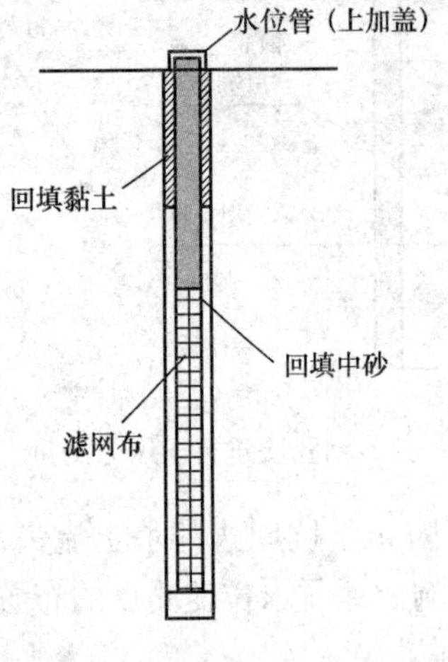

图14-14 潜水水位监测示意图

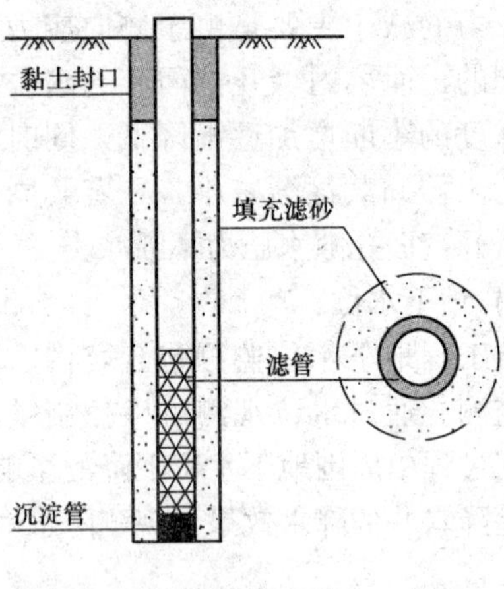

图14-15 承压水水位监测示意图

随着基坑开挖的加深，地下水位逐渐变深，这与基坑侧壁在开挖过程中有少量渗漏有一定的关系，地下水位最终稳定在4m左右。基坑工程采用“按需降水”的原则，在不同开挖深度的工况阶段，合理控制承压水头。在土方开挖之前，基坑内外侧开始降水，基坑开挖期间，随着开挖深度的增加，地下水位也逐渐下降，但一直维持在基坑开挖面以下1～2m，防止水头过大降低，这将使降水对周边环境的影响减少到最低限度。

地下水位监测可采用钢尺或钢尺水位计。对于地下水位比较高的水位观测井，可用干的钢尺直接插入水位观测管，记录湿迹与管顶的距离，根据管顶高程即可计算地下水位的高程。钢尺水位计是在已埋设好的水管中放入水位计测头，当测头接触到水位时，即启动讯响器，此时，读取测量钢尺与管顶的距离，根据管顶高程计算地下水位的高程。

地下水位监测的期限是整个降水期间，或从基坑开挖到浇筑完成主体结构底板，每天监测一次。当围护结构有渗水、漏水现象时，要加强监测。

（九）地下管线

深基坑开挖引起周围地层移动，埋设于地下的管线亦随之移动。如果管线的变位过大或不均，将使管线挠曲变形而产生附加的变形及应力，若在允许范围内，则保持正常使用，否则将导致泄漏、通信中断、管道断裂等恶性事故。为安全起见，在施工过程中，应根据地层条件和既有管线种类、形式及其使用年限，制定合理的控制标准，以保证施工影响范围内既有管线的安全和正常使用。

对于有检查井的地下管线，可通过检查井在管线上埋设监测点。对于没有检查井的直埋地下管线，应通过开挖揭露出地下管线，并在其上边埋设监测点。

管线的观测分为直接法和间接法。当采用直接法时，常用的测点设置方法有抱箍式和套筒式（图 14-16）。

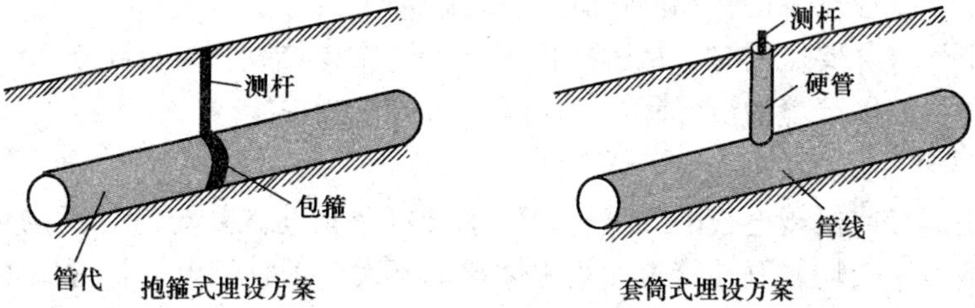

图 14-16 直接法监测管线变形

间接法就是不直接观测管线本身，而是通过观测管线周边的土体，分析管线的变形。此法观测精度较低。当采用间接法时，常用的测点设置方法有以下几种。

1）底面观测

将测点设在靠近管线底面的土体中，观测底面的土体位移。此法常用于分析管道纵向弯曲受力状态或跟踪注浆、调整管道差异沉降。

2）顶面观测

将测点设在与管线轴线相对应的地表或管线的窨井盖上观测。由于测点与管线本身存在介质，因而观测精度较差，但可避免破土开挖，只有在设防标准较低的场合采用，一般情况下不宜采用。

间接法监测管线布置方法见图 14-17。

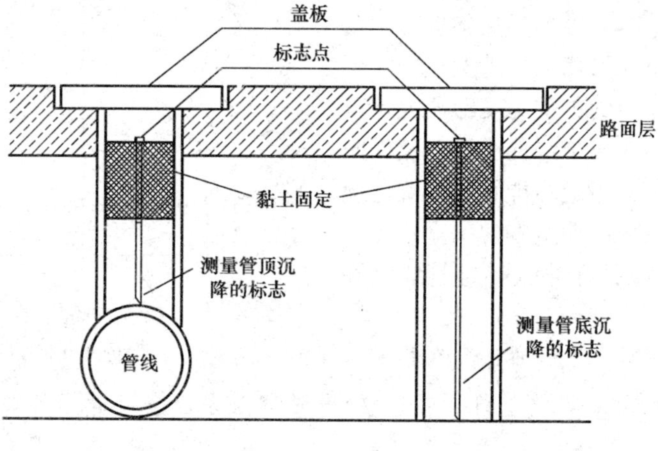

图 14-17 间接法监测管线变形

管线监测点的布置应符合下列要求：

（1）应根据管线修建年份、类型、材料、尺寸及现状等情况，确定监测点设置；

（2）监测点宜布置在管线的节点、转角点和变形曲率较大的部位，监测点平面间距宜为 15～25m，并宜延伸至基坑边缘以外 1～3 倍基坑开挖深度范围内的管线；

（3）供水、煤气、暖气等压力管线宜设置直接监测点，在无法埋设直接监测点的部位，可设置间接监测点。

管线的破坏模式一般有两种情况：一是管段在附加拉应力作用下出现裂缝，甚至发生破裂而丧失工作能力；二是管段完好，但管段接头转角过大，接头不能保持封闭状态而发生渗漏。地下管线应按柔性管和刚性管分别进行考虑。

相邻地下管线需要监测时，从围护桩墙施工到主体结构做到±0.000m 标高这段期限都需进行监测，周围环境的沉降和水平位移需每天监测 1 次。

1. 刚性管道

对于采用焊接或机械连接的煤气管、上水管以及钢筋混凝土管保护的重要通信电缆，有一定的刚度，一般均属刚性管道。当土体移动不大时，它们可以正常使用，但土体移动幅度超过一定极限时就发生断裂破坏。

按弹性地基梁的方法计算分析，因施工中引起管道地基沉陷而发生纵向弯曲应力 σ，如沉降超过预计幅度，管道中弯曲拉应力 $\sigma>$ 允许值 $[\sigma]$ 时，管道材料发生抗拉破坏。

计算时将管道视为弹性地基上的梁，如图 14-18 所示。

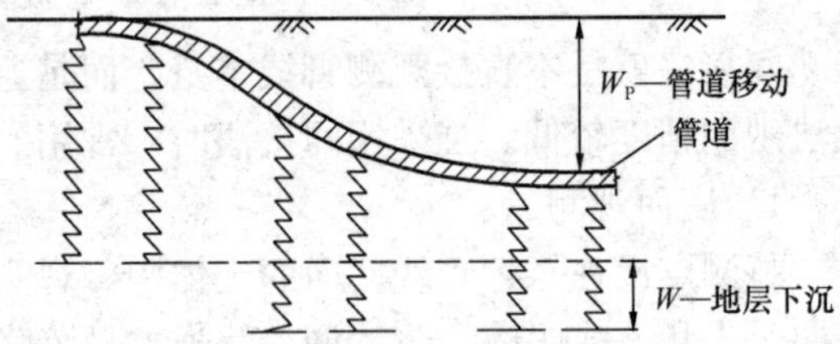

图 14-18　管道弹性地基梁计算模型

假定管道的允许应力为 $[\sigma_p]$，则管道的允许曲率半径为：

$$[R_p]=\frac{E_pd}{2[\sigma_p]} \tag{14-1}$$

2. 柔性管道

一般设有接头的管道的接头构造，均设有可适应一定接缝张开度的接缝填料。对于这类管道在地层下沉时的受力变形研究，可从管节接缝张开值、管节纵向受弯曲及横向受力等方面分析每节管道可能承受的管道地基差异沉降值，或沉降曲线的曲率。

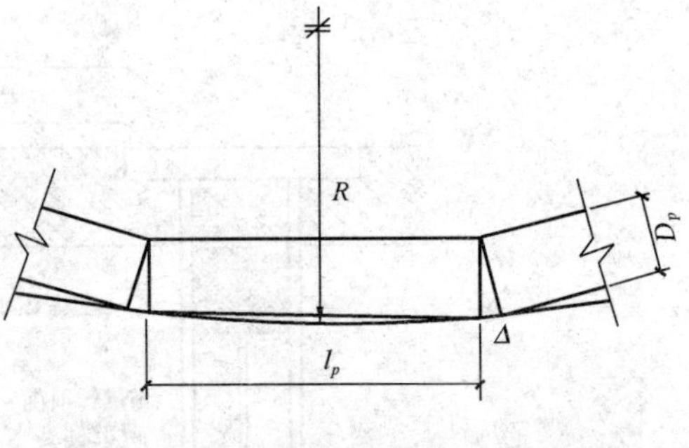

图 14-19　管节接缝张开值 Δ 与管线曲率半径的几何关系

1）按管节接缝张开值 Δ 确定管线允许曲率半径

如图 14-19 所示，管线地基沉降曲率半径 R，管道管节长度 l_p，管道外径 D_p，根据几何关系，按接缝张开值确定允许曲率半径为：

$$[R_p^{\Delta}]=\frac{l_pD_p}{[\Delta]} \tag{14-2}$$

2）按管道纵向受弯应力 $[\sigma_p]$ 确定允许曲线半径

按管材允许应力确定的允许曲率半径：

$$[R_p^Z]=\frac{KD_pl_p^4}{384[\sigma_p]W_p} \tag{14-3}$$

式中　K——地基弹簧刚度；

W_p——管道抗弯截面模量；

$[\sigma_p]$——管道的允许应力，定义同上。

3）按管道横向受压时管壁允许应力 $[\sigma]$ 确定管线允许曲率半径

允许的曲率半径为：

$$[R_p^H] > \frac{1.5KD_p^2 \cdot l_p^2}{64t^2[\sigma]m} \tag{14-4}$$

式中　K——地基弹簧刚度；

m——管龄系数，一般小于 0.3；

t——管道厚度。

综上，无论是刚性管道，还是柔性管道，我们都可以利用其允许曲率半径来判断管线的安全性。对刚性管道，按式（14-1）确定其允许曲率半径 $[R_p]$；对于柔性管道，分别按管节接缝张开值及管道纵横向允许应力确定管线允许曲率半径，取其大者作为管线的允许曲率半径，即 $[R_p]=\max\{R_p^{\Delta}, R_p^Z, R_p^H\}$。

三、监测项目的预警值

基坑工程施工监测的预警值就是设定一个定量化指标系统，在其容许的范围之内认为工程是安全的，并对周围环境不产生有害影响，否则认为工程是非稳定或危险的，并将对周围环境产生有害影响。建立合理的基坑工程监测的预警值是一项十分复杂的研究课题，工程的重要性越高，其预警值的建立越困难。预警值的确定应根据下列原则：

（1）满足现行的相关规范、规程的要求，大多是位移或变形控制值；

（2）对于围护结构和支撑内力、锚杆拉力等，不超过设计计算预估值；

（3）根据各保护对象的主管部门提出的要求来确定；

（4）在满足监测和环境安全的前提下，综合考虑工程质量、施工进度、技术措施和经济等因素。

确定预警值时还要综合考虑基坑的规模、工程地质和水文地质条件、周围环境的重要性程度以及基坑的施工方案等因素。确定预警值主要参照现行的相关规范和规程的规定值、经验类比值以及设计预估值这三个方面的数据。随着基坑工程经验的积累和增多，各地区的工程管理部门陆续以地区规范、规程等形式对基坑工程预警值作了规定，其中大多是最大允许位移或变形值。确定变形控制标准时，应考虑变形的时空效应，并控制监测值的变化速率，一级工程宜控制在 2mm/d 之内。当变化速率突然增加或连续保持高速率时，应及时分析原因，以采取相应对策。

相邻房屋的安全与正常商业普遍准则应参照国家或地区的房屋监测标准确定。地下管线的允许沉降和水平位移量值由管线主管单位根据管线的性质和使用情况确定。

基坑和周围环境的位移和变化值是为了基坑安全和对周围环境不产生有害影响需要在设计和监测时严格控制的，而围护结构和支撑的内力、锚杆拉力等，则是在满足以上基坑和周围环境的位移和变形控制值的前提下由设计计算得到的，因此，围护结构和支撑内力、锚杆拉力等应以设计预估值为确定预警值的依据，一般将预警值确定为设计允许最大值的80%。

经验类比值是根据大量工程实际经验积累而确定的预警值，如下一些经验预警值可以作为参考：

(1) 煤气管道的沉降和水平位移均不得超过1.0mm，每天发展不得超过2mm；

(2) 自来水管道沉降和水平位移均不得超过30mm，每天发展不得超过5mm；

(3) 基坑内降水或基坑开挖引起的基坑外水位下降不得超过1000mm，每天发展不得超过500mm；

(4) 基坑开挖中引起的立柱桩隆起或沉降不得超过10mm，每天发展不得超过2mm。

位移—时间曲线也是判断基坑工程稳定性的重要依据，施工监测得到的位移—时间曲线可能呈现出三种形态。对于基坑工程施工中测得的位移—时间曲线，如果始终保持变形加速度小于0，则该工程是稳定的；如果位移曲线随即出现变形加速度等于0的情况，亦即变形速度不再继续下降，则说明工程进入"定常蠕变"状态，须发出警告，并采取措施及时补强围护和支撑系统；一旦位移出现变形加速度大于0的情况，则表示已进入危险状态，须立即停工，进行加固。此外，对于围护墙侧向位移曲线和弯矩曲线上发生明显转折点或突变点，也应引起足够的重视。

在施工险情预报中，应同时考虑各项监测内容的量值和变化速度，及其相应的实际变化曲线，结合观察到的结构、地层和周围环境状况等综合因素作出预报。从理论上说，设计合理的、可靠的基坑工程，在每一工况的挖土结束后，应该是一切表征基坑工程结构、地层和周围环境力学形态的物流量随时间变化而渐趋稳定；反之，如果测得表征基坑工程结构、地层和周围环境力学形态特点的某一种或某几种物理量随时间变化不是渐趋稳定，则可以断言该工程不稳定，必须修改设计参数、调整施工工艺。

第三节　建筑物的沉降观测

建筑物沉降观测是根据水准基点周期性测定建筑物上的沉降观测点的高程计算沉降量的工作。通常对建筑物的观测应能反映出1～2mm的沉降量。

一、水准点和观测点的布设

1. 水准点的布设

水准点是沉降观测的基准，所以水准点一定要有足够的稳定性。水准点的形式和埋设要求与永久性水准点相同。

在布设水准点时应满足下列要求：

(1) 为了对水准点进行互相校核，防止由于水准点的高程产生变化造成差错，水准点的数目应不少于3个，以组成水准网。

(2) 水准点应埋设在建（构）筑物基础压力影响范围及受震动影响范围以外，不受施工影响的安全地点。

(3) 水准点应接近观测点，其距离不应大于 100m，以保证沉降观测的精度。

(4) 离开铁路、公路、地下管线和滑坡地带至少 5m。

(5) 为防止冰冻影响，水准点埋设深度至少要在冰冻线以下 0.5m。

(6) 设在墙上的水准点应埋在永久性建筑物上，且离地面的高度约为 0.5m。

2. 观测点的布设

进行沉降观测的建筑物上应埋设沉降观测点。观测点的数量和位置应能全面反映建筑物的沉降情况，这与建筑物或设备基础的结构、大小、荷载和地质条件有关。这项工作应由设计单位或施工技术部门负责确定。在民用建筑中，一般沿着建筑物的四周每隔 10～12m 布置一个观测点，新、旧建筑物或高、低建筑物交接处的两侧，在房屋转角、沉降缝、抗震缝或伸缩缝的两侧、基础形式改变处及地质条件改变处也应布设。当房屋宽度大于 15m 时，还应在房屋内部纵轴线上和楼梯间布设观测点。一般民用建筑沉降观测点设置在外墙勒脚处。工业厂房的观测点应布设在承重墙、厂房转角、柱子、伸缩缝两侧、设备基础。高大圆形的烟囱、水塔、电视塔、高炉、油罐等构筑物，可在其基础的对称轴线上布设观测点。

观测点的埋设形式如图 14-20 和图 14-21 所示。图 14-20 (*a*)、(*b*) 分别为承重墙和钢筋混凝土柱上的观测点；图 14-21 为设备基础上的观测点。

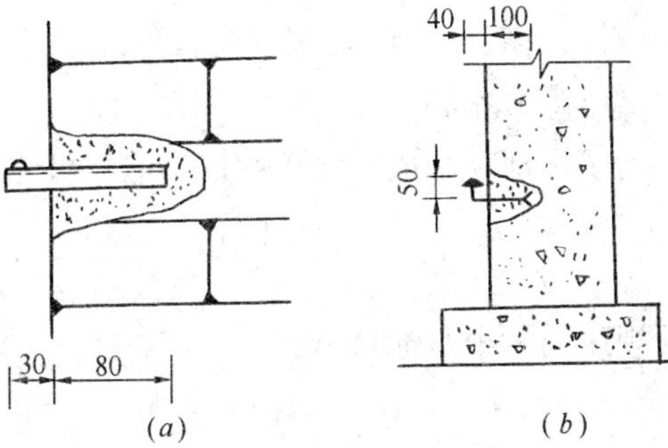

图 14-20　墙体沉降观测点的埋设

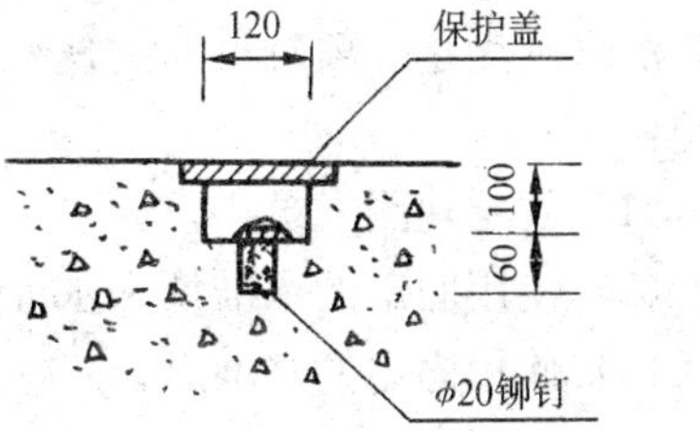

图 14-21　设备基础沉降观测点的埋设

二、沉降观测方法

1. 观测周期

沉降观测的时间和次数，应根据工程性质、工程进度、地基土质情况及基础荷重增加情况等决定。

一般待观测点埋设稳固后即应进行第一次观测，施工期间在增加较大荷载之后（如浇灌基础、回填土、建筑物每升高一层、安装柱子和屋架、屋面铺设、设备安装、设备运转、烟囱每增加 15m 左右等）均应观测。如果施工期间中途停工时间较长，应在停工时和复工前进行观测。当基础附近地面荷载突然增加，周围大量积水或暴雨后，或周围大量挖方等，也应观测。在发生大量沉降、不均匀沉降或裂缝时，应立即进行逐日或几天一次的连续观测。竣工后，应根据沉降量的大小及速度进行观测。开始时每隔 1～2 个月观测一次，以每次沉降量在 5～10mm 为限，以后随沉降速度的减缓，可延长到 2～3 个月观测一次，直到沉降量稳定在每 100d 不超过 1mm 时，即认为沉降稳定，方可停止观测。

高层建筑沉降观测的时间和次数，应根据高层建筑的打桩数量和深度、地基土质情况、工程进度等决定。高层建筑的沉降观测应从基础施工开始一直进行观测。一般打桩期间每天观测一次。基础施工由于采用井点降水和挖土的影响，施工地区及四周的地面会产生下沉，邻近建筑物受其影响同时下沉，将影响邻近建筑物的不正常使用。为此，要在邻近建筑物上埋设沉降观测点等。竣工后沉降观测第一年应每月一次，第二年每二个月一次，第三年每半年一次，第四年开始每年观测一次，直至稳定为止。如在软土层地基建造高层，应进行长期观测。

2. 观测方法

对于高层建筑物的沉降观测，应采用 DS_1 精密水准仪用Ⅱ等水准测量方法往返观测，其误差不应超过 $\pm1\sqrt{n}$mm（n 为测站数），或 $\pm4\sqrt{L}$mm（L 为公里数）。观测应在成像清晰、稳定的时候进行。沉降观测点首次观测的高程值是以后各次观测用以比较的依据，如初测精度不够或存在错误，不仅无法补测，而且会造成沉降工作中的矛盾现象，因此必须提高初测精度。每个沉降观测点首次高程，应在同期进行两次观测后决定。为了保证观测精度，观测时视线长度一般不应超过 50m，前后视距离要尽量相等，可用皮尺丈量。观测时先后视水准点，再依次前视各观测点，最后应再次后视水准点，前后两个后视读数之差不应超过±1mm。

对一般厂房的基础和多层建筑物的沉降观测，水准点往返观测的高差偏差不应超过 $\pm2\sqrt{n}$mm，前后两个同一后视点的读数之差不得超过±2mm。

沉降观测是一项较长期的连续观测工作，为了保证观测成果的正确性，应尽可能做到四定：

（1）固定观测人员；

（2）使用固定的水准仪和水准尺（前、后视用同一根水准尺）；

（3）使用固定的水准点；

（4）按规定的日期、方法及既定的路线、测站进行观测。

建筑物沉降监测，监测点本次高程减前次高程的差值为本次沉降量，本次高程减初始高程的差值为累计沉降量。

三、沉降观测的成果整理

1. 整理原始记录

每次观测结束后，应检查记录中的数据和计算是否正确，精度是否合格，如果误差超限应重新观测。然后调整闭合差，推算各观测点的高程，列入成果表中。

2. 计算沉降量

根据各观测点本次所观测高程与上次所观测高程之差，计算各观测点本次沉降量和累计沉降量，并将观测日期和荷载情况记入观测成果表中（表 14-3）。

3. 绘制沉降曲线

为了更清楚地表示沉降量、荷载、时间三者之间的关系，还要画出各观测点的时间与

沉降观测成果表 **表 14-3**

观测日期 年月日	荷重 t/m²	观测点																		工程施工进展情况	荷载情况 t/m²
		1			2			3			4			5			6				
		高程 (m)	本次下沉 (mm)	累计下沉 (mm)	高程 (m)	本次下沉 (mm)	累计下沉 (mm)	高程 (m)	本次下沉 (mm)	累计下沉 (mm)	高程 (m)	本次下沉 (mm)	累计下沉 (mm)	高程 (m)	本次下沉 (mm)	累计下沉 (mm)	高程 (m)	本次下沉 (mm)	累计下沉 (mm)		
1997.4.20	4.5	50.157	±0	±0	50.154	±0	±0	50.155	±0	±0	50.155	±0	±0	50.156	±0	±0	50.154	±0	±0		
5.5	5.5	50.155	−2	−2	50.153	−1	−1	50.153	−2	−2	50.154	−1	−1	50.155	−1	−1	50.142	−2	−2		
5.20	7.0	50.152	−3	−5	50.150	−3	−4	50.151	−2	−4	50.153	−1	−2	50.151	−4	−5	50.148	−4	−6		
6.5	9.5	50.148	−4	−9	50.148	−2	−6	50.147	−4	−8	50.150	−3	−5	50.148	−3	−8	50.146	−2	−8		
6.20	10.5	50.145	−3	−12	50.146	−2	−8	50.143	−4	−12	50.148	−2	−7	50.146	−2	−10	50.144	−2	−10		
7.20	10.5	50.143	−2	−14	50.145	−1	−9	50.141	−2	−14	50.147	−1	−8	50.145	−1	−11	50.142	−2	−12		
8.20	10.5	50.142	−1	−15	50.144	−1	−10	50.140	−1	−15	50.145	−2	−10	50.144	−1	−12	50.140	−2	−14		
9.20	10.5	50.140	−2	−17	50.142	−2	−12	50.138	−2	−17	50.143	−2	−12	50.142	−2	−14	50.139	−1	−15		
10.20	10.5	50.139	−1	−18	50.140	−2	−14	50.137	−1	−18	50.142	−1	−13	50.140	−2	−16	50.137	−2	−17		
1997.1.20	10.5	50.137	−2	−20	50.139	−1	−15	50.137	±0	−18	50.142	±0	−13	50.139	−1	−17	50.136	−1	−18		
4.20	10.5	50.136	−1	−21	50.139	±0	−15	50.136	−1	−19	50.141	−1	−14	50.138	−1	−18	50.136	±0	−18		
7.20	10.5	50.135	−1	−22	50.138	−1	−16	50.135	−1	−20	50.140	−1	−15	50.137	−1	−19	50.136	±0	−18		
10.20	10.5	50.135	±0	−22	50.138	±0	−16	50.134	−1	−21	50.140	±0	−15	50.136	−1	−20	50.136	±0	−18		
1997.1.20	10.5	50.135	±0	−22	55.138	±0	−16	50.134	±0	−21	50.140	±0	−15	50.136	±0	−20	50.136	±0	−18		

沉降量关系曲线图以及时间与荷载关系曲线图，如图 14-22 所示。

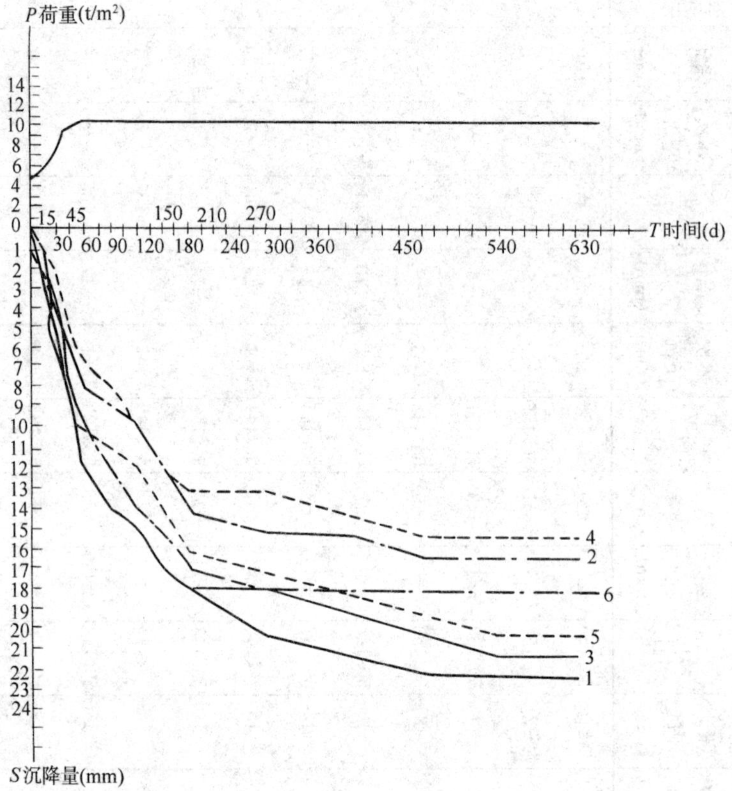

图 14-22　建筑物的沉降、荷重、时间关系曲线图

时间与沉降量的关系曲线是以沉降量 S 为纵轴，时间 t 为横轴，根据每次观测日期和相应的沉降量按比例画出各点位置，然后将各点依次连接起来，并在曲线一端注明观测点号码。

时间与荷载的关系曲线是以荷载重量 P 为纵轴，时间 t 为横轴，根据每次观测日期和相应的荷载画出各点，然后将各点依次连接起来。

4. 沉降观测应提交的资料

(1) 沉降观测（水准测量）记录手簿；

(2) 沉降观测成果表；

(3) 观测点位置图；

(4) 沉降量、地基荷载与延续时间三者的关系曲线图；

(5) 编写沉降观测分析报告。

四、沉降观测中常遇到的问题及其处理

1. 曲线在首次观测后即发生回升现象

在第二次观测时即发现曲线上升，至第三次后，曲线又逐渐下降。发生此种现象，一

般都是由于首次观测成果存在较大误差所引起的。此时，应将第一次观测成果作废，而采用第二次观测成果作为首测成果。

2. 曲线在中间某点突然回升

发生此种现象的原因，多半是因为水准基点或沉降观测点被碰所致，如水准基点被压低，或沉降观测点被撬高，此时，应仔细检查水准基点和沉降观测点的外形有无损伤。如果众多沉降观测点出现此种现象，则水准基点被压低的可能性很大，此时可改用其他水准点作为水准基点来继续观测，并再埋设新水准点，以保证水准点个数不少于三个；如果只有一个沉降观测点出现此种现象，则多半是该点被撬高，如果观测点被撬后已活动，则需另行埋设新点，若点位尚牢固，则可继续使用，对于该点的沉降计算，则应进行合理处理。

3. 曲线自某点起渐渐回升

产生此种现象一般是由于水准基点下沉所致。此时，应根据水准点之间的高差来判断出最稳定的水准点，以此作为新水准基点，将原来下沉的水准基点废除。另外，埋在裙楼上的沉降观测点，由于受主楼的影响，有可能会出现属于正常的渐渐回升现象。

4. 曲线的波浪起伏现象

曲线在后期呈现微小波浪起伏现象，其原因是测量误差所造成的。曲线在前期波浪起伏之所以不突出，是因为下沉量大于测量误差之故；但到后期，由于建筑物下沉极微小或已接近稳定，因此在曲线上就出现测量误差比较突出的现象。此时，可将波浪曲线改成为水平线，并适当地延长观测的间隔时间。

第四节　建筑物的倾斜观测

建筑物产生倾斜的原因主要是地基承载力的不均匀、建筑物体型复杂形成不同荷载及受外力风荷、地震等影响引起基础的不均匀沉降。

测定建筑物倾斜度随时间而变化的工作叫倾斜观测。

建筑物倾斜观测是利用水准仪、经纬仪、垂球或其他专用仪器来测量建筑物的倾斜度 α。

一、建筑物倾斜监测点的布设

建筑物倾斜监测点的布设应满足下列要求：

（1）监测点通常布置在建筑物角点、变形缝或抗震缝两侧的承重墙或柱上；

（2）监测点应沿主体顶部，底部对应布设，上、下监测点布置在同一竖直线上。

二、建筑物的倾斜观测方法

1. 水准仪观测法

建筑物的倾斜观测可采用精密水准测量的方法，如图 14-23，定期测出基础两端点的

不均匀沉降量 Δh，再根据两点间的距离 L，即可算出基础的倾斜度 α：

$$\alpha=\frac{\Delta h}{L} \tag{14-5}$$

如果知道建筑物的高度 H，则可推算出建筑物顶部的倾斜位移值 δ：

$$\delta=\alpha \cdot H=\frac{\Delta h}{L} \cdot H \tag{14-6}$$

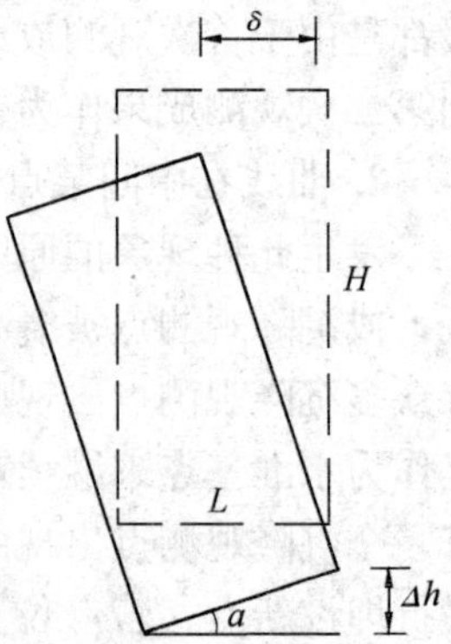

图 14-23 基础倾斜观测

2. 经纬仪观测法

利用经纬仪测量出建筑物顶部的倾斜位移值 δ，再根据 (14-6) 式可计算出建筑物的倾斜度 α：

$$\alpha=\frac{\delta}{H} \tag{14-7}$$

（1）一般建筑物的倾斜观测

对建筑物的倾斜观测应取互相垂直的两个墙面，同时观测其倾斜度。如图 14-24 所示，首先在建筑物的顶部墙上设置观测标志点 M，将经纬仪安置在离建筑物的距离大于其高度的 1.5 倍处的固定测站上，瞄准上部观测点 M，用盘左、盘右分中法向下投点得 N 点，用同样方法，在与原观测方向垂直的另一方向设置上下两个观测点 P、Q。相隔一定时间再观测，分别瞄准上部观测点 M 与 P 向下投点得 N' 与 Q'，如 N' 与 N、Q' 与 Q 不重合，说明建筑物产生倾斜。用尺量得 $NN'=a$、$QQ'=b$。

则建筑物的总倾斜值为
$$c=\sqrt{a^2+b^2} \tag{14-8}$$

建筑物的总倾斜度为
$$i=\frac{c}{H} \tag{14-9}$$

建筑物的倾斜方向
$$\theta=\tan^{-1}\frac{b}{a} \tag{14-10}$$

（2）圆形建筑物的倾斜观测

对圆形建筑物和构筑物（如电视塔、烟囱、水塔等）的倾斜观测，是在相互垂直的两个方向上测定其顶部中心对底部中心的偏心距。

如图 14-25 所示，在与烟囱底部所选定的方向轴线垂直处，平稳地安置一根大木枋，距烟囱底部大于烟囱高度 1.5 倍处安置经纬仪，用望远镜分别将烟囱顶部边缘两点 A、A' 及底部边缘 B、B' 投到木枋上定出 a、a' 点及 b、b' 点，可求得 aa' 的中点 a'' 及 bb' 的中点 b''，则横向倾斜值为 $\delta_x=a''b''$，同法可测得纵向倾斜值为 δ_y。

烟囱的总倾斜值为
$$\delta=\sqrt{\delta_x^2+\delta_y^2} \tag{14-11}$$

烟囱的倾斜度为
$$i=\frac{\delta}{H} \tag{14-12}$$

烟囱的倾斜方向为
$$\alpha=\tan^{-1}\frac{\delta_y}{\delta_x} \tag{14-13}$$

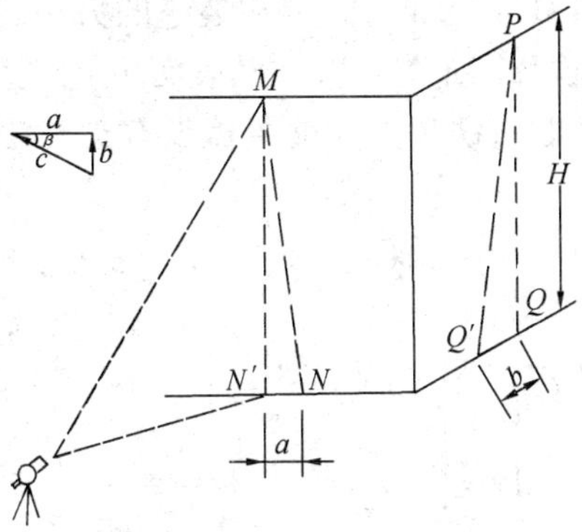

图 14-24　一般建筑物沉降观测

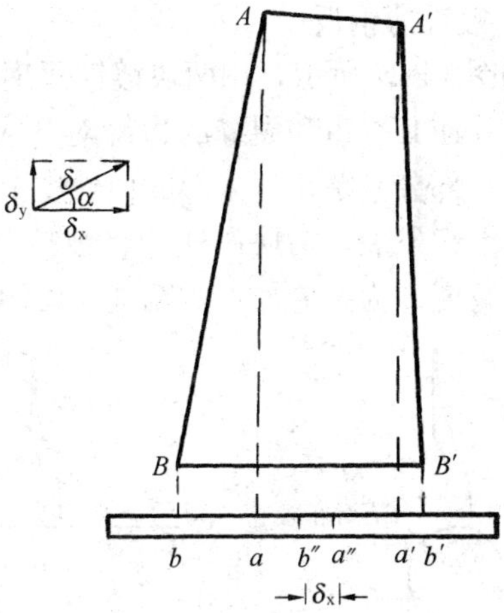

图 14-25　圆形建筑物沉降观测

3. 悬挂垂球法

此法是测量建筑物上部倾斜的最简单方法，适合于内部有垂直通道的建筑物。从上部挂下垂球，根据上下应在同一位置上的点，直接测定倾斜位置值 δ。再根据公式（14-7）计算倾斜度 α。

第五节　建筑物的裂缝、位移与挠度观测

一、建筑物的裂缝观测

测定建筑物某一部位裂缝变化状况的工作叫裂缝观测。

当建筑物发生裂缝时，除了要增加沉降观测和倾斜观测次数外，应立即进行裂缝变化的观测。同时，要根据沉降观测、倾斜观测和裂缝观测的资料研究和查明变形的特性及原因，以判定该建筑物是否安全。

裂缝观测，应在有代表性的裂缝两侧各设置一个固定观测标志，然后定期量取两标志的间距，即为裂缝变化的尺寸（包括长度、宽度和深度）。裂缝监测点应选择有代表性的裂缝进行布置，在基坑施工期间当发现新裂缝或原有裂缝有增大趋势时，要及时增设监测点。每一条裂缝的测点至少设 2 组，裂缝的最宽处及裂缝末端宜设置测点。

常用方法有以下几种：

1. 石膏板标志

如图 14-26 所示，用厚 10mm，宽 50～80mm 的石膏板覆盖固定在裂缝的两侧。当裂缝继续开展与延伸时，裂缝上的标志即石膏板也随之开裂，从而观测裂缝继续发展的情况。在裂缝发生和发展期，应每天观测一次，当发展缓慢后，可适当减少观测。建筑物裂缝观测采用直接量测方法，通过游标卡尺进行裂缝宽度测读。对裂缝深度量测，可采用超声波观测。

2. 镀锌薄钢板

如图 14-27 所示，用两块镀锌薄钢板，一片为 15cm×15cm 的正方形，固定在裂缝的一侧，并使其一边和裂缝的边缘对齐，另一片为 5cm×20cm，固定在裂缝的另一侧，并使其中一部分紧贴在正方形的白铁皮上。当两块白铁片固定好后，在其表面涂上红漆。如果裂缝继续发展，两块白铁片将被拉开，露出正方形白铁片上原被覆盖没有涂红漆的部分，其宽度即为裂缝加大的宽度，可用钢卷尺量取。

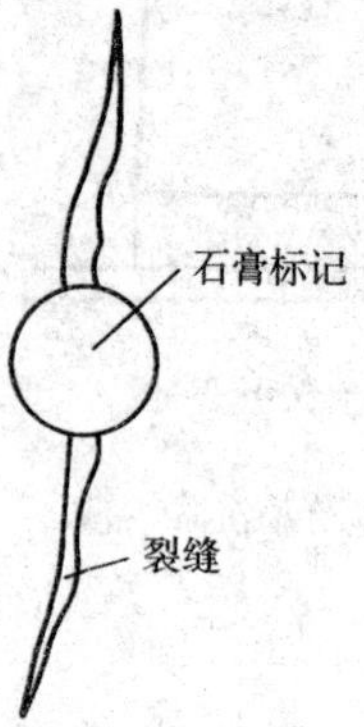

图 14-26　石膏板标志

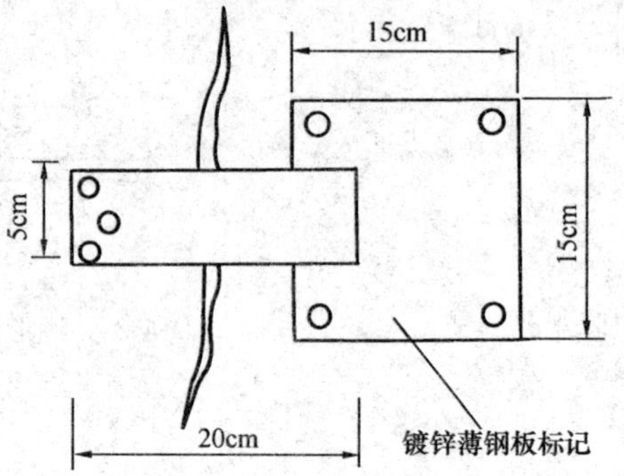

图 14-27　镀锌薄钢板片标志

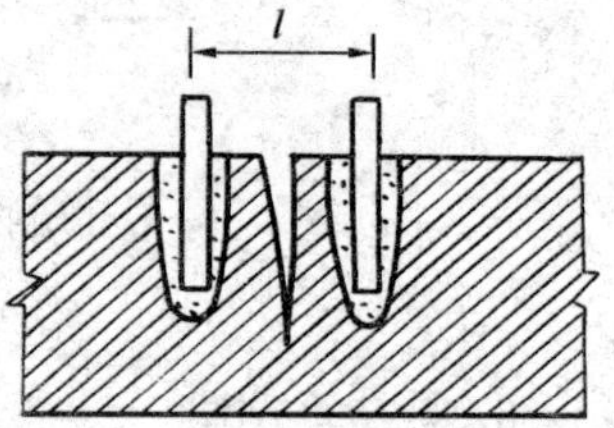

图 14-28　钢筋头标志

3. 钢筋头标志

如图 14-28，将长约 100mm，直径约 10mm 左右的钢筋头插入，并使其露出墙外约 20mm 左右，用水泥砂浆填灌牢固。两钢筋头标志间距离不得小于 150mm。待水泥砂浆凝固后，用游标卡尺量出两金属棒之间的距离，并记录下来。以后如裂缝继续发展，则金属棒的间距也就不断加大。定期测量两棒的间距并进行比较，即可掌握裂缝发展情况。

4. 摄影测量

对重要部位的裂缝以及大面积的多条裂缝，可在固定距离及高度设站，进行近景摄影测量。通过对不同时期摄影照片的量测，可以确定裂缝变化的方向及尺寸。

二、建筑物的位移观测

测定建筑物（基础以上部分）在平面上随时间而移动的大小及方向的工作叫位移观测。位移观测首先要在与建筑物位移方向的垂直方向上建立一条基准线，并埋设测量控制点，再在建筑物上埋设位移观测点，要求观测点位于基准线方向上。

1. 基准线法

如图 14-29 所示，A、B 为基线控制点，P 为观测点，当建筑物未产生位移时，P 点应位于基准线 AB 方向上。过一定时间观测，安置经纬仪于 A 点，采用盘左、盘右分中法投点得 P'，P' 与 P 点不重合，说明建筑物已产生位移，可在建筑物上直接量出位移量 $\delta=PP'$。

也可采用视准线小角法用经纬仪精确测出观测点 P 与基准线 AB 的角度变化值 $\Delta\beta$，其位移量可按下式计算：

$$\delta=D_{AP}\cdot\frac{\Delta\beta''}{\rho''} \qquad (14\text{-}14)$$

式中 D_{AP}为 A、P 两点间的水平距离。

2. 角度前方交会法

利用前方交会法对观测点进行角度观测，计算观测点的坐标，由两期之间的坐标差计算该点的水平位移。

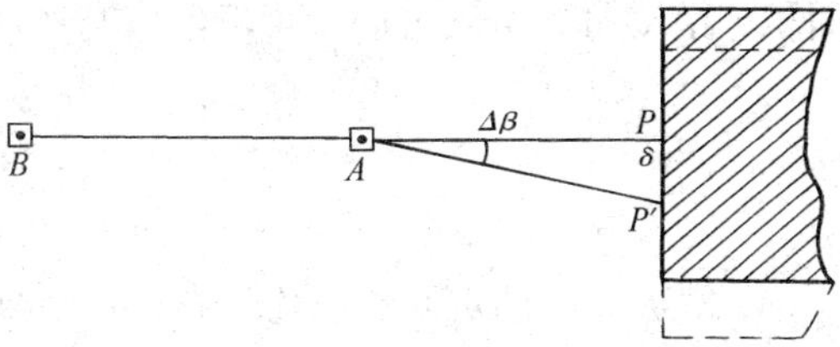

图 14-29　基准线法位移观测

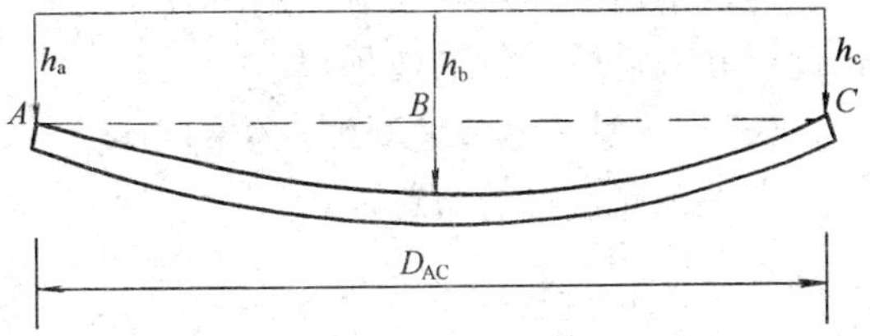

图 14-30　建筑物挠度观测

三、建筑物的挠度观测

测定建筑物构件受力后产生弯曲变形的工作叫挠度观测。

对于平置的构件，至少在两端及中间设置 A，B，C 三个沉降点，进行沉降观测，测得某间段内这三点的沉降量分别为 h_a，h_b 和 h_c（如图 14-30 所示），则此构件的挠度为：

$$f=\frac{h_a+h_c-2h_b}{2D_{AC}} \tag{14-15}$$

对于直立的构件，至少要设置上、中、下三个位移观测点进行位移观测，利用三点的位移量可算出挠度。如图 14-31 所示，为一直立构件，其采用正垂线法进行挠度观测，以建筑物顶部悬挂一根铅垂线，直通至底部，在铅垂线的不同高程上设置测点，借助坐标仪表量测出各点与铅垂线最低点之间的相对位移。任意点 W 的挠度 S_W 按下式计算：

$$S=S_0-\overline{S}_W$$

式中　S_0——铅垂线最低点与顶点之间的相对位移；

$\overline{S}_W$——任一测点 W 与顶点之间的相对位移。

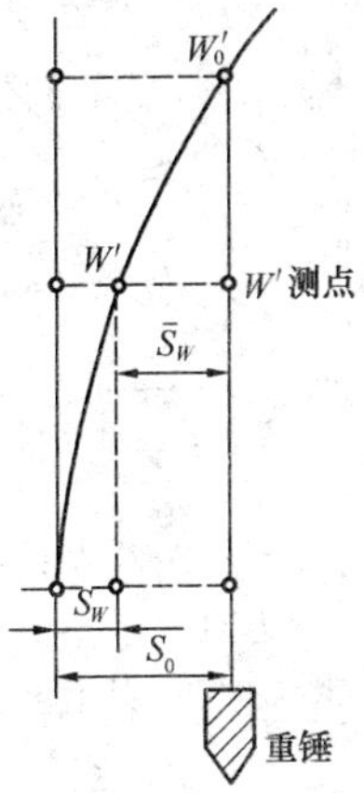

图 14-31　直立构件挠度监测

对高层建筑物的主体挠度观测时，可采用垂线法，测出各点相对于铅垂线的偏离值。

利用多点观测值可以画出构件的挠度曲线。

第六节　建筑场地滑坡观测

滑坡是指场地由于地层结构、河流冲刷、地下水活动、人工切坡及各种振动等因素的影响，致使部分或全部土地在重力作用下，沿着地层软弱面整体向下滑动的不良地质现象。

（一）建筑场地滑坡观测的目的

滑坡观测的目的是测绘滑体的周界、定期测量滑动量、主滑动线的方向和速度以为监视建筑物的安全提供资料。

（二）建筑场地滑坡观测的内容

建筑场地滑坡观测，应测定滑坡的周界、面积、滑动量、滑移方向、主滑线以及滑动速度，并视需要进行滑坡预报。

（三）建筑场地滑坡观测点位的布设

滑坡观测点位的布置

滑坡面上的观测点应均匀布设；滑动量较大和滑动速度较快的部位，应适当多应及时增加观测次数。在发现有大滑动可能时，应立即缩短观测周期，必要时，每天观测一次或两次。

（四）建筑场地滑坡预报

滑坡预报应采用现场严密监视和资料综合分析相结合的方法进行。每次观测后，应及时整理绘制出各观测点的滑动曲线。当利用回归方程发现有异常观测值，或利用位移对数和时间关系曲线判断有拐点时，应在加强观测的同时，密切注意观察滑前征兆，并结合工程地质、水文地质、地震和气象等方面资料，全面分析，作出滑坡预报，及时报警以采取应急措施。

（五）提交成果

（1）滑坡观测系统点位布置图；

（2）观测成果表；

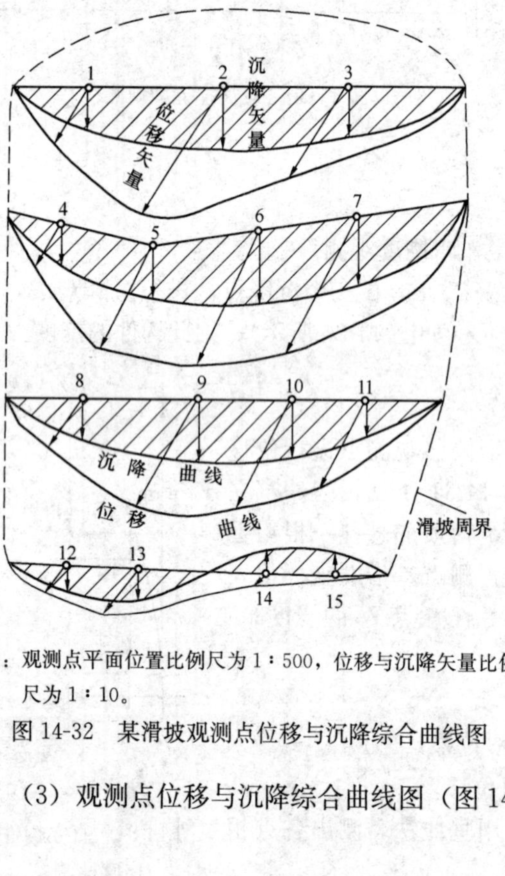

注：观测点平面位置比例尺为 1∶500，位移与沉降矢量比例尺为 1∶10。

图 14-32　某滑坡观测点位移与沉降综合曲线图

（3）观测点位移与沉降综合曲线图（图 14-32）。

第七节　GPS 定位技术在工程监测中的应用

一、GPS 定位技术在工程监测中的应用概述

工程变形监测的对象主要是桥梁、水库大坝、公路、边坡、高层建（构）筑物等。工程变形监测的内容主要是各工程实体基础沉陷、基坑位移以及工程建（构）筑物主体的沉降、水平位移、倾斜及裂缝、工程构件的挠度等。工程变形监测工作的特点是被监测体的几何尺寸巨大，监测环境复杂，监测精度及所采用的监测技术方法要求高。常规的地面监

测技术主要是应用精密水准测量的方法来进行沉降观测；应用三角测量、导线测量、角度交会测量等方法来进行水平位移、倾斜、挠度及裂缝等观测。

常规的地面变形监测方法，虽然具有测量精度高、资料可靠等优点，但由于相应的监测工作量大，受外界环境等的影响大，且要求变形监测点与监测基准点相互通视，因而监测的效率相对较低，监测费用相对较高，这一切均使得传统的监测方法在工程监测中的应用存在一定的局限性，加之现今各种大型建筑物的兴建，高标准、高要求的水利大坝工程的纷纷上马，在对这些大型的工程实体进行快速、实时监测方面，传统的变形测量方法已显得越来越力不从心。随着科学技术的进步和对变形监测的要求的不断提高，变形监测技术得以不断地向前发展。全球定位系统（Global Positioning System，GPS）作为20世纪的一项高新技术，由于具有高效、定位速度快、全天候、自动化、测站之间无须通视、可同时测定点的三维坐标及精度高等特点，对经典大地测量以及地球动力学研究的诸多方面产生了极其深刻的影响，在工程变形监测中的应用也已成为可能。

工程变形监测通常要求达到毫米级乃至亚毫米级精度。随着高采样率GPS接收系统的不断出现，以及GPS数据处理方法的改进和完善，后处理软件性能的不断提高，GPS已可用于工程变形监测。目前，GPS技术已大量应用于大坝变形监测、滑坡监测、桥梁监测、高层建筑物的变形和基坑沉陷监测中。

二、GPS在滑坡外观变形监测中的应用

（一）滑坡外观变形GPS监测网的实施

GPS用于滑坡外观变形监测，其监测控制网应采用二级布网方式。测区的首级控制网用GPS控制网进行布设，以建立监测的基准网，其二级网为滑坡体的监测单体网——变形监测点。下面是滑坡外观变形GPS监测的建网要求。

1. GPS基准网的建立

GPS基准网布设应根据滑坡体的具体地形、地质情况而定。GPS基准点宜布设在滑坡体周围（与监测点的距离最好在3km以内）地质条件良好、稳定，且易于长期保存的地方。每一个监测滑坡体应布设2～3个基准点，相邻的滑坡体间布设的基准点可以共用，某一地段的基准点应连成一体，构成基准网点。整个监测区可按地段测设几个GPS基准网点，但它们应能与就近的高等级GPS点（A、B级控制网点）联测，以利于分析基准网点的可靠性及稳定性等情况。就基准网点基线向量的中误差而言，当基线长度$D<3$km时，基线分量绝对精度小于等于3mm。

2. 监测单体网——监测点的布设

视每一滑坡体的地质条件、特征及稳定状态，在1～2条监测剖面线上，布设4～8个监测点，由于GPS观测无须监测点间相互通视，所以监测点位完全可按监测滑坡的需要选定（但应满足GPS观测的基本条件）。观测时，每个监测点都应与其周围基准点（2～3个）直接联测。

（二）滑坡外观变形GPS监测方法

1. 全天候实时监测方法

对于建在滑坡体上的城区、厂房，为了实时了解其变化状态，以便及时采取措施，保

证人民生命与财产的安全，可采用全天候实时监测方法——GPS自动化监测系统。

（1）GPS自动化监测系统组成

滑坡实时监测系统由两个基点、若干个监测点组成，基准点至监测点的距离在3km左右，最好在2km范围以内。在基准点与监测点上都安置GPS接收机和数据传输设备，实时把观测数据传至控制中心（控制中心可设在测区某一楼房内，也可以设在某一城市），在控制中心计算机上，可实时了解这些监测点的三维变形。

（2）系统的精度

实时监测系统的精度可按设计及监测要求设定，最高监测精度可达亚毫米级。

（3）系统响应速度

从控制中心敲计算机键盘开始，10分钟内可以了解5～10个监测点的实时变化情况。

2. 定期监测方法

定期监测方法是最常用的方法，按监测对象及要求不同可分为静态测量法、快速静态测量法和动态测量法三种。

（1）静态测量法

静态测量法，就是将超过三台以上的GPS接收机同时安置在观测点上，同步观测一定时段，一般为1～2h不等，用边连接方法构网，然后利用GPS后处理软件解算基线，经严密平差计算求定各观测点的三维坐标。

GPS基准网，应采用静态测量方法，这种方法定位精度高，适用于长边观测，其测边相对精度可达10^{-9}m，也可用于滑坡体监测点的观测。

（2）快速静态测量法

这种方法尤其适用于对变形监测点的观测。其工作原理是把两台GPS接收机安置在基准点上，固定不动以进行连续观测，另1～4台GPS接收机在各监测点上移动，每次观测5～10分钟（采样间隔为2s），整体观测完后用GPS后处理软件进行数据处理，解算出各监测点的三维坐标，然后根据各次观测解算出的三维坐标变化来分析监测点变形。要求基准点至各监测点的距离均应在3km范围之内，其监测精度为水平位移±（3～5）mm，垂直位移±（5～8）mm。若距离大于3km，水平精度为$5+D\times10^{-6}$（mm），垂直精度为$8+D\times10^{-6}$（mm）。

（3）动态测量法

1）动态测量法。把一台GPS接收机安置在一个基准点上，另一台GPS接收机先在另一基准点建站并且保证观测5分钟（采样时间间隔为1s），然后在保持对所接收卫星连续跟踪而不失锁的情况下，对监测滑坡体的各监测点轮流建站观测，每站需停留观测2～10分钟。最后用GPS后处理软件进行数据处理，解算出各监测点的三维坐标，其观测精度可达1～2cm。

2）实时动态测量法。实时动态测量法又叫RTK法（Real Time Kinematic），是以载波相位观测为基础的实时差分GPS测量技术。其原理是在基准站上安置一台GPS接收机，对所有可见GPS卫星进行连续观测，并将观测数据通过无线电传输设备，实时地发送给在各监测点上进行移动观测（1～3s）的GPS接收机，移动GPS接收机在接收GPS信号的同时，通过无线电接收设备接收基准站的观测数据，再根据差分定位原理，实时计算出监测点的三维坐标及精度，精度可达2～5cm。如果距离近，基准点与监测点有5颗以上 GPS 卫星，精度可达 1～2cm。

（三）GPS 滑坡监测的数据处理

滑坡监测的 GPS 基线较短，精度要求较高，因此，需在监测点埋设具有强制对中设备的混凝土观测墩，利用双频 GPS 接收机选择良好的观测时段进行周期性观测。在观测过程中应充分利用有效时间，观测采样以 10s 为一历元，通常应延长观测时间，每一观测时段的观测时间都应在 1h 以上。为了使观测结果更合理，可考虑在不同的时日进行重复观测，最好用不同的卫星。

GPS 高精度变形监测网的基线解算和平差计算，目前一般是采用瑞士 Bernese 大学研制开发的 Bernese 软件或美国麻省理工学院研制开发的 GAMIT/GLOBK 软件和 IGS 精密星历。国内目前较有影响的 GPS 平差软件有原武汉测绘科技大学研制的 GPSADJ 系列平差处理软件和同济大学的 TGPPS 静态定位后处理软件。这两种软件主要用于完成经过商用 GPS 基线处理软件处理以后的二维和三维 GPS 网的平差。

在 GPS 滑坡监测中，为了得到监测网中每一时段的精确基线解，根据滑坡监测作业的特点，在进行 GPS 监测数据后处理时，主要应考虑以下因素：

（1）卫星钟差的模型改正使用广播星历中的钟差参数。

（2）根据由伪距观测值计算出的接收机钟差进行钟差的模型改正。

（3）电离层折射影响用模型改正，并通过双差观测值来削弱。

（4）对流层折射根据标准大气模型用 Saastamoinen 模型改正，其偏差采用随机过程来模拟。

（5）卫星截止高度角为 15°，数据采样率均为 10s。

（6）周跳的修复。为了能正确修复周跳，根据滑坡区短基线的特点，采用 L1、L2 双差拟合方法自动修正周跳。解算的成果质量证明，此方法能较好地修复周跳。对未修复的周跳，通过附加参数进行处理。

（7）基准点坐标的确定。为避免起始点坐标偏差的影响，在每期基线解算中，起始点的坐标均取相同值。GPS 监测网各期观测，基线解算所用起算点的坐标一般应选择基准设计中起算点的坐标，起算点最好是具有高精度的 WCS—1984 年坐标，以提高基线解算精度。值得注意的是基线解算时选择了起算点的坐标后，首先应当解算与已知起算点相连的同步时段的各条基线，然后依次解算与此相连的另一同步时段的各基线。也就是说，整个 GPS 网基线解算统一在同一基准之下，然后进行 GPS 网观测质量的检核，各闭合环合乎限差规定后，进行下一步的数据处理，即 GPS 网平差。

三、GPS 用于高层建筑物的监测

高层建筑物动态特征的监测对其安全运营、维护及设计至关重要，尤其要实时或准实时监测高层建筑物受地震、台风等外界因素作用下的动态特征，如高层建筑物摆动的幅度（相对位移）和频率。传统的高层建筑物的变形监测方法（采用加速度传感器、全站仪和激光准直等）因受其能力所限，在连续性、实时性和自动化程度等方面已不能满足大型建（构）筑物动态监测的要求。

近年来，随着 GPS 硬件和软件技术的发展。特别是高采样频率如 10Hz 甚至 20Hz

GPS 接收机的出现，以及 GPS 数据处理方法的改进和完善等，为 GPS 技术应用于实时或准实时监测高层建筑物的动态特征提供了可能。目前，GPS 定位技术在这一领域的应用研究已成为热点之一，以高层建筑物动态特征的监测为例，设计了振动实验以模拟高层建筑物受地震和台风等外界因素作用下的动态特征，并采用动态 GPS 技术对此进行监测。实验数据的频谱分析结果表明，利用 GPS 观测数据可以精确地鉴别出高层建筑物的低频动态特征，并指出了随着 GPS 接收机采样频率的提高，动态 GPS 技术可以监测高层建筑物更高频率的动态特征，最终建立了具有 GPS 数据采集、数据传输、数据处理与分析、预警等功能的高层建筑物动态变形自动化监测与预警系统。

由工程监测实践可知，采用 GPS 技术对高层建筑物进行动态变形观测是可行的，并且其观测数据可以用于高层建筑结构的施工定位修正。就现今高层建筑的监测来说，可以采用连续观测方式，分析建筑物在施工期间受不同强度的风作用的动态变形规律（至少可以得到建筑物的最小位移和最大位移，也可以得到纠正时间），根据数据处理结果提供的建筑物施工位移，从而指导纠偏工作。由于建筑物的风振属于随机振动，利用 GPS 技术进行建筑物动态变形观测所获数据，研究建筑物随机振动的规律性，既能为高层建筑的施工纠偏提供可靠的科学依据，又能为优化高层建筑设计提供新的技术手段。

思考题与习题

1. 简述工程变形监测的定义及任务。

2. 基坑监测的目的、原则与步骤是什么？

3. 围护墙顶的水平位移及墙顶竖向位移监测分别采用什么方法？

4. 基坑围护墙顶水平位移监测频率如何？

5. 试述基坑回弹观测的方法。

6. 试过建筑物的沉降观测方法。

7. 烟囱经检测其顶部中心在两个互相垂直的方向上各偏离底部中心 48mm 及 65mm，烟囱的高度为 80m，试求烟囱的总倾斜度及其倾斜方向的倾角？

8. 试述建筑物的滑坡观测方法。

第十五章　管道与道路施工测量

教学要求：通过本章学习，要求掌握测量仪器在管道工程、道路工程施工中的具体应用方法；掌握管道、道路中线及圆曲线的测设方法；掌握管道施工及道路施工中基本的测设程序及工作方法。

教学提示：管道施工过程中的测量工作，主要是控制管道中线和高程位置，一般采用坡度板和平行轴线腰桩法。道路施工测量有施工前的准备工作和施工过程中的测量工作。施工过程中的测量工作有路基放线、施工边桩的测设、路面放线和道牙与人行道的测量放线等。

第一节　管道施工测量

在城镇建设中要敷设给水、排水、煤气、电力、电信、热力、输油等各种管道。

管道施工测量多属地下构筑物，在较大的城镇街道及厂矿地区，管道间上下穿插，纵横交错。在测量或施工中如果出现差错，往往会造成很大损失。所以，测量工作必须采用城镇或厂矿的统一坐标和高程系统，按照“从整体到局部，先控制后碎部”的工作程序和步步有校核的工作方法进行，为施工提供可靠的测量资料和标志。

管道施工测量的主要任务是根据工程进度要求，为施工测设各种标志，使施工技术人员便于随时掌握中线方向及高程位置。施工测量的主要内容为施工前的测量工作和施工过程中的测量工作。

一、施工前的测量工作

1. 熟悉图纸和现场情况

应熟悉施工图纸、精度要求、现场情况，找出各主点桩、里程桩和水准点位置并加以检测。拟定测设方法，计算并校核有关测设数据，注意对设计图纸的校核。

2. 恢复中线和施工控制桩的测设

在施工时中桩要被挖掉，为了在施工时控制中线位置，应在不受施工干扰、引测方便、易于保存桩位的地方测设施工控制桩。施工控制桩分中线控制桩和位置控制桩。

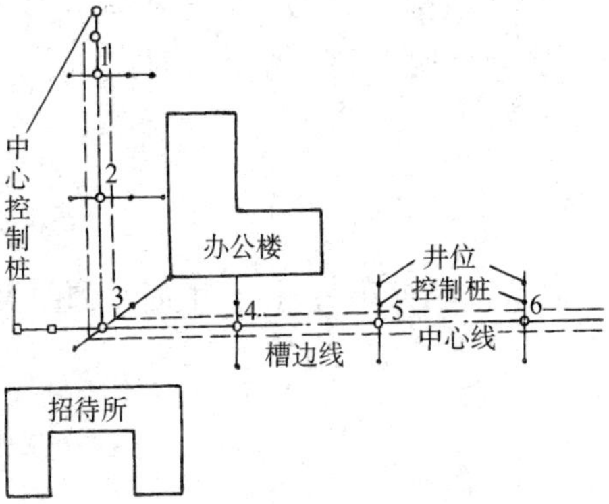

图 15-1　中线控制桩的测设

(1) 中线控制桩的测设

一般是在中线的延长线上设置中线控制桩并做好标记，如图 15-1 所示。

(2) 附属构筑物（如检查井）位置控制桩的测设

一般是在垂直于中线方向上钉两个木桩。控制桩要钉在槽口外 0.5m 左右，与中线的距离最好是整米数。恢复构筑物时，将两桩用小线连起，则小线与中线的交点即为其中心位置。

当管道直线较长时，可在中线一侧测设一条与其平行的轴线，利用该轴线表示恢复中线和构筑物的位置。

3. 加密水准点

为了在施工中引测高程方便，应在原有水准点之间每 100～150m 增设临时施工水准点。精度要求应符合工程性质和有关规范的规定。

4. 槽口放线

槽口放线的任务是根据设计要求埋深和土质情况、管径大小等计算出开槽宽度，并在地面上定出槽边线位置，作为开槽边界的依据。

(1) 当地面平坦时，如图 15-2 (a)，槽口宽度 B 的计算方法为：

$$B=b+2mh \tag{15-1}$$

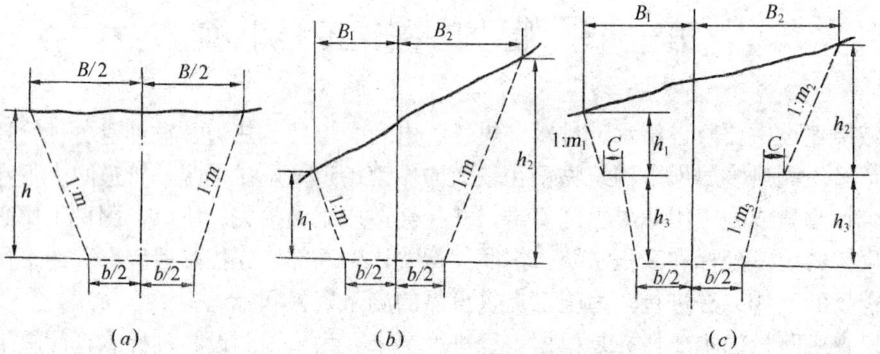

图 15-2　槽上放线

(2) 当地面坡度较大，管槽深在 2.5m 以内时中线两侧槽口宽度不相等，如图 15-2 (b)。槽口宽度 B 的计算公式为：

$$\left.\begin{aligned}B_1=b/2+m\cdot h_1\\B_2=b/2+m\cdot h_2\end{aligned}\right\} \tag{15-2}$$

(3) 当槽深在 2.5m 以上时，如图 15-2 (c)。槽口宽度 B 的计算公式为：

$$\left.\begin{aligned}B_1=b/2+m_1h_1+m_3h_3+C\\B_2=b/2+m_2h_2+m_3h_3+C\end{aligned}\right\} \tag{15-3}$$

以上三式中　b——管槽开挖宽度；

m_i——槽壁坡度系数（由设计或规范给定）；

h_i——管槽左或右侧开挖深度；

B_i——中线左或右侧槽开挖宽度；

C——槽肩宽度。

二、施工过程中的测量工作

管道施工过程中的测量工作，主要是控制管道中线和高程。一般采用坡度板法。

1. 埋设坡度板

坡度板应根据工程进度要求及时埋设，其间距一般为10～15m，如遇检查井、支线等构筑物时应增设坡度板。当槽深在2.5m以上时，应待挖至距槽底2.0m左右时，再在槽内埋设坡度板。坡度板要埋设牢固，不得露出地面，应使其顶面近于水平。用机械开挖时，坡度板应在机械挖完土方后及时埋设（如图15-3所示）。

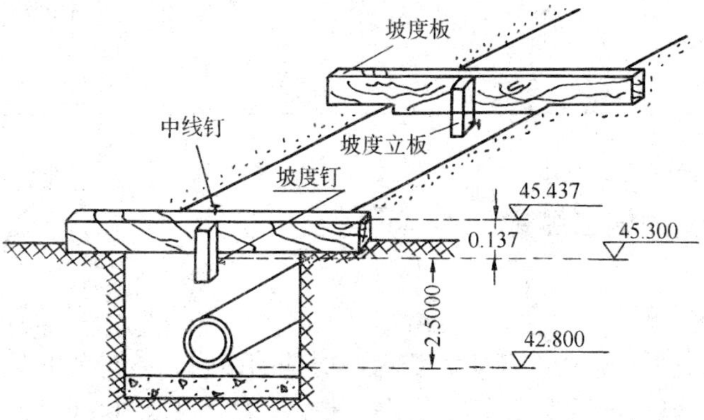

图15-3 埋设坡度板

2. 测设中线钉

坡度板埋好后，将经纬仪安置在中线控制桩上，将管道中心线投测在坡度板上并钉中线钉，中线钉的连线即为管道中线，挂垂线可将中线投测到槽底定出管道平面位置。

3. 测设坡度钉

为了控制管道符合设计要求，在各坡度板上中线钉的一侧钉一坡度立板，在坡度立板侧面钉一个无头钉或扁头钉（称为坡度钉），使各坡度钉的连线平行管道设计坡度线，并距管底设计高程为一整分米数（称为下反数）。利用这条线来控制管道的坡度、高程和管槽深度。

为此按下式计算出每一坡度板顶向上或向下量的调整数，使下反数为预先确定的一个整数。

调整数＝预先确定的下反数－（板顶高程－管底设计高程）

调整数为负值时，坡度板顶向下量；反之则向上量。

例如，根据水准点，用水准仪测得0＋000坡度板中心线处的板顶高程为45.437m，管底的设计高程为42.800m，那么，从板顶往下量45.437m－42.800m＝2.637m，即为管底高程，如图15-3所示。现根据各坡度板的板顶高程和管底高程情况，选定一个统一的整分米数2.5m作为下反数，见表15-1，只要从板顶向下量0.137m，并用小钉在坡度立板上标明这一点的位置，则由这一点向下量2.5m即为管底高程。坡度钉钉好后，应该对坡度钉高程进行检测。

用同样方法在这一段管线的其他各坡度板上也定出下反数为2.5m的高程点，这些点的连线则与管底的坡度线平行。

坡度钉测设手簿　　　　表 15-1

板号	距离	坡度	管底高程	板顶高程	板顶—管底高差	下反数	调整数	坡度钉高程
1	2	3	4	5	6	7	8	9
0+000			42.800	45.437	2.637		−0.137	45.300
	10							
0+010			42.770	45.383	2.613		−0.113	45.270
	10							
0+020		−3‰	42.740	45.364	2.624	2.500	−0.124	45.240
	10							
0+030			42.710	45.315	2.605		−0.105	45.210
	10							
0+040			42.680	45.310	2.630		−0.130	45.180
	10							
0+050			42.650	45.246	2.596		−0.096	45.150

三、架空管道的施工测量

1. 管架基础施工测量

架空管道基础各工序的施工测量方法与厂房基础相同，不同点主要是架空管道有支架（或立杆）及其相应基础的测量工作。管架基础控制桩应根据中心桩测定。

管线上每个支架的中心桩在开挖基础时将被挖掉，需将其位置引测到互相垂直的四个控制桩上，如图 15-4 所示。引测时，将经纬仪安置在主点上，在ⅠⅡ方向上钉出 a，b 两控制桩，然后将经纬仪安置在支架中心点 1，在垂直于管线方向上标定 c，d 两控制桩。根据控制桩可恢复支架中心 1 的位置及确定开挖边线，进行基础施工。

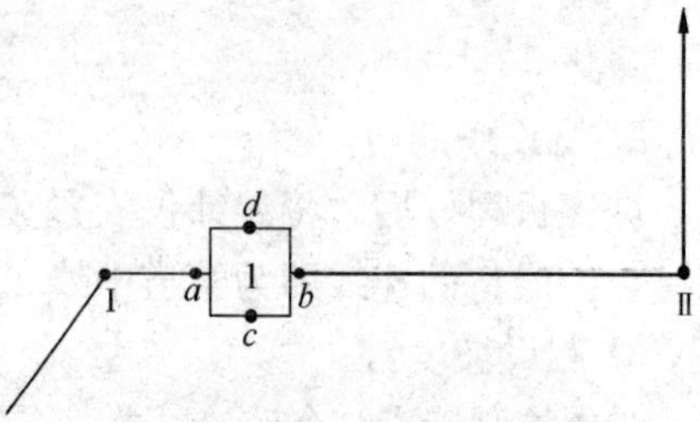

图 15-4　管架基础施工测量

2. 支架安装测量

架空管道系安装在钢筋混凝土支架或钢支架上。安装管道支架时，应配合施工进行柱子垂直校正等测量工作，其测量方法、精度要求均与厂房柱子安装测量相同。管道安装前，应在支架上测设中心线和标高。中心线投点和标高测量容许误差均不得超过±3mm。

四、顶管施工测量

在管道穿越铁路、公路、河流或建筑物时，由于不能或不允许开槽施工，常采用顶管施工方法。另外，为了克服雨期和严冬对施工的影响，减轻劳动强度和改善劳动条件等，也常采用顶管方法施工。顶管施工技术随着机械化程度的提高而不断广泛采用，是管道施工中的一项新技术。

顶管施工时，应在放顶管的两端先挖好工作坑，在工作坑内安装导轨（铁轨或方木），并将管材放置在导轨上，用顶镐将管材沿管线方向顶进土中，然后将管内土方挖出来。顶管施工测量的主要任务是控制好顶管中线方向、高程和坡度。

1. 顶管测量的准备工作

(1) 中线桩的测设。中线桩是工作坑放线和测设坡度板中线钉的依据。测设时应根据设计图纸的要求，根据管道中线控制桩，用经纬仪将顶管中线桩分别引测到工作坑的前后，并钉以大铁钉或木桩，以标定顶管的中线位置（如图 15-5 所示）。中线桩钉好后，即可根据它定出工作坑的开挖边界，工作坑的底部尺寸一般为 4m×6m。

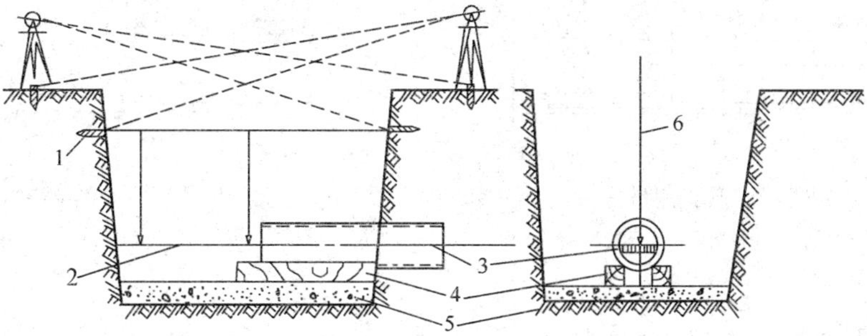

图 15-5　中线桩测设

1—中线控制桩；2—顶管中心线；3—木尺；4—导轨；5—垫层；6—中心钉

(2) 临时水准点的测设。为了控制管道按设计高程和坡度顶进，应在工作坑内设置临时水准点。一般在坑内顶进起点的一侧钉设一大木桩，使桩顶或桩一侧的小钉的高程与顶管起点管内底设计高程相同。

(3) 导轨的安装。导轨一般安装在土基础或混凝土基础上。基础面的高程及纵坡都应当符合设计要求（中线处高程应稍低，以利于排水和防止摩擦管壁）。根据导轨宽度安装导轨，根据顶管中线桩及临时水准点检查中心线及高程，检查无误后，将导轨固定。

2. 顶进过程中的测量工作

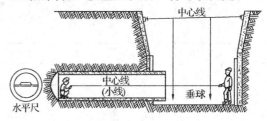

(1) 中线测量。如图 15-6 所示，通过顶管的两个中线桩拉一条细线，并在细线上挂两个垂球，然后贴靠两垂球线再拉紧一水平细线，这根水平细线即标明了顶管的中线方向。为了保证中线测量的精度，两垂球间的距离尽可能远些。这时在管内前端放一水平尺，其上有刻划和中心钉，尺寸等于或略小于管径。顶管时用水准器将尺找平。通过拉入管内的小线与水平尺上的中心钉比较，可知管中心是否有偏差，尺上中心钉偏向哪一侧，就说明管道也偏向哪个方向。为了及时发现顶进时中线是否有偏差，中线测量以每顶进 0.5～1.0m 量一次为宜。其偏差值可直接在水平尺上读出，若左右偏差超过 1.5cm，则需要进行中线校正。

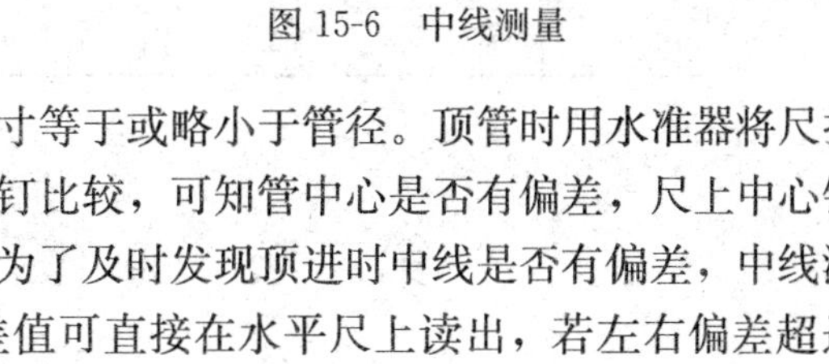

图 15-6　中线测量

这种方法在短距离顶管是可行的，当距离超过 50m 时，可采用激光经纬仪和激光水准仪进行导向，从而可保证施工质量，加快施工进度，如图 15-7 所示。

(2) 高程测量。如图 15-8 所示，将水准仪安置在工作坑内，后视临时水准点，前视顶管内待测点，在管内使用一根小于管径的标尺，即可测得待测点的高程。将测得的管底高程与管底设计高程进行比较，即可知道校正顶管坡度的数值了。但为了工作方便，一般以工作坑内水准点为依据，按设计纵坡用比高法检验。例如管道的设计坡度为5‰，每顶进1.0m，高程就应升高5mm，该点的水准尺上读数就应小5mm。

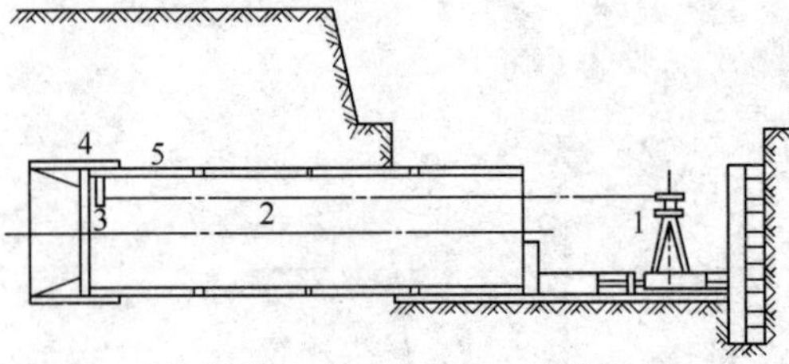

图15-7 激光测量

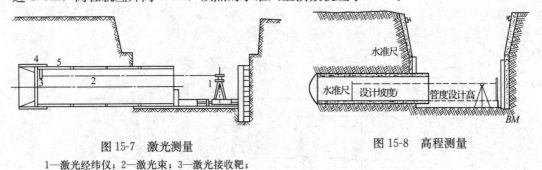

1—激光经纬仪；2—激光束；3—激光接收靶；4—刃角；5—管子

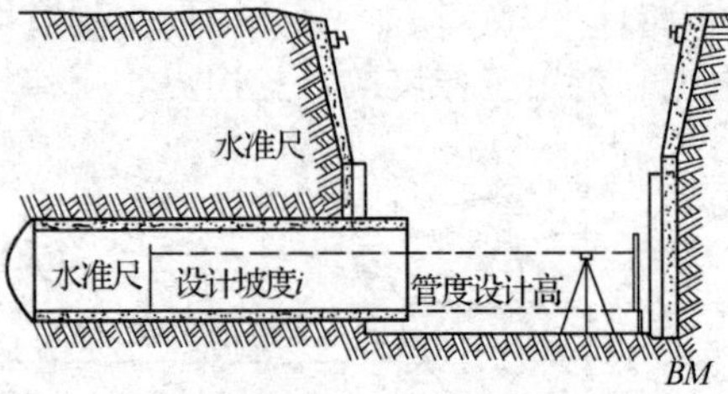

图15-8 高程测量

表15-2是顶管施工测量记录格式，反映了顶进过程中的中线与高程情况，是分析施工质量的重要依据。根据规范规定施工时应达到以下几点要求：

高程偏差：高不得超过设计高程10mm，低不得超过设计高程20mm。

中线偏差：左右不得超过设计中线30mm。

管子错口：一般不得超过10mm，对顶时不得超过30mm。

测量工作应及时、准确，当第一节管就位于导轨上以后即进行校测，符合要求后开始进行顶进。一般在工具管刚进入土层时，应加密测量次数。常规做法每顶进100cm测量不少于1次，每次测量都应以测量管子的前端位置为准。

顶管施工测量记录 **表15-2**

井号	里程	中心偏差(m)	水准点尺上读数(m)	该点尺上应读数(m)	该点尺上实读数(m)	高程误差(m)	备注
8号	0+180.0	0.000	0.742	0.736	0.735	−0.001	水准点高程为：12.558m $I=+5‰$ 0＋管底高程为：12.564m
	0+180.5	左0.004	0.864	0.856	0.853	−0.003	
	0+181.0	右0.005	0.796	0.758	0.760	+0.002	
	……	……	……	……	……	……	
	0+200.0	右0.006	0.814	0.869	0.863	−0.006	

第二节 道路施工测量

道路工程是一种带状的空间三维结构物。道路工程分为城市道路（包括高架道路）、联系城市之间公路（包括高速公路）、工矿企业的专用道路以及为农业产生服务的农村道路，由此组成全国道路网。

道路工程均有路基、路面、桥涵、隧道、附属工程（如停车场）、安全设施（如护栏）和各种标志组成。

道路施工测量包括路线勘测设计测量和道路施工测量两大部分。

道路施工测量的任务是将道路的设计位置按照设计与施工要求测设到实地上，为施工提供依据。它又分为道路施工前的测量工作和施工过程中的测量工作。

道路施工测量的基本内容是在道路施工前和道路施工中，恢复中线，测设边坡以及桥涵、隧道等位置和高程标志作为施工的依据，以保证工程按图施工。当工程逐项结束后，还应进行竣工验收测量，以检查施工成果是否符合施工设计要求，并为工程竣工后的使用、养护提供必要的资料。

一、圆曲线的主点测设

当线路由一个方向转到另一个方向时，为了行车安全，必须用曲线连接，该曲线称为平曲线，平曲线中最常用的两种曲线是圆曲线和缓和曲线。

圆曲线是具有一定曲率半径的圆弧，它由三个重要点位即直圆点（ZY）（曲线起点）、曲线中点（QZ）、圆直点（YZ）（曲线终点）控制着曲线的方向，这三点称为圆曲线的三主点，如图 15-9 所示，转角 I 根据所测左角（β左）（或右角）计算，曲线半径 R 根据地形条件和工程要求选定。根据 I 和 R 可以计算其他测设元素。

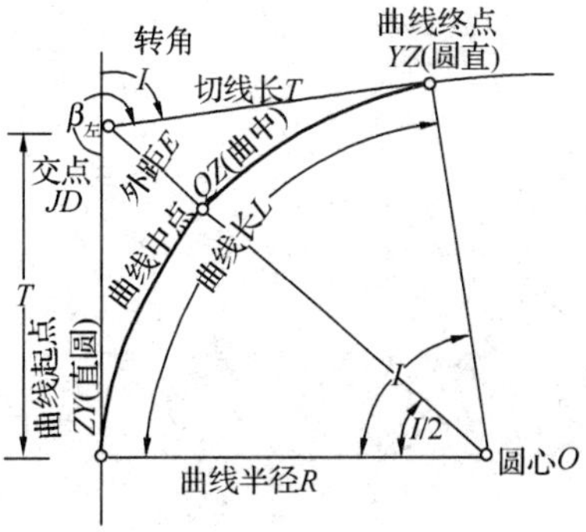

图 15-9　圆曲线测设元素

圆曲线的测设分两部分进行：先测设三主点，然后测设曲线上每隔一定距离的里程桩（称辅点）。

1. 圆曲线测设元素的计算

如图 15-9 所示，可得圆曲线测设的元素如下：

$$\left.\begin{aligned}&\text{切线长 } T \qquad T=R\tan\frac{I}{2}\\&\text{曲线长 } L \qquad L=\frac{\pi}{180^\circ}\times RI\\&\text{外矢距 } E \qquad E=R\left(\sec\frac{I}{2}-1\right)\\&\text{切曲差 } D \qquad D=2T-L\end{aligned}\right\}\tag{15-4}$$

式中，I 为线路转折角；R 为圆曲线半径，T、L、E、D 为圆曲线测设元素，其值可由计算器算出，亦可查《公路曲线测设用表》。

2. 圆曲线主点桩号的计算

根据交点的桩号和圆曲线元素可推出：

$$\left.\begin{aligned}&ZY\text{ 桩号}=JD\text{ 桩号}-\text{切线长 }T\\&YZ\text{ 桩号}=ZY\text{ 桩号}+\text{曲线长 }L\\&QZ\text{ 桩号}=YZ\text{ 桩号}-\frac{L}{2}\end{aligned}\right\}\tag{15-5}$$

校核：

$$JD\text{ 桩号}=QZ\text{ 桩号}+\frac{D}{2}\tag{15-6}$$

【例 15-1】 某线路交点 JD 桩号为 $K1+385.50$，测得右转角 $I=42°25'$，圆曲线半径 $R=120$m。求圆曲线元素及主点桩号。

【解】 据式（15-4）得：

$$T=R\tan\frac{I}{2}=120\times\tan\left(\frac{42°25'}{2}\right)=46.56(\mathrm{m})$$

$$L=RI\times\frac{\pi}{180°}=120\times42°25'\times\frac{\pi}{180°}=88.84(\mathrm{m})$$

$$E=R\left(\sec\frac{I}{2}-1\right)=120\times\left(\sec\frac{42°25'}{2}-1\right)=8.72(\mathrm{m})$$

$$D=2T-L=4.28(\mathrm{m})$$

据式（15-5）得：

JD 桩号	$K1+385.5$
$-T$	46.56
ZY 桩号	$K1+338.94$
$+L$	88.84
YZ 桩号	$K1+427.78$
$-L/2$	44.42
QZ 桩号	$K1+383.36$

再按式（15-6）校核：

QZ 桩号	$K1+383.36$
$+D/2$	2.14
JD 桩号	$K1+385.50$

校核无误

3. 圆曲线主点的测设

（1）在交点处安置经纬仪，照准后一方向线的交点或转点并设置水平度盘为 0°00′00″，从 JD 点沿线方向量取切线长 T 得 ZY 点，并打桩标钉其点位，立即检查 ZY 至最近的里程桩的距离，若该距离与两桩号之差相等或相差在允许许范围内，则认为 ZY 点位正确，否则应查明原因并纠正之。再将经纬仪转向路线另一方向，同法求得 YZ 点。

（2）转动经纬仪照准部，拔角（180°$-I$）/2，在其视线上量 E 值即得 QZ 点，如图 15-10 所示。

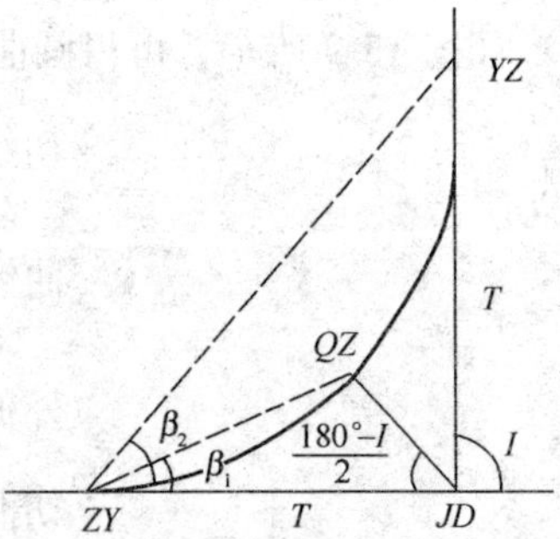

图 15-10　量取 QZ 点

（3）检查三主点相对位置的准确性：将经纬仪安置在 ZY 上，用测回法分别测出 β_1、β_2 角值，若 $\beta_1-I/4$、$\beta_1-I/2$ 在允许范围内，则认为三主点测设位置正确，即可继续圆曲线的详细测设。

二、圆曲线的详细测设

当曲线长小于 40m 时，测设曲线的三个主点已能满足路线线形的要求。如果曲线较长或地形变化较大时，为了满足线形和工作的需要，除了测设曲线的三个主点外，还要每

隔一定的距离 l，测设一个辅点，进行曲线加密。根据地形情况和曲线半径大小，一般每隔 5m、10m、20m 测设一点，圆曲线的详细测设，就是指测设除圆曲线的主线以外一切曲线桩，包括一定距离的加密桩、百米桩及其他加桩。圆曲线详细测设的方法很多，可视地形条件加以选用，现介绍几种常用的方法。

1. 偏角法

偏角法又称极坐标法。它是根据一个角度和一段距离的极坐标定位原理来设点的，也就是以曲线的起点或终点至曲线上任一点的弦线与切线之间的偏角（即弦切角）和弦长来测定该点的位置的。如图 15-17 所示，以 l 表示弧长，c 表示弦长，根据几何原理可知，偏角即弦切角 Δi 等于相应弧长 l 所对圆心角 f_i 的一半。则有关数据可按下式计算：

$$
\begin{aligned}
&\text{圆心角} \quad && \varphi = \frac{l}{R} \times \frac{180^\circ}{\pi} \\
&\text{偏\quad 角} \quad && \Delta = \frac{1}{2} \times \frac{l}{R} \times \frac{180^\circ}{\pi} = \frac{l}{R} \times \frac{90^\circ}{\pi} \\
&\text{弦\quad 长} \quad && c = 2R \times \sin\frac{\varphi}{2} = 2R \times \sin\Delta \qquad (15\text{-}7) \\
&\text{弧弦差} \quad && \delta = l - c = \frac{l^3}{24R^2}
\end{aligned}
$$

如果曲线上各辅点间的弧长 L 均相等时，则各辅点的偏角都为第一个辅点的整数倍，即：

$$
\begin{aligned}
\Delta_2 &= 2\Delta_1 \\
\Delta_3 &= 3\Delta_1 \\
&\cdots \\
\Delta_n &= n\Delta_1
\end{aligned}
\qquad (15\text{-}8)
$$

而曲线起点 ZY 至曲中线点的 QZ 的偏角为 $\alpha/4$，曲线起点 ZY 至曲线终点 YZ 的偏角为 $\alpha/2$ 可用这两个偏角值作为测设的校核。

在实际测设中，上述一些数据可用电子计算器快速算得，也可依曲线半径 R 和弧长 l 为引数查取《曲线测设用表》获得。

为减少计算工作量，提高测设速度，在偏角法设置曲线时，通常是以整桩号设桩，然而曲线起点、终点的桩号一般都不是整桩号，因此首先要计算出曲线首尾段弧长 l_A、l_B，然后计算或查表得出相应的偏角 Δ_A、Δ_B，其余中间各段弧长均为 l 及其偏角 Δ，均可从表中直接查得。

具体测设步骤如下：

(1) 核对在中线测量时已经桩钉的圆曲线的主点 ZY、QZ、YZ，若发现异常，应重新测设主点。

(2) 将经纬仪安置于曲线起点 ZY，以水平度盘读数 0°00′00″瞄准交点 JD，如图15-11所示。

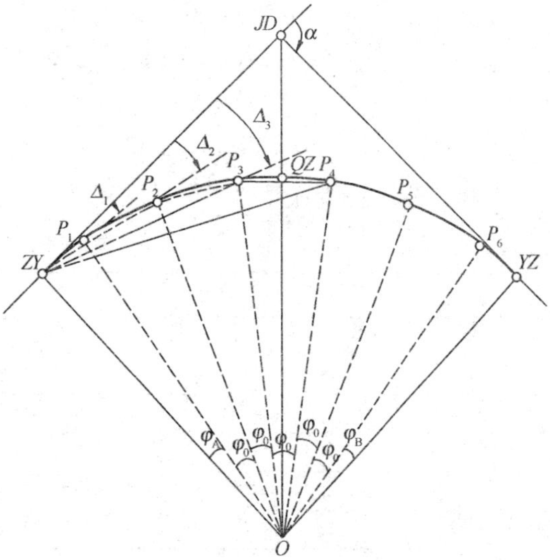

图 15-11　偏角法测设圆曲线

（3）松开照准部，置水平度盘读数为 1 点之偏角值为 Δ_1，在此方向上用钢尺从 ZY 点量取弦长 C_1，桩钉 1 点。再松开照准部，置水平度盘读数为 2 点之偏角值 Δ_2，在此方向上用钢尺从 1 点量取弦长 C_2，桩钉 2 点。同法测设其余各点。

（4）最后应闭合于曲线终点 YZ 以此来校核。若曲线较长，可在各起点 ZY、终点 YZ 测设曲线的一半，并在曲线中点 QZ 进行校核。校核时，如果两者不重合，其闭合差一般不得超过如下规定：

$$\left.\begin{array}{c}\text{半径方向(路线横向)误差} \pm 0.1\text{m} \\ \text{切线方向(路线纵向)误差} \pm \dfrac{L}{1000}(L\text{ 为曲线长})\end{array}\right\} \tag{15-9}$$

偏角法是一种测设精度较高、灵活性较大的常用方法，适用于地势起伏，视野开阔的地区。它既在三个主点上测设曲线，又能在曲线任一点测设曲线，但其缺点是测点有误差的积累，所以宜在由起点、终点两端向中间测设或在曲线中点分别向两端测设。对于小于 100m 的曲线，由于弦长与相应的弧长相差较大，不宜采用偏角法。

【例 15-2】 已知圆曲线 $R=200$m，转角 $\alpha=25°30'$，交点的里程 1＋314.50m，起点桩 ZY 桩号为 1＋269.24，中点桩 QZ 桩号为 1＋313.75，终点桩 YZ 桩号为 1＋358.26，试用偏角法进行圆曲线的详细测设，计算出各段弧长采用 20m 的测设数据。

【解】 由于起点桩号为 1＋269.24，其前面最近整数里程桩应为 1＋280，其首段弧长 $L_A=[(1+280)-(1+269.24)]$m$=10.76$m，而终点桩号为 1＋358.26，其后面最近整数里程桩为 1＋340，其尾段弧长 $L_B=[(1+358.26)-(1+340)]$m$=18.26$m，中间各段弧长为 $L=20$m。应用公式可计算出各段弧长相应的偏角为：

$$\Delta_A=\frac{90°}{\pi}\times\frac{l_A}{R}=\frac{90°}{\pi}\times\frac{10.76}{200}=1°32'29''$$

$$\Delta_B=\frac{90°}{\pi}\times\frac{l_B}{R}=\frac{90°}{\pi}\times\frac{18.26}{200}=2°36'56''$$

$$\Delta=\frac{90°}{\pi}\times\frac{l}{R}=\frac{90°}{\pi}\times\frac{20}{200}=2°51'53''$$

再应用公式计算出各段弧长所对的弦长为：

$$c_A=2R\sin\Delta_A=2\times200\times\sin1°32'29''=10.76(\text{m})$$
$$c_B=2R\sin\Delta_B=2\times200\times\sin2°36'56''=18.25(\text{m})$$
$$c=2R\sin\Delta=2\times200\times\sin2°51'53''=19.99(\text{m})$$

为便于测设，将计算成果的各段偏角、弦长及各辅点的桩号列入表 15-3。

各段弧长测设数据 **表 15-3**

号　点	曲线里程桩号	偏　角　Δ_i	长 c_i（m）
起点 ZY	1＋269.24	$\Delta_{ZY}=0°00'00''$	
1	1＋280	$\Delta_1=\Delta_A=1°32'29''$	10.76
2	1＋300	$\Delta_2=\Delta_A+\Delta=4°24'22''$	19.99
3	1＋320	$\Delta_3=\Delta_A+2\Delta=7°16'15''$	19.99
4	1＋340	$\Delta_4=\Delta_A+3\Delta=10°08'08''$	19.99
终点 YZ	1＋358.26	$\Delta_{ZY}=\Delta_A+3\Delta+\Delta_B=12°45'04''$	18.25
计算校核：$\Delta_{ZY}=\alpha/2=(25°30'00'')/2=12°45'00''$误差符合要求			

2. 切线支距法

切线支距法又称直角坐标法。它是根据直角坐标法定位原理，用两个相互垂直的距离（x，y）来确定某一点的位置。也就是以曲线起点 ZY 或终点 YZ 为坐标原点，以切线为 X 轴，以过原点的半径为 Y 轴，根据坐标（X，Y）来设置曲线上各点。

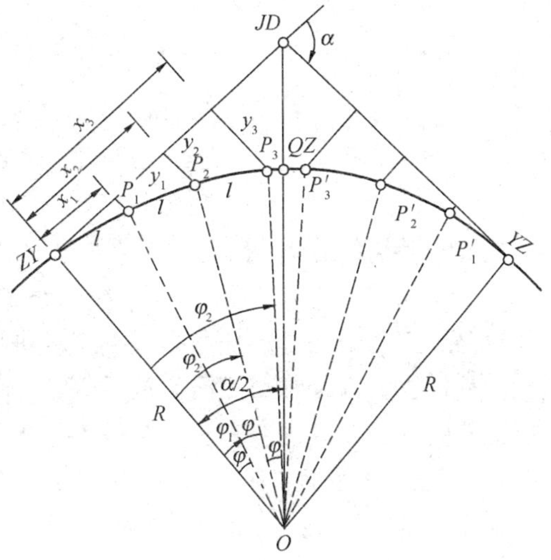

图 15-12　切线支距法测设曲线

如图 15-12 所示，P_1、P_2、P_3 点的曲线预设置的辅点，其弧长为 l，所对的圆心角为 f，按照几何关系，可得到各点的坐标值为：

$$x_1 = R\sin\varphi_1$$

$$y_1 = R - R\cos\varphi_1 = R(1-\cos\varphi_1) = 2R\sin^2\frac{\varphi_1}{2}$$

$$x_2 = R\sin\varphi_2 = R\sin 2\varphi_1\text{（假设弧长相同）}$$

$$y_2 = 2R\sin^2\frac{\varphi_2}{2} = 2R\sin^2\varphi_1$$

同理，可知 x_3，y_3 的坐标值。式中 R 为曲线半径，$\varphi=\frac{l}{R}\times\frac{180°}{\pi}$ 为圆心角，因此不同的曲线长就有不同的 f 值，同样也就有相应的 x、y 值。

在实际测设中，上述的数据可用电子计算器算得，亦可以半径 R，曲线长 l 为引数，直接查取《曲线测设用表》中《切线支距表》的相应 x、y 值。

测设步骤具体如下：

(1) 校对在中线测量时已桩钉的圆曲线的三个主点 ZY、QZ、YZ，若有差错，应重新测设主点。

(2) 用钢尺或皮尺从 ZY 开始，沿切线方向量取 x_1、x_2、x_3 等点，并做标记。

(3) 在 x_1、x_2、x_3 等点用十字架（方向架）作垂点，并量出 y_1、y_2、y_3 等点，用测针标记，即得出曲线上 1、2、3 等点。

(4) 丈量所定各点的弦长作为校核。若无误，即可固定桩位，注明相应的里程桩。

用切线支距法测设曲线，由于各曲线点是独立测设的，其测角及量边的误差都不累积，所以在支距不太长的情况下，具有精度高、操作较简单的优点，故应用也较广泛，适用于地势平坦，使用量距的地区。但它不能自行闭合，自行校核，所以对已测设的曲线点，要实量其相邻两点间的距离，以便校核。

【例 15-3】 已知曲线半径 80m，曲线每隔 10m 桩钉一桩，试求其中 1、2 点的坐标值。

【解】

$$\varphi = \frac{l}{R}\times\frac{180°}{\pi} = \frac{10}{80}\times\frac{180°}{\pi} = 7°09'43''$$

$$x_1 = R\sin\varphi = 80\times\sin 7°09'43'' = 9.97(\text{m})$$

$$y_1 = 2R\sin^2\frac{\varphi}{2} = 2 \times 80 \times \sin\left(\frac{7°09'43''}{2}\right)^2 = 0.62(\text{m})$$

$$x_2 = R\sin 2\varphi = 80 \times \sin(2 \times 7°09'43'') = 17.79(\text{m})$$

$$y_2 = 2R\sin^2\varphi = 2 \times 80 \times (\sin 7°09'43'')^2 = 2.49(\text{m})$$

三、道路施工测量

道路施工测量的主要任务是根据工程进度的需要，按照设计要求，及时恢复道路中线测设高程标志，以及细部测设和放线等，作为施工人员掌握道路平面位置和高程的依据，以保证按图施工。其内容有施工前的测量工作和施工过程中的测量工作。

1. 施工前的测量工作

施工前的测量工作的主要内容是熟悉图纸和现场情况、恢复中线、加设施工控制桩、增设施工水准点、纵横断面的加密和复测、工程用地测量等。

(1) 熟悉设计图纸和现场情况。道路设计图纸主要有路线平面，纵、横断面图，标准横断面图和附属构筑物图等。接到施工任务图后，测量人员首先要熟悉道路设计图纸。通过熟悉图纸，在了解设计意图和对工程测量精度要求的基础上，熟悉道路的中线位置和各种附属构筑物的位置，确定有关的施测数据及相互关系。同时要认真校核各部位尺寸，发现问题及时处理，以确保工程质量和进度。

施工现场因机械、车辆、材料堆放等原因，各种测量标志易被碰动或损坏，因此，测量人员要勘察施工现场。熟悉施工现场时，除了解工程及地形的情况外，应在实地找出中线桩、水准点的位置，必要时实测校核，以便及时发现被碰动损坏的桩点，并避免用错点位。

(2) 恢复中线。工程设计阶段所测定的中线桩至开始施工时，往往有一部分桩点被碰动或丢失的现象。为保证工程施工中线位置准确可靠，在施工前根据原定线的条件进行复核，并将丢失的交点桩和里程桩等恢复校正好。此项工作往往是由施工单位会同设计、规划勘测部门共同来校正恢复。

对于部分改线地段，则应重新定线并测绘相应的纵、横断面图。恢复中线时，一般应将附属构筑物如涵洞、挡土墙、检修井等的位置一并定出。

(3) 加设施工控制桩。经校正恢复的中线位置桩，在施工中往往要被挖掉或掩盖，很难保留。因此，为了在施工中准确控制工程的中线位置，应在施工前根据施工现场的条件和可能，选择不受施工干扰、便于使用、易于保存桩位的地方，测设施工控制桩。其测设方法有平行线法、延长线法和交会法等。

1) 平行线法。该法是在路线边 1m 以外，以中线桩为准测设两排平行中线的施工控制桩如图 15-13 所示。适用于地势平坦、直线段较长的路线上。控制桩间距一般取 10～

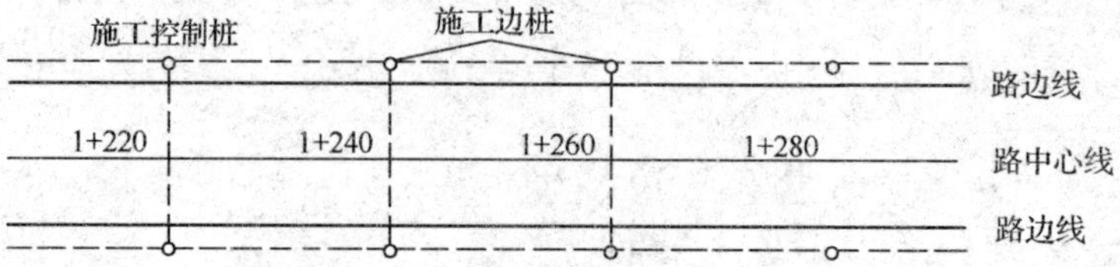

图 15-13　平行线法

20m，用它既能控制中线位置，又能控制高程。

2）延长线法。该法是在中线延长线上测设方向控制桩，当转角很小时可在中线的垂直方向测设控制桩，如图 15-14 所示。此法适用于地势起伏较大、直线段较短的路段上。

3）交会法。该法是在中线的一侧或两侧选择适当位置设置控制桩或选择明显固定地物，如电杆、房屋的墙角等作为控制，如图 15-15 所示。此法适用于地势较开阔、便于距离交会的路段上。

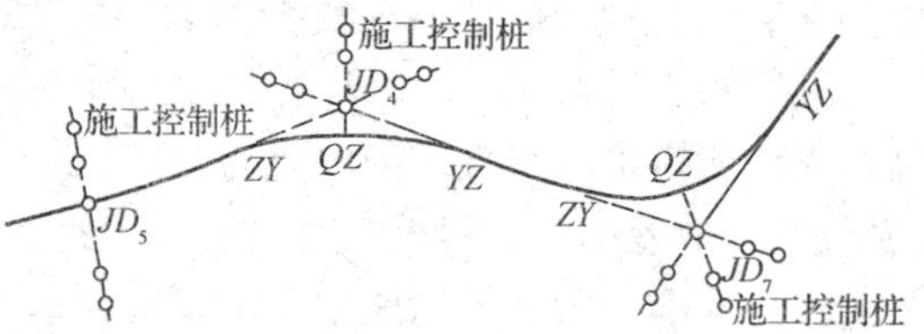

图 15-14　延长线法

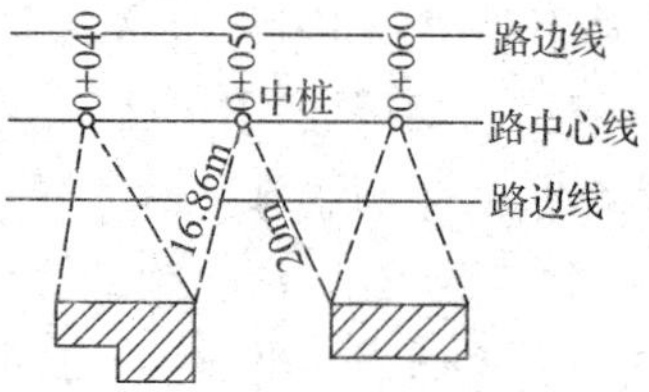

图 15-15　交会法

上述三种方法无论在城镇区、郊区或山区的道路施工中均应根据实际情况互相配合使用。但无论使用哪种方法测设施工桩，均要绘出示意图、量距并做好记录，以便查用。

（4）增设施工水准点。为了在施工中引测高程方便，应在原有水准点之间加设临时施工水准点，其间距一般为 100～300m。对加密的施工水准点，应设置在稳固、可靠、使用方便的地方。其引测精度应根据工程性质、要求的不同而不同。引测的方法按照水准测量的方法进行。

（5）纵、横断面的加密与复测。当工程设计定测后至施工前一段时间较长时，线路上可能出现局部变化，如挖土、堆土等，同时为了核实土方工程量，也需核实纵、横断面资料，因此，一般在施工前要对纵、横断面进行加密与复测。

（6）工程用地测量。工程用地是指工程在施工和使用中所占用的土地。工程用地测量的任务是根据设计图上确定的用地界线，按桩号和用地范围，在实地上标定出工程用地边界桩，并绘制工程用地平面图，也可以利用设计平面图圈绘。此外，还应编制用地划界表并附文字说明，作为向当地政府以及有关单位申请征用或租用土地、办理拆迁、补偿的依据。

2. 施工过程中的测量工作

施工过程中的测量工作又俗称施工测量放线，它的主要内容有路基放线、施工边桩的测设、路面放线和道牙与人行道的测量放线等。

（1）路基放线。路基的形式基本上可分为路堤和路堑两种。路堤如图 15-16 所示，路堑如图 15-15 所示。路基放线是根据设计横断面图和各桩的填、挖高度，测设出坡脚、坡顶和路中心等，构成路基的轮廓，作为填土或挖土的依据。

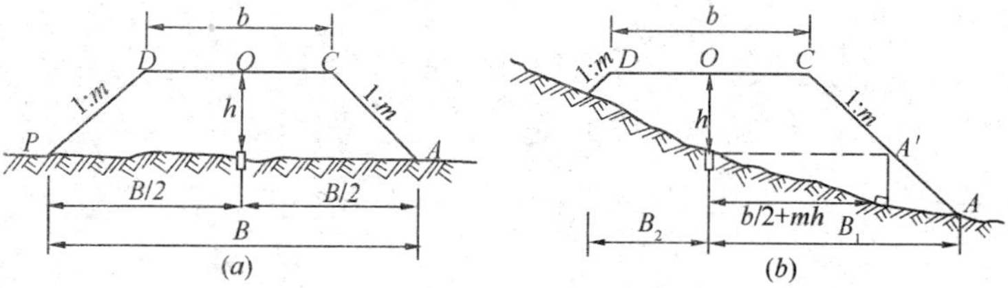

图 15-16　路堤路基放线

1）路堤放线。如图 15-16（*a*）所示为平坦地面路堤放线情况。路基上口 b 和边坡 $1:m$ 均为设计数值，填方高度 h 可从纵断面图上查得，由图中可得出：

$$B = b + 2mh \quad 或 \quad B/2 = b/2 + mh \tag{15-10}$$

式中 B——路基下口宽度，即坡脚 A、P 之距；

$B/2$——路基下口半宽，即坡脚 A、P 的半距。

放线方法是由该断面中心桩沿横断面方向向两侧各量 $B/2$ 后钉桩，即得出坡脚 A 和 P。在中心桩及距中心桩 $b/2$ 处立小木杆（或竹竿），用水准仪在杆上测设出该断面的设计高程线，即得坡顶 C、D 及路中心 O 三点，最后用小线将 A、C、O、D、P 点连起，即得到路基的轮廓。施工时，在相邻断面坡脚的连线上撒出白灰线作为填方的边界。

图 15-16（*b*）所示为地面坡度较大时路堤放线的情况。由于坡脚 A、P 距中心桩的距离与 A、P 地面高低有关，故不能直接用上述公式算出，通常采用坡度尺定点法和横断面图解法。

坡度尺定点法是先做一个符合设计边坡 $1:m$ 的坡度尺，如图 15-17 所示，当竖向转动坡度尺使直立边平行于垂球线时，其斜边即为设计坡度。

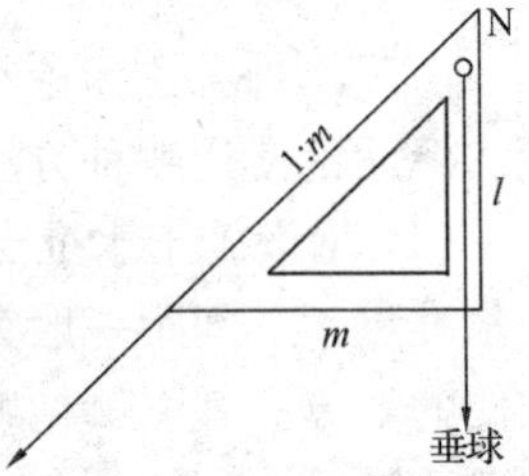

图 15-17 坡度尺

用坡度尺测设坡脚的方法是先用前一方法测出坡顶 C 和 D，然后将坡度尺的顶点 N 分别对在 C 和 D 上，用小线顺着坡度尺斜边延长至地面，即分别得到坡脚 A 和 P。当填方高度 h 较大时，由 C 点测设 A 点有困难，可用前一方法测设出与中桩在同一水平线上的边坡点 A'，再在 A' 点用坡度尺测设出坡脚 A。

横断面图解法是用比例尺在已设计好的横断面上（俗称已戴好帽子的横断面），量得坡脚距中心的水平距离，即可在实地相应的断面上测设出坡脚位置。

2）路堑放线。图 15-18（*a*）所示为平坦地面上路堑放线情况。其原理与路堤放线基本相同，但计算坡顶宽度 B 时，应考虑排水边沟的宽度 b_0，计算公式如下：

$$B = b + 2(b_0 + mh) \quad 或 \quad B/2 = b/2 + b_0 + mh \tag{15-11}$$

图 15-18（*b*）所示为地面坡度较大时的路堑放线情况。其关键是找出坡顶 A 和 P，按前法或横断面图解法找出 P、A（或 $A1$）。当挖深较大时，为方便施工，可制作坡度尺或测设坡度板，作为施工时掌握边坡的依据。

3）半填半挖的路基放线。在修筑山区道路时，为减少土石方量，路基常采用半填半挖形式，如图 15-19 所示。这种路基放线时，除按上述方法定出填方坡度 A 和挖方坡顶 P 外，还要测设出不填不挖的零点 O'。其测设方法是用水准仪直接在横断面上找出等于路基设

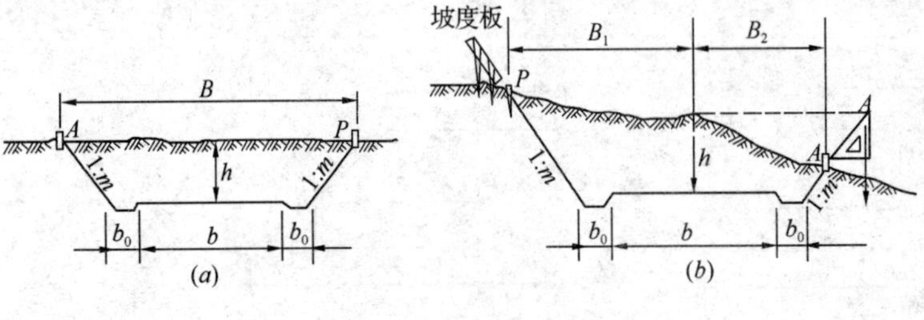

图 15-18 路堑路基放线

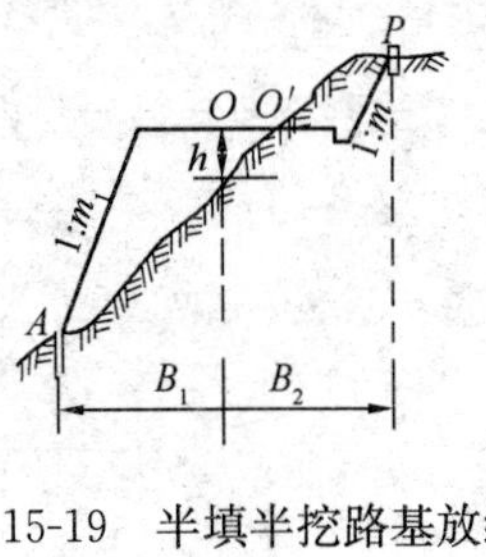

图 15-19 半填半挖路基放线

计高程的地面点，即为零点 O'。

(2) 施工边桩的测设。由于路基的施工致使中线上所设置的各桩被毁掉或填埋，因此，为了简便施工测量工作，可用平行线加设边桩，即在距路面边线为 0.5～1.0m 以外，各钉一排平行中线的施工边桩，作为路面施工的依据，用它来控制路面高程和中线位置。

施工边桩一般是以施工前测定的施工控制桩为准测设的，其间距以 10～30 m 为宜。当边桩钉置好后，可按测设已知高程点的方法，在边桩测设出该桩的道路中线的设计高程钉，并将中线两侧相邻边桩上的高程钉用小线连起，便得到两条与路面设计高程一致的坡度线。为了防止观测和计算错误，在每测完一段应附合到另一水准点上校核。

如施工地段两侧邻近有建筑物时，可不钉边柱，利用建筑物标记里程桩号，并测出高程，计算出各桩号路面设计高的改正数，在实地标注清楚，作为施工的依据。

如果施工现场已有平行中线的施工控制桩，并且间距符合施工要求，则可一桩两用不再另行测设边桩。

(3) 路面放线。路面放线的任务是根据路肩上测设的施工边桩的位置和桩顶高程及路拱曲线大样图、路面结构大样图、标准横断面图，测设出侧石的位置并绘出控制路面各结构层路拱的标志，以指导施工。

1) 侧石边线桩和路面中心桩的测设。如图 15-20 所示，根据两侧的施工边桩，按照控制边桩钉桩的记录和设计路面宽度，推算出边桩距侧石边线和路面中心的距离，然后自边桩沿横断方向分别量出至侧石和道路中心的距离，即可钉出侧石内侧边线桩和道路中心桩。同时可按路面设计亮度尺寸复测侧石至路中心的距离，以便校核。

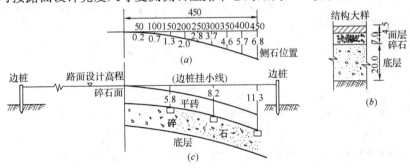

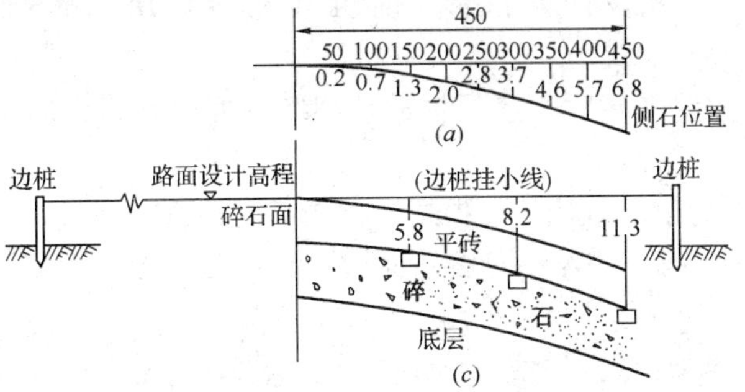

图 15-20 路面放线

2) 路面放线。

A. 直线型路拱的路面放线。如图 15-21 所示，B 为路面宽度；h 为路拱中心高出路面边缘的高度，称为路拱矢高；其数值 $h=B/2\times i$；i 为设计路面横向坡度（%）；x 为横距，y 为纵距；O 为原点（路面中心点），其路拱计算公式为：

$$y = x \times i \tag{15-12}$$

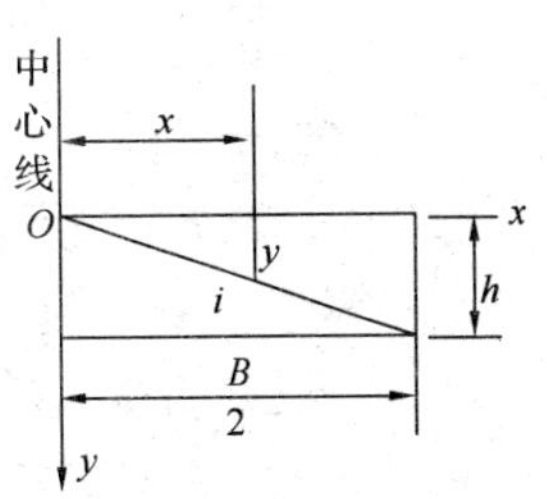

图 15-21 直线型路拱路面放线

其放线步骤如下：a. 计算中桩填、挖值，即中桩桩顶实测高程与路面各层设计高程之差；b. 计算侧石边桩填、挖值，即边线桩桩顶实测高程与路面各层设计高程之差；c. 根据计算成果，分别在中、边桩上标定并挂线，即得到路面各层的横向坡度线。如果路面较宽可在中间加点。

施工时，为了使用方便，应预先将各桩号断面的填、挖值计算好，以表格形式列出，称为平单，供放线时直接使用。

B. 抛物线形路拱的路面放线。对于路拱较大的柔性路面，其路面横向宜采用抛物线形，如图 15-22 所示。图中，B 为路面宽度；h 为路拱矢高，即 $h=B/2\times i$；i 为直线型路拱坡度；x 为横轴，是路拱的路面中心点的切线位置；y 为纵距；O 为原点，是路面中心点。其路拱计算公式为

$$y=\frac{4h}{B^2}\times x^2 \tag{15-13}$$

其放线步骤如下：a. 根据施工需要、精度要求选定横距 x 值，如图 15-22 所示，50、100、150、200、250、300、350、400、450cm，按路拱公式计算出相应的纵距 y 值 0.2、0.7、…、5.7、6.8cm。b. 在边线桩上定出路面各层中心设计高程，并在路两侧挂线，此线就是各层路面中心高程线。c. 自路中心向左、右量取 x 值，自路中心标高水平线向下量取相应的 y 值，就可得横断面方向路面结构层的高程控制点。

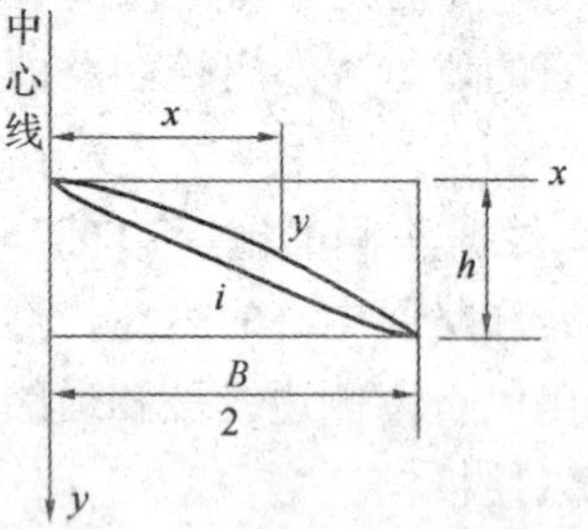

图 15-22 抛物线型路拱路面放线

施工时，可采用“平砖”法控制路拱形状。即在边桩上依路中心高程挂线后，按路拱曲线大样图所注的尺寸，以及路面结构大样图，在路中心两侧一定距离处，在距路中心 150、300cm 和 450cm 处分别向下量 5.8、8.2、11.3cm，放置平砖，并使平砖顶面正好处在拱面高度，铺撒碎石时，以平砖为标志就可找出设计的拱形。铺筑其他结构层，重复采用此法放线。

在曲线部分测设侧石和放置平砖时，应根据设计图纸做好内侧路面加宽和外侧路拱超高的放线工作。

关于交叉口和广场的路面施工的放线，要根据设计图纸先加钉方格桩，其桩间距为 5～20m，再在各桩上测设设计高程线，然后依据路面结构层挂线或设“平砖”，以便分块施工。

C. 变方抛物线型路面放线。由于抛物线型路拱的坡度其拱顶部分过于平缓，不利于排水；边缘部分过陡，不利于行车。为改善此种状况，以二次抛物线公式为基础，采用变方抛物线计算，以适应各种宽度。

其路拱计算公式为：

$$y=\frac{2^n\cdot h}{B^n}\times x^n=\frac{2^{n-1}\cdot i}{B^{n-1}}\times x^n \tag{15-14}$$

式中 x——横距；

y——纵距；

B——路面宽度；

h——路拱矢高，$h=(B\cdot i)/2$；

i——设计横坡（%）；

n——抛物线次，根据不同的路宽和设计横坡分别选用 $n=1.25$、1.5、1.75、2.00。

在一般道路设计图纸上均绘有路拱大样图和给定的路拱计算公式。

(4) 道牙（侧石）与人行道的测量放线。道牙（侧石）是为了行人和交通安全，将人行道与路面分开的一种设置。人行道一般高出路面 8～20cm。

道牙（侧石）的放线，一般和路面放线同时进行，也可与人行道放线同时进行。道牙（侧石）与人行道测量放线方法如下：

1）根据边线控制桩，测设出路面边线挂线桩，即道牙的内侧线，如图 15-23 所示。

2）由边线控制桩的高程引测出路面面层设计高程，标注在边线挂线桩上。

3）根据设计图纸要求，求出道牙的顶面高程。

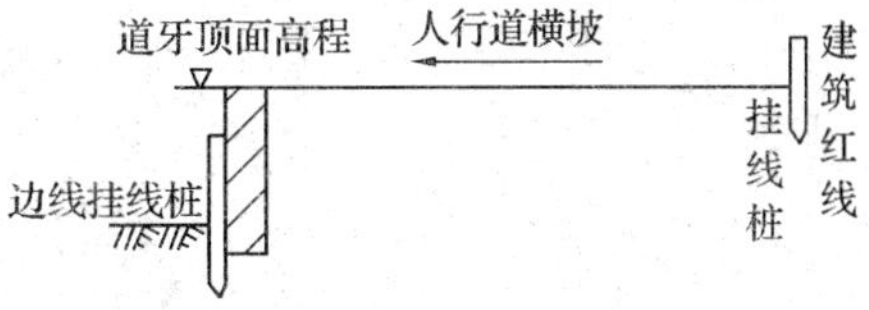

图 15-23　道牙与人行道测量放线

4）由各桩号分段将道牙顶面高程挂线，安放并砌筑道牙。

5）以道牙为准，按照人行道铺设宽度设置人行道外缘挂线桩。再根据人行道宽度和设计横坡，推算人行道外缘设计高程，然后用水准测量方法将设计高程引测到人行道外缘挂线桩上，并做出标志。用线绳与道牙连接，即为人行道铺设顶面控制线。

思考题与习题

1. 管道工程测量的主要内容有哪些？

2. 管道有哪三主点？主点的测设方法有哪两种？

3. 管道施工测量采用坡度板法如何控制管道中线和高程？

4. 根据表 15-4 中数据，计算出各坡度板处的管底设计高程，再根据选定的下返数计算出各坡度板顶高程调整数。

坡度钉测设手簿　　　　**表 15-4**

板号	距离	坡度	管底高程	板顶高程	板—管高差	下返数	调整数	坡度钉高程
1	2	3	4	5	6	7	8	9
0+000			32.680	34.969				
0+020				34.756				
0+040				34.564				
0+060		$I=-10‰$		34.059		2.100		
0+080				34.148				
0+100				33.655				

5. 顶管施工测量如何控制顶管中线方向、高程和坡度？

6. 什么是圆曲线的主点？圆曲线元素有哪些？如何测设圆曲线的主点？

7. 道路施工测量有哪些主要内容？

8. 已知 JD5 里程桩号为 2+11.28，转角 $\alpha=25°05'$，半径 $R=100$m，试求圆曲线主点的桩

号，并计算校核，简要说明主点的测设方法。

9. 第 8 题在钉出主点后，若采用偏角法按整桩 20m 设桩，试计算各桩的偏角和弦长，并说明桩位的测设方法。

10. 第 8 题在钉出主点后，曲线整桩距为 20m，若采用切线支距法，试计算各桩的坐标，并说明桩位的测设方法。

主 要 参 考 文 献

[1] 中华人民共和国国家标准. 工程测量规范(GB 50026—93). 北京：中国计划出版社，2001.
[2] 中华人民共和国国家标准. 城市测量规范(CJJ 8—9). 北京：中国建筑工业出版社，1999.
[3] 吴来瑞写. 建筑施工测量手册. 1 版. 北京：中国建筑工业出版社，1997.
[4] 周建郑. 建筑工程测量. 2 版. 北京：中国建筑工业出版社，2008.
[5] 刘国彬，王卫东. 基坑工程手册. 2 版. 北京：中国建筑工业出版社，2009.
[6] 王云江. 建筑工程测量. 2 版. 北京：中国建筑工业出版社，2009.
[7] 王云江. 工程测量. 1 版. 北京：中国建筑工业出版社，2012.
[8] 王云江 . 市政工程测量 . 2 版，北京：中国建筑工业出版社，2012.

高职高专规划教材

建筑工程测量实训与习题

王云江　主编

中国建筑工业出版社

建筑工程测量实训与习题

专 业______________________

班 级______________________

姓 名______________________

学 号______________________

本书分四部分，第一部分为建筑工程测量实训须知；第二部分为建筑工程测量课间实训，编写了建筑施工专业常用的十三个课间实训指导和实训报告；第三部分为建筑工程测量教学综合实训，介绍了实训的内容、方法及技术要求等，附列了实训报告及其用表；第四部分为建筑工程测量习题。

本书系建筑工程测量课程的配套教材，是根据该课程的基本内容和要求而编写的，其目的是使学生在掌握测量基本理论和基本知识的基础上，加强对学生测、算、绘等基本技能的训练，以适应素质教育的新要求。

本书可供高等院校建筑施工专业配合工程测量课程教学的实习使用，也适合上述专业的函授、高教自考教学之用，还可供测绘和土木类工程技术人员学习和参考。

前　　言

建筑工程测量课程是一门实践性很强的专业基础课。学习者首先要掌握该课程的基本理论知识，再以课堂单项实验来所学理论知识，训练动手操作能力，达到初步掌握测量工作的测、算、绘等三项技能。在讲授与实验的交互过程中系统学习本课程后，通常还要为学生安排两周左右的测量教学实训，以便更加全面深入地掌握和应用测量理论知识，为今后走上专业工作岗位打下扎实的基础。

本书是根据高职土木类专业建筑工程测量课程教学大纲和建筑工程测量实训大纲的要求编写的。全书分为四部分，第一部分为建筑工程测量实训须知，主要介绍测量实习的目的、要求、仪器借用规则、实训报告填写与计算要求等内容；第二部分为建筑工程测量课间实训，编写了土建、市政等土木类专业需用的十三个课间实训指导和实训报告；第三部分为建筑工程测量教学综合实训，介绍了实训的内容、方法及技术要求等，附列了实训报告及其用表；第四部分为建筑工程测量习题，目的是提高学生的理解能力和实际能力。每个实训均包括实训目的、仪器和工具、内容、方法和步骤、技术要求、注意事项、实训报告等几部分。测量教学实训在实践性、综合性、效能性上比测量课堂实验要求更高，学生将得到更多训练。通过综合实训，将所学测绘技术知识进一步系统化，同时培养学生“认真、负责、严格、精细、实事求是”的科学态度和良好作风，提高学生的全面素质，使测量教学水平上一个新台阶。

本书由浙江建设职业技术学院王云江主编，高等职业技术教育以培养应用型人才为目标，在测量实验与实训项目的选项上力求做到简明、扼要、易学、实用。所以，本书与建筑工程测量教材配套使用，是必要和适宜的。本书也可以在工程测量教学的实践中单独使用。

限于我们的认识和水平，本书中会有不当之处，热忱欢迎读者批评、指正，以便日后修订。

目　　录

第一部分　建筑工程测量实训须知

一、测量实训的目的

建筑工程测量是一门实践性很强的专业基础课，测量实训是教学环节中不可缺少的环节。只有通过仪器操作、观测、记录、计算、绘图、编写实训报告等，才能验证和巩固好课堂所学的基本理论，掌握仪器操作的基本技能和测量作业的基本方法。培养学生分析问题、解决问题的能力，使学生具有认真、负责、严格、精细、实事求是的科学态度和工作作风。因此，必须对测量实训予以高度重视。

二、测量实训的要求

（1）测量实训之前，必须认真阅读本书和复习教材中的相关内容，弄清基本概念和实训目的、要求、方法、步骤和有关注意事项，使实训工作能顺利地按计划完成。

（2）按实训书中提出的要求，于实训前准备好所需文具，如铅笔、小刀、计算器、三角板等。

（3）实训分小组进行，正组长负责组织和协调实训的各项工作，副组长负责仪器、工具的借领、保管和归还。

（4）对实训规定的各项内容，小组内每人均应轮流操作，实训报告应独立完成。

（5）实训应在规定时间内进行，不得无故缺席、迟到或早退；实训应在指定地点进行，不得擅自变更地点。

（6）必须遵守本实训书中所列的“测量仪器、工具的借用规则”和“测量记录与计算规则”。

（7）应认真听取教师的指导，实训的具体操作应按实训指导书的要求、步骤进行。

（8）测量实训中出现仪器故障、工具损坏和丢失等情况时，必须及时向指导教师报告，不可随意自行处理。

（9）测量实训结束时，应把观测记录和实训报告交实训指导教师审阅，经教师认可后方可收拾和清理仪器、工具，归还实验室。

三、测量仪器、工具的借用规则

测量仪器一般都比较重，对测量仪器的正确使用、精心爱护和科学保养，是测量工作人员必须具备的素质和应该掌握的技能，也是保证测量成果质量、提高工作效率和延长仪器、工具使用寿命的必要条件。测量仪器、工具的借用必须遵守以下规则：

（1）以小组为单位，凭有效证件前往测量仪器室，借领实训书上注明的仪器、工具。

（2）借领时，应确认实物与实训书上所列仪器、工具是否相符，仪器、工具是否完好，仪器背带和提手是否牢固。如有缺损，立即补领或更换。借领时，各组依次由1～2人进入室内，在指定地点清点、检查仪器和工具，然后在登记表上填写班级、组号及日期。借领人签名后将登记表及学生证交管理人员。

（3）仪器搬运前，应检查仪器箱是否锁好，搬运仪器、工具时，应轻拿轻放，避免剧烈振动和碰撞。

（4）实训过程中，各组应妥善保护仪器、工具。各组间不得任意调换仪器、工具。

（5）实训结束后，应清理仪器、工具上的泥土，及时收装仪器、工具，送还仪器室检查，取回证件。

（6）爱护测量仪器、工具，仪器、工具若有损坏或遗失，应填写报告单说明情况，并按有关规定给予赔偿。

四、实训报告填写与计算要求

（1）实训记录必须直接填在规定的表格内随测随记，不得转抄。

（2）凡记录表格上规定应填写的项目不得空白。

（3）观测者读数后，记录者应立即回报读数，以防听错、记错。

（4）记录与计算均用2H或3H绘图铅笔记载。字体应端正清晰、数字齐全、数位对齐、字脚靠近底线，字体大小应略大于格子的一半，以便留出空隙改错。

（5）测量记录的数据应写齐规定的位数，规定的位数视要求的不同而不同。对普通测量而言：水准测量和距离测量以米为单位，小数点后记录三位；角度的分和秒取两位记录位数。

表示精度或占位的“0”均不能省略，如水准尺读数2.45m，应记为2.450m；角度读数21°5′6″应为21°05′06″。

（6）禁止擦拭、涂抹与挖补，发现错误应在错误处用横线划去。淘汰某整个部分时可以斜线划去，不得使原数字模糊不清。修改局部（非尾数）错误时，则将局部数字划去，将正确数字写在原数字上方。所有记录的修改和观测成果的淘汰，必须在备注栏注明原因（如测错、记错或超限等）。

（7）观测数据的尾数部分不准更改，应将该部分观测值废去重测。

不准更改的部位：角度测量的分和秒的读数，水准测量和距离测量的厘米和毫米的读数。

（8）禁止连续更改，如水准测量的黑、红面读数，角度测量中的盘左、盘右读数，距离丈量中的往、返测读数等，均不能同时更改，否则应重测。

（9）数据的计算应根据所取的位数，按“4舍6入，5前单进双舍”的规则进行凑整。例如，若取至毫米位则1.1084m、1.1076m、1.1085m、1.1075m都应记为1.108m。

（10）每个测站观测结束后，必须在现场完成规定的计算和检核，确认无误后方可迁站。

五、测量仪器、工具的操作规程

1. 打开仪器箱时的注意事项

（1）仪器箱应平放在地面或其他台子上才能开箱，不要托在手上或抱在怀里开箱，以免不小心将仪器摔坏。

（2）开箱后未取出仪器前，要注意仪器安放的位置与方向，以免使用完毕装箱时因安放位置不正确而损伤仪器。

2. 自箱内取出仪器时的注意事项

（1）不论何种仪器，在取出前一定要先放松制动螺旋，以免取出仪器时因强行扭转而损坏制、微动装置，甚至损坏轴系。

（2）自箱内取出仪器时，应一手握住照准部支架，另一手扶住基座部分，轻拿轻放，不要用一只手抓仪器。

（3）自箱内取出仪器后，要随即将仪器箱盖好，以免沙土、杂草等不洁之物进入箱内。还要防止搬动仪器时丢失附件。

（4）取仪器和使用过程中，要注意避免触摸仪器的目镜、物镜或用手帕等物去擦仪器的目镜、物镜等光学部分。

3. 架设仪器时的注意事项

（1）伸缩式脚架三条腿抽出后，要把固定螺旋拧紧，但不可用力过猛而造成螺旋滑丝；防止因螺旋未拧紧而使脚架自行收缩而摔坏仪器。三条腿拉出的长度要适中。

（2）架设脚架时，三条腿分开的跨度要适中。并得太靠拢易被碰倒，分得太开易滑，都会造成事故。若在斜坡上架设仪器，应使两条腿在坡下（可稍放长），一条腿在坡上（可稍缩短）。若在光滑地面上架设仪器，要采取安全措施（例如，用细绳将三脚架连接起来或用防滑板），防止滑动摔坏仪器。

（3）架设仪器时，应使架头大致水平（安置经纬仪的脚架时，架头的中央圆孔应大致与地面测站点对中），若地面为泥土地面，应将脚架尖踩入土中，以防仪器下沉。

（4）从仪器箱取出仪器时，应一手握住照准部支架，另一手扶住基座部分，然后将仪器轻轻安放到三脚架头上。一手仍握住照准部支架，另一手将中心连接螺旋旋入基座底板的连接孔内旋紧。预防因忘记拧上连接螺旋或拧得不紧而摔坏仪器。

（5）仪器箱不能承重，故不可踏、坐仪器箱。

4. 仪器在使用过程中要满足以下要求

（1）在阳光下或雨天作业时必须撑伞，防止日晒和雨淋（包括仪器箱）。

（2）任何时候仪器旁必须有人守护，禁止无关人员搬弄和防止行人车辆碰撞。

（3）如遇目镜、物镜外表面蒙上水汽而影响观测，应稍等一会儿或用纸片扇风使水汽散尽；如镜头有灰尘，应用仪器箱中的软毛刷拂去或用镜头纸轻轻拭去。严禁用手指或手帕等物擦拭，以免损坏镜头上的药膜。观测结束后应及时安上物镜盖。

（4）转动仪器时，应先松开制动螺旋，然后平稳转动。使用微动螺旋时，应先旋紧制动螺旋。

（5）操作仪器时，用力要均匀，动作要准确轻缓。用力过大或动作太猛都会造成仪器损伤。制动螺旋不能拧得太紧，微动螺旋和脚螺旋不要旋到顶端，宜使用中段螺纹。使用各种螺旋不要用力过大或动作太猛，应用力均匀，以免损伤螺纹。

（6）仪器使用完毕装箱前要放松各制动螺旋，装入箱内要试合一下，在确认安放正确后，将各部制动螺旋略为旋紧，防止仪器在箱内自由转动而损坏某些部件。

（7）清点箱内附件，若无缺失则将箱盖合上、扣紧、锁好。

（8）仪器发生故障时，应立即停止使用，并及时向指导教师报告。

5. 仪器的搬迁

（1）远距离迁站或通过行走不便的地区时，必须将仪器装箱后再迁站。

（2）近距离且平坦地区迁站时，可将仪器连同脚架一同搬迁。其方法是：先检查连接螺旋是否旋紧，然后松开各制动螺旋使仪器保持初始位置（经纬仪望远镜物镜对向度盘中心，水准仪物镜向后），再收拢三脚架，一手托住仪器的支架或基座于胸前，一手抱住脚架放在肋下，稳步行走。严禁斜扛仪器或奔跑，以防碰摔。

（3）迁站时，应清点所有的仪器和工具，防止丢失。

6. 仪器的装箱

（1）仪器使用完后，应及时清除仪器上的灰尘和仪器箱、脚架上的泥土，套上物镜盖。

（2）仪器拆卸时，应先松开各制动螺旋，将脚螺旋旋至中段大致同高的地方，再一手握住照准部支架。另一只手将中心连接螺旋旋开，双手将仪器取下装箱。

（3）仪器装箱时，使仪器就位正确，试合箱盖，确认放妥后，再拧紧各制动螺旋，检查仪器箱内的附件是否缺少，然后关箱上锁。若箱盖合不上，说明仪器位置未放置正确或未将脚螺旋旋至中段，应重放，切不可强压箱盖，以免压坏仪器。

（4）清点所有的仪器和工具，防止丢失。

7. 测量工具的使用

（1）钢尺使用时，应避免打结、扭曲，防止行人踩踏和车辆碾压，以免钢尺折断。携尺前进时，应将尺身离地提起，不得在地面上拖曳，以防钢尺尺面刻划磨损。钢尺用毕后，应将其擦净并涂油防锈。钢尺收卷时，应一人拉持尺环，另一人把尺顺序卷入，防止铰结、扭断。

（2）皮尺使用时，应均匀用力拉伸，避免强力拉拽而使皮尺断裂。如果皮尺浸水受潮，应及时晾干。皮尺收卷时，切忌扭转卷入。

（3）各种标尺和花杆的使用，应注意防水、防潮和防止横向受力。不用时安放稳妥，不得垫坐，不要将标尺和花杆随便往树上或墙上立靠，以防滑倒摔坏或磨损尺面。花杆不得用于抬东西或作标枪投掷。塔尺的使用，还应注意接口处的正确连接，用后及时收尺。

（4）测图板的使用，应注意保护板面，不准乱戳乱画，不能施以重压。

（5）小件工具如垂球、测钎和尺垫等，使用完即收，防止遗失。

六、测量课间实训成绩考核办法

测量课间实训是测量课堂教学期间每一章节内容讲授之后安排的实际操作训练，是加深学生直观概念的必要途径。每个测量课间实训均附记录表格，学生应在观测时现场记录，并作必要的计算，在实训结束时上交。教师根据具体情况给出优、良、及格和不及格，作为测量课程的平时成绩。

第二部分　建筑工程测量课间实训

实训一　DS_3 水准仪的认识与使用

一、实训目的

（1）了解 DS_3 水准仪的基本构造和性能，认识其主要构件的名称和作用。

（2）练习水准仪的安置、照准、读数和高差计算。

二、仪器和工具

DS_3 水准仪 1 台，水准尺 2 根，尺垫 2 个。自备 2H 铅笔 2 支和测伞 1 把。

三、内容

（1）熟悉 DS_3 型水准仪各部线的名称及作用。

（2）学会使用圆水准器整平仪器。

（3）学会照准目标，消除视差及利用望远镜的中丝在水准尺上读数。

（4）学会测定地面两点间的高差。

四、方法和步骤

1. 安置仪器

松开三脚架的伸缩螺旋，按需要调节三条腿的长度后，旋紧螺旋。安置脚架时，应使架头大致水平。在土地面，应将脚架的脚尖踩入土中，以防仪器下沉；对水泥地面，要采取防滑措施；对倾斜地面，应将三脚架的一个脚安放在高处，另两只脚安置在低处。

打开仪器箱，记住仪器摆放位置，以便仪器装箱时按原位置摆放。双手将仪器从仪器箱中拿出平稳地放在脚架架头，接着一手握住仪器，另一手将中心螺旋旋入仪器基座内旋紧。

2. 认识 DS_3 水准仪的主要部件和作用

应了解 DS_3 水准仪的外形和主要部件的名称和作用及使用方法。了解水准尺分划注记的规律，掌握读尺方法。

3. 粗平

粗平就是旋转脚螺旋使圆水准器气泡居中，从而使仪器大致水平。为了快速粗平，对坚实地面，可固定脚架的两条腿，一手扶住脚架顶部，另一手握住第三条腿作前后左右移动，眼看着圆水准器气泡，使之离中心不远（一般位于中心的圆圈上即可），然后再用脚螺旋粗平。脚螺旋的旋转方向与气泡移动方向之间的规律是：气泡移动的方向与左手大拇指转动脚螺旋的方向一致，同时右手大拇指转动同一方向的另一个脚螺旋进行相对运动。

若从仪器构造上理解脚螺旋的旋转方向与气泡移动方向之间的规律，则为：气泡在哪个方向则哪个方向位置高；脚螺旋顺时针方向（俯视）旋转，则此脚螺旋位置升高，反之则降低。

4. 照准水准尺

转动目镜对光螺旋，使十字丝清晰；然后松开水平制动螺旋，转动望远镜，利用望远镜上部的准星与缺口照准目标，旋紧制动螺旋；再转动物镜对光螺旋，使水准尺分划成像清晰；此时，若目标的像不在望远镜视场的中间位置，可转动水平微动螺旋，对准目标。随后，眼睛在目镜端略作上下移动，检查十字丝与水准尺分划像之间是否有相对移动，如有，则存在视差，需重新做目镜对光和物镜对光，消除视差。

5. 精平与读数

精平就是转动微倾螺旋，使水准管气泡两端的半边影像吻合成椭圆弧抛物线形状，使视线在照准方向精确水平。操作时，右手大拇指旋转微倾螺旋的方向与左侧半气泡影像的移动方向一致。精平后，以十字丝中横丝读出尺上的数值，读取四位数字。尺上在分米处注字，每个黑色（或红色）和白色分格为 1cm。读数时应注意尺上的注字由小到大的顺序，读出米、分米、厘米，估读至毫米。

综上所述，水准仪的基本操作程序为：安置—粗平—照准—精平—读数。

五、技术要求

（1）在地面选定两固定位置作后视点和前视点，放上尺垫并立尺。仪器尽可能安置于后视点和前视点的中间位置。

（2）每人独立安置仪器，粗平、照准后视尺，精平后读数；再照准前视尺，精平后读数。

（3）若前、后视点固定不变，则不同仪器高两次所测高差之差不应超过 5mm。

六、注意事项

（1）仪器安放在三脚架头上，最后必须旋紧连接螺旋，使连接牢固。再旋转水平微动螺旋精平。

（2）当水准仪照准、读数时，水准尺必须立直。尺子的左右倾斜，观测者在望远镜中根据纵丝上可以发觉，而尺子的前后倾斜则不易发觉，立尺者应注意。

（3）微动螺旋和微倾螺旋应保持在中间运行，不要旋到极限。

（4）观测者的身体各部位不得接触脚架。

（5）水准仪在读数前，必须使长水准管气泡严格居中，照准目标必须消除视差。

（6）从水准尺上读数必须读 4 位数：米、分米、厘米、毫米。记录数据应以米或毫米为单位，如 2.275m 或 2275mm。

实训报告一　水准测量记录　单位：

日期________天气________班组________仪器________观测者________记录者________成绩________

测站	点号	后视读数	前视读数	高差 +	高差 −	高程	备注

实训二 普通水准测量

一、实训目的

进一步熟悉水准仪的构造和使用，掌握普通水准路线测量的施测、记录与计算。

二、仪器和工具

DS_3 水准仪 1 台，水准尺 2 根，尺垫 2 个。自备 2H 铅笔 2 支和测伞 1 把。

三、内容

（1）做闭合水准路线测量（至少要观测四个测站）。

（2）观测精度满足要求后，根据观测结果进行水准路线高差闭合差的调整和高程计算。

四、方法与步骤

（1）由教师指定进行闭合水准路线测量，给出已知高程水准点的位置和待测点（2～3个）的位置，水准路线测量共需 4～6 个测站。

（2）全组共同施测，2 人立尺，1 人记录，1 人观测；搬站后轮换工作。

（3）在起始水准点和第一个立尺点之间安置水准仪（注意用目估或步量使仪器前、后视距离大致相等），在前、后视点上竖立水准尺（注意已知水准点和待测点上均不放尺垫，而在转点上必需放尺垫），按一个测站上的操作程序进行观测，即安置—粗平—照准后视尺—精平—读数—照准前视尺—精平—读数。观测员的每次读数，记录员都应回报检核后记入表格中，并在测站上算出测站高差。完成一次高差观测，接着改变仪器高 10cm，重新观测一次。两次观测同一测站的高差的较差不得超过 5mm，否则应返工。

（4）依次设站，用相同方法施测，直到回到起始水准点，完成闭合水准路线测量。

（5）将各测站、测点编号及后、前视读数填入报告的相应栏目中，每人独立完成各项计算。

五、技术要求

高差闭合差容许值按 $f_h \leqslant \pm 12\sqrt{n}$ 计算，式中 n 为测站数；或 $f_h \leqslant \pm 40\sqrt{L}$ 计算，式中 L 为水准路线长度的公里数。要求成果合格，可以平差；否则，应重测。并将闭合差分配改正，求出待测点高程。若超限应重测。

六、注意事项

（1）前、后视距应大致相等。

（2）同一测站，圆水准器只能整平一次。

（3）每次读数前，要消除视差和精平。

（4）水准尺应立直，水准点和待测点上立尺不放尺垫，只在转点处放尺垫，也可选择有凸出点的坚实地物作为转点而不用尺垫。

（5）仪器未搬迁，前、后视点若安放尺垫则均不得移动。仪器搬迁了，后视点才能携尺和尺垫前进，但前视点尺垫不得移动。

实训报告二　普通水准测量　单位：

日期_______天气_______班组_______仪器_______观测者_______记录者_______成绩_______

测站	点号	后视读数	前视读数	高差		改正数	改正后高差	高程	备注
				+	−				
Σ									
检核计算	$\Sigma_{后}=$ $\Sigma_{前}=$ $\Sigma_{后}-\Sigma_{前}=$				$\Sigma h_{测}=$ $f_h=\Sigma h_{测}-\Sigma h_{理}=$ $f_{h容}=$			$\Sigma h_{理}=$ f_h　　$f_{h容}$	

$f_h=$　　　　$f_{h容}=$

实训三　水准仪的检验与校正

一、实训目的

(1) 了解水准仪的主要轴线及它们之间应满足的几何条件。

(2) 掌握水准仪的检验与校正的方法。

二、仪器和工具

(1) DS_3 水准仪 1 台，水准尺 2 根，小改锥 1 把，校正针 1 根。

(2) 实验场地安排在视野开阔、土质坚硬、长度为 60～80m 的地方。

三、内容

(1) 圆水准器的检验与校正。

(2) 望远镜十字丝的检验与校正。

(3) 水准管轴平行于视准轴的检验与校正。

四、方法和步骤

1) 在稍有高差的地面上选定相距 60m 或 80m 的 A、B 两点，放下尺垫立水准尺。用皮尺量定 AB 的中点 C，在 C 点处安置水准仪。

2) 安置仪器后先对三脚架、脚螺旋、制动与微动螺旋、对光螺旋、望远镜成像等作一般检查，进一步熟悉微倾式水准仪的主要轴线及其几何关系。

3) 圆水准器轴平行于竖轴的检校。

(1) 检验：调节脚螺旋使圆水准器气泡居中。将仪器绕竖轴旋转 180°后，若气泡仍居中，则此项条件满足，否则需要校正。

(2) 校正：调节脚螺旋使气泡反向偏离量的一半，在稍松动圆水准器低部中间的固紧螺栓，用校正针拨圆水准器的三颗校正螺栓，使气泡重新居中，再拧紧螺栓。反复检校，直到圆水准器在任何位置时气泡都能居中。

4) 十字丝横丝垂直于竖轴的检校。

(1) 检验：以十字丝横丝一端瞄准约 20m 远处的一个明细点，慢慢调节微动螺旋丝始终不离开该点，则说明十字丝横丝垂直于竖轴；否则，需要校正。

(2) 校正：旋下十字丝分划板护盖，用小螺钉旋具刀松动十字丝分划板的固定螺栓，略微转动之，使调节微动螺旋时横丝不离开上述明细点。如此反复检校，直至满足要求。最后将固定螺栓旋紧，并旋好护盖。

5) 视准轴平行于水准管轴的检校。

(1) 检验：用改变仪高法在 C 点处测出 A、B 两点间的正确高差 $h_{平均}$；搬仪器至后视点 A 约 3m 处，读得后视读数 a_2：按公式，$b_{应}=a_2-h_{平均}$，计算出前视读数 $b_{应}$；旋转望远镜在 B 点的立尺上读得前视读数 b_2：若 $b_2 \neq b_{应}$，则按公式 $i=(b_2'-b_{应})\rho''/D_{AB}$，计算 i 角($\rho''=206265''$)。当 $i>20''$时需校正。

(2) 校正：调节微倾螺旋使十字丝横丝对准水准尺上 AQ 处（此时水准管气泡不再居中），用校正针拨动水准管校正螺栓，使水准管气泡重新居中，如此反复检校，直到 $i \leqslant 20''$为止。

五、技术要求

在视准轴平行于水准管轴的检校中要求正确高差 $h_{平均}$，两次高差之差应不大于 3mm，再取均值。

六、注意事项

（1）以上各项检校工作必须按顺序进行，不能随意颠倒。每项至少检验 2 次，确定无误后再进行校正。

（2）拨动水准管校正螺栓时，应先松动左右两颗校正螺栓，再一松一紧上、下两颗校正螺栓，使水准管气泡逐渐重新居中。

（3）轮流操作时，学生一般只作检验，须校正时，应在教师指导下进行。

实训报告三　水准仪的检验与校正

日期_______天气_______班组_______仪器___观测者_______记录者_______成绩_______

1. 一般检验

三脚架是否稳固	
制动及微动螺旋是否有效	
其他	

2. 圆水准器轴平行于竖轴的检校

转 180°检验次数	气泡偏差/mm

3. 十字丝横丝垂直于竖轴的检校

检验次数	误差是否显著

4. 视准轴平行于水准管轴的检校

<table>
<tr><th colspan="3">仪器在中点求正确高差</th><th colspan="3">仪器在 A 点旁检验校正</th></tr>
<tr><td rowspan="3">第一次</td><td>A 点读数 a</td><td></td><td rowspan="4">第一次</td><td>A 点尺上读数 a_2</td><td></td></tr>
<tr><td>B 点读数 b</td><td></td><td>B 点尺上应读数 $b_{应}=a_2-h_{平均}$</td><td></td></tr>
<tr><td>$h=a-b$</td><td></td><td>B 点读数实读数 b'_2</td><td></td></tr>
<tr><td rowspan="4">第二次</td><td>A 点读数 a_1</td><td></td><td>视准轴偏上（或下）之数值</td><td></td></tr>
<tr><td>B 点读数 b_1</td><td></td><td rowspan="4">第二次</td><td>A 点尺上读数 a_2</td><td></td></tr>
<tr><td rowspan="2"></td><td rowspan="2"></td><td>B 点尺上应读数 $b_{应}=a_2-h_{平均}$</td><td></td></tr>
<tr><td>B 点读数 b'_2</td><td></td></tr>
<tr><td rowspan="5">平均</td><td colspan="2" rowspan="5">平均高差 $h_{平均}=\frac{1}{2}(h+h_1)$</td><td>视准轴偏上（或下）之数值</td><td></td></tr>
<tr><td rowspan="4">第三次</td><td>A 点尺上读数 a_2</td><td></td></tr>
<tr><td>B 点尺上应读数 $b_{应}=a_2-h_{平均}$</td><td></td></tr>
<tr><td>B 点读数 b'_2</td><td></td></tr>
<tr><td>视准轴偏上（或下）之数值</td><td></td></tr>
</table>

实训四　光学经纬仪的认识与使用

一、实训目的

（1）熟悉光学经纬仪的基本构造和各部件的名称、作用和使用方法。

（2）初步掌握对中、整平、照准、读数的操作方法，学会水平度盘的读数法，学会水平度盘读数的配置。

（3）练习用测回法观测一个水平角，并学会记录和计算。

二、仪器和工具

DJ_6 光学经纬仪 1 台，花杆 2 根，记录板 1 块，测伞 1 把。

三、内容

（1）熟悉 DJ_6 光学经纬仪各部件的名称及作用。

（2）练习经纬仪对中与整平。

（3）学会瞄准目标与读数。

四、方法和步骤

1）各组在指定地点设置测站点 O 和测点 A（左目标）、B（右目标），构成一个水平角$\angle AOB$。

2）打开三脚架，使其高度适中、架头大致水平。

3）打开仪器箱，双手握住仪器支架，将仪器取出置于架头上，一手握支架，一手拧紧连接螺旋。

4）认识下列部件，了解其用途及用法：

①脚螺旋；②照准部水准管；③目镜、物镜调焦螺旋；④望远镜、照准部制动螺旋和微动螺旋；⑤复测器或换盘手轮；⑥换像手轮；⑦测微轮；⑧竖盘指标水准管或竖盘指标自动平衡补偿器揿钮；⑨光学对中器；⑩轴套固紧螺栓等。

5）仪器操作：

（1）对中。观察光学对中器，同时转动脚螺旋，使测站点移至刻画圈内（对中误差小于 3mm），至符合要求为止。若整平后测站点偏离刻划圈少许，则松紧连接螺旋一半处，可平移仪器使测站点移至刻画圈内后再整平。

（2）整平。①粗略整平。观察水准气泡的位置，若圆水准气泡和其刻画圈与三脚架的其中一只脚架 1 在一条直线上，若在脚架 1 一侧，通过脚架 1 的伸缩使其降低，使气泡居中；若在脚架 1 的另一侧，通过脚架 1 的深缩使其升高，使气泡居中。若气泡仍未居中，若圆水准气泡和其刻画圈与三脚架的其中一只脚架 2 或 3 在一条直线上，可重复调整直至气泡居中为止。②精确整平。转动照准部，使水准管平行于任意一对脚螺旋，相对旋转这对脚螺旋，使水准管气泡居中；再将照准部绕竖轴转动 90°，旋转第三只脚螺旋，仍使水准管气泡居中；再转动 90°，检查水准管气泡误差，最后检查水准管平行于任意一对脚螺旋时的水准管气泡是否居中，直到小于分划线的一格为止。

6）照准；①调节目镜调焦螺旋，看清十字丝；②用照门和准星盘左粗略照准左目标 A，旋紧照准部和望远镜制动螺旋；③调节物镜调焦螺旋，看清目标并消除视差；④调节照准部和望远镜微动螺旋，用十字丝交点精确照准 A，读取水平度盘读数；⑤松动两个制动螺旋，按照顺时针方向转动照准部，再按照②～④的方法照准右目标 B，读取水平盘读数；⑥纵转望远镜成盘右，先照准右目标 B，读数，再逆时针方向转动照准部，照准左目标 A，读数。至此完成一测回水平角观测。

7）读数。打开反光镜，调节反光镜使读数窗亮度适当，旋转读数显微镜的目镜，看清读数窗分划，根据使用的仪器用测微尺或单板平板玻璃测微尺读数。

8）记录、计算：

记录员将数据填入“实训报告四”的相应栏目中，并完成各项计算。

五、技术要求

（1）仪器的整平误差应小于照准部水准管分划一格，光学对中误差应小于 1mm。

（2）盘左与盘右半测回角值互差不超过±40″，超限应重测。

六、注意事项

（1）照准时应尽量照准观测目标的底部，以减少目标倾斜引起的误差。

（2）同一测回观测时切勿碰动脚螺旋、复测扳手或换盘手轮。

（3）观测过程中若发现气泡偏移超过一格时，应重新整平重测该测回。

（4）计算半测回角值时，当左目标读数大于右目标读数时，则应加 360°。

实训报告四　经纬仪水平角测量记录表

日期________天气________班组________仪器____观测者________记录者________成绩________

测站	竖盘位置	目标	水平度盘度数（°　′　″）	半测回角值（°　′　″）	一测回角值（°　′　″）	备　注

实训五　测回法观测水平角

一、实训目的

（1）熟练掌握光学经纬仪的操作方法。

（2）掌握测回法观测水平角的过程。

二、仪器和工具

DJ_6 光学经纬仪 1 台，花杆 2 根，记录板 1 块，测伞 1 把。

三、内容

练习用测回法观测水平角的记录及计算。

四、方法和步骤

（1）安置经纬仪于测站上，对中、整平。

（2）度盘设置：

若共测 n 个测回，则第 i 个测回的度盘位置为略大于 $\frac{(i-1)\times 180^\circ}{n}$。如测两个测回，根据公式计算，第一测回起始读数略大于 0°，第二测回起始读数略大于 90°。转动度盘变换手轮，将第 i 测回的度盘置于相应的位置。

若只测一个测回则亦可不配置度盘。

（3）一测回观测。

盘左：照准左目标 A，读取水平度盘的读数 a_1，顺时针方向转动照准部，照准右目标 B，读取水平度盘的读数 b_1，计算上半测回角值：

$$\beta_{左}=b_1-a_1$$

盘右：照准右目标 B，读取水平度盘读数 b_2，照准左目标 A，读取水平度盘读数 a_2，下半测回角值：

$$\beta_{右}=b_2-a_2$$

五、技术要求

（1）检查上、下半测回角值互差是否超限，若在 $\pm 40'$ 范围内，计算一测回角值：

$$\beta=\frac{1}{2}(\beta_{左}+\beta_{右})$$

（2）测站观测完毕后，检查各测回角值互差不超过 $\pm 24''$，计算各测回的平均角值。

六、注意事项

（1）照准目标时尽可能照准其底部。

（2）观测时，注意盖上度盘变换手轮护罩，切勿误动度盘变换手轮，或复测手轮。

（3）一测回观测过程中，当水准管气泡偏离值大于 1 格时，应整平后重测。

（4）观测目标以单丝平分目标或双丝夹住目标。

（5）用测回法测三角形的内角之和，并校核精度。

实训报告五　测回法观测水平角

日期________天气________班组________仪器________观测者________记录者________成绩________

测站	竖盘位置	目标	水平度盘度数 (° ′ ″)	半测回角值 (° ′ ″)	一测回角值 (° ′ ″)	备注

实训六　DJ_2 经纬仪的认识与使用

一、实训目的

（1）了解 DJ_2 光学经纬仪的基本构造及主要部件的名称和作用。

（2）掌握光学 DJ_2 经纬仪的测角和计算。

二、仪器和工具

DJ_2 光学经纬仪 1 台，记录板 1 块。

指导教师可多设置几个目标，作为实验小组练习照准之用。

三、内容

（1）熟悉 DJ_2 光学经纬仪各部件的名称及作用。

（2）学会 DJ_2 经纬仪的测角和计算。

四、方法和步骤

1．DJ_2 经纬仪的安置

DJ_2 经纬仪装有光学对点器，其对中和整平工作要交替进行。三脚架放于地面点位的上方，将光学对中器的目镜调焦，使分划板上的小圆圈清晰，再拉伸对中器镜管，使能同时看清地面点和目镜中的小圆圈，踩紧操作者对面的一只三脚架腿，用双手将其他两只架腿略微提起，目视对中器目镜并移动两架腿，使镜中小圆圈对准地面点，将两架腿轻轻放下并踩紧，镜中小圆圈与地面点若略有偏离，则可旋转脚螺旋使其重新对准；然后伸缩三脚架架腿，使基座上的圆水准气泡居中，这样，初步完成了仪器的对中和粗平；整平水平盘水准管气泡，再观察对中器目镜，此时，如果小圆圈与地面点又有偏离，则可略松连接螺旋，平移基座使其对中，旋紧连接螺旋，有时平移基座后，水平盘水准管气泡又不居中，所以要再观察一下是否已整平。

2．DJ_2 经纬仪的照准

DJ_2 经纬仪的照准方法与 DJ_6 经纬仪相同，照准前的重要一步是消除视差。对于目镜调焦与十字丝调至最清晰的方法，可将望远镜对向天空或白色的墙壁，使背景明亮，增加与十字丝的反差，以便于判断清晰的程度；对于物镜调焦，也应选择一个较清晰的目标来进行。照目标时，应仔细判断目标相对于纵丝的对称性。

3．DJ_2 经纬仪的读数

1）利用光楔测微，将度盘对径（度盘直径的两端）分划像折射到同 1 视场中成上、下两排，测微器可使上、下分划对齐，读取度盘读数，再加测微器读数。

2）水平度盘和垂直度盘利用换像手轮使其分别在视场中出现，具体度盘读数方法如下：

（1）转动换像手轮，使轮上线条水平，则读数目镜中出现水平度盘像。

（2）调节读数目镜调焦环，使水平盘和测微器的分划像清晰。

（3）转动测微手轮，使度盘对径分划像严格对齐成“｜”。

（4）正像读度数，再找出正像右侧相差 180°的倒像分划线，它们之间所夹格数乘 10′为整十分数，小于 10′的分数及秒数则在左边小窗测微秒盘上根据指标线所指位置读出。

五、技术要求

（1）半测回归零差为12″。

（2）同一测回 $2C$ 变动范围为18″。

（3）各测回同一归零方向值较差为12″。

六、注意事项

（1）经纬仪对中时，应使三脚架架头大致水平，否则会导致仪器整平的困难。

（2）照准目标时，应尽量照准目标底部，以减少由于目标倾斜引起的水平角观测误差。

（3）为使观测成果达到要求，用十字丝照准目标的最后一瞬间，水平微动螺旋的转动方向应为旋进方向。

（4）观测过程中，水准管的气泡偏离居中位置的值不得大于一格。

实训报告六　DJ_2 经纬仪水平角观测

日期________　仪器型号________　观测________

天气________　仪器型号________　记录________

测站	测点	水平度盘读数						左－右（2C）	（左＋右）/2	方向值	归零后方向值	测回平均值	备　注
		盘　左			盘　右								
		（°　′）	（″）	（″）	（°　′）	（″）	（″）	（″）	（°　′　″）	（°　′　″）	（°　′　″）	（°　′　″）	
1	2	3	4	5	6	7	8	9	10	11	12	13	14

实训七　测回法观测三角形的内角

一、实训目的

（1）熟练掌握光学经纬仪的操作方法。

（2）全面掌握测回法观测水平角的过程。

（3）掌握测回法观测三角形的内角之和并校核精度的方法。

二、仪器和工具

光学经纬仪 1 台，花杆 2 根，记录板 1 块，测伞 1 把。

三、内容

（1）练习测回法观测三角形的内角之和为 180°。

（2）练习平差角值计算。

四、方法和步骤

（1）在场地上选定顺时针的 A、B、C 三点，做好明点位标志。

（2）分别以 A、B、C 三点为测站，以其他两点为观测目标，用测回法观测三角形的三个内角的水平角角值。

（3）应使用复测扳手或换盘手轮，使每测回盘左目标的水平度盘读数配置在略大于零度处。

（4）记录计算：

同实训五，记录员应将各观测值依次填入实训报告的相应栏目中，并计算出半测回角值、一测回角值，及三角形的内角之和与其理论之差，即角度闭合差 f_β，

则

$$f_\beta = \angle A + \angle B + \angle C - 180^\circ$$

五、技术要求

实测三角形内角之和与其理论值之差的容许值公式如下：

$$f_{\beta容} = \pm 40''\sqrt{n} = \pm 40''\sqrt{3} = \pm 69''$$

式中：n 为三角形的内角个数。若 $f_\beta \leqslant f_{\beta容}$，成果合格，并计算观测角值改正数 $V_\beta = -f_\beta/3$；若 $f_\beta > f_{\beta容}$，成果不合格，应重测。

六、注意事项

（1）各组员轮流操作，有关注意事项同实训四。观测结束后立即计算出角度闭合差并评定精度。

（2）注意作为测站的某点和该点作为测点时点位不得变动。

实训报告七　三角形（四边形）内角观测记录及平差角值计算表

日期________天气________班组________仪器________观测者________记录者________成绩

测站	竖盘位置	目标	水平度盘读数 (° ′ ″)	半测回角值 (° ′ ″)	一测回角值 (° ′ ″)	改正数 (″)	改正后角值 (° ′ ″)	备　注
	左							
	右							
	左							
	右							
	左							
	右							
	左							
	右							
求和Σ								
三角形内角和＝　　闭合差 f_{β}＝　　容许闭合差 $f_{\beta容}$＝　　f_{β}　　$f_{\beta容}$								

实训八　全圆方向法观测水平角

一、实训目的

（1）初步掌握全圆方向法测水平角的观测、记录、计算方法。

（2）进一步熟悉经纬仪的使用。

二、仪器和工具

DJ_6 级光学经纬仪 1 台，记录板 1 块，测钎 4 根。

三、内容

练习全圆方向法观测水平角。实验课时为 2 学时。

四、方法与步骤

（1）将仪器安置在测站上，对中、整平后，选择一个通视良好、目标清晰的方向作为起始方向（零方向）。

（2）盘左观测。先照准起始方向（称为 A 点），使度盘读数置到 $0°02'$ 左右，读数记入手簿；然后顺时针转动照准部，依次照准 B、C、D、A 点，将读数记入手簿。A 点两次读数之差称为上半测回归零差，其值应小于 $24''$。

（3）倒转望远镜，盘右观测。从 A 点开始，逆时针依次照准 D、C、B、A，读数记入手簿。A 点两次读数差称为下半测回归零差。

（4）根据观测结果计算 $2C$ 值和各方向平均读数，再计算归零后的方向值。

（5）同一测站、同一目标、各测回归零后的方向值之差应小于 $24''$。

五、技术要求

（1）每人观测一个测回，四个方向，测回起始读数变动数值仍用式 $180°/n$ 计算。

（2）要求半测回归零差不大于 $24''$，各测回同一方向值互差不大于 $24''$。

六、注意事项

（1）一测站按规定测回数测完后，应比较同一方向各测回归零后方向值，检查其较差是否超限。

（2）一测回观测完成后，应及时进行计算，并对照检查各项限差。

实训报告八　全圆方向法观测记录表

日期________天气________班组________仪器________观测者________记录者________成绩________

测站	测点	水平度盘读数		2C (″)	$\frac{\text{盘左}+(\text{盘右}\pm180°)}{2}$ (° ′ ″)	一测回归零后方向值 (° ′ ″)	各测回平均方向值 (° ′ ″)	平均角值 (° ′ ″)	备 注
		盘左 (° ′ ″)	盘右 (° ′ ″)						

实训九　光学经纬仪的检验与校正

一、实训目的

（1）弄清光学经纬仪的四条主要轴线应满足的几何关系及竖盘指标差。

（2）熟悉光学经纬仪检验与校正的方法。

二、仪器和工具

DJ_6 光学经纬仪 1 台，校正针 1 根，塔尺 1 根，花杆 1 根，记录板 1 块，测伞 1 把。

三、内容

（1）照准部水准管轴的检验与校正。

（2）十字丝的检验与校正。

（3）视准轴的检验与校正。

（4）横轴的检验与校正。

（5）竖盘指标差的检验与校正。

四、方法和步骤

1）各组选一处长 AB 为 100m 的平坦地面；用皮尺量出其中点 O，做好明细标志；场地一端插上花杆，在杆上高约 1.5m 处做一明细点，另一端同高处水平横置一根塔尺；然后对三脚架作一般性检查，再安置仪器于该中点处并与明细点大致同高。首先检查：三脚架是否牢固，仪器外表有无损伤，仪器转动是否灵活，各个螺旋是否有效，光学系统是否清晰、有无霉点等。

2）照准部水准管轴的检验校正

（1）检验：先将经纬仪大致整平，然后转动照准部使水准管与任意两个脚螺旋的连线平行，旋转脚螺旋使气泡居中，再将照准部转动 180°，若气泡仍居中，说明水准管轴垂直于仪器竖轴，否则应进行校正。

（2）校正：转动脚螺旋使气泡向中间移动偏离量的一半，另一半用校正针拨动水准管一端的校正螺栓，使气泡完全居中。此项检校需反复进行。

3）望远镜十字丝的检验与校正

（1）检验：安置好仪器并整平，用望远镜十字丝交点照准远处一明显标志点 P，转动望远镜微动螺旋，观察目标点 P，如 P 点始终沿着纵丝上下移动，没有偏离十字丝纵丝，说明十字丝位置正确。如果 P 点偏离十字丝纵丝，说明十字丝纵丝不铅垂，需进行校正。

（2）校正：卸下目镜处的外罩，松开四颗十字栓固定螺栓，转动十字丝环，直到 P 点与十字丝纵丝严密重合，然后对称地逐步拧紧十字丝固定螺栓。

4）视准轴应垂直于横轴的检验、校正

（1）检验：在以上两项检校的基础上，在 AB 的中点 O 的盘左位置安置仪器，在 A 点竖立一标志，在 B 点横放一根水准尺或毫米分划尺，使其尽可能与视线 OA 垂直。标志与水准尺的高度大致与仪器等高。

（2）盘左位置照准 A 点，固定照准部，然后纵转望远镜，在 B 尺上读数得 b_1。

（3）盘右位置照准 A 点，固定照准部，然后纵转望远镜，在 B 尺上读数得 b_2；若 B_1、B_2 两点重合，表明条件满足，否则需校正。

（4）校正

按公式 $b_3 = b_2 - \frac{1}{4}(b_2 - b_1)$ 计算出此时十字丝交点在水平尺上的应读数 b_3，用校正针拨动十字丝环的左、右两颗校正螺栓，一松一紧使十字丝交点移至应读数 b_3；此项检验、校正需反复进行，直至满足条件为止。

5）横轴垂直于竖轴的检验与校正

（1）检验：在距建筑物 20～30m 处安置仪器，精确整平，在建筑物上选择一点 P，使视线仰角大于 30°，首先盘左照准 P 点之后固定照准部，使视线水平，在墙上标出十字丝交点所对准的点 P_1，然后盘右照准 P 点，随后同样将视线放置水平（与 P_1 同高处），在墙上标出十字丝交点所对准的点 P_2。若 P_1 与 P_2 不重合，则需要校正。

（2）校正：照准 P_1 与 P_2 的中点 P，固定照准部向上转动望远镜，此时十字丝的交点不能照准 P 点，而在 P 点的一侧。需抬高或降低水平轴的一端，使十字丝的交点对准 P 点来进行校正。此项校正需要专业修理人员来完成。

6）竖盘指标差的检验与校正

（1）检验：可结合横轴检校同时进行。在盘左、盘右位置用十字丝交点分别找准仰角大于 30°的墙上一明细点 P 时，读取竖盘读数 L 和 R，算出竖直角 α_L 和 α_R；以公式 $X = \frac{1}{2}(R + L - 360°)$ 算出指标差 X。若 $|X| > 1'$，则需校正。

（2）校正：依公式 $\alpha = \frac{1}{2}(\alpha_L + \alpha_R)$ 算出正确竖直角 α；将 α 代入盘右时的竖直角计算公式，求得照准目标时不含指标差的竖盘应读数 $R_{应}$，调节竖盘指标水准管微动螺旋使竖盘为读数 $R_{应}$，此时指标水准管气泡不再居中；用校正针拨动指标水准管校正螺栓，使其气泡重新居中。

五、技术要求

（1）照准部水准管在任何位置时气泡偏离零点不大于半格。

（2）视准轴误差 $c \leqslant \pm 10''$，横轴误差 $i \leqslant \pm 20''$。

（3）竖盘指标差 $X \leqslant \pm 1'$。

六、注意事项

（1）各检验与校正项目应在教师指导下进行，碰到问题及时汇报，不得自行处理。

（2）校正时校正螺栓一律先松后紧，一松一紧，用力适当。校正完毕后校正螺栓不能松动。

（3）检验与校正需要反复进行，直到符合要求为止。

（4）实训时每个细节都必须认真对待，并及时填写检验与校正记录表格。

实训报告九　光学经纬仪的检验与校正

日期________天气________班组________仪器________观测者________记录者________成绩________

1. 一般性检查

三脚架是否牢固		螺旋洞处是否清洁	
横轴与竖轴是否灵活		望远镜成像是否清晰	
制、微动螺旋是否有效		其他	

2. 照准部水准管轴的检验校正

检验（即转 180°之次数）	1	2	3	4	5
气泡偏离格数					

3. 望远镜十字丝的检验与校正

检验次数	误差是否显著
1	
2	

4. 视准轴应垂直于横轴的检验校正

<table>
<tr><td rowspan="5">第一次检验</td><td>目标</td><td colspan="2">横尺读数</td><td rowspan="5">第二次检验</td><td>目标</td><td colspan="2">横尺读数</td></tr>
<tr><td rowspan="4"></td><td>b_1</td><td></td><td rowspan="4"></td><td>b_1</td><td></td></tr>
<tr><td>b_2</td><td></td><td>b_2</td><td></td></tr>
<tr><td>$\frac{1}{4}(b_2-b_1)$</td><td></td><td>$\frac{1}{4}(b_2-b_1)$</td><td></td></tr>
<tr><td>$b_2-\frac{1}{4}(b_2-b_1)$</td><td></td><td>$b_2-\frac{1}{4}(b_2-b_1)$</td><td></td></tr>
</table>

5. 横轴垂直于竖轴的检验与校正

检验次数	P_1、P_2 两点间之距离
1	
2	

6. 竖盘指标差的检验与校正

<table>
<tr><td>检验次数</td><td>目标</td><td>竖盘位置</td><td>竖盘读数
(° ′ ″)</td><td>竖直角 α
(° ′ ″)</td><td>竖直角平均值
(° ′ ″)</td><td>指标差
$X=\frac{1}{2}(R+L-360°)$</td><td>盘左、右正确读数
(° ′ ″)</td></tr>
<tr><td rowspan="2"></td><td rowspan="2"></td><td>左 L</td><td></td><td></td><td></td><td></td><td></td></tr>
<tr><td>右 R</td><td></td><td></td><td></td><td></td><td></td></tr>
<tr><td rowspan="2"></td><td rowspan="2"></td><td>左 L</td><td></td><td></td><td></td><td></td><td></td></tr>
<tr><td>右 R</td><td></td><td></td><td></td><td></td><td></td></tr>
</table>

实训十　距　离　测　量

一、实训目的

(1) 掌握钢尺量距。

(2) 加深对视距测量原理的理解，熟悉视线水平与视线倾斜情况下的视距测量。

二、仪器和工具

30m 钢尺 1 把，DJ_6 光学经纬仪 1 台，花杆 2 根，测钎 5 根，垂球 2 个，记录板 1 块，测伞 1 把。

三、内容

(1) 练习用钢尺进行往返丈量记录与计算。

(2) 练习用经纬仪进行视距测量、记录与计算。

四、方法和步骤

1. 钢尺量距

钢尺量距的一般方法是边定线边丈量。

首先选定大约相距 100m 的固定点 A、B，在 A、B 两点各竖一根花杆。

1) 往测

前尺手持标杆立于距 A 点约 30m 处，另一人站立于 A 点标杆后约 1m 处，指挥手持标杆者左右移动，使此标杆与 A、B 点标杆三点处于同一直线上。

后尺手执钢尺零点端将尺零点对准 A，前尺手持尺把携带测钎向 B 方向前进，使钢尺紧靠直线定线点，拉紧钢尺，在整尺长处插下测钎或作记号。这样就完成了一个尺段的丈量。两尺手同时提尺前进，同法可进行其他尺段的测量。最后一段不足整尺长时，可由前尺手在 B 点的钢尺上直接读取尾数，即余长。整尺长乘以整尺段数再加上余长即为往测距离。

2) 返测

用同样的方法由 B 向 A 进行返测，可得返测距离。

如果地面高低不平，可抬高钢尺，用垂球投点。

往返测距离之差的绝对值与平均距离之比即为相对误差，如果相对误差在容许误差 1/3000 之内，则取平均值作为 A、B 两点的长度，否则，应重测。

2. 视距测量

1) 视线水平时的视距测量

(1) 在平坦的实训场地选择一测站点 A，在测站点上安置好经纬仪，对中、整平。

(2) 司尺员将视距尺（标尺）立于待测点 B 上。

(3) 照准标尺并将视线大致水平（竖盘读数为 $90°$ 或 $270°$），分别读取下丝、上丝的读数，记入观测手簿。

(4) 按 $D=Kl$，计算出仪器至立尺点的水平距离。$K=100$，$l=$下丝读数－上丝读数（若为正像望远镜，则 $l=$上丝读数－下丝读数）。

2) 视线倾斜时的视距测量

(1) 另选一处有一定坡度的场地，选择一测站点 C，在测站点上安置好经纬仪，对中、整平。

（2）司尺员将视距尺（标尺）立于待测点 D 上。

（3）量取仪器高 i（若不进行高差测量，则不做此项）。

（4）照准标尺，调节竖盘指标微动螺旋，使竖盘指标水准管气泡居中后，分别读取下、中（V）、上丝读数及竖盘读数（L），记入观测手簿。

（5）分别计算测站点与标尺间的水平距离与高差：

$$D = Kl\cos 2\alpha$$

$$h = D\tan\alpha + i - V$$

式中　$K=100$，l=下丝读数－上丝读数；$\alpha=90-L$（度盘顺时针刻划）；i 为仪器高；V 为目标高，即中丝读数。

五、技术要求

1. 钢尺量距

往返量距的相对误差的容许值 $K_{容}\leqslant 1/3000$。当 $K\leqslant K_{容}$ 时，成果合格，取往返量距结果的平均值为最终成果。若 $K>K_{容}$ 时，成果不合格，应返工重测。

2. 视距测量

（1）指标差互差在 $\pm 24''$ 之内，同一目标各测回竖直角互差在 $\pm 24''$ 之内，超限应重测。

（2）视距测量前应对竖盘指标差进行检校，使其在 $\pm 60''$ 之内，往返视距的相对误差的容许值 $K_{容}\leqslant 1/300$，高差之差应小于 5cm，超限应重测。

六、注意事项

1. 钢尺量距

（1）钢尺使用时注意区分端点尺和刻线尺。

（2）量距时钢尺要拉平，用力要均匀；遇到场地不平时，要注意尺身水平。

（3）钢尺不宜全部拉出，末端连接处易断，量距时不要把钢尺拖在地上，勿使钢尺受压或折绕。

2. 视距测量

（1）视线水平时进行视距测量，也可使用水准仪进行测量。

（2）为便于直接读出尺间隔 L，观测时可用望远镜微动螺旋使上丝读数对在附近的整数上（整米或整分米处）。

（3）视距测量前应校正竖盘指标差。

（4）标尺应严格竖直。

（5）仪器高度、中丝读数和高差计算精确到厘米，平距精确到分米。

实训报告十　距离测量

日期________天气________班组________仪器________观测者________记录者________成绩________

1. 钢尺量距　　　　　　　　　　钢尺编号　　　　　　　　　　单位：m

测线		往测		返测		$D_{往}-D_{返}$	相对精度 K	平均长度 D	备注
起点	终点	尺段数	$D_{往}$	尺段数	$D_{返}$	$D_{往}+D_{返}$			
		余数		余数					

2. 视距测量

测站	目标	上丝/下丝	尺间隔	竖盘读数 (° ′ ″)	竖直角 α (° ′ ″)	平距 (m)	高差 (m)	备注
		——						
		——						
		——						

实训十一　全站仪的认识与使用

一、实训目的

（1）了解全站仪的构造。

（2）熟悉全站仪的操作界面及作用。

（3）掌握全站仪的基本使用。

二、仪器和工具

实习训练设备为全站仪 1 台，棱镜 1 块，测伞 1 把。自备 2H 铅笔。

三、内容

（1）全站仪的基本操作与使用。

（2）进行水平角、距离、坐标测量。

四、方法和步骤

1. 全站仪的认识

全站仪由照准部、基座、水平度盘等部分组成，如下图所示，同样采用编码度盘或光栅度盘，读数方式为电子显示。有功能操作键及电源，还配有数据通信接口，它不仅能测角度还能测出距离，并能显示坐标以及一些更复杂的数据。

全站仪有许多型号，其外形、体积、重量、性能各不相同。

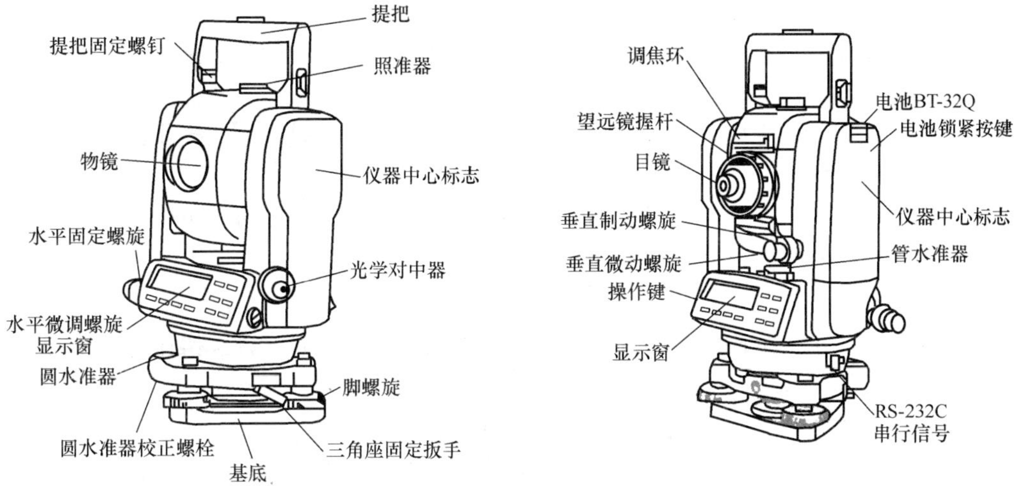

(*a*)　　(*b*)

2. 全站仪的使用

1）测量前的准备工作

（1）电池的安装（注意：测量前电池需充足电）。

① 把电池盒底部的导块插入装电池的导孔。

② 按电池盒的顶部直至听到“咔嚓”的响声。

③ 向下按解锁钮，取出电池。

（2）仪器的安置。

① 在实验场地上选择一点 O，作为测站，另外两点 A、B 作为观测点。

② 将全站仪安置于 O 点，对中、整平。

③ 在 A、B 两点分别安置棱镜。

（3）竖直度盘和水平度盘指标的设置。

① 竖直度盘指标设置。

松开竖直度盘制动螺旋，将望远镜纵转一周（望远镜处于盘左，当物镜穿过水平面时），竖直度盘即已设置。随即听见一声鸣响，并显示出竖直角 V。

② 水平度盘指标设置。

松开水平制动螺旋，旋转照准部 360°（当照准部水准器经过水平度盘安置圈上的标记时），水平度盘指标即自动设置。随即听见一声鸣响，同时显示水平角 HR。至此，竖直度盘和水平度盘指标已设置完毕。

每当打开仪器电源时，必须重新设置 H 和 V 的指标。

（4）调焦与照准目标。

操作步骤与一般经纬仪相同，注意消除视差。

2）角度测量

（1）首先从显示屏上确定是否处于角度测量模式，如果不是则按操作键转换为角度模式。

（2）盘左照准左目标 A，按置零键，使水平度盘读数显示为 $0°00'00''$，顺时针旋转照准部，照准右目标，读取显示读数。

（3）可以同样的方法进行盘右观测。

（4）如要测竖直角，可在读取水平度盘读数的同时读取竖盘的显示读数。

3）距离测量

（1）首先从显示屏上确定是否处于距离测量模式，如果不是，则按操作键转换为距离模式。

（2）照准棱镜中心，这时显示屏上能显示箭头前进的动画，前进结束则完成测量，得出距离，HD 为水平距离，VD 为倾斜距离。

4）坐标测量

（1）首先从显示屏上确定是否处于坐标测量模式，如果不是，则按操作键转换为坐标模式。

（2）输入本站点 O 点及后视点坐标，以及仪器高、棱镜高。

（3）照准棱镜中心，这时显示屏上能显示箭头前进的动画，前进结束则完成坐标测量，得出点的坐标。

五、技术要求

（1）仪器的整平误差应小于照准部水准管分划一格，光学对中误差应小于 1mm。

（2）测站不应选在强电磁场影响的范围内，测线应高出地面或障碍物 1m 以上，且测线附近与其延长线上不得有反光物体。

六、注意事项

（1）运输仪器时，应采用原装的包装箱运输、搬动。

（2）近距离将仪器和脚架一起搬动时，应保持仪器竖直向上。

（3）在保养物镜、目镜和棱镜时，应吹掉透镜和棱镜上的灰尘；不要用手指触摸透镜和棱镜；只用清洁柔软的布清洁透镜；如需要，可用纯酒精弄湿后再用；不要使用其他液体，因为它可能损坏仪器的组合透镜。

（4）应保持插头清洁、干燥，使用时要吹出插头内的灰尘与其他细小物体。在测量过程中，若拔出插头则可能丢失数据。拔出插头之前应先关机。

（5）换电池前必须关机。

（6）仪器只能存放在干燥的室内。充电时，周围温度应 10～30℃。

（7）全站仪是精密贵重的测量仪器，要防日晒、防雨淋、防碰撞振动。严禁仪器直接照准太阳。

（8）操作前应仔细阅读仪器说明书并认真听指导老师讲解。不明白操作方法与步骤者，不得操作仪器。

实训报告十一　全站仪测量记录

日期________天气________班组________仪器________观测者________记录者________　　成绩________

测站	测回	仪器高（m）	棱镜高（m）	竖盘位置	水平角观测		竖直角观测		距离、高差测量		坐标测量			
					水平盘度数（° ′ ″）	方向值（° ′ ″）	竖直盘度数（° ′ ″）	竖直角（° ′ ″）	斜距（m）	平距（m）	高差（m）	X（m）	Y（m）	H（m）

实训十二　四等水准测量

一、实训目的

(1) 掌握四等水准测量的观测、记录、计算及校核方法。

(2) 熟悉四等水准测量的主要技术要求，水准路线的布设及闭合误差的计算。

二、仪器和工具

DS_3 水准仪 1 台，双面水准尺 1 对，尺垫 2 个，记录板 1 块，测伞 1 把。

三、内容

(1) 用四等水准测量的方法观测一条闭合水准路线。

(2) 进行高差闭合差的调整与高程计算。

(3) 实训课时为 4 学时。

四、方法和步骤

1. 观测

选择一条闭合水准路线，按下列顺序进行逐站观测；

(1) 照准后视尺黑面，精平后读取下、上、中三丝读数，记入手簿，照准后视尺红面，读取中丝读数，记入手簿。

(2) 照准前视尺，重新精平，读黑面尺下、上、中三丝读数，再读红面中丝读数，记入手簿，以上观测顺序简为“后、后、前、前”。

2. 记录

将观测数据记入表中相应栏中，并及时算出前后视距及前后视距差、视距累积差、红黑读数差、红黑面高差及其差值。每项计算均有限差要求，当符合限差要求后，方可迁站，直至测完全程。

3. 内业计算

(1) 计算线路总长度。

(2) 根据各站的高差中数，计算高差闭合差。

(3) 当高差闭合差符合限差要求时，进行闭合差的调整及计算各待定点的高程。

五、技术要求

(1) 黑、红面读数差（即 K+黑−红）不得超过±3mm。

(2) 一测站红、黑面高差之差不得超过±5mm。

(3) 前、后视距差不得超过 3mm，全积累积差不得超过 10m。

(4) 视线高度以三丝均能在尺上读数为准，视丝长度小于 100m。

(5) 高差闭合差应不超过$\pm 20\sqrt{L}$（mm）或$\pm 8\sqrt{n}$。

六、注意事项

(1) 在观测的同时，记录员应及时进行测站计算检核，符合要求方可搬站，否则应重测。

(2) 仪器未搬站时，后视尺不得移动；仪器搬站时，前视尺不得移动。

实训报告十二　四等水准测量观测记录表

日期________天气________班组________仪器________观测者________记录者________成绩________

测站编号	测点编号	后尺 下丝	前尺 下丝	方向及尺号	标尺读数（m）		K加黑减红（mm）	高差中数（m）	备　注
		后尺 上丝	前尺 上丝		黑面	红面			
		后距	前距						
		视距差 d（m）	$\sum d$（m）						
		(1)	(4)	后	(3)	(8)	(14)	(18)	
		(2)	(5)	前	(6)	(7)	(13)		
		(9)	(10)	后一前	(15)	(16)	(17)		
		(11)	(12)						
校核	$\sum(9)=$ $-\sum(10)=$ $=$ 总视距$=\sum(9)+\sum(10)=$		$\sum[(3)+(8)]=$ $-\sum[(6)+(7)]=$ $=$			$\sum[(15)+(16)]$ $=$		$\sum(18)=$ $2\sum(18)=$	

实训十三　点位测设与坡度线测设

一、实训目的

掌握测设点的平面位置、点的高程位置及坡度线测设的基本方法。

二、仪器和工具

光学经纬仪 1 台，DS_3 型水准仪 1 台，水准尺 1 支，钢尺 1 把，测钎 2 根；木桩和小钉各数个，斧子 1 把；记录板 1 块。

三、内容

(1) 计算点的平面位置的(极坐标法)放样数据。

(2) 练习用极坐标法放样点的平面位置。

(3) 练习点的高程位置及坡度线测设。

四、方法和步骤

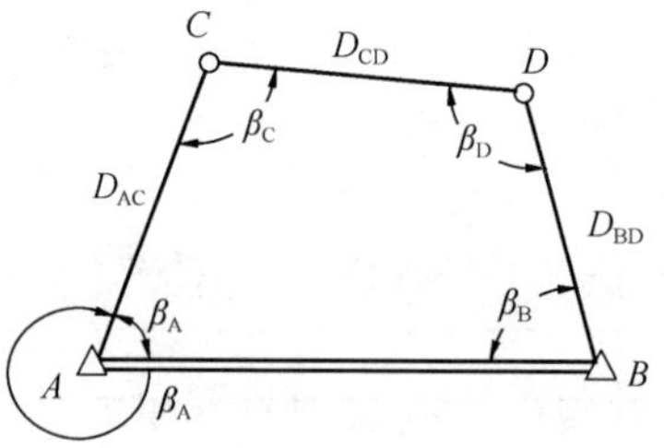

1. 点的平面位置测设

(1) 如图所示，图中 A、B 为控制点，C、D 为待测设点(坐标可假设)，可计算出 C、D 点的数据 β_A、D_{AC}、β_B、D_{BD} 及检核数据 β_C、β_D 和 D_{CD}。

(2) 在控制点 A 上安置经纬仪，盘左照准 B 点，顺时针测设出 β_A；在该角的视线方向定出 C' 点；盘右同法定出 C'' 点，取 $C'C''$ 的中点 C_1 打上木桩，桩面作出 C_1 的标志。自 A 点起沿 $A\,C_1$ 方向根据 D_{AC} 用钢尺定出 C_2 点，并用钢尺往返丈量 D_{AC2}，根据其平均值调整以测设出 C 点的位置。

(3) 在 B 点设站，同法测设出 D 点。

(4) 分别在 C、D 两点设站，用测回法观测 β_C、β_D，并用钢尺往返丈量 CD 的距离，进行检核。

2. 点的高程测设

(1) 安置水准仪在水准点 A 和待测设点 B 中间，读取水准点上水准尺的后视读数 a，根据水准点高程 H_A 和测设点设计高程 H_B 计算出测设点上水准尺应读的前视读数 b。

$$b=(H_A+a)-H_B$$

(2) 将水准尺紧贴测设点木桩上下移动，当水准仪的水平视线在尺上读数为 b 时，沿尺底在木桩侧面画一横线，即为测设的高程位置。

(3) 检测 B 点高程，其值与设计高程值的较差应小于限差。

3. 坡度线的测设

(1) 假设以 A 点沿 AB 方向测设一条设计坡度 $i=-1\%$ 的坡度线及每隔 10m 钉一木

桩，根据水准点高程，设计坡度 i，AB 的水平距离 D 和每 10m 间距，计算出 B 点及其余点的设计高程 $H_{设}$。

（2）安置水准仪，由后视点 A 再求出视线高，再根据各点的 $H_{设}$，计算出各桩点应读的前视读数 b。

（3）立水准尺于各桩顶上，读取各桩顶的前视读数 b'，与应读数 b 比较，计算各桩顶的填、挖数。$b-b'$值“+”为挖，“－”为填。

五、技术要求

（1）角度测设的限差不大于±40″，距离测设的相对误差不大于 1/2000，高程测设的限差不大于±8cm。

（2）管道和渠道的高程测算至毫米(mm)，道路及广场的高程测算至厘米(cm)。

六、注意事项

（1）测设数据经校核无误后方可使用，测设完毕后应进行检测，若超限应重测。

（2）待测设点所打木桩应高出地面一定高度。实训完毕，回收各木桩。

实训报告十三　点位测设与坡度线测设

测设草图

1. 点的平面位置测设记录

日期________天气________班组________仪器________观测者________记录者________成绩________

点名	坐标值(m)		坐标差(m)		坐标方位角(° ′ ″)	边长(m)	应测设水平角(° ′ ″)	应测设水平距离(m)
	x	y	Δx	Δy				

2. 点的高程位置测设记录

日期________天气________班组________仪器________观测者________记录者________成绩________

测设点编号	水准点号	水准点高程	后视读数	视线高程	测设点设计高程	测设点应读前视读数	备注

3. 坡度线测设记录(m)

日期________天气________班组________仪器________观测者________记录者________成绩________

桩号	后视读数	视线高程	坡线设计高程	前视应读数	桩点地面读数	填挖数		备注
						填(+)	挖(−)	
A								A 点高程已知，为 $H_A=$ 坡度 $i=-1\%$
10								
20								
30								
40								
50								
60								
70								
80								
90								
100								

第三部分　建筑工程测量教学综合实训

建筑工程测量实训是在课堂教学结束之后在实训场地集中进行综合训练的实践性教学环节。通过实训训练，使学生了解建筑工程测量的工作过程，熟练地掌握测量仪器的操作方法和记录、计算方法；掌握经纬仪、水准仪的检验、校正的方法；掌握大比例尺地形图测绘的基本方法和地形图的应用；能够根据工程情况编制施工测量方案，掌握施工放样的基本方法；了解测量新仪器、新技术的应用和最新发展；培养学生的动手能力和分析问题的能力。

一、实训组织、计划及注意事项

（一）实训组织

以班级为单位建立实训队，指导教师为队长，班长为副队长，实训队按小组进行组织，一般安排5～6人一组，选组长一名，负责全组的实训安排和仪器管理。指导教师布置实训任务和计划。

（二）实训计划

工程测量实训一般安排2周，见下表。

序号	项目与内容	时间（天）	任务与要求
1	动员、借领仪器、工具，仪器检校，踏勘测区	1	布置实训任务，做好出测前的准备工作，对水准仪、经纬仪进行检验
2	控制测量（大比例地形图测绘）	5	布设并完成导线测量工作，测绘大比例尺地形图，掌握测图的基本方法
3	构筑物轴线测设和高程测设	1	掌握构筑物轴线测设和高程测设
4	圆曲线主点测设和偏角法测设圆曲线	1	构筑物轴线测设和高程测设、圆曲线主点测设和偏角法测设圆曲线
5	实训总结、考核	2	整理各项资料、考核、归还仪器

（三）注意事项

（1）测量实训中应严格遵守学校的各种规章制度和纪律，不得无故迟到、无故缺席，应有吃苦耐劳的精神。

（2）各组要整理、保管好原始记录、计算成果等。

（3）测量实训中记录、计算应规范，不得随意涂改。

（4）测量实训中应爱护仪器及工具，按规定程序操作；注意仪器、工具的安全。

（5）测量实训中组长要合理安排，确保每人有操作、训练的机会。

(6) 小组成员应相互配合，注意培养团队合作精神。

(四) 成绩评定方法

1. 成绩评定

实训成绩的评定分优、良、及格、不及格。凡缺勤超过实训天数的 1/3、损坏仪器、违反实训纪律、未交成绩或伪造成果等均作不及格处理。

2. 评定依据

依据实训态度、实训纪律、实际操作技能、熟练程度、分析和解决问题的能力、完成实训任务的质量、爱护仪器的情况、实训报告编写的水平等来评定。最后通过口试质疑，笔试及实际操作考核来评定实训成绩。

二、控制测量（大比例地形图测绘）

1. 实训目的与要求

通过本内容的实训，系统地掌握小区域控制测量与测绘大比例尺地形图的基本方法。

2. 实训任务

(1) 在测区实地踏勘，进行图根网选点。在城镇区一般布设闭合或附合导线。在控制点上进行测角、量距、定向等工作，经过内业计算，获得图根点的平面坐标。在测区实地踏勘，进行图根网选点。在控制点上进行测角、量距、定向等工作，经过内业计算获得图根点的平面坐标。

(2) 首级高程控制点设在平面控制点上，根据已知水准点采用四等水准测量的方法测定，图根点高程可沿图根平面控制点采用闭合或附合路线的图根水准测量方法进行测定。

(3) 测绘完成一幅大比例尺地形图，从而掌握测图的基本方法。

3. 仪器和工具

DJ_6 经纬仪 1 台，水准仪 1 台，钢尺、皮尺各 1 把，水准尺 2 根，小平板 1 套，标杆 2 根，工具包 1 个，记录板 1 个，测伞 1 把，半圆仪 1 个，聚酯薄膜图 1 张，木桩数个，斧头 1 把，小铁钉若干，油漆小瓶。

4. 技术要求及作业过程

1) 平面控制测量

在测区实地踏勘，进行图根网选点。在城镇区一般布设闭合或附合导线。在控制点上进行测角、量距、定向等工作，经过内业计算获得图根点的平面坐标。

(1) 选点、设立标志

每组在指定的测区进行踏勘，根据已知的控制点资料，找出控制点的具体位置；了解测区的地形条件。根据已知等级控制点的点位，在测区内选择若干次级控制点，选点的密度应能控制整个测区，以便于碎部测量。导线边长应大致相等，边长不超过 100m。控制点的位置应选在土质实处，以便保存标志和安置仪器，也应通视良好便于测角和量距，视野开阔便于施测碎部点。点位选定后即打下木桩，桩顶钉上小钉作为标记，并编号。如无已知等级控制点，可按独立平面控制网布设，假定起点坐标，用罗盘仪测定起始边的磁方位角，作为测区的起算数据。

(2) 测角

水平角观测用光学经纬仪，采用测回法观测一测回，要求两个半测回角值之差绝对值不应大于 40″，角度闭合差的限差为 $60''\sqrt{n}$，n 为测角数。

（3）量距

要求两个半测回长度之差不应大于导线的边长，用检定过的钢尺采用一般量距的方法进行往返丈量为 1/3000。有条件的或无法直接丈量的情况下可用全站仪测定边长。

（4）平面坐标计算

边长相对误差的限差。将校核过的外业观测数据及起算数据填入导线坐标计算表中进行计算，推算出各导线边长和坐标值点的平面坐标，其导线全长相对闭合差的限差为 1/2000。计算中角度取至秒，坐标取至厘米。

2）高程控制测量

首级高程控制点设在平面控制点上，根据已知水准点采用四等水准测量的方法测定，图根点高程可沿图根平面控制点采用闭合或附合路线的图根水准测量方法进行测定。

（1）水准测量

四等水准测量用 DS_3 型微倾式水准仪沿路线单程测量，各站采用双面尺法或改变仪器高法进行观测，并取平均值为该站的高差。视线长度不应大于 80m，路线高差闭合差限差为 $f_h \leqslant \pm 20\sqrt{L}$（mm），式中 L 为路线总长的公里数。

图根水准测量视线长度不应大于 100m，路线高差为 $f_h \leqslant \pm 40\sqrt{L}$（mm）或 $f_h \leqslant \pm 12\sqrt{n}$（mm）。

（2）高程计算

对路线闭合差进行平差后，由已知点高程推算各图根点高程。观测和计算单位均取至毫米，最后成果取至厘米。

3）地形图测绘

本项实训是在学校的测量实训场地上进行。测量实训场地上应建有平面控制网和高程控制网。实训内容包括地形图的碎部测量；依比例尺和图式符号进行描绘；拼接整饰成地形图。

（1）地形图的要求

地形图的比例尺为 1∶500，地形图的等高距为 0.5m，高程注记至分米。

（2）地形图的精度

图上主要地物点的位置中误差为 0.6mm；

图上次要地物点的位置中误差为 0.8 mm；

等高线的高程中误差为等高距的 1/3。

（3）准备工作

在聚酯薄膜方格网图上，展绘控制点坐标并标注出点号和高程，然后用比例尺量出各控制点之间的距离与实地水平距离（或按坐标反算长度）之差，不得大于图上 0.3mm，否则，应检查展点是否有误。

（4）测区踏勘

每组在指定的测区进行踏勘，根据已知的控制点资料，找出控制点的具体位置；了解测区的地形条件。

（5）碎部测量

测图方法用经纬仪测绘法或大平板仪。设站时仪器对中偏差应小于 5mm；归零差应小于 1′；以较远点作为定向点并在测图过程中随时检查；在依其他控制点作定向检查时，该点在图上的偏差应小于 0.3mm。对另一控制点高程检测的较差应小于 0.2 基本等高距。

跑尺选点方法可由近及远，再由远及近，按顺时针方向进行。所有地物和地貌特征点都应立尺。地形点间距为 15m 左右，视距长度一般不超过 50m。高程注记至分米，记在测点右侧或下方，字头朝北。所有地物、地貌应现场绘制完成。

当控制点的密度不够时，可在现场增补测站点，以满足测图的要求。增补测站点的方法可采用插点法：在两点的连线上选定一个点，用视距测量的方法往返测得该点与控制点间的距离和高程，若距离往返测量的相对误差不大于 1/200，两次高程的较差不超过 1/7 基本等高距，则取往返距离和两次高程的平均值作为施测成果，然后将其展绘于图上即可作为增补测站点使用。

（6）地形图拼接、检查和整饰

① 拼接：每幅地形图应测出图框外 5～10mm。与相邻图幅接边时的容许误差为：主要地物不应大于 1.4mm，次要地物不应大于 2mm；对丘陵地区或山区的等高线不应超过 1/2 等高距。

② 检查：自检是保证测图质量的重要环节，当一幅地形图测完后，每个小组必须对地形图进行严格自检。首先进行图面检查，查看图面上接边是否正确、连线是否矛盾、符号是否正确、名称注记有无遗漏、等高线与高程点有无矛盾，发现问题应记下，便于野外检查时核对。野外检查时应对照地形图全面核对，查看图上地物形状与位置是否与实地一致，地物是否遗漏，注记是否正确齐全，等高线的形状、走向是否正确，若发现问题，应设站检查或补测。

③ 整饰：整饰则是对图上所测绘的地物、地貌、控制点、坐标格网、图廓及其内外的注记，按地形图图式所规定的符号和规格进行描绘，提供一张完美的铅笔原图，要求图面整洁，线条清晰，质量合格。

④ 整饰顺序：首先绘内图廓及坐标格网交叉点；再绘控制点、地形点符号及高程注记，独立地物和居民地，各种道路、线路，水系，植被，等高线及各种地貌符号；最后绘外图廓并填写图廓上的注记。

5. 应交资料

（1）导线示意图（比例：1∶1000）。

（2）表 1～表 8。

普通水准测量记录 **表 1**

日期_______天气_______班组_______仪器_______观测者_______记录者_______成绩_______

测站	点号	后视读数	前视读数	高差		改正数	改正后高差	高程	备注
				+	—				
Σ									
检核计算	$\Sigma_{后}=$ $\Sigma_{前}=$ $\Sigma_{后}-\Sigma_{前}=$			$\Sigma h_{测}=$ $f_h=\Sigma h_{测}-\Sigma h_{理}=$ $f_{h容}=$				$\Sigma h_{理}=$ f_h $f_{h容}$	

测回法观测水平角记录 **表 2**

日期________天气________班组________仪器________观测者________记录者________成绩________

测站	竖盘位置	目标	水平度盘度数 (° ′ ″)	半测回角值 (° ′ ″)	一测回角值 (° ′ ″)	改正数 (″)	改正后角值 (° ′ ″)	备注
求和Σ								
三角形内角和＝ 闭合差 f_{β}＝ 容许闭合差 $f_{\beta容}$＝ f_{β} $f_{\beta容}$								

距离测量1：钢尺量距（m）　　表3

日期________天气________班组________仪器________观测者________记录者________成绩________

测线		往测		返测		$D_{往}-D_{返}$	相对精度 K	平均长度 D	备注
起点	终点	尺段数	$D_{往}$	尺段数	$D_{返}$	$D_{往}+D_{返}$			
		余数		余数					

距离测量 2：光电测距（m） 表 4

日期________天气________班组________仪器________观测者________记录者________成绩________

测站	测回	仪器高（m）	棱镜高（m）	竖盘位置	竖盘度数（° ′ ″）	竖直角（° ′ ″）	斜 距（m）	平 距（m）	高 差（m）

经纬仪导线坐标计算表 表 5

日期________天气________班组________仪器________观测者________记录者________成绩________

点号	左角或右角		方位角（° ′ ″）	距离 D（m）	坐标增量		改正后坐标
	观测角（° ′ ″）	改正角（° ′ ″）			$\Delta x'$（m）	$\Delta y'$（m）	Δx（m）
Σ							
辅助计算	$\Sigma\beta_{理}=$　$f_\beta=\Sigma\beta_{理}-\Sigma\beta_{测}$　$f_x=$　$f_y=$　$f_D=\sqrt{f_x+f_y}$ $\Sigma\beta_{测}=$　$f_{\beta容}=\pm60''\sqrt{n}=$　f_β　$f_{\beta容}$　$K=f_n/\Sigma D=$　$K_{容}=$						

导 线 点 成 果 表　　　　表 6

日期________班组________　　　　抄录者________校核者________

点号	方位角 (° ′ ″)	边　长 D (m)	坐标 (m)		高程 H (m)
			X	Y	

导　线　点　　　　表 7

日期________班组________　　　　抄录者________校核者________

点号	X	Y	H	点号	X	Y	H

日期________班组________　　　　抄录者________校核者________

点号	X	Y	H	点号	X	Y	H

日期________班组________　　　　　　　　　　　　抄录者________校核者________

点号	X	Y	H	点号	X	Y	H

日期________班组________　　　　　　　　　　　　抄录者________校核者________

点号	X	Y	H	点号	X	Y	H

碎部测量记录表　　　　表 8

日期________天气________　　　　　　　　　　　　观测者________记录者________

点号	视 距 KL （m）	中丝读数 v （m）	竖盘读数 （° ′）	垂直角 （°′ ″）	视线高差 （m）	改正数 i—v （m）	高差 H （m）	水平距离 （m）	高程 H （m）

三、构筑物轴线测设和高程测设

1. 实训目的与要求

(1) 掌握构筑物轴线放样的基本方法。

(2) 掌握高程测设的基本方法。

2. 实训任务

建筑轴线放样和高程测设。

3. 仪器和工具

(1) 水准仪 1 台，水准尺 1 根，光学经纬仪 1 台，钢尺 1 把，记录板 1 块，测伞 1 把。自备 2H 铅笔与计算器。

(2) 指导教师为实训小组提供一套实际施工图纸。

4. 技术要求及作业过程

1) 建筑轴线放样

(1) 依据图纸

建筑轴线放样所依据的建筑图纸有：建筑总平面图、建筑平面图（见下图）、放样略图（可用建筑平面图代替）。

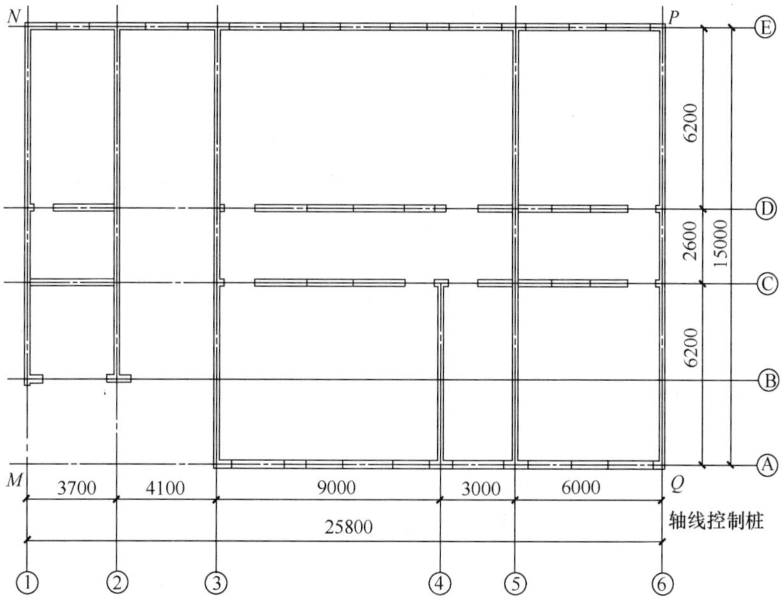

(2) 核对施工测量的依据

在测设前应对设计图的有关尺寸进行仔细核对，以免出现差错。

(3) 现场踏测

现场踏测的目的是为了了解现场的地物、地貌和原有测量控制点的分布情况，并调查与施工测量有关的问题，对建筑场地上的平面控制点、水准点要进行检核，获得正确的测量起始数据和点位。

(4) 制订测设方案

根据设计要求、定位条件和现场地形等因素制订施工放样方案。

（5）准备测设数据。

①除了计算必要的放样数据外，尚需从下列图纸上查取房屋内的平面尺寸和高程，作为测设建筑物总体位置的依据。

②从建筑平面图中，查取建筑物的总尺寸和内部各定位轴线之间的关系尺寸，这是施工放样的基本资料。

③从基础平面图上查取建筑物的总尺寸和内部各定位轴线之间的关系尺寸，以及基础布置与基础剖面位置的关系。

④从基础详图中查取基础立面尺寸、设计标高，以及基础边线与定位轴线的尺寸关系，这是基础高程放样的依据。

⑤从建筑物的立面图和平面图中，可以查出基础、地坪、门窗、楼板、屋架和屋面等设计高程，这是高程测设的主要依据。

（6）放样

①定位。根据现场实际情况，依据建筑总平面图、建筑平面图，采用直角坐标法或极坐标法对指定构筑物进行定位，确定出建筑物的外廓定位轴线的交点 M、N、P、Q。要求量距误差为 1/5000，测角误差为 $\pm 40''$。

②放样。在外墙周边轴线上测设轴线交点。如图，将经纬仪安置在 M 点，照准 Q 点，用钢尺沿 MQ 方向量出相邻两轴线间的距离，定出 1、2、3……各点（也可以每隔 1～2 轴线定一点），同理可定出 5、6、7 各点。要求量距误差为 1/5000～/2000。丈量各轴线之间距离时，钢尺零端始终对在同一点上。

2）高程测设

设已知水准点的高程为 $H_{水}$，±0.000 标志的高程为 $H_{设}$。在定位点 M、Q 的木桩上测设出±0.000 标志。

首先，在已知水准点和定位点 M 的中间安置水准仪，读取水准点上的后视读书 a，则定位点的前视应读数 b 为：

$$b=H_{水}-H_{设}+a$$

将水准尺紧贴定位点木桩上下移动，直至前视读数为 b 时，沿尺低面的木桩上画线，则画线位置即为±0.000 标志的位置。

同法，在另一定位点 Q 的木桩上测设出±0.000 的标志。

测量 M、Q 两点之间的高差，其值应为 0。若有误差，应在±3mm 范围内，否则应重新测设。

5. 应交资料

表 9～表 11。

1）表 9：测设数据计算

（1）绘出导线控制点和待测设点的略图（请在示意图上标出本组所用的导线点号和设计点号）

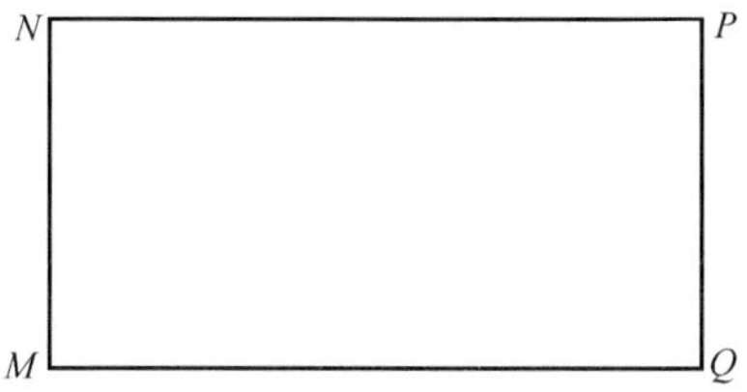

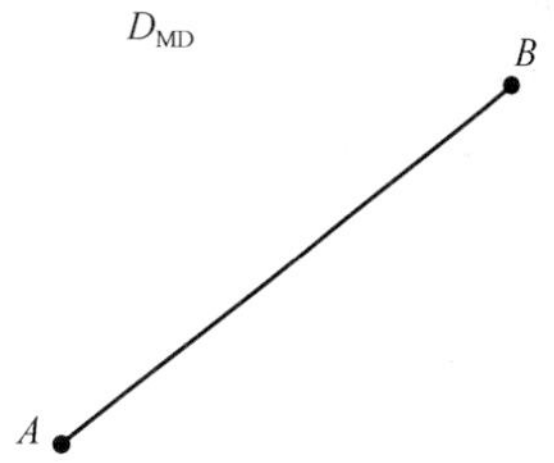

（2）测设数据计算

测设数据计算 **表 9**

计算者： 日期：

项目	点名	坐标		相对测站点的坐标增量		相对测站点的方位角、距离		备注
		X（m）	Y（m）	Δx（m）	Δy（m）	方位角 α（° ′ ″）	水平距离 D（m）	
导线控制点	A							测站点
	B							定向点
待测设建筑物四大角	M							A—M
	N							A—N
	P							A—P
	Q							A—Q

（3）测设后检查

四大角与设计值（90°）的偏差为：

$\Delta\angle M=$ $\Delta\angle N=$

$\Delta\angle P=$ $\Delta\angle Q=$

四条主轴线边与设计值的偏差为：

$\Delta D_{MN}=$ $\Delta D_{NP}=$

$\Delta D_{PQ}=$ $\Delta D_{QM}=$

2）表 10：高程放样计算与记录表

（1）读后视读数并计算测设数据

已知水准点高程 H_0：后视读数 a：仪器视线高 H_0+a：

高程放样计算与记录表 **表 10**

点名	设计高程 H（m）	前视读数 $(H_0+a)-H_i$（m）	备 注
1			
2			
3			
4			
5			
6			
7			
8			

（2）测设后检查

用钢尺量得的点 1 与点 2 的实际高差为：__________

根据设计高程算得的点 1 与点 2 的高差为：__________

两者相差为：__________

3）表 11：工程测量定位记录表

工程测量定位记录表 **表 11**

日期________天气________ 观测者________记录者________

工程名称		图纸编号	
施工单位		施测日期	
坐标依据		复测日期	
高程依据		使用仪器	
施测人		复测者	
测量负责人		闭合差	
定位示意图			
抄测结果			

建设单位代表：________ 复　检：________抄　测：________

技术负责人：________ 施工员：________质检员：________

四、圆曲线主点测设和偏角法测设圆曲线

1. 实训目的与要求

掌握圆曲线主点测设和偏角法测设圆曲线。

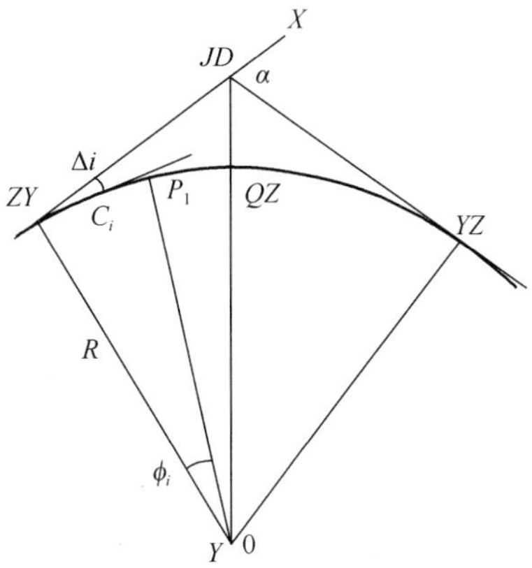

2. 实训任务

圆曲线主点测设和偏角法测设圆曲线。

3. 仪器和工具

光学经纬仪 1 台，钢尺 1 把，标杆 3 根，测钎 3 根，木桩和小钉各数个，斧子 1 把，记录板 1 块。

4. 技术要求及作业过程

1）测设圆曲线的主点：

（1）根据路线等级及地形条件选定半径 R。

（2）在 JD 安置经纬仪，用测回法测得转角 α。

（3）根据曲线 R 和转角 α 计算切线长 T、曲线长 L、外矢距 E 及超距（既切曲差）D，并计算圆曲线的起点、中点及终点里程。

（4）安置经纬仪，在 JD 分别照准曲线起点方向和终点方向量取切线长 T，定出曲线起点 ZY 和曲线终点 YZ。照准曲线终点方向向右测设$\frac{1}{2}$（$180°-\alpha$）角值，沿视线方向量取外矢距 E，定出曲线中点 QZ。

2）用偏角法详细测设圆曲线在 ZY 或 YZ 架仪→照准 JD→拨角 Δ、量边 C。

（1）根据半径 R 和选定的弧长 L（20m 或 10m）算得的偏角 Δ_i 和弦长 C_i。

（2）安置经纬仪，在曲线起点 ZY，以 $0°00'00''$照准交点 JD，转动照准部置水平度盘读数为 Δ_i，沿视线方向量取弦长 C_i，即定出细部桩点 1。

（3）转动照准部置水平度盘读数为 Φ，在沿视线方向从桩点 1 量取弦长 C 与视线相交得桩点 2。同法测设其他各细部点。

3）偏角法测设细部点与曲线中点或曲线终点位置的校核，其闭合差：横向（半径方向）不大于±0.1m，纵向（切线方向）不大于 $L/1000$（L 为曲线长）。超限应重测。

5. 应交资料

主点元素及里程计算表、圆曲线细部测设记录表（表12、表13）。

主点元素及里程计算表　　　　表12

<table>
<tr><td rowspan="2">主点测设元素计算</td><td colspan="3">主点里程计算</td><td rowspan="2">备　注</td></tr>
<tr><td>主点名称</td><td>里程</td><td>计算检核</td></tr>
<tr><td>切线长 $T=R\times\tan\frac{1}{2}\alpha$</td><td></td><td></td><td rowspan="3"></td><td rowspan="3">交点里程________
实测转角________
选定半径________</td></tr>
<tr><td>外矢距 $E=R\left(\frac{1}{2}\alpha-1\right)$</td><td></td><td></td></tr>
<tr><td>超距 $D=2T-L$</td><td></td><td></td></tr>
</table>

圆曲线细部测设记录表　　　　表13

点名	里程桩号	弧长 L (m)	偏角值 Δ_i (°　′　″)	弦长 C_i (m)	备　注

第四部分　建筑工程测量习题

第一章　绪　　论

一、填空题

1. 测量学的任务是________________和________________。

2. 测量学的本质是确定地面________位置，即确定________和________。

3. 确定地面上点的位置所需的三要素是________、________和________；测量的三个基本工作是________、________和________。

4. 我国现行规定以________年推算的________面作为大地水准面。我国采用"________基准"，青岛水准原点的高程为________。

5. 绝对高程是____________________；相对高程是____________________；高差是____________________。

6. 测量工作的原则是________________、________________、________________；测量工作应按照____________________工作程序。

7. 测量学的平面直角坐标系，x 轴指向________，y 轴指向________，象限按________方向编号。

二、计算题

1. 已知地面上 A、B、C 三点的相对标高各为±0.000m、+3.750m、−2.220m，其中 A 点的绝对高程为 25.125m，试求 B、C 两点的绝对高程？

2. 地面上某点的相对高程为 156.268m，已知假定水准面的绝对高程为 82.286m，试求该点的绝对高程为多少？

第二章　水　准　测　量

一、填空题

1. 水准测量的原理是______________________________。

2. 水准测量最基本的要求是________________________________。

3. 水准仪的构造主要由__________、__________、__________三部分组成。

4. 水准仪圆水准器的作用是__________，管水准器的作用是__________。

5. 水准仪的视线高是________________，当高差为正时，表示后视点高程比前视点高程________________。

6. 水准仪使用的操作步骤是____。

7. 水准仪粗平调______________使______________气泡居中；精平调__________使__________气泡居中，此时视线__________。

8. 视差是____，产生视差的原因是____________________，消除视差的方法是________________。

9. 普通水准尺的读数单位是，直接读出__________，估读出__________。

10. 水准点是____________________，转点是____________________。

11. 水准路线的形式有__________、__________和__________。

12. 水准测量要求前后视距离相等是为了消除____________________误差。

13. 水准仪各轴线间应满足____________________、____________________、____________________，其中____________________是主要条件。

二、计算题

1. 设 A 为后视点、B 为前视点，A 点的高程为 20.016m，当后视读数为 1.124m、前视读数为 1.428m 时，问 A、B 两点的高差是多少？B 点比 A 点低还是高？B 点高程是多少？视线高是多少？并绘图说明。

2. 计算下表所列水准测量成果的高差、高程并计算校核（高差法）。

测点	后视读数(m)	前视读数(m)	高差(m)		高程(m)	备注
			+	−		
A	1.481				37.654	
1	0.684	1.347				
2	1.473	1.269				
3	1.473	1.473				
4	2.762	1.584				
B		1.606				
计算检核	$\Sigma a=$	$\Sigma b=$	$\Sigma h=$		$H_B-H_A=$	
	$\Sigma a-\Sigma b$					

3. 计算下表所列水准测量成果的视线高、高程并计算校核（仪高法）。

点 号	后视读数（m）	视线高（m）	前视读数（m）		高 程（m）	备 注
			转 点	中间点		
A	2.736				8.321	
1	1.845		0.612			
2	2.257		0.324			
3				1.143		
4	0.021		1.067			
5	0.132		2.004			
B			1.401			
计算检核						

4. 计算闭合水准路线的观测成果。

测 点	测站数	实测高差（m）	改正数（m）	改正后高差（m）	高 程（m）	备 注
A					4.330	已知高程点
	10	+1.224				
1						
	8	−1.424				
2						
	8	+1.781				
3						
	11	−1.714				
4						
	12	+0.108				
A						
Σ						

$f_h=$

$f_{h容}=\pm 12\sqrt{n}=$

$\therefore f_h$ ________ $f_{h容}$

每站的改正数$=-\dfrac{f_h}{路线总站数}$

$=$

5. 计算附合水准路线的观测成果。

测 点	测段长度（km）	实测高差（m）	改正数（m）	改正后高差（m）	高 程（m）	备 注
BM_A					36.444	已知高程点
	1.8	+6.310				
BM_1						
	2.0	+3.133				
BM_2						
	1.4	+9.871				
BM_3						
	2.6	−3.112				
BM_4						
	1.2	+3.387				
BM_B					55.977	已知高程点
Σ						

$H_B-H_A=$

$f_h=$

$f_{h容}=\pm 40\sqrt{L}=$

$\therefore f_h$ ________ $f_{h容}$

每站的改正数$=-\dfrac{f_h}{路线总长度}$

$=$

6. 安置水准仪在高 A、B 两点等距离处，A 尺读数 $a_1=1.321\text{m}$，B 尺读数 $b_1=1.117\text{m}$，然后搬仪器到 B 点近旁，B 尺读数 $b_2=1.466\text{m}$，A 尺读数 $a_2=1.695\text{m}$，试问水准管轴是否平行于视准轴？计算 A 点尺上应读的正确读数是多少？

第三章　角　度　测　量

一、填空题

1. 水平角是____________________________________，竖直角是____________________________________。

2. 经纬仪的构造主要由_________、_________和_________三部分组成；经纬仪测角常用方法为_________。

3. 经纬仪安置包括_________和_________，其目的分别是_______________和_______________。

4. 经纬仪垂球对中误差不应大于_________，光学对中误差不应大于_________；整平误差不应大于_________；角度测量要求两个半测回角值之差不得超过_________。

5. 经纬仪整平时，使照准部水准管轴_________于两个脚螺旋的连线，转动这两个脚螺旋使_________居中，将照准部旋转_________，转动_________使气泡居中。在这两个位置来回数次，直到气泡任何方向都居中为止。

6. 用测回法测角，各测回起始读数递增 $180^\circ/n$ 的目的是_______________。

7. 竖盘读数前应使_________居中。

8. DJ_6 经纬仪分微尺可直读到_________，估读到_________。DJ_2 经纬仪数字化读数直读到_________，估读到_________。

9. 经纬仪各轴线间应满足___________________、___________________、_______________、_______________。

10. 角度观测采用盘左和盘右能消除_________________________误差。

二、计算题

1. 试计算测回法观测水平角记录成果并说明是否合格？

测站	竖盘位置	目标	水平度盘读数			半测回角值	一测回角值
			°	′	″	° ′ ″	° ′ ″
B	左	A	0	00	06		
		C	63	24	24		
	右	A	180	00	12		
		C	243	24	06		

2. 试计算竖直角观测记录成果？

测站	目标	竖盘位置	竖盘读数 ° ′ ″	半测回角值 ° ′ ″	一测回角值 ° ′ ″	指标差 ″	备　注
B	A	左	59　29　48				竖盘盘左时注记
		右	300　29　48				
	C	左	93　18　54				
		右	266　40　54				

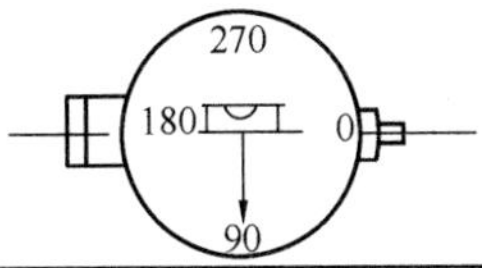

3. 试计算全圆测回法观测水平角记录成果。

测回	测点	水平度盘读数 盘　左 (° ′ ″)	水平度盘读数 盘　右 (° ′ ″)	2C (″)	$\frac{左+右\pm180}{2}$ (° ′ ″)	归　零 方向值 (° ′ ″)	各测回平均方向值 (° ′ ″)	水平角 (° ′ ″)
第一测回	A	00　02　36	180　02　48					
	B	42　26　30	222　26　36					
	C	96　43　30	276　43　42					
	D	179　50　54	359　50　48					
	A	00　02　36	180　02　42					
第二测回	A	90　02　36	270　02　42					
	B	132　26　54	312　26　48					
	C	186　43　42	6　43　30					
	D	269　50　54	89　51　00					
	A	90　02　42	270　02　48					

第四章　距离测量与直线定向

一、填空题

1. 直线定线是________________________，其方法有________________、__________和__________。

2. 精密量距计算成果时，需作__________改正、__________改正和__________改正；其计算公式分别为__________、__________和__________。

3. 为了进行校核和提高丈量精度，用钢尺__________丈量，用__________误差来衡量丈量结果的精度，其公式为__________。

4. 丈量距离的基本要求是________________________。

5. 直线定向是________________________；标准方向的种类有__________、__________和__________。

6. 方位角的定义是________________________，象限角的定义是________________________。

二、计算题

1. 欲丈量 A、B 两点的距离，往测 $D_{AB}=188.257$m，返则 $D_{BA}=188.205$m，规定相对精度为 1/3000，试求该直线丈量相对误差 K 为多少？并判定是否合格？如合格则 AB 直线长度为多少？

2. 已知直线的坐标方位角分别为 $\alpha_{12}=37°25'$，$\alpha_{23}=173°37'$，$\alpha_{34}=226°18'$，$\alpha_{45}=334°48'$，试分别计算出它们的象限角和反坐标方位角。

3. 如图所示，五边形的各内角为 $\beta_1=123°40'$，$\beta_2=115°50'$，$\beta_3=85°30'$，$\beta_4=120°40'$，$\beta_5=94°20'$，$\alpha_{12}=32°20'$，试计算五边形各边的方位角和象限角。

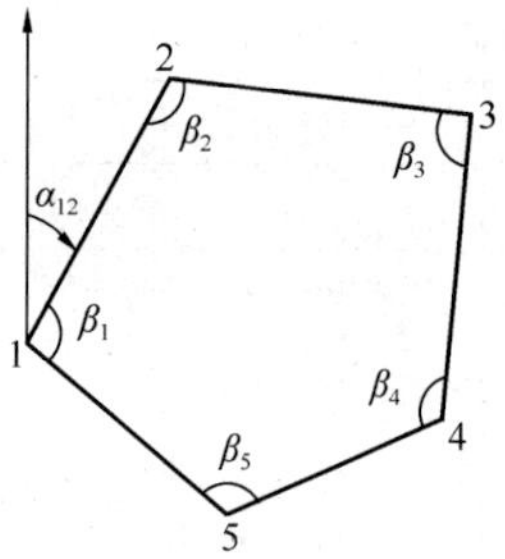

第五章　测量误差的基本知识

一、填空题

1. 测量误差可分为__________、__________；评定测量精度的标准有__________、__________和__________。

2. 测量误差产生的原因有__________、__________、__________。

3. 一组等精度观测值的最可靠值是__________。

二、计算题

1. 在同样的观测条件下对某一距离丈量了 6 次，其结果为 50.324m、50.317m、50.321m、5.319m、50.315m、50.322m，求其算术平均值、一次丈量中误差及其算术平均值中误差、相对误差。

2. 在 1∶500 比例尺地形图上量得 AB 的距离 $d=43.5\text{mm}$，其中误差 $m_{AB}=\pm 0.3\text{mm}$，求 AB 的实地距离 D_{AB} 及其中误差 m_{AB}。

3. 在一个三角形中，观测了两个内角 α 和 β，其中误差为 $m_\alpha=\pm 6''$，$m_\beta=\pm 8''$，求第三个角 γ 的中误差？

4. 已知在角度观测中一个测回中误差为 $\pm 8.5''$，欲使测角精度提高一倍，问应观测几个测回？

5. 试分析下表中误差的性质，并简述消除或减少这些误差的方法。

误差名称	误差性质	消除、减少的方法
1. 丈量时定线不准		
2. 插钎插得不准		
3. 拉力不均匀		
4. 尺长不准		
5. 视差		
6. 水准测量时，水准管轴不平行于视准轴		
7. 水准仪下沉		
8. 水平角测量的对中误差		
9. 照准误差		
10. 读数误差		

第六章　全站仪及 GPS 应用

一、填空题

1. 全站仪又称__________，是一种可以同时进行__________测量和__________测量，由__________________、__________________、__________________组合而成的测量仪器。

2. 全站仪由__________和__________两部分组成。

3. 全部仪标准测量模式有_______________、________________和________________。

4. GPS 系统包括__________、__________、__________三大部分。

二、问答题

1. 全站仪名称的含义是什么?

2. 全站仪的主要特点有哪些?

3. 全站仪有哪些用途?其操作方法如何?

4. GPS 定位的基本原理是什么?在测量中有哪些应用?

第七章　小地区控制测量

一、填空题

1. 为了遵循______、______的测量原则，在测绘地形图和施工放样时需先建立控制网，它有______和______两种。

2. 导线的布设形式有______、______和______。

3. 导线测量的外业工作包括______、______、______、______、______等。

4. 连接边是指______，连接角是指______。

5. 闭合导线与附合导线成果计算的不同点是______和______。

6. 四等水准测量的各项限差是①前、后视距差______；②视距累积差______；③最大视距______；④红、黑面读数差______；⑤红、黑面高差之差______；⑥全长高差允许闭合差为______或______。

7. 四等水准测量一测站的观测顺序为______；中丝读数前特别注意______。

二、计算题

1. 试按表 7-1 计算闭合导线测量成果。

2. 试按表 7-2 计算附合导线测量成果。

经纬仪闭合导线坐标计算表

表 7-1

点名	右角 观测值 °	′	″	右角 改正值 °	′	″	方位角 α °	′	″	边长 D (m)	增量计算值 (m) ΔX	ΔY	增量改正后数值 (m) ΔX	ΔY	坐标 (m) X	Y
A																
							44	32	00	299.33					500.00	500.00
B	75	56	30													
										232.38						
C	107	20	00													
										239.89						
D	87	29	18													
										239.18						
A	89	15	00													
Σ																

备注略图

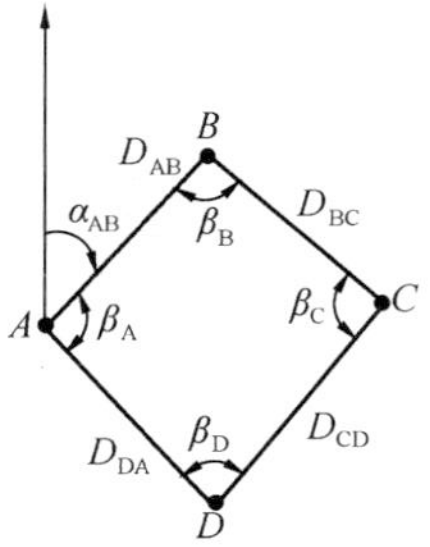

计算：

$f_\beta=$

$f_{\beta容}=$

$\therefore f_\beta \quad f_{\beta容}$

$f_x=$

$f_y=$

$f_D=$

$K=$

经纬仪附合导线坐标计算表

表 7-2

点名	右角 观测值 °	′	″	右角 改正值 °	′	″	方位角 α °	′	″	边长 D (m)	增量计算值 (m) ΔX	ΔY	增量改正后数值 (m) ΔX	ΔY	坐标 (m) X	Y
A																
							45	00	00						200.00	200.00
B	120	30	00													
										297.26						
1	212	15	30													
										187.81						
2	145	10	00													
										93.40					155.37	756.06
C	170	18	30													
							116	44	48							
D																
Σ																

$f_\beta=$ $\quad f_x=$ $\quad f_D=$

$f_{\beta容}=$ $\quad f_y=$ $\quad K=$

$\therefore f_\beta \quad f_{\beta容}$

备注略图

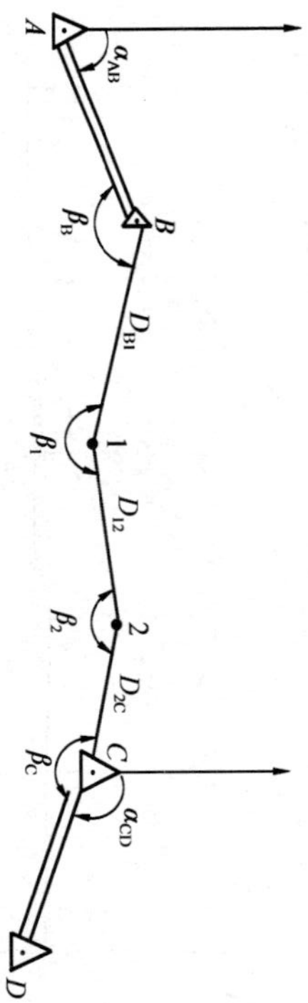

3. 根据下图所给出的四等测量数据，将各站的观测数据按四等作业的观测程序填入“四等水准记录表”中，并进行计算。

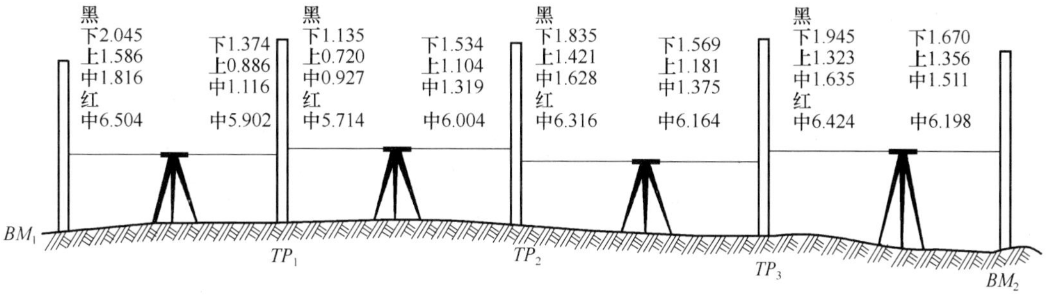

四等水准记录表

测站编号	点号	后尺 下丝	前尺 下丝	方向及尺号	标尺读数		K加黑减红	高差中数	备注
		上丝	上丝		黑面	红面			
		后距	前距						
		视距差 d	Σd						
				后					
				前					$K_1=4687$
				后-前					$K_2=4787$
				后					
				前					
				后-前					
				后					
				前					
				后-前					
				后					
				前					
				后-前					
				后					
				前					
				后-前					

第八章　大比例尺地形图与测绘

一、填空题

1. 比例尺是指＿＿＿＿＿＿＿＿＿＿＿＿＿＿＿＿＿＿＿＿，比例尺精度是指＿＿＿＿＿＿＿＿＿＿＿＿＿＿＿＿。

2. 地物符号为＿＿＿＿＿、＿＿＿＿＿、＿＿＿＿＿和＿＿＿＿＿。

3. 等高线是指＿＿＿＿＿＿＿＿＿＿＿＿＿＿＿＿，等高距是指＿＿＿＿＿，等高线平距是指＿＿＿＿＿＿＿＿＿＿。

4. 等高线分为＿＿＿＿＿、＿＿＿＿＿、＿＿＿＿＿和＿＿＿＿＿。

5. 山脊等高线是一组凸向＿＿＿＿＿＿＿＿的曲线，倾斜平面等高线是一组等高线＿＿＿＿＿＿＿＿＿＿＿＿＿＿＿＿。

6. 同一条等高线上各点的高程＿＿＿＿＿，等高距一定时，等高线平距愈小，等高线显得愈＿＿＿＿＿；等高线平距愈小，地面坡度愈＿＿＿＿＿；等高距愈小，显示地貌愈＿＿＿＿＿。

7. 某桥梁实长为 1000m，试问它在 1∶500 地形图上的长度应为＿＿＿＿＿ mm 在 1∶1000地形图上的长度应为＿＿＿＿＿ mm。

8. 平板仪安置包括＿＿＿＿＿、＿＿＿＿＿、＿＿＿＿＿，其中＿＿＿＿＿最为重要。

9. 在相邻地貌特征点间内插等高线的原理是＿＿＿＿＿＿＿＿＿＿。

二、计算题

1. 一幅同样大小（均为 50cm×50cm）的 1∶500 的地形图和 1∶1000 的地形图，试问它们各表示实地面积多少平方公里？

2. 某房屋轴线 AB 在平面图上其长度为 35mm，其实长 AB 为 70m，试问该平面图为多大比例尺？它的比例尺精度为多少米？

3. 在建筑场地测图，要求在图上能表示出 0.05m 的精度，试问所用的测图比例尺不应小于多少？

4. 根据表中视距测量记录数据计算出各碎部点的水平距离及高程。仪表 $i=1.500$m，测站 A 的高程 $H_A=234.50$m，望远镜视线水平的竖盘盘左读数为 $90°00'00''$，望远镜向上倾斜时，读数减少。

测站	测点	视距间隔 l（m）	中丝读数 V（m）	竖盘读数 L	竖直角 α	初算高差 h'	改正数 $i-v$	改正后高差 h（m）	水平距离 D（m）	测点高程 H（m）
A	1	0.395	1.50	84°36′						
	2	0.575	1.50	85°18′						
	3	0.614	2.50	93°15′						
	4	1.040	2.00	99°20′						

第九章　地形图的应用

一、计算题

1. 如图所示为 1∶1000 的地形图，试在图上：

（1）确定 A、B 两点的坐标值 X_A、Y_A、X_B、Y_B；

（2）确定 AB 连线的坐标方位角 α_{AB}；

（3）确定 AB 的水平距离 D_{AB}；

（4）确定 A、B 两点的高程 H_A、H_B；

（5）确定 AB 的连线坡度 i；

（6）自 A 点到 C 点定出一条坡度 $i=6.5\%$的路线；

（7）绘制 BD 方向线的断面图。

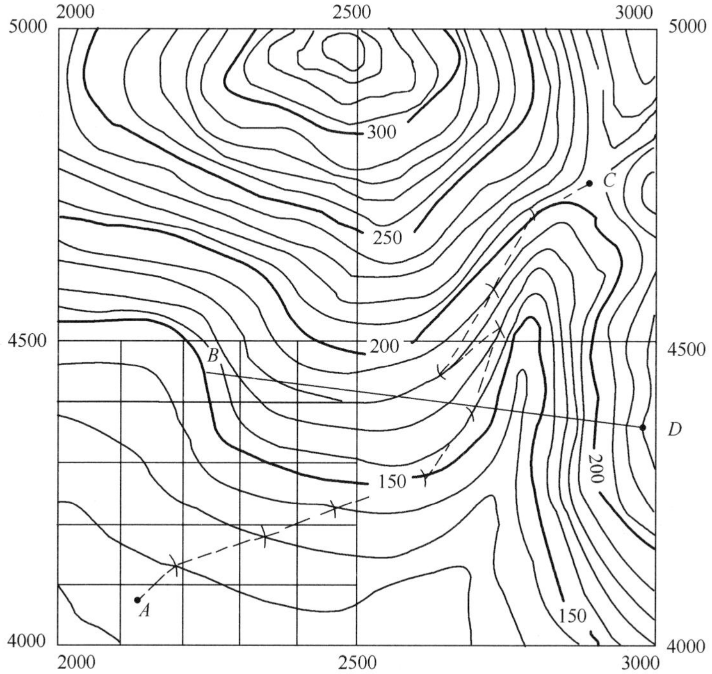

2. 如地形图所示，设计有 a、b、c 三点，其设计高程分别为 17.50、20.50、20.00m。试设计一倾斜面通过 a、b、c 三点，并绘出设计倾斜面与实际面的填挖边界线及其填挖范围。

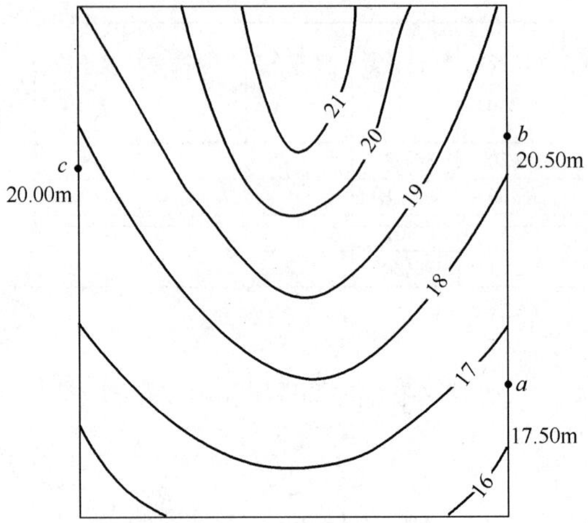

3. 如图所示，设计要求方格Ⅰ、Ⅱ、Ⅲ、Ⅳ的填挖方量平衡。

试计算：(1) 设计地面标高。

(2) Ⅰ、Ⅱ、Ⅲ、Ⅳ每个方格的填方量与挖方量。

(3) 试比较填方总量与挖方总量。

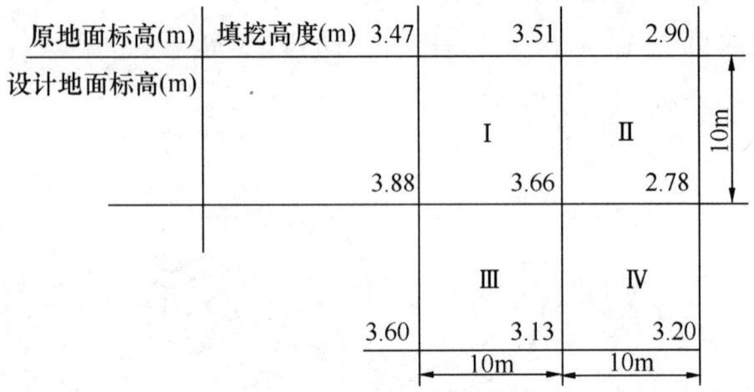

第十章　施工测量的基本工作

一、填空题

1. 施工测量要遵循______、______、______原则进行，施工测量与______的过程相反，施工测量贯穿于______中。

2. 施工测量的三个基本工作是______、______、______。

3. 测设已知数值水平角的一般方法是______；精确方法需求得改正数为______。

4. 点的平面位置测设的基本方法有______、______、______、______。

5. 点位测设包括点的______和点的______。

6. 已知水准点 A 的高程为 5.704m，需在 B 点测设高程为 5.980m，读取 A 点尺上读数为 1.637m，则 B 点尺上读数为______，尺底标高为 5.980m。

二、计算题

1. 欲精确测设 $\angle BAC=90°00'00''$，用经纬仪精确测得 $\angle BAC'=89°59'42''$。已知 AC 长度为 100m，试计算 CC' 值。

2. 利用高程为 3.000m 的水准点 BM_A，欲测设出 B 点高程为 3.520m 的室内地坪 ±0.000m标高。(1) 设尺子立于水准点上时按水准仪的水平视线在尺上画一条线，试问在同一根尺上应在何处再画一条线，才能使水平视线对准此线时尺子底部即在±0.000m 标高的位置。

(2) 若在水准点上立尺的读取数为 0.966m，则在 B 点上立尺应读取读数为多少时，尺度即为±0.000m 的标高位置？画图说明之。

3. 根据水准点 BM_A 的高程为 17.500m，欲测设基坑水平桩 C 的高程为 14.000m，如图所示，B 点为基坑边设的转点。将水准仪安置在 A、B 点之间，后视读数为 0.756m，前视读数为 2.625m，仪器再搬进基坑内设站，再用水准尺或钢尺在 B 点向坑内立倒尺

（即尺的零点在 B 端），其后视读数为 2.555m，在 C 点处再立倒尺。试问在坑内 C 点处前视尺上应读数 X 为多少时，尺度才是欲测设的高程线？

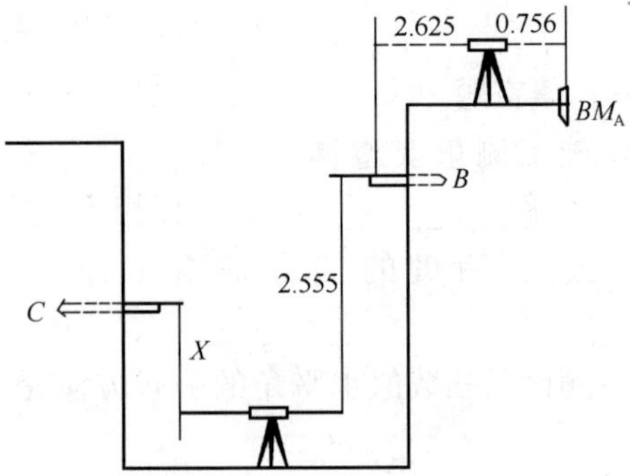

4. A、B 为控制点，其坐标分别为 $\begin{cases}X_A=3220.00\text{m}\\Y_A=3100.00\text{m}\end{cases}$，$\begin{cases}X_B=3048.60\text{m}\\Y_B=3086.30\text{m}\end{cases}$，$P$ 为拟测设点，其设计坐标为 $\begin{cases}X_P=3110.50\text{m}\\Y_P=3332.40\text{m}\end{cases}$，现根据 B 点按坐标法在实地放样 P 点，试计算放样元素 D_{BP} 及 β_B，绘图表示。

5. A、B 为已知的控制点，1、2 为要测设的建筑物轴线，已知 $X_A=0.000\text{m}$，$Y_A=0.000\text{m}$；$X_B=0.000\text{m}$，$Y_B=135.000\text{m}$；$X_1=45.000\text{m}$；$Y_1=45.000\text{m}$；$X_2=45.000\text{m}$；$Y_2=90.000\text{m}$，试计算采用极坐标法的测设数据并简述其放样步骤。

第十一章　建筑施工控制测量

一、填空题

1. 建筑施工控制通常有__________________和__________________两种形式。

2. 建筑基线可布设成__________、__________、__________和__________等形式。

3. 建筑基线的测设方法有__________________和__________________。

4. 建筑方格网的主轴线应与__________平行，方格网的转折角应严格成__________。

5. 高程施工控制图应布设成__________、__________路线。

二、计算题

1. 已知 1、2 点施工坐标值分别为：$A_1=200.00$m，$B_1=300.00$m，$A_2=280.00$m，$B_2=500.00$m，施工坐标原点 O 在测量坐标系统中的坐标值为：$X_O=120.00$m，$Y_O=200.00$m，而坐标纵轴 X 与 A 所成的夹角 $\alpha=30°$，试求 1、2 两点的测量坐标值，并绘图表示。

2. 要确定建筑方格网主要轴线的主点 A、O、B，如图所示，现根据控制网测设出 A'、O'、B'三点，测得$\angle A'O'B'=\beta=179°59'36''$，已知 $a=150$m，$b=200$m，试求移动量 δ 值。

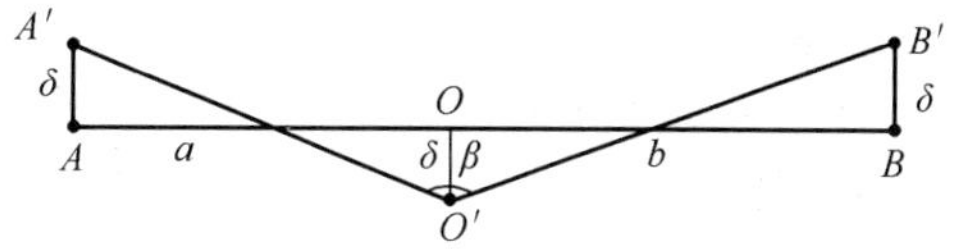

第十二章　民用建筑施工测量

一、填空题

1. 民用建筑工程测设前应做以下__________________、__________________、__________________、__________________准备工作。

2. 建筑物的定位方法有根据__________________定位、根据__________________定位、根据__________________定位、根据__________________定位。

3. 建筑物的放线方法有______________________、______________________、

________________________________。

4. 建筑物的轴线投测方法有________________________________、________________________________；标高传递方法有________________________________、________________________________、__________________________。

5. 皮数杆的作用是____；其位置设置在______________________。

二、计算题

如图所示为原有建筑物与拟建建筑物的相对关系，甲为原有建筑物，乙为拟建建筑物。如何根据原有建筑物甲测设出拟建建筑物乙？试画出示意图，已知水准点 BM_A 的高程为 26.740m，在水准点上读取后视读数为 1.580m，则在 2 点尺上应读的前视读数为多少时，尺底即为室内地坪标高为±0.000＝26.990m 的位置。

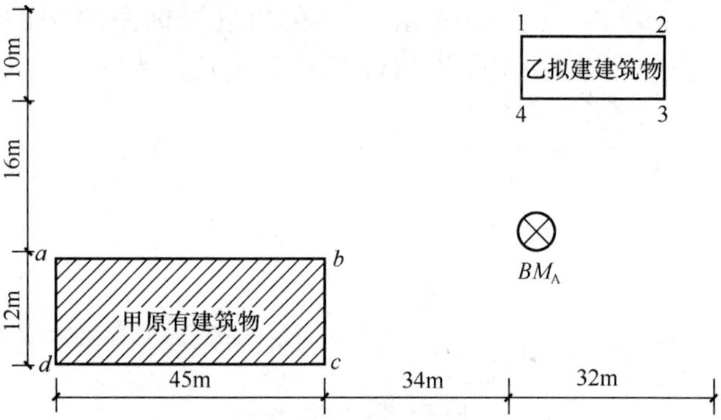

第十三章　工业建筑施工测量

一、填空题

1. 柱子安装前用水准仪在杯口内壁测设________标高线，并画出________标志，作为杯底找平的依据。

2. 柱子安装前在每根柱子的________个侧面上弹出柱中心线，并把据牛腿面设计标高，以牛腿面向下用钢尺量出________及________标高线。

3. 柱子安装竖直校正测量时，用______________台______________仪分别安置在____。

4. 吊车轨道安装测量主要保证________、________以及________符合设计要求。

二、问答题

1. 柱子安装测量时应满足哪些条件？

2. 柱子安装前应做哪些准备工作？

第十四章　工程变形监测

一、填空题

1. 工程变形监测的最大特点是______________________________。

2. 基坑墙顶位移监测点宜设在________，其间距为________。

3. 测斜监测点一般布置在基坑平面上________位置，其间距为________，每边监测点数目不应少于________个，其深度________。

4. 建筑物的变形观测有________、________、________、________、________。

5. 建筑物的沉降观测水准点至少设________个，观测时要求前后视长度________，其视线长度不得超过________ m，观测要求两次后视读数之差不得超过________。

二、问答题

1. 何谓工程变形监测？其任务是什么？

2. 基坑监测的目的原则与步骤是什么？

3. 围护墙顶水平位移及墙顶竖向位移监测分别采用什么方法？

4. 基坑围护墙顶水平位移监测频率如何？

5. 试述基坑回弹观测的方法。

6. 试述建筑物沉降观测的方法。

第十五章　管道与道路施工测量

一、填空题

1. 管道施工过程中的测量工作主要是控制________和________，常用的方法是________。

2. 坡度板法测量工作的程序为________、________和________。

3. 圆曲线的三个主点是________、________和________；圆曲线的测设元素有________、________、________和________；圆曲线的详细测设常用的两种方法是________和________。

4. 道路施工前的测量工作的主要内容有____。

5. 道路施工过程中的测量工作有____。

二、计算题

1. 试计算坡度钉的测设记录表，BM_A 高程为 18.056m。

板桩号	坡度	后视	视线高程	前视	板顶高程	管底高程	(板—管)高差	选定下反数	板顶高程调整数	坡度钉高程
BM_A		1.784								
0+000			1.430	15.720						
0+020			1.440							
0+040			1.515				2.500			
0+060	−1%↓		1.606							
0+080			1.348							
0+100			1.357							

2. 已知道路交点 JD_5 的桩号为 2+372.50，$\alpha_{右}=40°$，圆曲线半径 $R=200$m。

（1）计算圆曲线主点测设元素 T、L、E、J；

（2）计算圆曲线主点 ZY、QZ、YZ 桩号并检核。

3. 设圆曲线上整桩距 $l_0=20$m，计算用偏角法详细测设该圆曲线的数据。